군 수 관 리 개 론

이영욱 · 김호용 공저

NODE
MEDIA

머리말

21세기는 우주항공과 국방관련 군사산업이 핵심 미래 사업으로 자리를 잡게 될 것으로 판단되며 특히 군수분야는 사회발전의 추세와 과학기술 발전에 따라 보다 전문화, 특수화, 세분화가 요구되며, 사회생활의 평준화에 의거 쾌적하고 편리한 병영시설이 절실히 요구되고, 대량으로 늘어나는 고도 정밀장비와 물자들을 효율적으로 획득 지원하기 위해 군수품의 표준화, 규격화, 집중화는 필수적으로 이루어지며 군수운영 방식 면에서도 간편화되어 중앙에서 강력히 통제할 수 있도록 조직화되어야 할 것이다.

현대 무기체계는 컴퓨터와 전자광학 장치 등을 사용한 조작 기능들이 정밀 복합체로 구성됨에 따라 고장여부의 식별과 판단, 수리의 어려움 증대로 정비의 효율성이 저하되고 군사기술의 급속한 발달에 비례하여 전투 피해수리의 어려움이 가중될 것으로 예상됨에 따라 전문화되고 과학화된 정비능력 확충이 요구된다.

따라서 본 서적은 군의 군수분야를 연구하는 단체나 대학원의 전공하는 학생과 이를 연구하는 일반인을 위해 군수 관리의 개념과 제 기능에 관한 폭넓은 이론과 실예를 들었으며 여러 가지 개념과 절차 등을 포함하여 기술하였으며 그 주요 내용은 다음과 같다.

첫째, 군수관리와 기획관리에 관한 사항을 정리하였고,
둘째, 군수의 주요 기능중 전문적인 분야로 다루어지는 보급, 정비에 대한 개념과 절차를 기술하고,
셋째, 무기체계 획득으로부터 폐기까지를 다루는 종합군수지원에 관한 내용을 포함하였다.

이 책자가 국방과 관련한 학문의 발전과 군의 군수분야를 이끌어 나갈 군수 관리자가 되고자 하는 학생들과 군수분야에 관심이 있는 분들에게 많은 도움과 좋은 길잡이가 되기를 기원하며, 그 동안 책자를 만드는데 여러 가지로 도움을 주신 모든 분들에게 감사드린다.

2009. 9

저자 씀

▣ 차 례 ▣

제5장 종합군수지원 / 335

제1장 군수관리 개념

제1절 군수업무 개요

1. 군수의 정의와 군수 관리 개념

가. 군수의 정의

군수란 군사목표를 달성하기 위하여 군이 필요로 하는 제반자원, 즉 인력, 물자, 자금, 시설, 용역, 정보 등을 보다 효과적, 경제적, 능률적으로 획득, 관리, 운용하여 군이 필요한 군사력(무기, 장비, 물자 등)을 준비, 유지, 지원하는 제반활동을 말한다. 여기서 군사목표는 국가목표를 달성하기 위한 국방목표의 하위 개념이다. 군사목표를 달성하기 위한 군수업무 활동영역은 군수관리 업무분야와 군수지원 업무분야로 구분할 수 있다.

군수관리(Logistic Management)	군수지원(Logistic Support)
•개념 : 군에 필요한 자원을 획득, 최대의 군사력을 준비, 유지하기 위하여 보다 합리적인 관리과정, 제도 및 체제, 기법을 적용하는 활동 •목표 : 효과성, 경제성, 능률성 •중점 : 군사력 준비, 유지(군수자원획득, 유지)	•개념 : 부대 운영 유지 및 작전활동에 필요한 자원을 즉, 보급, 정비, 수송, 근무를 제공하는 제반활동 •목표 : 적시, 적소, 적량지원 보장 •중점 : 군사력운영(용병술 체계와 연계)

군수 관리 업무분야와 군수지원 업무분야를 비교해 보면 군수 관리란 군에 필요한 자원을 획득하여 최대의 군사력을 준비, 유지시키기 위하여 보다

합리적인 관리과정, 제도 및 체제, 기법을 적용하는 제반 활동으로서 효과성, 경제성, 능률성에 목표를 두고 군사력을 획득, 건설, 유지하며 평시에 더욱 강조되고 주로 군수 전문 관리자에 의해서 수행되게 된다. 군수지원은 전투근무지원의 일부로서 부대 운영유지 및 작전활동에 필요한 자원을 보급, 정비, 수송, 근무지원을 제공하는 제반 활동으로서 적시, 적소, 적량 지원 보장에 목표를 두고 용병술 체계와 연계하여 이루어지며 전시에 더욱 강조되고 주로 각급제대 지휘관 및 참모에 의해 수행된다.

군수 관리와 군수지원의 상호 관계는 군수 관리 기반 없이는 성공적인 군수지원을 달성할 수 없으며 군수지원을 고려하지 않은 군수 관리가 존재할 수 없기 때문에 군수 관리와 전투근무지원으로서의 군수지원은 상호 보완적으로 대등하게 필수 불가결의 입장에서 다루어져야 한다.

나. 군수관리 개념

군수관리(Logistic Management)란 사전적 의미에서는 어떤 일을 원활하게 하는 것으로 지칭되며, 여기에는 아랫사람을 지휘, 감독하는 것(Supervision), 사무를 정리하는 것(Administration), 물건을 처리하는 것(Charge), 일을 맡아 다스리는 것(Control) 등이 포함된다. 법률상으로는 물건의 현재 상태를 변경함이 없이 그 효용가치를 계속 보존하는 행위를 관리개념으로 정의되고 있다.

그러나 법률상의 관리개념은 협의의 개념이며 보관개념으로 사용, 취득, 처분 등의 요소는 제외되어 군수관리에 있어서의 관리개념과는 상당한 차이점이 있다. 따라서 군수관리 분야에 있어서의 관리개념은 특정한 목표(임무)를 달성하는데 필요한 가용자원(인원, 물자, 자금, 시설, 용역)을 획득, 유지, 운용함에 있어서 가장 합리적인 과정(Process), 제도 및 체제(System), 기법(Technique)등을 통하여 추구하는 목표, 즉 효과성, 경제성, 능률성을 극대화하는 제반활동이라 말할 수 있다.

야전교범상의 군수관리의 정의는 군수관리란 군수와 관리의 두 개념을 통합한 의미로서 군을 무장하고 유지하는데 필요한 인원, 물자, 자금, 시설, 용역 등 모든 가용자원을 가장 합리적인 과정, 제도 및 체제, 기법 등을 통하여 군수가 추구하는 궁극적 목표인 효과성, 경제성, 능률성을 극대화하는 제반활동으로 정의하고 있다. 일반 민간 기업체에 있어서는 이것을 생산적 요소인 인원, 물자, 자금 및 시설 등을 최대한 능률적으로 활용하기 위한 기술적, 또는 조직적 활동으로 정의하여 경영관리라 부르고 있다.

이와 같은 군수관리는 국방자원을 획득하고 자원을 사용함에 있어서 최적의 인원, 예산, 물자, 시설의 투자로 최대의 군사력을 유지, 운용할 수 있도록 하는 것으로 군수분야에 있어서 매우 중요한 분야라 할 수 있다.
전·평시 어떠한 군사 활동이라 할지라도 군수자원의 관리적 측면에서 보면 그것은 자원의 획득, 운영 및 소모의 과정이며, 합리적인 자원관리는 평시 전투준비태세를 완비함으로서 전쟁억제력의 요체가 되고 있을 뿐만 아니라 전쟁지속능력을 보장하고 군사비용을 절감함으로서 국가 경제발전 및 국민 복지증진에 기여하게 된다.

따라서 군수 관리는 국가 안보적 차원에서의 효과성과 군사비용 절감으로 국가 경제발전에 부응하는 경제성과 능률성에 두고 추진되어야 한다. 더욱이 현대 군수업무 영역이 광역화, 복잡 다양화됨에 따라 보다 과학적이고 체계적인 관리체제가 요구되고 있으며, 이를 위해 군에서는 일반 학문체계상의 관리과정(기획, 조직, 지시, 조정, 통제)과 군 특성을 고려한 국방기획관리제도, 군수 수명주기관리제도, 군수 관리정보제도, 종합군수지원제도, 군수자원관리제도 등의 관리기법을 적용하고 있으며, 최근에는 사회 신경영기법인 리엔지니어링, 리스트럭처링, 벤치마킹, 다운사이징기법 등을 군에 도입, 적용함으로서 조직 및 자원관리의 효율화를 기하고 있다.

군수관리를 접근방법 측면에서 보면 먼저 일반 학문 체계상의 경영학 이론에 접근하여 이를 적용하여야 한다. 관리는 개인으로부터 가정, 집단, 기업, 군대, 정부조직에 이르기까지 그들이 설정한 목표를 달성하기 위하여 광범위하고 다양한 역할을 수행하게 되며 여기에는 반드시 관리가 선행되는 것이다. 군수조직에 있어서도 국방조직의 일부로서 일반학문체계상의 관리과정 즉, "무엇을, 언제, 어떻게" 할 것인가? 하는 가장 합리적인 의사결정과정(기획)과 기획과정에서 설정된 목표달성 및 수행을 위해 "조직을 어떻게 최적으로 편성, 운용할 것인가?" 하는 과정(조직화)을 거쳐, 조직구성원이 적극적 참여의식을 갖고 설정된 목표를 실행할 수 있도록 취해지는 조치(지시)를 하여야 하며, 또한 분담된 제 역할이 조직이 추구하는 목표에 일치토록 통합(조정)하고 기획과 실행이 일치되고 있는지 여부를 측정, 시정조치(통제)하는 학문체계상의 관리과정 즉 기획, 조직, 지시, 조정, 통제과정을 적용함으로서 효율성을 증대시킬 수 있다.

그 다음은 군 특성을 고려한 군수 기획관리제도와 군수 수명주기관리제도 등의 적용이다. 군수 기획관리제도는 정책부서에서 군수목표를 설계하고 설계된 군수목표를 달성하기 위하여 최선의 방법을 선택하여 보다 합리적으로 자원을 배분, 운용할 수 있도록 하는 기획, 계획, 예산, 집행, 분석평가체제로서 이러한 관리기법을 적용함은 군수예산의 합리적이고 체계적이며, 효율적인 집행을 도모할 수 있다. 군수 수명주기 관리체제는 무기체계나 물자의 소요제기로부터 획득 및 조달, 저장 및 분배, 운영 및 정비, 소모 및 처리까지 일련의 자원관리를 어떻게 합리적으로 할 것인가?에 주안을 두고 관리하는 기법으로 기획 및 계획단계, 획득 및 조달단계, 운영 및 집행단계, 평가 및 통제단계를 적용함으로서 군수관리목표인 효과성, 경제성, 능률성 달성에 기여 할 수 있다.

기타 군수관리를 위한 관리기법은 다양하며 주어진 임무, 상황에 따라 새로운 관리기법을 군수관리에 적용토록 관리자는 지속적인 노력을 하여야 한다. 군수관리 목표는 효과성과 경제성, 능률성 등 3가지 요소를 달성하는데 두고 있는데 요소별로 보면 첫째, 효과성(Effectiveness)은 국가안보를 위해

군이 필요로 하는 모든 가용자원을 사용자(부대)에게 적시, 적소에 적량을 정밀하게 지원할 수 있도록 자원을 확보하고 지원능력을 구비하는 것을 말하며, 사용자(부대) 중심의 "보다 낫게"라는 원리가 적용된다. 군수관리와 군수지원에 있어 효과성은 임무수행의 요체이며 효과성의 결여는 임무수행에 치명적인 결과를 초래할 수 있다. 따라서 효과성을 달성하기 위해 군수지원능력 평가제도가 확립되어야 하며, 각종 제도를 통합 관리할 수 있는 체제가 구축되어야 한다.

둘째, 경제성(Economy)은 최소의 비용으로 최대의 효과를 달성하려는 것을 말하며 비용절감 중심의 "보다 싸게"라는 원리가 적용되는 목표이다. 군수분야에 있어 경제성을 저해하는 요소는 다양하나 일반적으로 부적절한 예산집행과 물자관리의 불합리성이 주된 요인이다.

따라서 경제성을 달성하기 위해서는 경제적인 자원관리가 이루어져야 하며, 과학적 관리기법의 실용화, 경제적 재고수준의 설정, 군수제원의 계량화 등이 확립되어야 한다. 셋째, 능률성(Efficiency)이란 신속하고 정확한 업무수행을 통해 효과성과 경제성을 달성하고자 하는 목표로서 "보다 빠르게"의 원리를 적용하는 것이다. 능률성을 달성하기 위해서는 군수업무가 과학화되고 단순화되어야 하며, 그 요체는 군수관리정보제도의 확립이다. 이를 위해 군수업무의 간소화, 각종 교범 및 목록의 체계화, 제대별 업무수행체계 확립 등이 요구된다.

2. 군수지원 개념 및 군수원칙

가. 군수지원 개념

군수지원은 전장실상을 고려, 장비 및 물자, 시설, 근무에 대한 소요를 사용부대 중심으로 사전에 예측하고 확보하여 소요발생에 따른 전 지원요소를 통합하여 적시 적소에 적량을 부대분배 개념에 의해 추진지원 함으로써 전투지속능력을 보장하여 「전투부대가 전투에만 전념」할 수 있도록 하기 위해 기능별로 다음 사항에 주안을 두고 지원하도록 강조하고 있다.

① 보급지원 : 장비 및 물자의 즉각적인 가용성을 보장할 수 있도록 효율적인 획득 및 저장과 세트, 패키지(SET, PACKAGE)화 하여 지원 제대별능력 범위 내에서 전투부대의 위치를 찾아서 전투진지까지 추진 지원한다.

② 정비지원 : 모든 장비의 100% 가동을 위해 기동화된 통합 현장 근접정비지원을 실시 「움직이는 정비공장 개념」으로 운용, 전투력의 공백을 최소화 한다.

③ 수송지원 : 전투지속능력을 보장하기 위해 다양한 수송자산의 통합운용 및 입체적 수송수단을 제공한다.

④ 시설지원 : 각종 시설의 유지, 복구 및 건설을 통하여 전투력 발휘를 보장한다.

⑤ 근무지원 : 보유중인 물자를 항시 사용 가능한 상태로 정비, 유지하여 물자준비태세 완비 및 전장 근무지원 체제를 보장한다.

보급지원의 궁극적인 목적은 최소의 물자로 최대의 전투력을 발휘하는 데 있다. 따라서 사용부대의 소요를 충족시키기 위해서는 보급품에 대한 정확한 수요를 예측하여 청구, 수령, 저장, 분배, 처리 등의 5대 보급 활동이 효과적, 경제적, 능률적으로 수행되도록 하여야 한다. 모든 전쟁물자 및 장비는 적시 적소에 적량이 지원되어야 하며, 특히 전쟁 초기 단계에 있어서 소요를 예측, 실시간 추진보급 지원은 전쟁의 승패를 결정하는 중요한 요소이다. 성공적인 보급지원은 기동부대 및 보급지원 부대가 보유하는 재고를 최소화하여 경량화하고 예측에 의한 적기적량의 보급지원을 실시함으로써 가능하다.
또한 보급지원은 제한된 장비 및 물자를 작전부대가 가장 효과적으로 사용할 수 있도록 하여야 한다. 이를 위하여 소요판단 및 획득, 저장, 실수요의 예측, 청구, 저장, 분배 및 처리 등이 보급지원 계통별로 상황의 변동에 따라 융통성 있게 유지되어야 하며, 이를 통한 지속적인 보급지원이 보장되도록 다음의 사항을 고려하여야 한다.

① 보급수준 유지
② 소요예측 및 실시간 지원
③ 보급 우선순위 설정
④ 지역/축선별 통합 세트(SET), 패키지(PACKAGE)화 지원
⑤ 직송 및 근접추진지원
⑥ 군수 정보체제의 유지

정비지원은 전투장비를 항상 최상의 가동상태로 유지하며, 고장 장비는 신속히 정비 복구하여 전장에 최단시간 내 복귀시킴으로써 전투부대의 전투지속능력을 보장하여야 한다. 이를 위하여 정비부대를 편성하여 기동화하고 현장정비 위주의 근접정비 지원체계를 갖추어 변화되는 상황과 정비여건에 부응하여 가용한 정비자원을 협조 및 통합편성 운용함으로써 정비지원능력을 극대화 할 수 있도록 계획되고 운용되어야 한다.
수송지원은 전투근무지원 활동을 가능케 하는 기능을 수행하면서 필요한 병력 및 물자를 적시, 적소에 지원해 주어야 한다. 이를 위하여 육로, 철도, 수로, 항공 및 도관선 등 수송방법의 입체적이고 통합적인 연합수송 지원체계로 상호 연계시켜 고도의 융통성을 발휘하여 수송지원을 보장하여야 한다. 수송은 전술상황에 따라 수송수단을 통합 운용하고 연계하여 제 전장기능의 가용한 전투력을 극대화시킬 수 있는 입체적인 수송관리를 위해 군 · 관 · 민 수송자산과 연합자산이 통합된 집중지원을 하여야 한다. 또한 수송지원은 사전 이동소요 예측으로 실시간 사용부대까지 직송 및 추진 지원하며 속도 및 적하화 시간 단축이 가능한 콘테이너 및 파렛트 수송으로 적시적이고 신속한 수송지원이 보장되도록 다음의 사항에 주안을 두어야 한다.

① 통합수송 지원체제 확립
② 한 · 미 연합 / 군 · 관 · 민 합동 이동관리
③ 수송부대의 생존성 보장
④ 수송 장비 다양화 및 패키지(PACKAGE)화 추진지원

시설지원이란 군사작전에 필요한 시설, 즉 건물, 도로, 철도, 교량, 비행

장, 항만, 도관선, 도로장애물, 방어공사 및 기타 편의시설 등에 대한 건설, 보수 또는 복구 등의 지원을 말하며 이는 전투근무지원 능력 유지에 중요한 요소로서 작전상황에 따라 긴밀하게 계획, 시행되어야 한다. 시설지원은 지역지원 개념에 의거 피지원부대의 임무, 적 상황, 지형 및 지원부대의 가용한 시간을 고려하여 우선순위에 따라 지원한다.

근무지원은 타 군수기능에 속하지 않는 근로, 급양, 급수, 세탁, 목욕, 수선, 영현 등에 관한 지원으로 지휘관/참모의 판단에 따라 지원 우선순위가 조정될 수 있으나 전투부대 사기에 직 · 간접 영향을 미치는 중요한 요소이다. 야전 근무지원은 대부분 편제부대의 자체능력으로 수행되나 야전 지원부대는 우선순위를 설정하여 작전임무 수행에 필수적인 근무활동과 자체능력이 부족한 부대부터 우선적으로 지원하며, 사단 및 군단 후방지역 또는 재편성 지역에서 주로 지원한다.

나. 군수원칙

군수원칙은 군수 관리 및 군수지원을 수행함에 있어서 기본적으로 지켜져야 할 진리요, 철학을 말한다. 따라서 군수자원의 효율적인 관리와 지원을 위해서는 군수원칙의 적용이 필요하다. 군수원칙의 적용은 모든 원칙 요소를 고려하되 당시의 상황에 따라 한 개 또는 두 개의 원칙 요소가 지배적일 수 있다. 따라서 특정 상황에서는 어떤 원칙 요소를 적용할 것인가는 매우 중요하다 하겠다. 왜냐하면 여러 원칙 요소들은 상호 보완적이기도 하지만 때로는 상충적인 문제로 갈등을 초래하기 때문이다. 군수원칙에 포함되는 세부 요소들은 다음과 같으며 각 원칙의 영문 머리글자를 이용하여 “LOGISTICS"라고 약칭한다.

① 군수정보(Logistics Intelligency)
② 목표(Objective)
③ 상호협조(Interdependence)
④ 간편성(Simplicity)
⑤ 적시성(Timeliness)

⑥ 추진성(Impetus Forward)
⑦ 경제성(Cost Effectiveness)
⑧ 경계성(Security)
⑨ 지속적개발(Generative Logistics)

군수정보는 군수 관리 및 지원을 수행하기 위해서는 적시적이고 정확한 각종 군수 관리 및 지원에 필요한 각종정보, 제원을 축적, 지원되도록 하는 것으로 군수정보체계나 물자정보체계, 장비정비정보체계, 탄약정보체계 등과 같은 시스템에 의해 수행되며 궁극적으로는 육군전술지휘체계와 연동됨으로써 군수 정보들을 필요로 하는 사람들이 공유할 수 있게 하고 있다.
군수의 목표는 가용한 자원과 수단을 고려하여 명확하고 달성 가능한 목표를 수립하고 설정된 목표는 반드시 달성토록 노력하여야 한다. 지속적 개발은 창의적인 노력과 전문적인 지식, 부단한 과학기술의 개발 등이 경제적이고 생산적 군수지원능력을 향상시키는 근간이 되므로 지속적인 노력과 개발이 요구된다는 것이다.
상호협조는 효율적인 군수 관리와 군수지원을 위해서는 상급제대와 하급제대간 군수지원부대와 전투부대 간 군수기능의 상호 유기적인 협조가 요구된다는 것이다. 간편성은 효율적이고 경제적인 군수지원을 제공하기 위해서는 군수조직편성, 지원체제, 절차 등이 간단하고 단순해야 능률적이다. 불필요한 중간 제대와 중복된 편성을 제거하여 단순화하고 절차, 기록유지, 보고 및 통제 계통을 간소화함으로서 군수지원체제내의 모든 부문에서 신속을 기할 수 있다.
적시성은 군수지원 임무 수행을 위해 적시에 적량을 적소에 지원해야 한다. 군수지원이 늦으면 효과성이 상실되고, 또한 너무 빨라도 피지원 부대에 부담을 주게 되기 때문에 필요한 시기에 정확한 지원이 이루어져야 한다는 것이다. 추진성은 군수지원은 전투시 전장에 있는 전투부대를 위해 추진지원 함으로서 전투부대로 하여금 전투 및 작전임무에 전념토록 하여야 한다. 따라서 군수지원은 상급 시설부대에서 하급부대로 지원부대가 피지원부대로 부대분배 개념에 의해 지원되어야 한다.

경제성은 군수자원관리 및 군수지원에 있어서 최소의 비용으로 최대의 효과를 거둘 수 있도록 수행되어야 함을 말한다. 따라서 군수자원의 획득, 관리, 운용과 군수지원체계상의 인력, 시간, 예산 등의 낭비요인이 없는지를 지속적으로 확인, 감독하여 개선 발전시켜야 한다. 경계성은 군수지원부대의 생존성과 관련하여 인원, 장비, 물자, 시설 등의 보호대책과 군수지원간에 피해방지 대책의 강구가 필요하다. 따라서 군수지원의 지속성을 보장하기 위해서는 군수부대 배치에 있어서 군수지원계획의 보안을 철저히 유지하고 군수지원시설 및 수송수단을 보호하기위한 적절한 경계가 제공되어야 한다.

제2절 군수기능

군수기능이란 군수의 목표를 달성하기 위하여 군수를 구성하는 각 부분이 전체 속에서 수행하고 있는 분야별 활동이다. 따라서 군수기능은 상호 유기적으로 협조되고 통합되어야 하며, 각 기능이 추구하는 목적은 군수의 목적에 부합되어야 한다. 군수의 기능은 연구개발, 소요, 조달, 보급, 정비, 수송, 시설, 근무 등의 8개 분야로 구분하고 있다. 그리고 각 기능의 군수 관리 활동분야는 군수 관리 기관에서 군수근무지원 활동분야는 군수지원부대에 의해서 수행된다. 군수기능별 군수 관리 활동과 군수지원활동을 보면 다음과 같다.

군수관리(국방부-사단)

기 능	주 요 내 용	
연구개발	· 무기체계/비무기체계 · 핵심기술 및 부품 · 군수지원요소 · 군수제도, 기법개발 등	· 기술평가
소 요	· 군사 소요의 질적, 량적판단 · 소요 관리 제도 및 기법	· 소요산정
조 달	· 무기체계의생산 및 획득 (원가, 품질, 계약, 목록, 조달관리)	· 부대조달 · 징 발
보 급	· 재고관리 · 유통관리 · 보급관리분석	· 편성/시설부대 보급 · 기지보급

정　비	· 정비관리 · 정비기록관리	· 부대정비　· 야전정비 · 창 정 비
수　송	· 수송관리 · 수송이동관리	· 수송근무
시　설	· 시설관리	· 영선, 건설, 관제
근　무	· 군수판단 및 계획 · 지역피해통제 · 전투준비태세	· 근로, 영현, 급양, 목욕, 세탁, 소방 제독, 오염방지 · 보급로, 후방지역 선정

군수지원(군수사-편성부대)

1. 연구개발

연구개발은 일반 과학기술을 활용하여 군이 필요로 하는 장비나 물자를 개발하는 활동으로, 새로운 장비 및 물자의 개발, 현용장비 및 물자의 개선, 수입대체 개발 등을 실시한다. 무기체계 연구 개발시 관련 군수지원 사항을 동시에 발전시키기 위하여 종합군수지원을 발전시켜야 한다. 또한 연구개발은 군사력을 개선하려는 노력으로서 고성능의 신무기를 개발하고 고도의 기술을 발전시킴으로 연구개발의 목적은 연구개발 관련업무(무기체계획득, 비무기체계획득, 핵심기술 / 부품, 군수지원요소, 각종제도 및 기법 등)을 보다 합리적인 관리활동(계획→집행→분석평가 →조정→통제)을 통해 모든 전장상황 및 작전환경하에 작전요구를 충족하고 경제적인 군수지원이 가능한 군사장비 및 물자를 최소의 비용으로 적시에 개발하는데 있다.

군의 연구개발 대상은 무기체계, 비무기체계, 핵심기술 및 부품, 군수지원요소, 제도 및 편성, 기법 등이다. 그리고 연구개발은 일반적으로 기초연구, 응용연구, 실용개발 과정을 통하여 수행한다.
연구개발의 관리는 계획된 목표를 달성하기 위하여 소요일정, 인력예산, 장비 및 설비, 기술 및 정보, 자재 등을 효율적으로 획득 빛 활용 할 수 있도록 계획을 수립하고 집행, 평가를 하여야 한다. 연구개발 관리는 일정관리, 기술자료 및 정보관리, 예산관리 이외에도 인력관리, 장비 및 설비관리, 자재관리 등이 수반되어야 한다.

연구개발은 기본적으로 국방기획관리제도에 근거를 두며, 육군은 전력목표 달성에 필요한 연구개발 소요를 설정하여 제안하고, 합참에서 소요결정 및 선정된 연구개발 과제에 대하여 개발기관과 개발동의서를 작성한다. 합참에서 승인된 개발동의서에 의거 국방부의 주관으로 국과연 또는 업체에서 개발계획을 수립하여 연구개발 업무를 수행할 때에, 육군은 유사체계의 자료를 제공하고, 개발실적을 검토하여 요구운영능력서(ROC)를 수정하는 등 개발기관과 협조하며, 개발이 완료된 과제에 대하여 운용 시험평가를 실시하여 사용가 여부를 건의한다. 연구개발 업무분장(책임) 관련부대(부서)는 육군(교육사령부, 군수사령부, 육군본부), 국방부본부, 합동참모본부, 국방과학연구소, 국방품질관리소, 방위산업진흥회 등이다.

연구개발에 있어서 중요한 분야로 종합군수지원이 있다. 종합군수지원(ILS : Integrated Logistics Support)은 무기체계의 성능을 유지하고 경제적인 군수지원을 보장할 수 있도록 소요 제기시부터 폐기시까지 제반 군수지원 사항을 종합 관리하는 활동이다. 또한 종합군수지원은 군수지원에 "종합(Integrated)"의 의미를 추가한 것이라 할 수 있다. 요소별로 살펴보면 성능유지는 군수지원 효과성 제고로 무기체계의 성능을 지속적으로 보장하고 무기체계의 불가동시간을 최소화해서 가동률을 향상시키는 역할을 한다. 이를 위해 주장비 획득(설계)시에는 고장빈도와 정비 소요시간이 최소화 되도록 반영하고 장비 운용시에는 군수지원 소요를 확충해야 한다. 경제적 군수지원은 군수지원의 경제성을 보장하는 것이다. 그리고 수명주기 비용(운영 유지시) 최소화는 주장비 획득(설계)시 군수지원 소요가 최소화되도록 반영하고 장비 운용시 군수지원 소요(자원)의 최소화를 유지해야 한다. 종합군수지원(ILS)은 무기체계와 비무기체계의 필수 구성요소인 군수지원 요소를 연구 개발하는 활동으로, 체계의 성능을 유지하고 경제적인 군수지원을 보장할 수 있도록 다음과 같이 수행하는 것이 원칙이다.

- 주장비의 성능과 군수지원성의 보완적인 발전
- 군수지원 요소 상호간의 유기적인 통합
- 군수지원 요소의 획득, 배치를 주장비와 병행 수행
- 군수지원 요소 획득과 운영의 순환체계 유지

종합군수지원의 목적은 무기체계와 비무기체계의 운영유지에 필요한 제반 군수지원 요소를 적시에, 최적의 수준으로 획득하고 유지하여 전투(운영)준비 태세를 최대화하고, 수명주기 비용을 최소화하는 데 있으며, 종합군수지원의 역할은 주장비 획득(개발)시에 군수지원 소요가 최소화되도록 설계에 영향을 미치고, 군수지원 요소를 적시에, 최적의 수준으로 획득(개발)하는 것이다. 그러나 비무기체계는 장비의 특성상 주장비 설계 영향보다는 필요한 군수지원 요소를 적시 적절하게 개발하는데 중점을 두어야 한다.

또한 종합군수지원은 관련기관 및 부서간의 협조 정도에 따라 업무의 성패가 좌우되는 특성을 지니고 있다. 특히 전력개발/발전 부서와 종합군수지원 부서는 긴밀한 협조 및 지원이 가능하도록 조직을 편성하고 업무를 분담해야 한다. 업무 분담관련 부대(부서)는 육군본부, 교육사, 군수사, 각군사령부 및 시험부대와 대외 협조기관으로 국과연, 조달본부에 협조를 받는다.

종합군수지원 요소는 무기체계와 비무기체계의 수명 주기 간에 주장비를 효과적, 경제적으로 운영 유지할 수 있도록 군수지원을 보장해 주는 제반사항으로, 주장비와 병행하여 개발, 발전시켜 종합하여야 하는 필수 요소이다. 또한 종합군수지원 요소는 종합군수지원의 적용으로 발전 또는 획득하고자 하는 주요 대상이므로 국가, 군, 장비의 특성에 따라 다양하게 설정된다.
종합군수지원 요소에는 시설, 지원 및 시험장비, 수리부속 및 소모성 물자 등과 같은 유형적인 요소뿐만 아니라 이러한 유형적인 요소 개발에 필요한 원천 기술자료 및 제원과 계획, 분석, 판단과 같은 활동도 포함한다. 육군이 종합군수지원 요소를 설정할 때에는 다음과 같은 사항이 포함되어야 한다.

• 연구, 설계반영	• 표준화 및 호환성	• 정비지원
• 지원 및 시험장비	• 보급지원	• 인력 및 인사
• 교육훈련 및 교보재	• 기술제원	• 포장, 취급, 저장 및 수송
• 시설	• 군수관리 전산자료 지원	

그러나 비무기체계의 경우에는 비용 대 효과면을 고려하여 주장비 설계 영향과 관계되는 요소를 설정하지 않아도 된다. 그리고 종합군수지원 요소는 상호간에 밀접한 연관성을 지니고 있으므로 개발 초기부터 개발이 완료될 때까지 상호간의 소요 및 특성을 반영하는 유기적인 통합이 이루어져야 하며, 전투발전(교리, 편성, 교육훈련) 요소와 연계하여 발전시키고, 통합하여야 한다.

2. 소요

소요의 일반적인 의미는 "필요성, 필요한 것"을 말하며, 군에서의 소요는 군사소요와 물자소요로 구분된다. 군사소요는 승인된 군사소요를 달성하거나 임무수행에 필요한 능력을 구비하기 위해 자원배분을 합법화하는 설정된 요구를 말하며, 물자소요는 특정한 부대가 부여된 임무를 수행하기 위해 일정기간 동안 필요로 하는 자원의 양을 말한다.
소요의 개념에는 조직, 임무, 기능, 기간, 자원, 수량의 요소가 포함된다. 이러한 소요관리의 목적은 임무수행에 필요한 소요물량을 적절하게 반영함으로서 과부족 자산의 발생을 최소화하고 경제적으로 군을 운영하는데 있다. 소요를 구분해 보면 소요는 성격별 · 용도별 · 형태별 · 적용 대상별로 구분하며 성격별로는 경상운영비소요와 투자비소요로 구분한다.

용도별로는 예산편성소요, 조달계획소요, 자금배정소요, 청구소요로 구분하고, 형태별로 분류하면 인가소요, 소모보충소요, 보급수준소요로 구분한다. 그리고 적용 대상별로는 품목당 소요, 부대당 소요, 병력당 소요, 장비당 소요로 구분한다.

- 인가소요는 장비표(T/E : Table of Equipment), 배당표(T/A : Table of Allowance) 등에 인가된 소요
- 소모보충소요는 운영상 소모되었거나, 정상적으로 마모된 장비 및 물자를 보충시켜 주기 위한 소요
- 보급수준소요는 보급운영의 지속성을 보장하기 위한 통제수단의 일환으로 재고로 확보 및 운영되어야할 물량이 얼마인가 등의 소요이다. 보급 수준은 통상 일수 단위로 표시

인가소요는 보급품 인가문서에 의해 발생되는 소요로, 보급품 인가문서로는 첫째, 편성 및 장비표(T/O & E : Table of Organization & Equipment)가 있다. 이는 군의 정상적인 임무, 편성상의 조직, 인원 및 장비의 인가를 규정한 표로, 예하부대에서 소요인원 및 장비의 신청근거가 되며, 각 군 본부의 특별한 지시가 없는 한 여기에 규정된 일체의 장비를 청구 및 지급할 때 근거가 되며 고정된 편제를 가진 사단급 부대 등이 대상이 된다.

둘째, 인원 및 장비 배당표(T/D & A : Table of Distribution & Allowance)는 인원 배당표와 장비 배당표를 합한 것으로 해당 편성 및 장비표가 없이 임무와 병력이 수시로 변동하는 특수 임무부대에서 그 부대의 현소요 인가인원, 계획소요, 편성구조 및 정상적인 임무를 규정하는 군 편제문서를 말하며 이의 대상부대는 학교, 훈련소, 보급창, 연구소등이 이에 해당된다.

셋째, 배당표(T/A : Table of Allowance)는 편성 및 장비표나 인원 및 장비배

당표에 인가되지 않은 장비, 피복, 장구류, 비품 및 소모성 보급품의 인가기준을 설정한 표 등이 있다.

보급품의 인가량 산정은 총 배당량의 경우 전시기준량으로 산출하고, 현행 운용배당량은 평시기준량으로 산출한다. 종별 인가량 산출방법은 다음과 같다.

첫째, Ⅰ종 : 보급 방침상 급식 기준과 급식 병력, 운영일수에 의거하여 산정하며 판단 방법은 아래와 같다.

- 소요량 : 기준량 × 1일 평균병력 × 운영일수 ± 결산결과 과부족
- 급식병력 : 보직병력 – (공제병력 + 불식병력)
- 실 급식병력 : 인가병력 – 불식병력 및 공제병력 ± 증감요인
- 불식병력 : 불식율을 적용한 병력
- 공제병력 : 휴가자, 카츄샤, 주해외 무관 및 유학생 등
- 둘째, Ⅱ종 : 인가소요는 배당표에 의해 산정하고 소모보충소요는 인가소요에서 현재고를 감한 량이 되며, 판단 방법은 아래와 같다.
- 초도소요 : 1인당 기준 × 계획 인원
- 보충소요
  - 정량제 품목 : 대상인원 × 기준수 × 기간
  - 보충보급품목 : 수요예측기법에 의한 적정 소요
  - 현지구매품목 : 요구 부대 소요

셋째, Ⅲ종 : 보급방침상 소모기준과 장비보유 대수중 가용대수, 연간운영일수 및 1일 기동거리, 장비가동률에 의거하여 장비운영, 취사, 난방용으로 구분하여 산정하며 판단방법은 아래와 같다.

장비수×1일 대당소요(G/A)(시간이나 거리)×연간운영일수× 장비가동률(%)

넷째, Ⅳ종 : 연대급 이하 부대는 할당에 의해 운영되므로 산정 불필요

다섯째, Ⅴ종 : 상급부대로부터 인가된 기본휴대량 적용

여섯째, Ⅶ종 : 편성 장비표(TO/E : Table of Organization and Equipment), 인원 및 장비 배당표(TD/A : Table of Distribution and Allowances)에 제시된 기준에 의거 하여 산정 하며 인가(청구)소요와 보충소요로 구분하여 산정하여야 한다.

일곱째, Ⅷ종 : 장비는 7종산정방법 적용, 물자/약품은 2종 방법적용
여덟째, Ⅸ종 : 육규 415 편성부대 보급규정 적용, 규정휴대량 산정

3. 조달

조달이란 군이 필요한 물자, 시설 또는 용역을 필요로 하는 시기와 장소에 필요로 하는 수량을 공급함으로써 군의 활동을 원활하게 하는 것을 말한다. 조달기능의 범주에 속하는 업무는 국내조달, 해외조달, 품질관리, 규격관리, 계약관리, 원가계산 등을 말한다. 조달의 궁극적인 목적은 최저의 국방예산을 투입하여 최대의 군사력을 건설하는 데 있다. 따라서 조달관리는 필요한 물자를 조달하는 조달활동 자체에 목적이 있는 것이 아니고 적시, 적량, 적정 품질의 것을 경제적인 가격으로 획득함으로서 얼마만큼 국방상의 이익을 창조할 수 있느냐에 궁극적 목적이 있다. 조달원칙에는 내자조달원칙과 특정조달품 원칙, 조달청 조달품 원칙이 있다. 내자조달품 원칙은 외화의 낭비를 최소화하고 국내 경제를 부양하기 위해 가급적이면 국내에서 생산되고 판매되는 제품을 조달하고자 하는 것이며, 특정조달품 원칙은 국가간에 양해된 품목을 국제 경쟁 입찰을 통해 조달해야한다는 것이며, 조달청 조달품원칙은 가급적 상위조달기구에서 통합하여 조달함으로서 다량을 동시에 조달하여 조달단가를 낮추고 행정소요를 감소토록 하려는 원칙이다. 조달원이란 조달의 원천을 말하는 것으로 국방조달에 참여할 수 있는 자격을 득한 업체를 말한다. 조달원은 다음과 같이 구분한다.

조달방법에는 중앙조달, 부대조달, 대체조달, 특정품조달 등이 있으며 세부내용은 다음과 같다. 첫째, 중앙조달은 전군적으로 필요로 하는 일체의 공통품목을 전문적이고 독립적으로 조직된 중앙 단일 조달기관에서 통합 조달하는 것을 말하며 국방부 소속기관인 조달본부가 중앙조달기관에 해당된다.

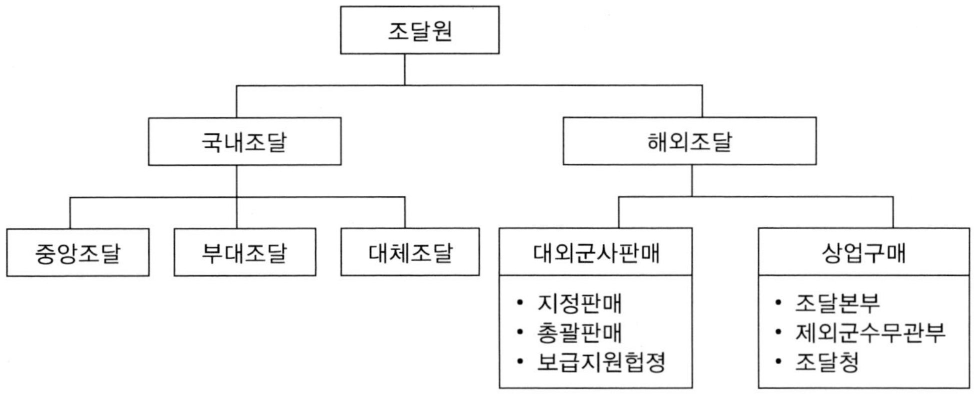

- 각군 공통품목
- 국방 규격품목
- 부대개발 완료품목
- 중앙조달 실적품목
- 방산품목
- 외자품목 / 특정품목

둘째, 부대조달은 수요군에 예산을 배정하여 그 부대의 특수성에 맞는 품목이나 소량 소액품목 등을 조달하게 하는 소규모 조달방법을 말한다. 셋째, 대체조달은 정부 특별회계 예산에 의하여 조달하는 형태(백미, 압맥)를 말한다. 넷째, 특정품조달은 국가간 양허품목을 국제입찰로 조달하는 것을 말한다.

4. 보급

보급은 임무수행을 위하여 필요로 하는 물자를 사용부대에 공급하는 활동이며, 보급의 목적은 최소의 물자로 최대의 군사력을 발휘하도록 하는 것으로 사용부대가 필요로 하는 장비나 물자를 필요한 시기와 장소에 신속히 공급하는 것이 보급의 주요 과제이다. 따라서 사용부대의 소요를 충족하기 위해서는 정확한 수요를 예측하여 청구, 수령, 저장, 분배, 처리 등의 보급 5대 활동이 효과적, 경제적, 능률적으로 수행되도록 하여야 한다.
군내 보급활동은 청구, 수령, 저장, 분배, 처리 등의 5대 주기에 의해 이루어지는데 세부내용은 아래와 같다.

첫째, 청구 : 청구란 사용부대가 부여된 임무를 수행하기 위하여 일정기간에 필요로 하는 품목의 총수량을 산정, 이를 획득하기 위하여 지원시설에 제기하는 활동으로 청구의 종류에는 초도청구, 보충청구, 특별청구, D/L청구 등이 있다.

둘째, 수령 : 수령이란 자금, 물자, 시설 및 용역 등을 획득하는 것으로서 지원부대로부터 필요로 하는 물자 및 장비를 획득하는 활동이며 인수시 유의사항은 먼저 보급품을 인수할 때는 외형 및 송증상의 포장단위 제원과 서로 이상이 없을 때는 포장단위로 인수하고 이상이 있거나 각종 품목이 하나의 포장으로 되어 있을 때는 포장을 개봉, 확인하여 인수해야 한다. 또 호송관이 없이 화물로 탁송된 보급품을 인수하여 포장 내용물을 개수하기 위하여 개봉할 때는 물품출납 공무원 입회하에 검수관이 개봉 검수하여야 한다. 그리고 인수한 보급 품중 상태저하, 부족, 훼손 또는 이종품이 발생 하였을 때는 수입 검사일로부터 일정기간 내 보고서를 작성, 처리하여야 한다. 수요지 직납 품목 인수는 생산업체에서는 검사 및 납품조서와 같이 현품을 지정된 지원시설부대에 납품하며 임명된 검수관 입회하에 납품한 장비 및 물자의 가동, 파손여부를 검사 후 인수하는데 검사시 불합격 품목은 인수하지 않고 합격품목만 인수하며 인수부대 물품 출납원공무원은 납품된 품목을 인수 완료하면 인수받은 일자로 상급지원 시설부대에 검사 및 납품조서와 같이 수입보고를 실시한다.

셋째, 저장 : 저장이란 물자를 보급계통내에 받아들이기 위한 수령과정을 포함하여 이를 일정한 장소에 보존 또는 위치시키는 행위나 상태를 말하며 수령, 보관, 불출기능을 포함한다. 수령 기능은 소요 산정된 물자를 조달하여 보급계통내에 받아들이기 위한 모든 행위 또는 절차에 관한 기능이며, 보관 기능은 수령한 물자를 물품자체의 특징을 잘 보존할 수 있도록 일정한 장소에 보관하는 모든 행위 또는 절차에 관한 협의의 저장기능이다. 또한 불출 기능은 보관중인 물자를 사용부대의 청구에 응하여 적기에 발송 또는 불출하는 모든 행위 또는 절차에 관한 기능이다.

넷째, 분배 : 분배란 보급품의 흐름 즉 보급품이 지원계통을 통하여 지원자로부터 사용자에게 이전되는 과정을 말하며, 보급품의 공급에 있어서 적기에 적량을 공급할 수 있도록 하는 것이 목적이다. 분배의 목표는 신속한 이동, 효율적인 분배, 비용의 최소화 등이며, 신속한 물자이동이란 지원부대로부터 사용부대로의 신속한 물자 이동이며, 군수 관리 목표 고려요소 중 능률성을 달성하기 위한 것으로서 최소 정지의 원칙과 최단 우회의 원칙이 지켜져야 한다. 다음, 효율적인 물자의 분배는 군수 관리목표 고려요소 중 효과성에 해당되며 이를 위해서는 효과적인 재고통제와 분배 우선순위가 잘 지켜져야 한다. 분배비용의 최소화는 군수 관리목표 고려요소 중 경제성에 가장 관계가 깊은 목표이다. 분배계통은 보급추진 계통을 통하여 지원자로부터 사용자에게로의 이전 과정이며 분배 개념은 근접추진 지원개념에 의거 상급시설에서는 하급시설 또는 사용부대까지 직송 및 추진지원을 하는 개념으로서 부대분배 및 근접 추진지원을 원칙으로 하나 군수부대 능력 제한 시 보급소 분배를 병행토록하며 공중수송 보급과 수요지 납품을 확대토록 하였다.

분배형태는 부대분배와 보급소 분배가 있다. 분배형태는 보급품 수송을 누가 담당하느냐 그리고 보급품의 인계인수 장소 즉 수령 장소가 어디냐에 따른 구분으로 임무, 지형, 상황 여건에 따라 결정된다. 부대분배는 상급부대나 지원시설 부대에서 하급부대나 피 지원 부대에 추진 지원하는 보급형태로 피지원부대가 기본임무에 전념할 수 있도록 하는 분배 보급 방법이다. 반면 보급소분배는 사용부대가 지원부대나 상급부대에 가서 보급품을 수령해 가는 분배 방법이다.
다섯째, 처리 : 처리는 물품관리기관(물품관리관, 물품출납공무원, 물품 운용관과 이들의 대리 및 분임관 포함)의 자의에 의하여 소유권 또는 점유권을 그 지배범위에서 이탈시키는 행위를 말한다. 따라서 군수물자에 대한 소유권 또는 점유권을 양도 또는 포기함으로써 당해 군수품 본래의 존재 목적에 관한 사용권한을 상실하는 법률적 효과가 발생한다.
그 처리대상은 초과품과 잉여품, 폐품, 설물 등이 있다. 다음으로 군의 보급체계는 조달로부터 사용자 또는 사용부대까지 보급품이 분배되는 체계를 의미한다. 보급체계를 편성할 때는 보급소요가 발생하면 즉각 청구할 수 있고, 가용자산의 균형을 유지할 수 있는 재고통제체제, 인원 및 시설, 우발상황 대비 가능성, 추진보급 등을 고려하여 편성함으로 군수 관리의 목표인 효과성과 경제성, 능률성을 극대화할 수 있도록 해야 한다.

현재 우리 군에서 적용하고 있는 보급체계는 편성부대에서는 인가문서에 의해 인가량을 산정하고 인가량이 부족할 경우에 상급지원부대로 청구하여 부족량을 해소하며, 편성부대의 청구를 접수한 지원부대는 군수방침 및 절차에 의해 지원부대에서 보유하도록 승인된 보급수준을 활용하여 편성부대의 청구에 대해 분배하며, 만일 보급수준의 범위 내에 포함되지 않은 품목이 청구되거나 포함되더라도 상급지원부대에 청구하여 보급 받아 편성부대를 지원한다.

또한 군수지원사령부도 해당부대의 보급수준 범위 내에서 사단급 지원부대를 지원하며 능력이 부족할 경우에는 군수사령부에 청구하여 피지원부대를 지원한다. 보급제도는 의사결정의 주체와 소요판단, 재고관리 및 분배방법에 따라 청구보급제도와 할당보급제도로 구분한다. 또한 보급제도는 품목별, 계정별, 사업별로 적용하며, 상황과 지원능력을 고려하여 결정한다.
청구보급제도는 원칙적으로 피지원부대의 청구에 의해 보급의 의사결정이 이루어지는 것으로 피지원 부대가 의사결정의 주체가 된다. 즉 사용부대에서 필요한 품목과 수량을 청구하여 활용토록 하는 제도로 군수 관리의 원칙 중 경제성과 효과성을 고려한 제도이며, 행정소요가 증가하는 단점이 있다.
할당보급제도는 지원부대에 의해 의사결정이 이루어지는 제도로 통상 수요가 명확할 경우에 적용한다. 효과성과 경제성의 달성에는 미흡하나 행정소요가 감소하는 장점이 있다. 우리군의 보급제도는 청구보급제도를 기본으로 할당보급제도를 병행하여 적용한다.

5. 정비

정비라 함은 장비 및 물자를 항상 사용 가능한 상태로 유지하거나 사용 불가능한 것을 사용가능상태로 복귀시키는 일체의 행위를 말한다. 정비는 장비의 수명기간동안에 효과적인 관리를 위해서 중요한 기능이다. 그러므로 정비는 장비 획득의 최초 단계인 개발 탐색단계로부터 배치 및 운용단계까지 계획되고 실시되어야 하며 장비는 정비가 용이하도록 설계되어야 한다. 이러한 정비의 목표는 장비를 전투임무 수행에 가능하도록 최상의 가동상태로 유지하고 수명기간동안에 최소의 비용과 정비활동으로 장비의 신뢰성, 가용성, 정비성(RAM)을 보장하는데 있다.

정비는 장비전투준비태세를 유지하는데 필수적인 요소로서 정비 기능수행과 관련된 책임은 지휘책임, 기술책임, 직접책임, 지원책임으로 구분된다.

첫째, 지휘책임은 각급제대 지휘관의 책임으로써 여기에는 장비의 사용가능 상태유지, 장비의 남용방지, 정비여건 조성 책임 등이 있다. 둘째, 기술 책임은 기술참모의 책임으로써 기술교리, 방침 및 정비절차수립, 제반 정비 기준 설정 및 발전, 장비 개선 보고조치 및 수정작업 명령 하달, 기술 감독 책임 등이 있다. 셋째, 직접책임은 장비 사용자의 책임을 말하며 개인 책임과 관할 감독책임의 두 가지로 구분한다. 넷째, 지원책임은 군수사령관 및 예하 정비지원부대장의 책임으로써 지원부대는 피지원부대에 대하여 정비지원 및 기술조언을 해야 할 책임이 있다.

정비는 지원 책임지역 내에서 실시하며 정비계단이나 능력을 초과한 경우에는 후송하되 가능한 경우에는 정비부대가 현장으로 이동하여 정비한다. 그리고 사단정비대대의 근접지원 중대는 사단 전투부대에 대해 현장 근접정비를 실시한다. 군수지원사령부 예하 직접지원 정비대대는 각 중대별 축선별로 위치하여 군단 예하 비사단 부대에 대한 정비와 7, 9종 보급지원을 실시하며, 일반지원 정비대대는 7, 9 종 보급기능을 포함하여 다기능 통합정비지원팀을 편성 군단 예하 사단 및 직접지원 정비대대에 대한 지원을 실시한다. 군수사령부 예하 정비창은 야전정비를 보강지원하며 육군 전 장비에 대해 5계단(창) 정비를 실시한다. 군에서 적용하고 있는 정비계단은 1계단에서부터 5계단까지 있는데 계단별 세부내용은 다음과 같다.

1계단은 사용자 정비라고 하며 장비를 운전 또는 사용하는 자에 의해서 수행되는 정비이며, 장비 사용 전, 사용 간, 사용 후에 실시함으로써 결함을 조기에 발견하여 손질, 주유, 조정 등으로 장비 기능을 유지시킨다.

2계단은 부대정비병 정비라고 하며 편성 장비표 혹은 기타 배당표에 인가된 공구와 수리 부속품을 사용하여 교육받은 기술병이 수행하는 정비이다. 부대정비를 계획적으로 수행하기 위하여 사용자 정비를 일일 정비 및 주간정비로 구분하며 부대정비는 월간, 분기 및 반년 정비로 구분한다.

3계단은 직접지원 정비라고 하며 직접지원 정비부대에 의하여 수행되는 정비로서 전문 기술병에 의한 부속품 교환 및 수리 등 각종 정비근무 지원을 말한다. 사용부대 능력이 제한되어 필요한 정비작업을 수행하지 못할 때는 하급제대 정비를 지원해야 하며 야전 정비지원은 입고정비, 이동정비, 지역구난 및 기술원조 등에 의하여 수행된다.

4계단은 일반지원 정비라고 하며 통상 야전정비 지원부대에서 보다 정밀하고 기술적인 정비작업을 수행하며 주로 결합체/구성품을 수리하여 야전 보급시설 재고로 전환한다. 하급제대 정비부대에 비하여 많은 부속품 정밀공구 및 기계장비가 인가되어 있으며, 반고정 영구적 고정시설을 갖고 필요시 직접지원 정비부대를 보강 지원한다.

5계단은 창 정비라고 하며 창 정비는 정비지원 체제에서 최상급 정비로서 완전분해 수리 개념에 의거 장비 및 주요 품목의 분해, 수리(Overhaul), 재생(Rebuild) 및 생산 작업을 하며 수정작업 명령에 의거 수정작업을 실시한다. 창 정비 재고를 보유하고 이것을 정비하여 보급소요를 충당하며, 필요한 경우에는 야전 정비부대의 정비능력 초과분을 지원하며 경제적 수리한계 초과정비에 대한 폐검정 업무를 수행한다.

6. 수송

수송이란 필요한 인원과 화물을 필요한 시기에 필요한 장소까지 이동시키는 행위를 말하며 이러한 이동을 수행하는데 필요한 수송 장비 및 시설과 수송제도 그리고 계획 및 관리가 포함된다.
수송기능은 보급품을 조달하고 저장하며 분배하는 보급 활동과 사용불가 장비의 수집, 후송 · 정비활동 및 인원이동에 적극 기여한다. 따라서 수송 지원 없이는 전투근무지원 기능을 수행할 수 없다. 또한 수송기능은 군수기능의 타 업무와 밀접한 관계를 가지고 있다. 즉, 수송을 운영하고 유지하며 반면 이들 지원체제가 기능을 수행할 수 있도록 수송지원을 제공하는 상호관계에 있다.

군수 관리자는 수송체제 및 편성상의 수송능력과 제한사항을 고려하여 적절한 수송계획을 수립해야 한다. 또한 모든 수송수단은 그 속도와 능력이 각각 다르기 때문에 가용한 시간에 기초를 두고 통합 수송되어야 하며 최소의 비용으로 필요한 장소에 필요한 인원과 화물을 이동할 수 있는 수송대책을 강구해야 한다. 성공적인 수송이동은 정확한 수송 이동계획에 의거 엄격한 통제와 조정하에 수송이동을 실시할 수 있느냐에 달려있다.

정확하고 효과적인 수송 이동계획에 의거 실시하는 수송 이동이라 하더라도 이동 간 적절하게 통제 및 조정을 하지 않고 방심한다면 시시각각으로 변화하는 작전상황과 각종 저해요인으로 이동 노정에 혼잡을 초래하게 되며 예상치 않은 손실을 받게 되므로 수송이동관리 부대를 효과적으로 운영하여 출발지로부터 목적지에 이르는 동안 효과적이고 능률적인 수송이동을 실시할 수 있도록 해야 한다. 수송 이동관리 목표는 사용부대의 수송지원 소요의 필요성과 수송능력을 고려하여 최단시간 내에 최소의 수송비용으로 인원 및 보급품을 한 지점으로부터 다른 지점으로 필요로 하는 시간 내에 수송 이동할 수 있도록 통제하고 조정하는데 있다. 이동관리 목표는 용이하게 달성하기 어렵지만 수송지원체제의 효과적인 운영으로 수송이동을 능률적으로 통제하고 조정하며, 수송 장비 및 시설과 수송지원 절차를 개선하고 발전시켜 목표를 달성할 수 있도록 해야 한다. 그러므로 수송 이동관리업무를 수행하는 요원들은 다음과 같은 업무를 분석하고 평가하여 수송 이동관리목표를 달성할 수 있는 수송 이동관리 기법을 연구하고 발전시키도록 노력해야 한다.

이동관리 업무를 위해 제대별로 편성된 관리기구는 연합수송 이동본부(CTMC : Combined Transportation Movement Center)와 수송 이동관리단, 철도이동관리대(ATM O), 철도 이동관리반(TMO), 승무 이동관리대, 육로 이동관리반(MCT : Movement Control Teams), 육로조정소(HRP : HighWay Regulation Point) , 교통통제소(TCP : Traffic Control Post) 등으로 구성되어 있다.

7. 시설

시설이란 기지, 정비창이나 공장 등과 같이 부대의 기능 수행을 보조하거나 용이하게 하는 수단을 제공하는 건물과 장비가 포함되는 부동산과 개선된 부과시설 같은 실제적 설비를 말한다. 시설의 광의의 개념은 군 시설의 건설 · 보수 및 운영과 국유재산의 관리 및 처분 등 제반 계획으로부터 집행까지의 일련의 행위를 의미하며 협의의 개념은 군이 보유한 시설을 정상상태로 관리 유지하기 위하여 수행하는 제반 활동으로서 공사업무의 범주에 속한다. 또한 시설의 영역은 건설, 유지보수, 국유재산관리이다. 건설은 군부대에 필요한 시설의 건축 및 보수를 말하며, 건설에는 건물, 도로, 도관선, 내륙수로, 철도, 활주로(비행장), 도로 장애물, 방어 공사 및 기타 편의시설 등의 건설, 정비 및 복구 등이 포함된다. 또한 건설지원은 군사작전에 있어서 전투력의 보존과 발휘에 영향을 미치며, 특히 기동로상의 장애물을 극복하기 위한 건설지원은 전술부대 및 전투근무지원부대의 기동력 발휘에 중요한 역할을 한다.

그리고 전술상황하 전투근무지원 개념에는 지원부대와 증가된 기동력의 소산 필요성이 포함되며, 이러한 개념은 건설의 형태와 규모에 직접적인 영향을 미친다. 건설에 대한 기본 방침은 필요에 기초를 두어 최소한의 긴요 시설 설비를 건설하고 발전시키도록 하며 최소한의 물자, 장비 및 인원을 사용하여 최단 시간 내에 완성해야 한다. 그리고 육군본부는 국방부의 방침에 따라 육군의 건설방침을 수립하며, 육군의 건설방침은 병참선의 건설 및 유지에 중점을 둔다. 또 새로운 설계가 필요할 때에는 단순하고 다목적으로 사용될 수 있어야 하며, 장차 확장이 용이하도록 해야 한다. 건설 우선순위는 상급부대의 지시에 따라 각급 제대에서 부여하며 전략 및 전술적 상황과 기후 및 지리적 조건, 부대임무 등을 고려하여 결정하게 된다.

육군부대의 수용시설 및 편의시설에 대한 소요판단은 설정된 시설 수용기준 및 병영 기본계획에 의거한다. 또한 육군부대는 국방부 지침에 의거 육군부대의 수용기준을 설정하며, 이를 기초로 공통성을 지닌 모든 시설을 표준화 한다. 시설의 표준화는 건설계획 및 집행 등 건설행정을 간소화하며, 시공 및 건설후의 시설관리 유지에 있어서 인적, 물적 이익을 제공한다. 그리고 육군의 모든 단위부대는 해당 육군규정에 의거 병영 기본 기획서를 작성 유지한다. 병영 기본기획서는 해당부대 병영발전의 지침이 되며 육군 시설소요 작성의 근거가 된다.
유지 및 보수는 시설 기능의 주요 업무 중의 하나로 계획보수와 소규모보수, 격별보수로 구분되어 수행되는데 세부내용은 다음과 같다. 첫째, 계획보수는 시설물의 경제적 연수를 현저히 증가시킬 수 있는 대규모 보수로서 시설보수 연차계획(중기계획)에 반영하여 계획적으로 실시한다. 계획보수의 공사범위는 그 시설물 재산가격이 21~50%에 해당하는 공사비용이 투입되는 보수이다. 소규모 보수는 대규모 보수를 미연에 방지할 수 있는 소규모 범위의 보수를 말하며 그 범위는 그 시설물 재산가격의 4%이상 20% 이내에 해당하는 공사비용이 투입되는 보수이다.

격별보수는 시설물의 급격한 노화 또는 손상을 방지하기 위하여 수시 또는 주기적으로 실시, 더 큰 보수를 미연에 방지하는 예방적 성격의 보수이다. 격별보수는 시설물 재산가격의 3% 이내에 해당하는 공사비용을 투입한다.
국유재산관리는 국유재산을 관리 처분하는 광의의 관리행위를 말하며 국유재산은 국가의 부담이나 기부의 체납 또는 법령이나 조약의 규정에 의하여 국유화된 재산을 말한다. 또 국유재산은 국가가 소유하는 일체의 동산과 부동산 및 경제적 가치가 있는 모든 권리를 지칭하고 있으나 이것은 실질적 의의의 국유재산을 의미하며 광의의 국유재산이다. 협의의 국유재산이나 국유재산법 제 3조 1항에서 국가의 부담이나 기부의 체납 또는 법령 조약의 규정에 의하여 국유화된 재산으로 다음과 같다.

- 부동산과 그 종물
- 선박, 부표, 항공기와 그들의 종물
- 정부사업 또는 시설에 사용하는 중요한 기계와 기구
- 지상권, 지역권, 광업권, 기타 이에 준하는 권리
- 특허권, 서작권, 상표권, 실용신안권, 기타 이에 준하는 권리
- 주식 출자로 인한 권리, 채권, 지방채 증권, 투자신탁 또는 개발신탁의 수익증권

여기에서 항공기와 선박, 지상권, 지역권 등 부동산 외에 특정의 동산 또는 동산과 부동산의 집단 및 권리를 포함시킨 것은 그 형상이나 재산상의 가치로 보아 토지나 건물과 같이 부동산에 준할 수 있는 것이기 때문에 그 대상으로 하고 있다. 이에 대하여 근래에는 부동산학 분야에서 준부동산 또는 의제부동산이라는 용어를 인용하여 쓰기도 한다.
이처럼 부동산에 준하는 재산에 대한 관리에 있어서도 부동산과 같이 취급하는 것은 사회경제 상태의 변화에 의하여 그 재산이 지니는 경제적 가치가 증대되었으므로 일반 동산이나 권리와 구별하여 관리하는 것이다.

8. 근무

근무기능은 타 군수기능에 속하지 않은 근로, 급양, 급수, 세탁, 목욕, 수선, 영현 등에 관한 기타근무와 후방지경선 및 보급로 선정 등 기타활동, 환경보전, 경제적 군 운영 등이 포함된다. 야전근무지원은 작전부대 임무수행에 필요한 제반 근무활동 즉, 근로, 급식, 급수, 설영, 세탁, 목욕, 수선, 제독 등은 필요한 시기에 신속하게 제공되어야 한다. 근무지원 대부분 편제부대에 의해 자체에서 수행되나 야전지원시설은 우선순위를 설정, 작전임무 수행을 위한 필수적인 근무활동과 자체능력이 부족한 부대부터 지원한다.

기타근무는 작전부대 임무수행에 필요한 제반 근무활동으로서 첫째, 근로근무의 기능은 군의 전투력을 증진시키기 위하여 가용한 근로자원(노동력)을 가장 효과적으로 활용하는 것이다. 여기에는 근로자원의 획득관리 및 사용에 관한 사항이 포함된다. 근로자를 운용하는 목적은 병력을 절약하는데 있으며 가능한 한 많은 병력을 전투에 투입하기 위하여 작전 및 보안상 허용하는 범위 내에서 모든 근로자원을 최대로 이용해야 한다. 근로자는 민간인, 민간인 억류자, 그리고 포로 등으로부터 획득이 가능하며, 이러한 자원에는 미숙자는 물론 전문가나 기술자도 포함된다. 근로자 소요판단은 근로자를 운용할 수 있는 군사지원 내용을 파악하여 관계참모와 협조하고 판단하여야 하며 획득 가능인원을 고려하여 예하부대에 근로자 운용계획을 하달하여야 한다.

둘째, 급양으로 장병의 영양관리를 위하여 주부식의 획득, 메뉴운영, 조달검사, 분배, 취사(조리), 급양 감독에 관한 제반 절차를 말하며 급양근무는 주식 및 중앙 조달 부식을 정량제로 운영하되 메뉴에 의거 1인 1일 기준 열량이 충족될 수 있도록 해야 한다. 이의 세부 시행사항은 육군 급식 방침에 의한다.

셋째, 급수로 급수장의 일반적인 위치는 군수참모가 결정하며 설치는 공병대대장의 책임이다. 급수업무에 대한 공병의 기능은 급수원을 개발하고 급수시설 및 정수에 관한 업무를 수행하며 수질검사는 의무근무대장, 분배는 보급 수송대대장과 협조한다.

넷째, 목욕 및 세탁은 군지사(단) 예하 보급대대에서 지원하며 목욕지원은 평시에는 통상 주둔지 단위로 영구 목욕시설을 이용할 수 있으나 전시에는 군지사(단)에서 사단급 부대에 지원되는 목욕 트레라를 지원받아야 한다. 세탁지원은 소요보다 지원부대의 능력이 제한되는 경우가 많으므로 피지원 부대의 임무, 상황, 지형 및 기상, 가용부대 등을 고려하여 지원해야 하며 그 우선순위는 병원부대, 전투부대, 기타부대 순위다.

다섯째, 화생방 제독은 각 개인 및 부대의 책임이다. 부대의 능력을 초과할 때 화학제독 부대가 실시하며 경우에 따라서는 중장비를 가진 공병부대의 지원을 받는다. 대규모 제독은 많은 인력과 물자가 소요되기 때문에 이러한 제독작업은 통상 오염지역이 극히 중요한 곳이거나 오염된 시설의 이동이 불가능한 경우에 한하여 실시한다.

제3절 군수지원 체제

1. 군수지원체제 변천과정

육군의 군수지원체제는 초기 군원에 의존하던 창군기를 시작으로 태동기와 정비기를 거쳐 군원을 중단하고 자주군수로 전환된 보완기와 속도전에 대응한 신속한 군수지원을 보장하기 위한 기능화지원 체제 개편기를 통해 오늘날과 같은 군수지원체제가 구축되었다. 군수지원체제 변천과정은 창군기인 46년~54년까지는 미 군원에 의존하던 때로 청구보급제도와 병과별 지원체제에 의해 지원되었고 거래선은 미 보급지원부대와 한국군 사용부대가 거래하였다. 태동기인 55년~58년에는 군원의존과 청구보급제도, 병과별 지원은 창군기와 동일하였으며, 거래선에 있어서는 기지창으로부터 한국군 2군사령부와 병과시설을 거쳐 사용부대로 보급되는 체제로 개선되었다.

1954년 10월 31일 2군사령부가 창설되면서 전 육군부대에 대한 군수지원 임무를 수행하게 되었고 병과기지창을 예속 운영하였다. 정비기인 59년~69년이 자주군수가 태동된 시기로 병과별 지원체제하에 기지로부터 각군을 거쳐 사용부대로 보급되는 체제로 발전되었다. 기간 중 군수지휘기구 개편을 보면 1959년 1월 육본 참모부개편 및 병과 기지창을 2군에서 육본으로 예속 변경하였고 1959년 10월 병과학교를 교총으로부터 육본으로 예속변경하고 1960년 1월 군수기지사령부를 창설하였다.

군수 운영개념은 참모부 제도를 개편하여 군수참모부장은 각 기술 감실을 지시, 통제토록하고 기술감은 기술병과의 장으로서 각 창 시설 및 병과학교 직접 운영 및 교육 임무를 수행하였다. 또한 육군본부에서 전군 군수지원 임무를 수행하고 군수기지 사령부는 육군 군수참모부장의 지시 및 통제 하에 창 상호간의 지원 및 업무협조의 조정, 감독 및 군기유지와 3군(해군, 공군, 해병대) 상호지원 임무를 수행하였다. 그리고 2군은 전군 군수지원 임무를 육본으로 이관하고 5개 관구를 통한 국지 군수지원 임무를 수행하였다. 보완기인 70년~79년 사이에는 미 군원이 중단되고, 자주군수로 전환되는 시기로 한국군 자체적으로 창에서 지원부대를 경유 사용부대로 지원이 되는 거래선을 구축하였다. 기간 중 군수기구 개편은 군수기지 사령부를 군수사령부로 개편, 전군 군수지원 임무를 수행토록 하고 각 군에 군수지원사(3개), 군수지원단(4개)을 창설 각 병과 기구를 통합하였으며, 병과 및 일반 기능화 혼합체제로 운영되었다.

이 때의 군수운영개념은 군수참모부에서 군수업무 전반에 관한 방침을 수립 및 기획하고, 기본운영 방침의 설정 및 이를 시행, 감독토록 하였으며, 군수사령부는 육군의 효과적인 군수지원과 보급품 및 장비획득, 저장, 분배, 정비 및 처리에 대한 계획과 조정업무를 수행하도록 하였다. 현재의 군수지원체제인 기능화체제는 80년도 이후 속도전에 대응하도록 신속한 군수지원 보장체제로 개편된 시기였다. 이를 위해 병과 중복 기구를 통합하여 지원체제를 단순화하고 직송 및 추진보급으로 신속 지원체제를 확립하며, 근접지원기구 증강으로 집중지원의 융통성을 보장하도록 하였다. 또한 정책과 집행 업무 분리를 위해 육군본부는 군수정책/기획업무를 군수사령부는 무기체계별 집행운영을 전담토록 개선하였다.

2. 기능화 군수지원체제

기능화 지원체제란 동일 종류 또는 유사성질의 업무나 상호 밀접한 관계에 있는 기능이 다른 편성체에 내포되었을 때는 중복과 낭비를 제거하기 위해 하나의 기구로 통합시키는 조직 편성의 원칙에 의거 기술병과 체제의 동일 기능 및 유사 기능을 통합하여 단일 지휘 하에 기능분야 즉, 보급, 정비, 수송, 시설, 근무활동별로 지원하는 체제이다.
기존 병과별 지원체제에서의 문제점을 해소하고 현대전의 신속한 군수지원 요구에 부응하기 위하여 기능화지원체제로 개편되었는데 그 당시의 개편 방향은 다음과 같다.

첫째, 군수정책과 집행업무를 분리 편성하는 것으로 육군본부는 군수정책과 기획(계획)분야를 기본업무로 하고 군수사령부는 군수집행 및 운영업무를 전담토록 한다. 둘째, 병과 중복기구 통합으로 병력을 절약하는 것으로 각 병과별로 보급, 정비, 기능상의 중복성을 통합하여 단일 기능 지원부대에서 지원을 실시하여 병력을 절약한다는 것이다. 셋째, 전방 근접 지원기구 증강이다. 이를위해 병과 중복기구 통합으로 절약된 병력으로 전투 현장에서 신속한 현장 복구를 위한, 보급, 정비, 수송 및 현대화된 장비를 갖춘 근접 지원부대를 편성 운영한다. 넷째, 지역별 통합 지원체제이다. 이는 직접지원시설과 일반지원시설의 통합 편성으로 지역별, 보급 정비시설을 표준화, 지역별 통합지원개념에 의거 지원한다는 것이다. 다섯째, 직송 및 추진 보급이다. 사용부대에서 요구하는 장비, 물자를 상급지원시설에서 사용부대까지 최대한 추진 및 직송 보급한다.

기능화지원체제로 전환된 이유는 종전 군수지원체제는 북괴의 속전속결 전략전술에 효과적으로 대응하는데 미흡하고 발전하는 대외여건과 군내의 군수 여건에 부응하기에도 시대적으로 낙후되어 있어 우리의 현 실정에 맞는 자주적 군수지원체제의 정립이 필요하게 되었다. 전환배경을 구체적으로 설명하면 다음과 같다.

첫째, 북한의 전략전술이다. 북한의 전략전술을 보면 단기결전의 총력전, 선제기습공격, 치열한 화력전, 대량파괴 및 소모전과 침투부대에 의한 후방차단 및 교란작전이 예상되고 그와 같은 전략전술의 강력한 실천을 위하여 기동화된 군수지원의 집중능력을 보유하고 있는 것으로 판단된다. 따라서 북괴의 이러한 전략전술에 대응할 수 있는 전력 확보를 위해서 신속하고도 융통성이 있으며, 통합된 집중지원이 가능하도록 하는 효과적인 지원체제를 재정립하고자 한 것이다. 둘째, 국내의 군수여건(대내여건)이다. 국내의 군수여건을 살펴보면, 대내적으로 군수예산은 과거 '60~70'년대에 지속되어 오던 미국 군원이 중단됨에 따라 투자비가 증가되었으며, 이에 대하여 '80~90'년대는 군수 수요는 팽창하고 유지비 압박이 점차 가중될 것으로 예상되었으며 장비유지 면에서는 과거의 단순무기체계에서 정밀무기체계로의 발전에 따라 고도의 정비능력이 필요하게 되었고, 군수자원관리도 미군물자를 수령, 분배, 사용한, 지난 이십 수연간의 체제에서 탈피하여 우리의 실정에 적합한 군수 관리의 과학화가 가일층 요구되었다. 또한 연구개발 분야도 기본무기 모방생산에서 고도정밀무기의 자주개발에 부응하여야 하겠으며 군수요원도 이 추세에 따라 병과특기(MOS)관리에서 직능별로 전문화관리가 절실히 요구되었다. 이와 같이 제반여건은 보다 경제적이고 능률적인 군수지원체제를 요구하게 되었다.

3. 3군 공통품목 군수지원체제

3군 공통품목 군수지원체제는 한국의 지형과 실정에 맞는 군수지원체계로 발전시키기 위하여 각 군별로 독자적인 군수지원체제를 유지함으로써 비경제적으로 운영되던 것을 육·해·공군의 공통 품목을 군별 특성에 부합되는 1개 군이 통합 지원하도록 제도를 개선하여 부대시험을 실시한 후, 단계별로 전환 시행하여 지역별 통합지원체제로 정착시켜 나가는 것이다. 기존 군수지원체제의 문제점이 육·해·공군의 독자적인 군수지원체제를 유지함으로써 인력, 예산, 시설의 낭비요소를 내포하고 있으며, 다원화된 군수지원체제는 육·해·공군의 합동작전에 군수지원의 비능률성이 지적된 바 있다. 따라서 현행 군수지원체제의 다원화를 일원화된 군수지원체제로 발전시키는 것이 한국적 군수지원체제의 기본 개념이다. 또한 군수지원체제를 일원화한다는 것은 육, 해, 공군의 군수지원기능을 통합하여 하나의 군수지원체제로 발전시키는 것을 의미하며, 하나의 군수지원체제라 함은 국방군수기구로 육·해·공군의 군수기능을 통합하여 육·해·공군에 군수지원을 제공한다는 개념이다. 3군 공통품목 군수지원체제의 목표는 지역별 3군 통합 군수지원체제로 개선, 경제적이고 효율적인 지원을 보장하고 인원, 시설, 예산을 절감하는데 있으며, 각 군별 지원책임 범위는 아래와 같다.

육 군	해 군	공 군
지상 공통 군수지원	해상 공통 군수지원	항공 공통 군수지원
• 급식 / 피복 • 탄약 / 부대장구 • 장비 / 건설자재 • 화포 / 경항공기 • 수송 / 근무	• 선박유지품 • 선박장비 • 해상수송	• 정밀측정 • 오일분광분석 • 항공유 • 낙하산보급 / 정비
육군에 한정된 군수지원	해군에 한정된 군수지원	공군에 한정된 군수지원

5. 종별 보급지원체제

가. I종 보급

1종 보급품에 대한 보급 및 급식운영 방침은 아래와 같다.

첫째, 식량은 변질 가능성이 있는 품목으로 수송 및 저장에 항상 유의하여야 하며, 가능한 한 지원부대의 경유를 최소화하여야 한다.

둘째, 주식은 정량제로 운영하며 평시는 분기별로 전시는 단계별로 1종 배정 계획에 의거 지역별 1종 보급시설을 통하여 현지 농창에서 수령하며, 부식은 정량(중앙조달) 및 정액제(부대배정)로 운영하며, 중앙조달부식은 수요지 위주로, 부대배정 부식은 군단 및 사단 급양지원 시설로 직납한다.

셋째, 보급은 일보 병력을 기준하며, 전시 급식기준은 동원령 선포와 동시

적용하고 현역 장병, 군무원, 예비군, 근로자를 동일 기준에 의거 급식하고 포로에 대한 급식은 제네바 협정(1949. 8. 12)에 의거 아군과 동일하게 급식하며 부대별로 일정별 포로발생 예상인원을 판단하고 급식대책을 강구한다. 넷째, 정상적인 식량 보급이나, 취사가 불가능한 경우에 한하여 전투식량으로 대체 급식하고 담배는 전시 1인 1일 1/2갑을 지급, 평시에는 현금으로 지급한다. 등이다.

나. II종 보급

평시의 2종 보급운영 방침은 년도별 보급방침에 의거 변경되며 운영방침은 아래와 같다.

〈평시 보급운영방침 "예"〉

유 별		방 침
피복류	1회 보급품	입소시 초도 보급으로 제대시까지 착용
	일시 보급품	소모성이 강한 품목으로 특정일자에 일시 보급
	보충 보급품	야전자금 범위내에서 인가부족 소요청구 보급
침 구 류		야전자금 범위내에서 인가부족 소요청구 보급
개 인 장 구 류		야전자금으로 인가부족 소요청구 보급
천 막 류		편제표에 의거 부족분 인가건의 후 할당 보급
취 사 기 구 류		취사기구 배당표(T/A 725-2)에 의거 소요부족분 인가자금으로 청구보급
개 인 일 용 품		매월 1일 일보 기준 인가자금으로 자동 보급/ 결산
행 정 소 모 품		인가자금으로 기준에 의거 청구 보급
수 공 구		배당표(T/A 10-100-15, 16)에 의거 소요량 인가자금으로 청구보급
소 화 기		인가 기준표에 의거 부족분을 상급부대에 건의 할당보급
지 도		인가문서에 의거 청구보급

유 별	방 침
건 전 지	T/A 11-101에 의거 인가자금으로 청구 보급
야 전 선	· 초도보급(증 · 창설계획에 의거) · 보충보급(매년 육본 할당보급)

전시 2종 보급운영 방침은 다음과 같다. 첫째는 청구 보급제도로 전환하여 보급하고 둘째, 증·창설부대 초도소요는 치장 및 동원물자로 지원되며, 치장물자는 관리부대에서 보급하고, 동원물자는 인수부대에서 산업동원 재물 통제 계획에 의거 해당부대로 보급한다. 셋째, 야전군 군수지원사령부까지는 기지보급창으로부터 추진되고, 군단의 군지단 보급소는 사단까지 추진 보급하며 필요시 가능한 한 편성부대까지 추진 지원해야 한다. 넷째, 현역, 군무원, 노무자에 대한 피복은 전시 지급기준 및 보충률에 의거 보급하며 초기소요는 가용자산 범위 내에서 현역군인에 우선을 두고 보급하고 산업 동원 계획에 의거 획득되는 자산으로 확대 보급하며 포로에 대한 피복은 정보가치가 없는 노획품 및 가용량으로 보급함을 원칙으로 하되 가용자산 부족시는 현역군인 피복을 지급한다. 다섯째, 국내생산이 가능한 품목은 산업동원에 의해 획득, 보급하고 국내생산이 불가능한 품목 중 대외군사판매 품목을 계약에 의거 외국으로부터 조달하며, 상업, 구매품목은 조달본부를 통하여 획득, 보급하며 사용부대에서 발생한 초과품은 지원보급시설에 반납하고 이중사용 가능한 보급품은 타부대 소요를 보충하기 위하여 재분배한다. 등이다.

다. Ⅲ종 보급

육군에서 적용하고 있는 유류운영 방침을 보면 다음과 같다.

첫째, 유류 보급지원은 현 보유량, 전투예비 및 사전저장 비축량과 산업동원 물량으로 충당하며, 정유 및 저유시설의 파괴로 국내생산 및 지원이 불가할 시 정부비축량으로 우선 보급한 후 해외로부터 구매하여 충당한다. 둘째, 평시 유류지원은 자금관리제도로 운영하며, 전시는 자금관리제도를 폐지하고 유선 · 전문 등에 의한 일일재고현황 보고에 의거, 자동추진 보급하되 추진보급이 불가능할 때는 보급소 분배를 실시한다. 셋째, 평시의 전투 예비유류 관리는 운영용과 구분하여 저장하고 1, 3군 지역부대는 전투예비유류를 장비에 충만 시키며 테프콘-Ⅱ 상황시 운영용으로 전환한다.
넷째, 군지사 일반지원대대 유류중대는 군지사 직접지원대대, 보급지원중대, 유류소대와 보수대로 추진 지원하고 군지사 직접지원대대, 보급지원중대, 유류소대는 물량을 인수하여 비사단부대의 대량 유류소모부대에 추진지원하고, 사단 보수대는 물량을 인수하여 보병은 연대단위, 포병 및 기갑은 대대단위까지 최대한 추진보급하며 기타부대는 보급소분배를 한다. 그러나 상황과 여건에 따라 군수지원의 목표를 달성하기 위해 상급지원부대에서 사용부대까지 최대한 추진 및 직송 보급하며, 추진보급을 용이하게 하기 위해서는 피지원부대가 이동하거나 전투임무를 수행하고 있을 때는 추진보급을 지양하고 예비임무 수행 간 추진보급지원을 실시해야 한다.

라. Ⅳ종 보급

4종은 공사자재, 운영자재, 창 상호지원자재, 교육훈련자재, 신영/축성용자재, 보수공사 자재 등으로 분류할 수 있으며 4종에 대한 보급 및 인가 절차,종류별 용도 및 인가권자는 아래와 같다.
4종 운영방침은 매년 하달되는 육본운영방침에 의해 변경되며, 전시 4종 획득은 현가용량 및 산업동원으로 획득 보급하도록 되어 있다.

마. Ⅴ종 보급

각급 부대에서 필요로 하는 교탄, 공사용 폭약, 처리용 폭약, 기능시험용 탄약 등은 년도별 상급부대에서 인가(할당)된 범위 내에서 지원시설로 공문서를 통해 청구하여 사용하게 된다. 그리고 전 · 평시 작전을 위해 필요한 B/L탄은 다음과 같은 절차에 의해 보급된다. 첫째, 부대창설, 편제개편 및 무기교체에 따라 소요되는 기본휴대량과 기타 부족 휴대량(작전소모보충 및 불량탄 교체는 제외)은 사용 산출근거를 명시하여 1, 2, 3군사령부에서 종합한 후에 부대단위로 탄약지원사령부에 보급을 신청하면 탄약지원사령관은 전투용 탄약의 가용범위 내에서 청구부대와 지원시설로 청구하고 재고부족 탄약은 육본으로 조치를 건의한다. 이때 보급통보를 받은 부대는 보급 통보근거를 명시, 지휘관의 서명을 받아 지원 부대에서 수령하되 해부대 탄약책임관은 탄약 수량이나 상태 등의 이상 유무를 반드시 확인 후 수령하여야 한다.

또한 평시 작전행위에 의한 소모보충은 지역작전사령부 작전참모의 소모전말 확인서를 첨부, 야전군사령부 및 탄약지원사령부로 청구하여 획득하며, 청구서를 접수한 지원시설은 상급부대의 불출지시와 대조하여 산출근거를 확인 후 소구경은 포장단위, 그 외 탄약은 낱발 단위로 불출한다. 전시 기본휴대량 보충은 책임 장교의 확인을 받아 청구 및 보충 받게 되는데 군단직할부대는 군단탄약장교, 사단급 부대는 사단 탄약장교 및 자대 군수참모의 확인이 필요하다.

또 통제보급률이 하달되었을 때에는 통제 보급률의 1일분을 초과하여 청구 및 불출할 수 없으나 작전상황 및 지역여건에 따라 군사령관 통제에 의거 부대별로 조정한 후에 추가 보급할 수 있다.

야전군에 대한 탄약지원 임무를 수행하기 위해 전방탄약보급소와 후방탄약보급소, 가동탄약보급소 등의 탄약부대가 편성되어 있다.

또한 사단급 부대에는 탄약전환보급소가 편성되어 사단 내 전투부대에 대한 탄약의 신속한 보급임무를 수행하고 있다. 이러한 탄약전환 보급소는 사단이 신속한 전진이나 이동 또는 기타요인으로 탄약보급소(ASP)와 보급거리가 신장된 상태에서 사단이 필요로 하는 대량 소모탄약을 적시, 적소에 재보급이 가능하도록 사단 지역 내에 설치 운용한다.

또한 탄약전환보급소는 사단의 상설기구로서 편성은 사단 군수처의 탄약요원과 사단 보급 수송대대의 탄약소대 요원으로 편성 운용하며 탄약 할당량에 근거하여 사단에서 필요로 하는 대량 소모탄약을 탄약보급소로부터 수령, 저장, 분류하여 신속하게 재보급을 실시한다.

바. Ⅶ종 보급

장비의 분배는 편제부대별 장비편성표(T/E) 또는, 장비배당표(T/A) 그리고 지역 특수소요 부대에 대한 지역장비배당표를 근거로 인가 부족을 판단하고, 분배 우선순위에 따라 분배한다. 통상적인 분배우선순위는 전투부대, 전투지원부대, 전투 근무 지원부대의 순이 적용된다.

신규 장비 및 증·창설부대 장비는 육군본부 관련참모부에서 제기할 때 장비의 소요를 판단하여 합동전략목표기획서와 국방중기계획에 전력화부대가 지정되고 편제에 포함된다. 군수참모부 국방중기계획과 작전참모부계획을 기초로 사업 승인건의서를 작성하고, 사업이 승인되면 예산안에 반영한다. 예산이 배정되면 조달본부는 사업계획에 의거 업체와 계약하고 업체는 지정된 부대에 납품한다. 노후장비 교체 및 편제 부족장비 보충은 육군본부 군수참모부에서 장비도태계획과 연계하여 먼저 합동 전략목표 기획서에 반영하고 이를 기초로 국방중기계획에 반영, 확보 후 보급된다.

사. Ⅷ종 보급

의무물자 및 장비는 국내 가용량으로 지원하고 한·미간 상호 지원은 의무보급 협조단을 통하여 지원한다. 또 의무물자는 보유물자를 우선 지원하고, 소요 물량 중 부족분은 산업동원 물량을 인수하거나 국내 및 해외 조달, 보급한다. 그리고 의무 장비 중 국내생산 불가장비는 평시 확보하며, 의무장비는 현장 정비를 강화하여 후송을 억제토록 한다. 3군 통합지원 방침에 의거 타군(해·공군)에 대한 의무보급 및 정비지원을 제공한다.

아. Ⅸ종 보급

9종(수리부속)은 전시 청구보급제도로 전환하여 보급함을 원칙으로 하고 긴급 상황시에는 군수사령관이 판단하여 지원 할 수 있다.

또한 국내 생산이 가능한 품목은 산업동원에 의해 획득/보급하고 국내 생산이 불가능한 품목 중 대외군사판매 품목은 계약에 의거 미국으로부터 조달하며, 상업구매품목은 조달본부를 통하여 획득/보급한다. 그리고 사용부대에서 발생한 초과품은 지원 보급시설에 반납하고 이중 사용 가능한 보급품은 타부대 소요를 보충하기 위하여 재분배한다. 타군(해 · 공군)에 대한 공통품목은 3군 통합지원 방침에 의거 지원한다.

6. 군수품관리자

군에서 군수품을 관리 및 운영하는 관리자는 아래와 같다.
첫째, 군수품관리관은 군수품 관리에 관한 업무와 전반적인 관리 계획 수립, 출납 명령권 행사, 물품 출납공무원 및 물품 운용관 지휘 감독, 기록계정 및 보존상태 확인, 재물조정 보고의 승인업무 수행 그리고 주기적인 군수품 결산업무를 수행한다.
둘째, 군수품 출납공무원(일명 재물통제관)은 군수품의 청구, 수령, 불출, 보관, 반납업무 수행과 재산의 기록계정 및 비치서류 유지 그리고 주기적인 군수품 결산업무 시행 등의 업무를 수행한다.
셋째, 군수품 운용관은 필요한 군수품의 청구, 폐품, 초과품의 반납과 군수품의 수령 및 각 개인에게 지급하며, 주기적인 군수품의 평가 및 결산업무 시행 그리고 사용중인 군수품의 관리 등의 업무를 수행한다.

군수품관리자(군수품 출납관리 공무원)의 자격으로는 첫째, 군수품 관리관(분임 및 대리 포함)은 영관급 이상의 장교 또는 5급 이상의 군무원이어야 한다. 둘째, 군수품 출납공무원 및 운용관(분임 및 대리 포함)은 영관급 이상의 장교, 준사관 및 7급 이상 군무원 이어야 한다. 단, 해당 자격자가 없는 소규모 부대의 운용관과 군수지원부대 및 편성부대의 분임 출납공무원은 위관장교 및 3호봉 이상의 부사관을 임명할 수 있다.

제2장 군수기획 관리

제1절 기획 일반이론

1. 기획의 개요

가. 기획의 개념

미래를 내다보고 사전에 대비하는 것은 고도의 정신능력을 가진 인간만이 할 수 있는 일이다. 인간은 공동의 조직 사회에서 뿐 아니라 개개인의 일상생활에 있어서도 정도의 차이는 있으나 어떤 형태로든 수없이 많은 계획을 세우고 그것을 실천하려고 노력한다. 아침에 하루의 계획을 세우고 년 초에 1년 동안 성취해야 할 목표들을 계획한다. 나아가서 어떤 조직이나 지역사회 그리고 국가의 경우에 계획의 수립은 거의 필수적인 요건이며, 또 그 만큼 일반화되어 있다. 이와 같이 계획은 우리 생활주변에서나 조직사회에서 널리 활용되고 있음에도 불구하고, 그 정확한 의미와 개념에 대해서는 잘 이해하지 못하는 경우가 많다. 어떤 사람은 단순한 예측 자료를 계획으로 보고 있는가 하면, 또 다른 사람은 관리에 필요한 지시문서 정도로 생각하고 있는 것이다. 계획이 갖추어야 할 요건에 대해서는 더욱 견해가 다양하다.

우선 우리가 사용하고 있는 용어에도 약간의 혼동이 있다. 가장 대표적인 것이 기획(企劃, planning)과 계획(計劃, plan)의 구별 문제이다. 기획이라는 말보다는 계획이 아무래도 우리에게 친숙하기 때문에 두 개념을 구별하지 않고 계획이라고 부르는 경우가 있으나, 일반기업들의 기획관리실 등의 명칭에서 볼 수 있듯이 기획이라는 용어가 점차 일반화되어 있으므로 개념상 구분해서 사용하는 것이 바람직할 것이다. 완전히 합의가 이루어진 것은 아니지만 일반적인 통설은 계획하는 과정을 기획이라고 보는 입장이다. 이는 plan을 계획으로, planning을 기획으로 번역하여 사용하는 셈이다. 따라서 기획은 계획을 수립·집행하는 과정이며 계획은 기획을 통해 산출되는 결과인 것이다. 결국 기획은 절차와 과정을 의미하는 반면에 계획은 대체로 문서화된 활동목표와 수단을 가리킨다고 할 수 있다.

기획이란 무엇을 의미하는가에 대하여 지금까지 행정학, 경영학, 기타 여러 학문분야에서 수많은 정의가 내려졌지만 각기 다양한 입장과 관점을 나타내고 있는데, 이들을 종합하면 "기획이란 보다 나은 수단으로 목표를 달성하기 위하여 장래의 행동에 관한 일단의 결정을 준비하는 과정이다"라고 정의할 수 있다.

군수기획에서 달성해야할 최종 목표는 국가목표와 국방목표가 달성될 수 있도록 하는데 있다고 할 수 있는데, 먼저 국가목표는 국가가 달성해야 할 목표(goals)로서 국가가 국민을 위하여 해줄 수 있는 모든 것이 다 완성된 최종상태를 의미한다. 즉 국민의 행복한 생활을 보장하기 위해 제반 조치와 여건이 발현된 상태로서, 국민의 자유보장, 기회균등, 국민의 복지증진과 국가의 안전보장 등의 내용이라고 할 수 있다.

즉, 국가가 왜 존재해야 하는가(국가목적) 하는 존재 가치가 완전히 구현된 상태를 의미한다. 이것은 실제 존재하지 않는 관념적인 상태로서 우리 국가가 추구해야 할 가치라고 할 수 있다.

국가가치를 현실적으로 적용하기 위하여 방향성 있게 설정한 목표가 국가목표 즉, 기획의 과정이다. 우리나라의 국가목표는 1973년 2월 국무회의에서 "국가보위, 복지실현, 국위선양"으로 규정한 바 있는데 이는 우리 대한민국이 왜 존재하느냐 하는 건국이념, 즉 헌법정신과 일맥상통한다고 할 수 있다. 국방목표로는 1994년3월10일에 국무회의에서 의결되었으며 "외부의 군사적 위협과 침략으로부터 국가를 보위하고, 평화통일을 뒷받침하며 지역의 안정과 세계평화에 기여 한다"로 국가목표를 구현하기 위한 목표이므로 계획에 해당 한다고 하겠다. 한편으로 기획과 계획의 관계에 대해 아래와 같이 표시할 수 있다.

〈기획과 계획의 관계〉

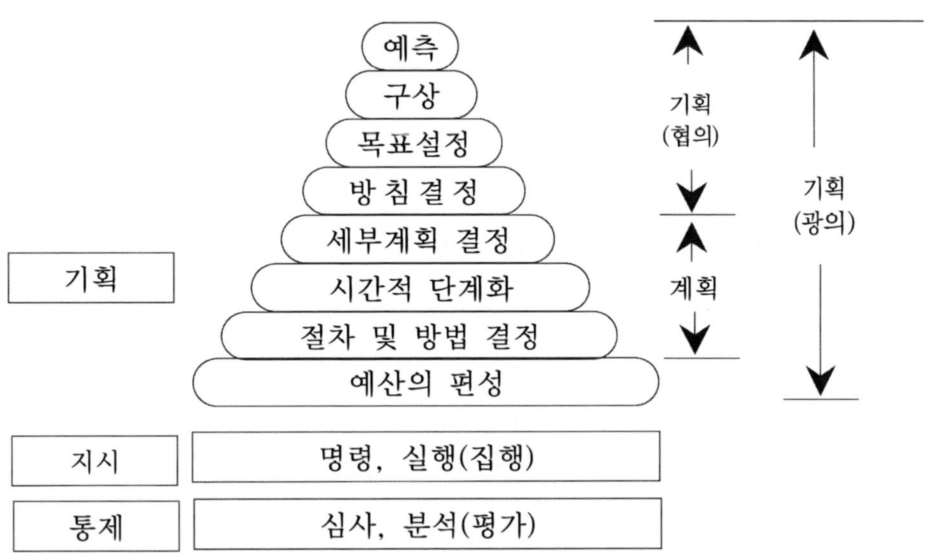

위 그림과 같이 기획은 광의적으로는 협의의 기획과 계획을 묶어서 기획이라고 정의할 수도 있고, 협의적으로는 예측으로부터 방침을 결정하는 단계까지로 구분하여 정의할 수도 있다. 즉, 계획은 기획의 한 분야로 볼 수 있다는 것이다. 기획의 본질 면에서 기획은 하나의 과정, 즉 계속적인 활동이며, 준비하는 과정이라 할 수 있으며, 그 대상을 일단(一團)의 복합적인 결정으로 한다. 또한 행동 지향적이고 미래지향적이며 목표를 성취하기 위한 활동이라 할 수 있다.

한편 기획의 중요성을 살펴보면 여러분야로 구분 되겠으나, 조직 내에 부여된, 목표달성을 위하여 주의를 집중시키는 지휘의 수단으로써, 매우 중요한 역할을 하고 있으며, 불의의 사태에 대비하여 복수의 계획을 수립함으로써, 장래에 대비하게 되겠고, 또한, 기획은 여러 가지 방안 중에서 가장 합리적인 방안을 선택하도록 유도함으로써 낭비를 최소화할 수 있으며, 어떤 개인이나 업무 단위부서에 대하여 일정한 공간과 시간 한계 내에 수행되어야 할 업무량을 명확하게 확정 시켜주기 때문에 효과적인 성과측정이 가능하게 된다. 기획은 또한 주먹구구식 업무수행이 최소화되고, 조직 내의 제 문제를 충분히 파악하기 때문에 가용자원의 효율적 사용과 전체적 운영상황 파악 및 효과적인 통제수단으로, 그 중요성을 지니고 있다.

나. 계획의 주요 유형

기획의 한 분야라고 할 수 있는 계획은 기준에 따라 아래와 같이 분류할 수 있다.

① 대상 기간별 분류 : 단기계획, 중기계획, 장기계획
② 지역 수준별 분류 : 지역계획, 국가계획, 국제계획
③ 대상 분야별 분류 : 경제계획, 사회계획, 물적 계획, 방위계획
④ 종합성 정도별 분류 : 사업별 계획, 통합적 공공투자계획, 종합계획
⑤ 강제성 정도별 분류 : 중앙집권적 강제계획, 경쟁적 사회주의 계획, 민주적 강제계획, 유도계획, 예측계획
⑥ 고정성 여부별 분류 : 고정계획, 연동계획

위와 같은 분류기준중 대상 기간별 분류와 고정성 여부별 분류기준에 대해 구체적으로 설명하면. 먼저 대상기간별 분류는 각종 계획들을 대상으로 기간이 짧게는 한 달에서 길게는 4반세기에 이르기까지 다양하지만 일반적으로 단기, 중기, 장기로 구분한다.

첫째, 단기계획(short-term plan) : 전형적인 단기계획은 년차 계획이며 특히 국가계획의 경우에 1년 이하의 계획은 거의 사용되지 않는다. 그러나 철저한 계획 경제체제 하에 있던 구소련이나 동구 국가들은 연간 목표를 할당하여 분기별·월별 계획을 수립하기도 하였으며, 서방 국가에서도 계절

별 경기대책의 일환으로 분기계획을 작성하는 경우가 있었다. 년차 계획은 대체로 두 가지 용도가 있다. 그 첫 번째는 중장기계획을 집행하기 위한 운영계획으로 예산과 연결된 구체적인 실천계획의 역할을 한다. 두 번째로 년차 계획은 비상시기나 중장기계획을 새로 수립하는 경우에 과도기를 대상으로 한 조정 계획으로서 계획 시발년도 이전의 기반을 조성하는 기능을 하기도 한다. 중장기계획을 작성하는 데는 2년여의 시간이 소요되므로 이러한 과도계획이 필요하게 되는 것이다.

일반적으로 단기계획은 3년 미만의 계획을 가리키는데 계획과 현실과의 괴리가 적기 때문에 현실성(feasibility)이 높다는 장점이 있는 반면, 구조적인 변동이나 획기적인 발견을 기대하기 힘들다는 단점이 있다. 년차 계획의 재정적인 표현이 곧 예산이므로 양자는 밀접한 관련과 유사성이 있으며, 관점에 따라서는 예산도 단기계획의 일종으로 볼 수 있을 것이다.

둘째, 중기계획(medium-term plan) : 중기계획은 3년 내지 7년을 대상기간으로 하는 계획을 말하며 5개년계획이 가장 일반화되어 있다. 그러나 구체적인 계획기간은 정치적인 필요에 의해서 설정되는 수가 많은데, 예를 들면 대통령이나 국회의원의 임기와 일치시키기 위해 계획기간을 4년 또는 5년으로 조정한 국가가 적지 않다. 또 국제간의 지역 공동개발을 추진하는 경우에 계획 기간은 여러 나라가 공통 일 수밖에 없다. 예컨대 2차 대전 후 미국의 유럽원조 계획인 마샬플랜(Marshall Plan)의 수원국들은 거의 의무적으로 4개년 계획(1947~1950년)을 수립하였으며, 콜롬보계획(Colombo Plan) 참가국들에 의해서 작성된 최초의 계획들은 모두 6개년계획(1951~1957년)이었다. 계획기간은 매번 동일하게 책정할 수도 있지만 달리 잡는 경우도 많다. 인도는 계속해서 5개년 계획을 수립하고 있으며 프랑스도 마찬가지이다. 그러나 미얀마, 舊 유고슬라비아, 콜롬비아 등은 4년, 8년, 5년, 7년 등으로 매번 계획기간을 달리해 왔다. 우리나라에서는 60년대 이후 계속해서 5개년 계획을 반복하고 있음은 잘 아는 바와 같다.

셋째, 장기계획(long-term plan) : 장기계획은 대체로 10년 내지 20년에 걸친 계획기간은 가지며 실제로는 계획이라기보다 전망(perspective)의 성격이 강하다. 아주 구체적인 프로그램은 별 의미가 없고 기본방향과 지침을 제시하는 데 더 의의가 있기 때문이다. 따라서 장기계획은 여러 개의 중기 혹은 단기계획으로 세분하여 집행되는 경우가 많다. 장기계획은 대표적인 예로서는 네덜란드의 20년 계획(1950~1970년), 소련의 10년 계획(1961~1980년), 이탈리아의 바노니(Vanoni)계획(1955~1964 년) 등이 있다. 특기할 만한 것은 국민소득의 획기적인 증대를 위한 장기계획들이 여러 나라에서 수립되었다는 점이다. 인도의 경우 1933년에 국민소득배증 10개년계획, 1944년에 소득배증 15년 계획을 수립한 바 있으며, 파키스탄은 국민소득의 세배 증가를 위한 20개년계획(1961~1980년)을 추진한 바 있고 일본도 국민소득 배증계획(1961~1970년)을 앞당겨 달성한 바 있다.

중기계획을 수립하면서 장기추정(projection) 또는 전망을 토대로 하는 사례도 많이 있다. 인도의 경우 제1차 5개년 계획과 관련하여 30년 장기전망을, 제2·3·4차 5개년계획 수립 시에는 15년 장기전망을 작성하였으며, 프랑스의 경우도 제4차 계획 수립 시에는 15년, 제5차 계획은 20년의 장기전망을 토대로 하였다. 장기계획은 장기적인 발전전망과 비전하에 구조적 변화와 지속적인 개발을 추진할 수 있다는 장점이 있는 반면, 구체화되지 못하여 집행계획으로서의 실제성이 약하고 계획기간이 경과함에 따라 실제와 유리되기 쉽다.
다음은 고정성여부별 분류기준에 의해 계획을 분류해 보면 다음과 같다.

첫째, 固定計劃(fixed plan) : 대부분의 발전계획들은 계획기간을 고정시키고 있으며 우리나라의 제1차(1962~1966년), 제2차(1967~1971년), 제3차(1972~1976) 5개년 계획들이 전형적인 예이다. 외국의 국가 계획들도 계획기간이 고정된 중장기 계획들을 연이어 수립하는 것이 보편화되어 있다. 중장기 계획들을 집행하는 과정에서 목표에 차질이 생기거나 주변 여건이 현저하게 변동될 경우에는 전혀 새로운 계획을 수립하거나 년차 계획을 통해서 조정한다. 일본의 경우에 과거 20년(1956~1976년)동안에 5개년계획

일곱 개와 10개년 계획 한 개를 수립하였으며 따라서 중장기계획의 평균수명이 2년 반 정도 지나지 않았다. 일본의 경제계획들은 모두가 경상성장률을 실제보다 낮게 추정하였으며 그때마다 상향조정을 위한 새로운 계획을 수립하곤 하였다. 계획기간 중간에 수정하는 것을 공식화하고 있는 국가들도 있다. 스웨덴은 The Swedisch Economy(1956~1960년)이후 계속해서 5개년 계획을 수립하고 있으나 반드시 2년 후 정도에 수정을 가하고 있으며 헝가리의 경우도 5개년 계획의 중간 즉 제3차 년도에 계획 달성도 및 문제점을 점검하여 후기 년차계획에 반영하고 있다.

둘째, 連動計劃(rolling plan) : 계획 집행상의 융통성을 유지하면서 계속 수정·보완하기 위한 제도적인 장치로서 연동계획 체제가 있다. 연동계획이란 장기계획 혹은 중기계획의 집행 과정에서 매년 계획내용을 수정·보완하되 계획기간을 계속해서 1년씩 늦추어 가면서 동일한 연한의 계획을 유지해 나가는 제도이다. 예를 들면 제4차 경제발전 5개년계획(1977~1981년)의 경우, 1차년도인 1977년 말에 한 해 동안의 집행결과와 여건의 변동을 감안하여 계획을 수정하되 다시 1978년에서 1982년에 걸친 새로운 5개년 계획을 수립한다는 것이다. 그 후에도 매년도 말에는 동일한 절차가 반복됨으로써 시발년도가 없어지는 대신 마지막 연도에 한 해가 추가되어 항상 5개년 계획이 유지되지만 계획기간은 연속적으로 이동하게 된다. 연동계획의 기본철학은 이른바 漸進主義 戰略에서 찾을 수 있다. 점진주의 전략은 상황과 여건의 변화에 따라 계획의 세부 방침뿐 아니라 목표까지도 수정되어야 한다는 입장이다. 계획수립에 있어서 모든 대안들을 종합적으로 분석하여 완전무결한 청사진을 작성한 뒤 일로 매진하기보다는 상황의 변화에 따라 주어진 여건 속에서 끊임없이 최선의 대안을 추구하는 것이 바람직하다는 입장인 것이다. 이것은 장기적 미래의 불확실성과 인간의 미래 투시능력 및 판단 능력의 한계를 감안한 극히 현실적인 접근방법이라 하겠다.
연동기획은 장기적인 비전과 미래 설계 속에서 구조적인 변화를 기한다는 장기기획의 장점과, 실제와의 괴리가 적기 때문에 기획의 실현 가능성과 타당성이 높다는 단기기획의 장점을 결합시키려는 시도라 할 수 있다. 즉, 장기적인 전망에 입각하여 당면 기획을 계속적으로 수정 · 보완함으로써 기획의 이상과 현실을 조화시키려는 제도인 것이다. 그러나 이와 같이 이상적인 제도임에도 불구하고 광범하게 채택되지 못하고 있는 이유는 무엇인가? 이는 연동기획 제도가 갖는 몇 가지 문제점 때문이라 하겠다.

2. 기획의 과정

기획은 목표의 설정, 상황분석, 대안의 탐색, 대안의 비교평가, 계획의 집행과 평가라는 과정에 의해 수행되는데 과정별 세부내용은 다음과 같다.

가. 목표의 설정

목표의 설정은 기획이 달성하려고 하는 결과나 상태에의 접근을 시도하는 것입니다. 목표는 실제 현상에서의 문제를 제기시키는 것이다. 또 다른 측면은 조직이 미래에 발생할 사태에 대비하여 현존 상황에서 목표를 수립하는 경우도 있다. 기획목표가 계획의 수립 · 집행 · 평가의 연속과정에서 실효성 있는 지침 또는 준거의 틀로서 기능을 하기 위하 여는 기획목표는 지향하는 미래 상태의 견지에서 볼 때 타당성 및 실현가능성이 있어야 한다. 목표는 원하는 것을 의미한다. 목표는 필요성과 문제의 이해로부터 나타나며, 목표를 설정하는 과정에서의 목적은 기대 가능하고 실현 가능한 목적을 설치하는 것이다. 기획은 미래를 예측하고 설계하는 수단으로 정의된다. 과거와 현재의 경향을 아는 것은 미래의 방향을 이해하는 것에 도움을 줄 뿐만 아니라, 미래의 상태를 상상 할 수 있는 방법을 가르쳐 준다. 기획가는 목표를 설정하는 데 있어서 그것이 미래 상태와 연계시켜 타당성이 있어야 한다. 또한 그 목표는 구체적인 타당성이 있어야 한다. 또한 기획과정에 있어서 목표설정을 하는 데 있어서는 상위목표와 하위 목표 간에 목적, 수단의 연계성을 유지하면서 목표가 내적인 일관성을 유지하도록 형성시켜야 한다.

나. 상황분석

목표가 설정되면 현존하는 상황과 미래의 상황과를 연계시켜 문제를 규명하는 상황을 분석해야 한다. 즉, 미래의 상황과 연관시켜 목표를 선정한 다음 미래의 상황에 접근할 수 있는 현재의 상황을 체계적으로 분석하여야 한다. 상황의 분석은 현존뿐만 아니라 미래에 예상되는 상황에 대한 예측도 병행하여야 한다. 따라서 목표에서 설정된 미래와 현존하는 상황이 변화되는 경우 발생하게 될 미래와의 격차를 정확히 파악해야 하며, 목표에서 설정된 미래상황에 접근할 수 있도록 노력을 해야 한다.

상황을 분석하는 과정에서 제기되는 것은 기존의 문제, 예상되는 문제 및 목표를 달성하는 데 제거하여야 할 요인, 변수 등을 규명하는 것이다. 또한 변화하는 환경에 적응시키기 위한 조직체계의 변수도 정확하게 진단해야 한다. 그러므로 미래의 상황 및 변화하는 상황에 연계되는 변수들을 정확히 진단·파악하는 것이 중요하다. 상황을 분석하기 위해서는 조사연구의 방법을 사용해야 한다. 즉, 정확한 상황을 분석하기 위해서는 관련정보 및 자료의 수집을 통하여 전개되어야 한다. 통계자료 및 관련문헌 등을 통하여 관련된 정보를 수집해야 하며, 동시에 이들 관련 변수들이 어떠한 인과관계 혹은 상관관계 등이 있는가를 정확하게 조사·분석해야 한다. 그러므로 조사연구에 대한 방법론을 사용하여 자료를 수집하여야 합니다. 자료수집 방법은 기존 연구문헌, 관찰, 면접, 조사, 실험 등의 모든 수단을 이용하여 상황을 분석하기 위한 자료를 수집하고 활용하여야 한다.

다. 대안의 탐색

목표가 설정되고 상황이 분석되면 문제를 해결하기 위한 여러 대안이 제기된다. 즉, 문제를 해결하기 위하여 오직 하나의 대안만 존재하는 경우에는 문제가 없지만 여러 대안이 존재하는 경우에는 대안간의 비교를 하여야 한다. 대안을 도출하는 경우에는 기획가 자신의 경험에 크게 의존하게 된다.

즉, 과거의 유사한 경험이 존재하는 경우에는 문제를 해결하는 데 접근하는 가장 좋은 방법이 되게 된다. 그러나 과거의 경험적 상황이 존재하지 않는 경우에는 기획가가 창의적 및 독창적인 해결 대안을 제시할 필요가 있다. 이러한 경우에는 기획가의 능력이 향상되어야 하며, 기획가의 능력에 문제해결에 대한 접근 및 해결을 의존하게 된다.

대안탐색 시 고려해야 할 필요조건으로서는 첫째, 해결할 문제 또는 달성할 목표를 명확히 하여야 한다. 둘째, 대안을 광범위하게 탐색 또는 개발하여야 한다. 셋째, 대안이 가져올 결과를 예측하여야 한다. 넷째, 대안의 결과를 비교 · 평가하여야 한다. 다섯째, 최선의 대안을 선택하여야 한다. 최선의 대안을 선택하기 위해서는 정책 대안들을 광범위하게 탐색하고 개발하여야 한다. 특히 여러 대안들을 비교 · 평가한 후에 어떤 대안이 최선의 대안인지 알 수 있고, 그러기 위해서는 모든 대안들을 찾아내어 비교 · 평가의 대상으로 설정하여야 한다. 특히 대안을 탐색하는 과정에서 모형 혹은 이론이 부족하거나 다른 조직에서 경험적으로 사용한 적이 없는 경우에 대안을 탐색하는 기술을 개발하는 것이 중요하다. 이러한 시기에는 주관적 · 직관적인 방법으로서 집단토의(Brainstorming) 및 델파이 방법 등이 사용될 수 있다.

대안을 개발하는 과정 및 순서는 ① 정의된 문제를 정확하게 인지하고, 명확히 설정된 표와 연결된 것인지를 확인하여야 한다. ② 문제를 해결하거나 목표를 달성할 수 있는 수단의 종류를 광범위하게 확인 시킨다. ③ 여러 가지 종류의 수단을 적절히 배합하고, 각 수단의 실현수준을 달리하는 여러 가지 대안을 구성하여야 한다. 탐색된 대안을 비교하기 위해서는 대안이 선택되어 집행한 경우에 발생되는 결과를 예측하여야 한다. 최선의 문제해결 대안을 얻기 위해서는 대안의 하나하나가 집행 될 경우에 나타날 결과를 예상함으로써 최적의 대안을 선택할 수 있기 때문이다.
대안이 집행 또는 실현되었을 경우에 나타날 결과들을 대안이 실제적으로 실현되기 이전에 이미 예상하는 것을 대안의 결과 예측이라고 부릅니다.

대안이 가져올 결과를 미리 예측한다는 것은 기획과정에서 가장 어려운 단계입니다. 이 단계를 위하여 많은 분석기법이 개발되어 오고 있고 또한 계속될 것입니다. 대안을 과학적으로 예측하는 기법으로 모형을 이용하는 방법과 실험을 하는 방법이 있다. 계량적인 방법의 경우 통계기법을 사용하게 된다. 모형을 이용하는 과정에서 중요한 것은 예측력을 갖고 있어야 한다는 것이다. 모형이 예측력을 갖기 위해서는 모형의 구성요소에 중요한 변수들이 포함되는 정도와 변수간의 인과관계가 어느 정도 정확한가에 의하여 결정됩니다. 그리고 모형에서 정확성을 좌우하는 중요한 사항은 변수들의 상태에 관한 자료의 정확성 여부이다. 따라서 자료의 정확성을 기하기 위해서는 자료의 수집 및 보존에 관심을 가져야 한다.

라. 대안 비교 평가

대안들이 각각 실현될 경우 어떠한 결과들을 가져올 것인가를 예측하고 이러한 결과들이 얼마나 바람직한가를 평가하고 대안별로 종합적인 소망이 집약되면, 대안을 비교 · 평가 할 수 있는 기준을 설정하여 최선의 안을 선택하여야 한다. 대안이 추진되는 경우 발생이 예측되는 결과들의 기대성(Desirability)을 판단하는 것은 그 결과에 대한 사회 전체적인 차원에서의 가치 또는 바람직한 정도를 판단하는 것이다. 그러나 대안들을 비교 · 평가하는 것의 어려움은 대안의 결과들의 종류가 다양해서 여러 가지 측면의 효과와 비용을 가져오는 수가 많고 또 동일한 결과라도 다양한 종류의 효과와 비용의 발생을 가졌다는 데에 있다. 그런데 이러한 것들을 단일의 척도로 측정하는 것은 곤란하며, 또한 미래의 가치를 현재의 가치로 종합화하는 어려움이 있다.

대안의 비교 · 평가 단계는 기준 설정과 실현 가능성을 측정하는 것이다. 대안들 간에 우선순위를 정하는 기준을 설정하여야 한다. 기준의 설정으로는 효과성, 능률성, 공평성 등이 있다. 효과성은 목표달성의 정도를 의미한다. 또한 효과성을 대안의 비교 · 평가 기준으로서 최선의 수단을 의미한다.

효과성은 목표달성의 극대화를 가져다주는 의미가 있다. 능률성은 투입과 산출의 비율이며, 산출은 어떤 활동이나 업무수행의 직접적 결과를 의미하고, 투입은 활동을 위하여 사용되는 인적 · 물적 자원을 의미하는 것으로 투입된 자원을 화폐가치로 표시된 비용으로 나타난다. 이러한 화폐가치로 표시되어야만 정확하게 측정된다. 능률성을 기준으로 하면 동일한 비용으로 최대의 효과를 내거나, 동일한 효과를 위하여 최소의 비용을 지불하는 대안이 가장 능률적인 대안의 선정기준이 된다. 능률성을 기준으로 선택하면 자원의 최적 배분을 도모할 수 있다.

공평성은 공정성 혹은 정의의 의미로 사용되고 있다. 공평성은 동일한 경우는 동일하게 취급하고, 서로 다른 경우는 서로 다르게 취급하는 것을 의미한다. 공평성은 수평적 및 수직적 공평성으로 분류하여 볼 수 있다. 수평적 공평성은 동일한 것을 동일하게 취급하는 것의 의미를 갖는다. 수직적 공평성은 서로 다른 상황에 있는 사람들을 서로 다르게 취급하는 것을 의미한다. 따라서 수직적 공평성은 배분적 정의를 의미하게 된다. 그러므로 효과와 비용의 배분이 사회정의로서의 배분적 정의에 합치되는 정도를 의미한다. 대안의 실현가능성은 대안이 채택되고 내용이 충실히 집행될 가능성을 의미한다.

최선의 대안을 선택하기 위해서는 대안의 실현가능성을 검토하여야 한다. 실현가능성은 첫째, 기술적 실현가능성이다. 즉, 대안의 기술적 측면으로서 이용 가능한 기술로서 실현이 가능한 정도를 의미한다. 둘째, 재정적, 경제적인 실현가능성이다. 즉, 대안을 집행하는 데 필요한 재원의 확보가능성을 의미한다. 셋째, 행정적인 실현가능성이다. 대안의 집행을 위한 조직, 인원의 이용 가능성을 의미한다. 넷째, 정치적인 실현가능성이다. 단, 대안의 채택이 나 집행에서 정치적인 지지가능성을 의미한다. 다섯째, 시간적인 실현가능성이다. 대안이 집행되는 시간을 수용할 수 있는 것인가를 의미한다.

대안을 비교 · 평가하는 과정에서 실현가능성은 대안의 성격 및 대안이 집행될 환경에 따라 고려하는 변수들이 상이할 수 있다. 계획수립의 단계에서 대안의 비교·평가가 끝나면 대안의 선택을 하여야 한다. 대안을 선택하는 단계는 기획과정이 조직내부에서의 단계 혹은 정치과정의 일부로서 진행되느냐에 따라 달라진다. 기획과정이 조직내부에서의 단계로서 전개되면 최종안을 선택하는 과정에 참여하는 결정자는 조직의 최고 책임자가 담당하게 된다. 이러한 경우에 조직의 최고 책임자는 조직의 성격에 따라 조직이 당면하고 있는 환경적인 요인을 고려하여 최종안을 선택하게 될 것이다. 정치과정과 연결되는 경우 기획자가 비교·평가를 실시한 후에 준비한 대안들에 대하여 정치과정에 참여한 당사자들에 의하여 결정되게 된다. 이러한 경우에는 합리성이 높은 대안이 채택되는 경우도 있지만, 정치 환경에 따른 이해 당사자들에 따라 대안을 선택하게 될 것이다.

어떠한 경우라도 최종안의 선택에서 요구하는 사항은 합리성이 높은 대안을 선정하는 것이다. 최적 대안을 선정하는 데 있어서의 한계점은 현재의 상황에서 미래 상황을 예측하기 어렵다는 것이다. 즉, 미래가 불확실하기 때문에 여러 가지 어려움에 직면하게 된다. 불확실성은 올바른 의사결정을 위하여 알아야 할 것과 실제로 알고 있는 것과의 차이라고 볼 수 있다. 불확실성을 극복하는 방법은 이론 및 모델의 개발로서 대안과 결과의 관계를 명확히 하고 이들이 현실에 적용될 때 개입되는 여러 가지 조건이나 상황에 대한 변수의 정보를 획득하여 대안이 가져올 결과를 확실하게 예측하도록 하는 것이다.

또한 불확실성을 극복하기 위하여 통계적 확률에 대한 이용 및 불완전한 자료의 보완이 선행되어야 한다. 그리고 불확실성 하에서 위험발생에 대비하기 위하여 민감도 분석(Sensitivity Analysis) 등이 사용되고 있다. 이러한 분석기법을 사용하여 미래의 불확실성을 감소시켜 최적 대안을 선정하는 데 사용되기도 한다. 그러므로 최적 대안을 선정하는 것은 기획과정에 있어서 마지막 단계로서 최선의 방법을 선택하는 것이 되기 때문에 이에 대한 체계적인 접근이 필요하다. 그러기 위해서는 선택된 대안에 대한 이

해관계 집단의 동의에 대한 가능성 및 선택된 대안에 대한 부분적인 적용을 통한 시험적 시행 등을 시도하는 것이다.

제2절 군수기획관리 제도

1. 국방기획관리 개요

국방기획관리란 국방목표를 설계하고, 설계된 국방목표를 달성할 수 있도록 최선의 방법을 선택하여 보다 합리적으로 자원을 배분 운영함으로써 국방의 기능을 확대하는 활동이다.(PPBEES : Planning, Programming, Budgeting, Execution and Evaluation System)

가. 발전과정

우리나라의 국방기획관리 제도의 발전과정을 살펴보면 먼저 도입기로 우리나라에 국방기획관리제도가 없었던 때부터 1960년까지의 여명기를 말한다. 국방비 소요중 인력운영비만 국고로 부담하고 대부분의 군사장비 구매 및 유지비는 미 군원에 의존하던 시기이다. 두 번째는 1970년대로 제도의 필요성을 인식하던 인식기이다. 미 군원 감소와 주한 미7사단의 철수(71년3월)에 따른 자주국방의 불가피성에 따라 전력 증강사업이 시작되어 과학적 관리기법의 필요성 인식되었고 이에 따라 계획 예산제도의 추진기구인 PPBS실이 1974년 2월 국방부훈령에 의거 설치되고 율곡사업이 시작되었다. 세 번째는 1980년대의 발전기이다. 이 시기에는 집행 및 분석평가 단계에 대한 제도화가 요구되어 국방부훈령 제308호(1983. 7. 30)로 국방기획관리제도가 설정되었고, 국방자원관리 및 국방재원 배분상 문제점을 보완하기 위하여 1984년부터 방위력 개선 투자와 일반 운영유지를 통합하는 기획관리제도의 개선을 추진하였다. 네 번째는 1985년 이후의 개선기이다. 먼저 1985년에는 전력의 균형발전을 도모하기 위해 방위력개선계획(율곡)과 운영유지 계획을 통합하여 `87~`91 국방중기계획에 반영하였고, 1986년에는 국방관리회계제도를 도입하여 기획관리체계에 자원관리정보를 제공할 수 있도록 보완하였다. 1991년에는 국방부훈령 제421호를 제정하여 국방중기부대계획서와 국방중 · 장기획득개발계획서를 신설하였으며, 1999년 1월 2일부로 국방부 조직개편 관련 사항들을 반영하여 전문을 개정하였다. 또한 1999년 12월 1일부로 기본문서체계 등을 개정하여 중 · 장기 합동군사전략목표기획서를 기본문서화하고 소요의 중요성을 부각시켰다.

나. 기획관리 업무체계

상기 기능에서 이루어지는 국방자원 배분상의 주요 의사결정의 흐름을 단계별로 보면, 합참 전력기획참모본부는 군사위협에 대비하여 대응 전략개념을 기초로 하면서 전시동원체제 및 한 · 미 군사협력 체제를 고려하여 상비군에 대한 군사력 증강소요를 제기한다(합동군사전략목표기획서). 국방부 획득실(계획예산관)은 이를 검토하여 국방중기계획 작성지침을 하달하고, 이 지침에 의거하여 각 군에서 군 중기계획요구가 제기된다. 그러면 국방부 획득실(계획예산관)은 가용 국방비를 판단하고, 각 군 요구의 우선순위를 고려하여 각 군의 계획요구를 가용자원 범위 내에서 조정하고 국방중기계획서를 작성한다. 국방중기계획이 작성된 후 위협의 변동, 국내외 정세변화 그리고 가용국방비의 증감이 있으면 국방중기계획을 다시 조정 작성하고, 정부의 재정규모와 물가변동 등을 참작한 예산편성지침에 의거하여 당해 연도 국방예산을 편성하고 국회의 승인을 얻어 당해연도의 사업계획을 집행하여 군사력을 건설 유지 운영한다.

다. 기획관리 문서체계

기획관리 문서체계에서, 먼저 기획문서로는, 국방부 정보본부에서 매 3년 주기로 작성되는 국방정보판단서와 국방부정책실예하, 정책기획국에서 대통령 임기와 고려, 작성되는 국방기본정책서와 합참 전략기획본부에서 매년 또는 매 3년 주기로 작성되는 합동군사전략서, 합동군사전략능력기획서, 합동군사전략 목표기획서 등이 있다. 계획문서에는 국방부 획득실에서 매년 작성되는 국방연구개발정책서와 국방부 기획관리실예하 계획예산관실에서 매년 5월말까지 종합, 기획예산처로 통보되는 국방예산 요구서와, 매년 9월 정기국회에서 통과 후 성립되는 F+1년도 국방예산서가 있다. 집행문서로는 매년 해당 집행 부서별로 작성되는 국방투자사업 집행 승인서와 국방예산배정계획서가 있다. 평가 문서로는 국방부 분석 평가실, 전문연구기관, 각 군 해당부서에서 주기와 관계없이 지속적으로 평가가 이루어지겠으며, 이를 사전분석, 집행단계분석, 전력운용 및 전력화평가 결과보고서 등을 통해 평가가 이루어지게 된다.

2. 기획체계

가. 개요

광의의 기획에서 개념설정 분야를 차지하고 있는 기획체계는 다음과 같은 절차에 의거 수행된다. 첫째, 예상되는 위협을 분석하여 국방목표를 설정하고 이를 효과적으로 달성할 수 있는 국방정책과 군사전략을 수립하며, 두 번째는 군사전략에 따른 합동전장운영개념을 발전시키고 임무수행을 위한 최적의 군 구조를 결정하여 부대기획을 발전시킨다. 세 번째는 수립된 군사전략과 합동전장운영개념을 구체화할 수 있도록 합리적인 군사력 건설 및 유지를 위한 소요를 제기한다. 그리고 군사력 건설소요와 국방정책을 고려하여 중·장기 연구개발 소요를 발굴한다. 마지막으로 제기된 군사력 건설소요를 효과적으로 뒷받침할 수 있는 중·장기 차원의 기본적인 임무 및 기능별 세부 정책을 발전시킨다.

나. 국방기획의 특징

국방기획의 목표는 국가안전보장 정책에 의하여 국가를 방위하는 수단과 방법을 강구하는데 그 목적을 두고 있기 때문에 일반사회의 어떠한 기획의 목표보다도 크고 국가적인 중요성을 갖는 것으로. 또한 국방기획목표는 국가 존립이 좌우되기 때문에 임의로 결정할 수 없으며, 어디까지나 적을 능가할 수 있는 목표를 설정해야 하며. 그러므로 어떤 기획보다도 목표가 중요하다. 일반기업에서의 성과측정은 판매량에 따라 성과를 쉽게 측정할 수 있으나 국방기획에서 성과를 측정한다는 것은 실제로 적과 전쟁을 해보지 않는 한 대단히 곤란한 것이다. 어느 정도의 군사력을 건설하는 것이 적정규모인지, 또한 가용군사력을 어떻게 운용하는 것이 최선의 방안 인지를 결정하는 것은 대단히 어려운 것이다. 그러므로 군사력 운용과 건설에 있어서 성과측정이 곤란한 실정이다.

국방기획의 규모는 그 국가가 대치하고 있는 적 상황에 따라 또한 국가경제의 부담 정도에 따라 결정되며. 국가의 자원은 한정되어 있어 최소의 투자로 최대한의 효과를 얻고자 하기 때문에 어느 국가든지 국방기획은 국가경제로부터 제한을 받지 않을 수가 없다. 국방기획은 가상 적 또는 현존하는 적의 위협에 대비하여 상대적인 입장에서 수립하는 것으로 적에 관한 정보 수집은 물론 이를 판단하는 것은 매우 어렵기 때문에 적의 정보를 기준으로 수립되는 국방기획은 불확정 요소가 상존해 있다는 것이다.

다. 국방기본정책서 및 육군기본정책서 작성절차

국방부 정책기획국은 매 5년 주기로 대통령의 안보전략 및 국방지침을 반영한 국가안보전략서와 최근의 국방정보판단 내용을 기초로 대상기간 동안의 국방정책 방향 및 목표가 제시된 국방기본정책서 작성지침을 수립하여 이를 작성년도 2월말 까지 국방부와 합참, 관련기관 및 부서에 통보하며,

각 관련부서는 3월말 까지 (안)을 제출 하며, 국방부 정책기획국에서는 이를 종합, 정책회의를 거쳐 6월말 까지 대통령의 재가를 받아 발간하게 된다. 육군기본정책서는 육군 목표달성을 위해 육군정책의 목표와 방향을 정립하여 목표 지향적 군사력 건설 및 유지를 위한 분야별 정책지침을 제시한 문서이다. 작성년도 2월말까지 국방기본정책서 작성지침이 하달되면, 기획관리 참모부에서는 3월초까지 국방정보판단서등을 기초로 육군기본정책서 작성지침을 일반참모부 및 교육사령부에 통보(하달)하며, 4월말까지 관련부서의 (안)을 종합하여 심의, 정책회의를 거쳐 참모총장의 결재를 받아, 9월말까지 육군 기본 정책서를 완성하며, 또한 육군 기본정책서 내용중 중요한 부분을 발췌하여, 3월말까지 국방부 정책기획 관실에 제출, 국방기본정책서를 작성하는데 기초 자료로 활용될 수 있도록 하며, 군수참모부에서 주요하게 포함 될 사항은, 군수지원체계 발전, 군수통합자원관리, 급식 및 피복개선, 정비지원의 효율성 증진 등이다.

라. 군사전략 및 군사력 소요

군사전략이란 국가목표를 달성하기 위하여 군사적인 수단을 효과적으로 준비하고 계획하고 운용하는 방책이라고 하며, 또는 군사 정책상의 제 목표를 달성하기 위하여 군사력을 운용하는 과학과 기술이라고도 한다. 따라서 군사전략이란 국가전략의 일부로서 국가정책에 의해 설정된 국가목표를 달성하기 위하여 군사력을 효과적으로 운용하는 術과 科學을 말한다. 이와 같이 군사전략 개념은 우리의 안보환경과 가용한 능력을 고려하여 기본적으로 수행하게 될 군사력 운용방향을 제시하게 되는 것이다. 즉, 공세적 전략인가, 수세적 전략인가 하는 기본방향을 포함하여 질적· 양적 유지 수준을 결정하게 되는 것이다. 전략이란 상대하는 적에 관한 문제를 대상으로 변화하는 제 사실을 고려하여 발전시켜야 되기 때문에 전략개념을 구상할 시는 전력의 목표, 가용수단, 환경의 가변성 등을 고려하여 구상하여야 하며, 전쟁이 수행되는 제 단계별로 전략개념을 구상하고, 동시에 적의 도발형태에 따른 대응 전략개념을 열거하여야 합니다. 또한 군사 전략개념을 수립할 시에는 가능성, 적합성, 용납성 등이 구비되어야 한다.

군사력 소요를 결정할 때에는 다음 사항을 고려해서 정확하게 판단하여야 한다. 소요는 국방목표, 군사전략, 군사교리에 입각하여 필요한 군사소요가 결정되어야 하고, 군사력의 구성과 수준을 어떻게 달성될 것인가 하는 것도 아울러 결정되어야 하며, 소요는 자립경제를 유지하고, 사회복지와 기타 국내문제를 해결하는 것과 같은 다른 국가목표 내지는 우선순위와 균형을 이루어야 한다. 군사력 소요판단의 문제는 어떻게 하면 실제 사실과 차이가 없도록 기획을 수립해서 과소 판단에서 오는 국가안보의 위험성을 제거하고, 과대판단에서 오는 자원의 낭비를 방지할 수 있겠는가에 관한 문제로 귀착된다.

마. 합동군사전략 목표기획서 및 육군전략목표기획서 작성절차

합동군사전략목표기획서 작성절차는 매년 합참전략기획본부에서 국방정보판단서, 국방기본정책서, 합동군사전략서, 합동전장운영개념 등을 참조하여 매 3월말까지 작성지침이 하달되면 8월말까지 중장기 전력 소요서를 각 군 및 해당기관으로부터 종합, 검토/심의 후 10월말까지 합동군사전략목표기획서 (안)이 작성되어 합참의장 결재를 거쳐 11월말에 합동군사전략목표기획서가 수립되게 된다. 육군전략목표기획서는 육군 소요제기의 기초를 제공하는 선행 기획문서로 전력투자사업 추진을 위한 기본개념을 제시하며 군 구조 발전개념과 전력 소요판단에 대한 기준을 설정하여 중장기 전력소요를 단위 사업화 하기위한 지침을 제공하는 문서로 기획관리 참모부에서는 합동전장 운영개념, 육군기본정책서, 지상전장운영 개념을 기초로 매 3년 주기로 작성하며 작성년도 9월말 까지 초안을 작성하여 각 부, 감실에 검토의뢰하며 10월말 까지 종합, 전력투자사업 심의회, 정책회의를 거쳐 참모총장 결재후 그해 12월에 확정, 발간 및 배포한다. 이때 군수참모부 포함내용은 군수지원체계, 군수자원관리, 통합 군수지원, 전투예비탄약확보 등이다.

바. 육군경상운영비 중 · 장기소요서

육군 경상운영비 중 · 장기 소요서는, 육군 경상 운영사업에 대한 기획문서로, 경상운영사업에 대한 기본개념과 추진방향을 제시하고, 육군중기계획서의 근거자료로 제공되는 문서로, 기획관리 참모부에서는 육군기본정책서를 기초로 매 3년 주기로 작성되며, 7월말까지 초안을 작성하여 작성년도 7월말까지 부 · 감실에 검토 의뢰하며, 8월말까지 부 · 감실, 전력단위부대 의견을 광범위하게 수렴, 실무회의, 심의회의, 정책회의를 거쳐, 참모총장 결제를 받아 11월말에 확정, 발간/배포하며 군수참모부에서는 전분야가 해당되며, 군수종합발전계획, 지휘관 복무결과소견서 등을 참조하여 작성하게 된다.

3. 계획체계

가. 개요

계획체계는 국방기획관리에서 기획과 예산을 연결하고 유무형의 전력이 균형있게 발전될 수 있도록 군사력 건설 및 유지 사업을 동시에 작성하는 역할을 수행하며, 연도 예산편성의 근거가 되고 기준연도로부터 대상기간 동안의 국방 기본계획에 대한 종합적인 지침과 국방활동 방향을 제시한다. 또한 각 사업 관련부서의 지속적인 업무연결을 원활하게 하며 국방자원관리의 효율성을 도모하는 역할을 수행하기도 한다.

나. 국방중기계획서

국방중기계획은 중 · 장기 국방정책과 군사전략을 효과적으로 구현할 수 있도록 향후 5개년간의 국방 가용재원을 연도별 사업별로 최적 배분한 국방종합계획으로 우선 국방 가용재원이 판단되면, 각 군/기관에서 제기한 군사력 건설 및 유지 소요를 가용 재원의 범위 내에서 합리적으로 검토 조정하여 연도별 사업계획으로 구체화되며, 이것은 곧 연도 예산편성 및 부대계획 수립의 기초 자료로 제공된다.
국방중기계획의 특성과 역할은 다음과 같이 요약할 수 있다. 첫째, 기획과 예산을 연결한다. 국방중기계획은 국방목표(국방기본정책서, 합동군사전략목표기획서)를 달성하기 위한 수단이지만, 예산(국방예산서)에 대해서는 상위 목표가 되며, 특히 중·장기 군사력 건설소요를 실천 가능한 다년도 사업계획으로 구체화하여 연도별 예산편성의 출발점이 된다는 점에서 중기계획은 국방 자원관리의 중추적인 역할을 수행하게 됩니다. 둘째, 국방자원의 합리적 배분계획이다. 국방중기계획은 제한된 재원으로 국방목표를 효과적으로 달성할 수 있도록, 모든 사업의 경중 완급 및 투자효과 등을 고려하여 판단한 우선순위에 따라 가용 국방재원을 배분하고, 배분된 재원의 범위내에서 사업계획을 구체화시켜 나가는 국방자원의 합리적인 배분계획이다. 셋째, 연동계획 방법에 의한 계획의 수립이다. 국방중기계획은 국가 안보 및 국방가용재원 등 변동 상황을 적시 적절하게 반영할 수 있도록 기존계획을 전면 재검토하고 필요시 수정하는 연동계획 방법을 적용하여 매년 수립된다.

국방중기계획은 총5권으로 제1권은 계획총괄, 제2권은 전군지원사업, 제3권은 육본 및 육직, 제4권은 군수사·교육사, 제5권은 1, 2, 3군부대로 구성되어 있다. 그리고 국방중기계획은 기획단계에서 제기된 국방정책 및 군사전략 소요를 구현하기 위하여 2년 이후를 기준년도를 삼아 5개년간의 대상기간 동안에 가용한 국방재원을 예측 판단하고, 이를 기초로 연도별 사업별 가용재원이 배분되어 구체적인 계획이 수립된다. 국방중기계획의 작성 원칙을 살펴보면 국방중기계획은 대상기간 동안의 경제 및 재정전망과 국방비 가용재원을 고려하여 계획하며, 연동계획 방법을 적용한다. 그리고 반영된 사업도 매년 중기계획 작성시 사업의 필요성, 타당성, 적정성 등을 Zero-Base 개념에 입각하여 재검토, 보완하게 된다. 또한 중기계획에 신규로 반영되는 사업은 중기대상기간의 목표 년도(F+6년)에 작성함을 원칙으로 하되, 필요시 소정의 심의 절차를 거쳐 그 이전에도 반영이 가능하다.

이때 신규 반영사업은 반드시 가용인력 및 패키지화 요소를 적용 반영하므로써 계획의 완전성을 기하고, 경상운영비 증가요인을 반드시 판단하여야 한다. 마지막으로 개별사업의 검토 및 분석 평가는 매년 작성되는 중기계획 수립 일정과는 무관하게 연중 지속적으로 실시되며, 필요시 적시 적절한 계획조정이 이루어져야 한다.

국방중기계획은 다음과 같은 정해진 절차에 의거 작성된다. ① 먼저 국방중기계획 작성지침 작성 및 하달이다. 국방부 계획예산관실은 국방기본정책서, 합동군사전략서, 합동군사전략목표기획서 등을 기초로 경상운영비 사업에 대한 국방중기계획 작성지침(안)을 작성하고, 획득정책관실 및 기획조정관실에서 각각 작성한 투자사업 및 부대계획 작성지침(안)을 종합, F+2년~F+6년 기간의 국방중기계획 작성지침을 수립하여 2월말까지 합참, 각군 및 국직기관과 관련부서에 하달(통보)한다. ② 중기계획요구서 작성이다. 합참과 각군 및 기관은 국방중기계획 작성지침과 기타 관련문서 등을 참고하여 중기계획 요구서를 작성한 후 이를 7월말까지 국방부 계획예산관실, 획득정책관실, 기획조정관실 및 지정된 사업주관 부서에 각각 제출한다. ③ 국방중기계획(안)에 대한 검토조정이다. 즉 중기계획요구서는 국방부, 합참의 관련부서와 전문기관에 의한 사업별 정밀 분석평가 및 현지조사 등의 과정을 통해 검토 조정되며, 획득정책관실 및 기획조정관실은 검토결과를 종합하여 작성한 분야별 국방중기계획(안)을 정책실무회의를 통해 조정한 후 10월말까지 계획예산관실로 제출하며, 동시에 계획예산관실은 경상운영비사업 국방중기계획(안)을 작성하게 된다. ④ 중기계획 심의이다. 계획예산관실은 투자사업, 경상운영비사업 및 부대계획에 관한 분야별 국방중기계획(안)을 종합, 필요시 가용재원 범위 내에서 조정하고 11월초까지 국방중기계획(안)을 작성하여 정책회의 등에 상정하며, 국방중기계획(안)은 정책회의와 군무회의를 거쳐 12월초 국가안보회의 상임위원회에서 최종심의 하게 된다. ⑤ 대통령의 재가를 끝으로 중기계획이 확정 및 발간된다. 즉 국방중기계획(안)은 12월초 대통령 재가를 받아 확정되며, 12월말까지 발간되어 각 군/기관 및 정책부서에 배부된다.

육군중기계획요구서는 대상기간 중 육군의 군사력 건설유지에 필요한 사업요구서로서 국방중기계획 작성에 필요한 기초 자료로 제공되는 문서로, 매년 2월말까지 국방중기계획 작성지침이 하달되면, 기획관리 참모부에서는 매년 4월말까지 육군중기계획요구서 작성지침을 육본 부 · 감실, 전력단위부대에 하달(통보)하며, 육본 부 · 감실은 육직부대의 중기계획요구서(지휘관의견서) 및 기획관리참모부에서 검토 의뢰한 전력단위부대의 중기계획요구서에 대한 검토의견서를 5월말까지 기획관리참모부로 제출하며, 기획관리참모부에서는 무기체계사업단의 중기대상 무기체계에 대한 중기계획요구서와 육군기본정책서, 육군전략목표기획서, 합동군사전략목표기획서, 육군경상운영비 중 · 장기소요서를 참조하여 6월말까지 육군중기계획요구서(안)을 작성하며, 실무토의, 심의회, 정책회의를 거쳐 참모총장 결제 후 7월말까지 국방부 및 합참으로 보고한다.

육군중기계획 작성시 고려사항은 개요 부분의 필요성과 타당성에 대하여 간단명료하게 논리적으로 작성되어야 하며, 특히 국방부 심의시 주요 고려사항인 법적근거와 실현가능성에 대한 합리적인 대안 제시가 요구되며, 부대별, 사업별, 소요량에 대한 정확한 현황 파악과 기능별 지원체계 숙지는 물론, 가급적 가용자원 범위 내 작성되어야겠으며, 지휘관 복무결과 소견서 또한 매우 중요한 참고자료가 되고 있다.

다. 비무기체계

비 무기체계는 무기체계 이외의 장비, 물자, 시설물, 소프트웨어를 말하며, 이 중 주요 비 무기체계는 무기체계의 전투력 발휘에 직접 영향을 미치는 장비 및 물자를 말하며, 기타 비 무기체계는 병력운영, 시설유지, 장비유지 및 운영에 필요한 장비 및 물자를 말한다. 기타 비 무기체계는 무기체계 1.1%, 주요 비 무기체계 0.2%를 제외한 98.7%가 기타 비 무기체계에 해당된다.
기타 비무기체계 업무는 군수참모부에서 사업관리하며, 군사요구도가 필요한 표준장비로서 민간 대체가 곤란한 장비, 방산물자 부품, 경제성 품목, 국산화 요구되는 필수품목, 기타 군용장비의 유지부품 등에 대한 대상사업을 선정하고 획득방법을 결정하며, 무기 및 주요 비 무기체계는 기참부 및 전력단에서 사업관리하며, 자동화 정보체계는 지통부에서, 교육훈련 장비 및 교보재는 정작부에서 사업관리를 하게 된다. 이와 같은 비 무기체계의 소요제기 절차로는 예하부대 및 업체에서 소요를 요구하면, 육본 부·감실 및 군수사, 교육사에서 종합검토 후 소요 제안하도록 되어 있으며, 육본에서는 비 무기체계 소요 심의 후 정책회의를 거쳐 국방부 및 합참으로 보고하면, 장비분야는 연구개발관실로, 상용품 및 물자분야는 군수 관리관실로 통보하게 된다. 소요제기시 고려사항에 대해 알아보면 군참부에서는 비 무기체계소요서를 수시로 접수하며, 이를 비 무기체계 발전계획에 반영하고 국방부로 소요제기하며, 육군 중·장기 전력소요제기문서에 반영하고, 사업관리부서 결정이 곤란한 품목은 합참에 문의하거나 비 무기체계 심의회에서 결정하게 되며, 주요 장비 및 물자류는 교육사에서, 부품국산화 개발 및 일반 물자류는 군수사에서, 자동화정보체계 개발은 지통부에서 각각 사업을 관리하며, 소요심의는 분기단위로 실시한다.

한편 연구개발품의 업무체계에 대해 알아보면 먼저 국방부 군수 관리관실에서 소요가 결정되면, 육본에 위임된 품목은, 대부분 군수사로 위임되며, 군수사 연구개발과에서 공개경쟁 → 낙찰 → 개발 → 시험평가를 거쳐 육본 보고 후 조달 요구하게 되며, 조달본부에서 다시 공개경쟁을 거쳐 생산 및 보급하게 된다. 연구개발 대상선정은 표준장비로 민간대체가 곤란한 장비, 방산물자/부품, 수입대체 효과가 높은 경제성 품목이며, 개발공시는 육본 비 무기체계과에서 조달본부로 공시요구서를 제출하며, 시험평가는 기술, 운용, 부착시험을 하게 된다.

4. 예산

가. 개념

예산은 일정기간(1회계연도) 국가의 수입과 지출에 관한 예정적인 계획으로서 한정된 자원을 배분하고자 하는 의사결정 과정이며, 조직이 하고자 하는 일을 효과적이고, 효율적으로 수행하는데 필요한 자금을 조달하고, 사용하는 데에 관한 의사결정 과정이라 할 수 있다.

이와 같은 예산의 기능에 대해 알아보면 첫 번째는 정치적 기능이다. 예산은 이익집단간의 합의의 산물로서 정치적 문서이며, 성립과정은 정치적 과정이기 때문이다. 두 번째는 경제적 기능이다. 예산은 민간의 경제활동만으로는 충족시킬 수 없거나 어려운 재화와 서비스를 공급하거나 국민생활의 기반을 형성한다. 즉 외교, 국방, 치안, 교육, 보건, 환경, 사회 간접자본, 첨단기술 등이 대표적인 예라 할 수 있다. 그리고 누진세제, 조세감면 등 조세체계 개선과 사회보장 지출의 증대 등을 통한 소득 재분배의 기능이 있으며, 경기변동에 따라 세입·세출을 변화시켜 경기변동을 제어하는 장치 역할을 함으로써 경제안정 및 성장을 촉진시키는 역할도 한다. 세 번째는 조직이 수립된 정책의 범위 내에서 합법적·효율적인 업무 수행을 하도록 통제하는 통제적 기능이며, 마지막으로 정부활동을 국민에게 알리는 커뮤니케이션 기능이 있다.

나. 예산의 원칙

예산 업무를 수행하는데 지켜야할 원칙에 대해 알아보자. 먼저 회계 년도 독립의 원칙이다. 회계연도의 경비는 그 연도의 세입으로 충당하여야 하며 이에 따라 매 회계연도의 세출예산은 다음 연도에 사용 불가하다는 원칙이다. 그러나 계속 비, 예산의 이월 사용, 국고채무 부담행위 등의 예외 규정을 두고 있다. 두 번째는 예산 총계주의 원칙이다. 이는 일체의 수입을 세입으로, 일체의 지출을 세출로 하여 그 금액을 예산에 계상한다는 원칙이다. 단 각종 기금은 예외로 하고 있다. 세 번째 원칙은 예산 통일의 원칙이다. 모든 세입은 통합하여 계리, 특정 세입이 특정 세출로만 충당하지 못한다는 것으로 각종 특별회계에 대해서는 예외로 하고 있다. 네 번째는 예산 결산 일치의 원칙으로 세입과 세출은 예산과 결산이 크게 차이가 나지 않아야 한다는 것이다. 다섯 번째는 예산 구체성의 원칙으로 예산은 집행 또는 사후 감사 과정에서 애매한 사항이 없도록 구체적으로 편성 및 집행하여야 한다는 것이다. 여섯 번째는 예산 신축성의 원칙으로 예산은 사전에 수립된 계획이므로 여건변화에 효과적으로 대응하기 위한 것으로 예를 들면 예산의 이 · 전용제도, 예비비의 지출 등이 여기에 해당된다. 마지막으로 건전재정의 원칙으로 국가의 세출은 조세등 차입이 아닌 재원으로 충당해야 한다는 것이다.

다. 예산의 분류

예산은 크게 일반회계 예산과 특별회계 예산으로 구분할 수 있다. 일반회계 예산은 국민의 조세수입을 주 재원으로 하여 운영되는 정부 재정의 근간이 되는 예산이며, 정부조직의 운영유지, 국방, 치안 등 국가의 기본적 기능과 경제 · 사회 개발사업 등 재정활동의 주요한 부문을 수행한다. 한편 특별회계 예산은 예산 단일의 원칙에 대한 예외로서 일반회계와 구별되는 특별회계는 다음의 경우에 설치 운영되는데 국가에서 특정한 목적의 사업을 운영할 때 즉 철도 · 통신 등 기업 특별회계, 군인연금, 산재보험 특별회계 등에 운영 된다. 또한 재정 투융자 특별회계와 같이 특별한 자금을 보유하여 운영할 때 운영되며, 마지막으로 국립의료원, 국립대학 부속병원 특별회계, 국유재산 관리 특별회계 등과 같이 기타 특정한 세입으로 특정한 세출에 충당할 필요가 있을 때 운영된다.

라. 정부 및 국방 예산 편성절차

정부예산 편성 절차에 대해 알아보자. 먼저 각 중앙관서의 장은 매년 2월말까지 다음연도 신규사업 및 기획예산처장관이 정하는 주요 계속 사업에 대한 사업계획서를 작성하여 기획예산처장관에게 제출한다. 기획예산처 장관은 각 중앙관서에서 제출한 사업계획서를 다음 회계연도의 경제 전망에 대한 예측과 정부의 정책방향 등을 고려하여 다음 회계연도의 예산편성의 기본방향이 되는 예산편성 지침을 작성하여 국무회의의 심의를 거쳐 대통령 승인을 얻어 3월 31일까지 각 중앙관서 장에게 시달하며, 각 중앙관서의 장은 예산편성 지침에 따라 자기 소관에 속하는 다음 연도의 세입 세출예산,

계속 비, 명시 이월비 및 국고채무부담행위요구서를 작성하여 5월 31일까지 기획예산처장관에게 제출한다.
기획예산처장관은 제출된 예산요구서에 따라 예산안을 사정 및 조정하여 정부예산안을 확정 후 국무회의를 거쳐 대통령의 승인을 건의하고 정부예산안은 국회의 심의에 필요한 첨부서류와 함께 회계연도 개시 90일전(보통 10월 2일 이전)까지 국회에 제출토록 되어 있다.
다음은 국방예산 편성절차에 대해 알아보면 먼저 국방기본정책서와 국방중기계획서를 기초로 전년도 12월까지 연도국방예산 편성지침이 하달되면, 각군 및 관련부서에서 투자사업 예산 및 경상운영비 사업 예산요구서를 제출하고, 국방부 계획 예산관실에서, 이를 종합 검토 후 기획예산처에 제출하며, 이를 기획예산처 에서 심의, 대통령재가를 받아 국회 통과 후 당해년도 12월에 국방예산서가 성립된다.

한편 육군의 예산편성요구서 작성절차는, 육군중기계획요구서를 기초로, 년도 육군 예산 편성 지침이 전년도 12월말에 하달되면, 각 군 사령부를 비롯한 전력단위부대에서는, 1월31일까지 예산요구서를 제출하게 되며, 기획관리참모부 예산처 예산 편성과에서 이를 종합, 육군본부 해당참모부로 검토의뢰 한 후, 3.10일까지 육군예산요구서(안)을 완성하고, 심의 및 정책회의를 거쳐 참모총장 결제 후, 3월말까지 육군예산요구서가 작성된다.

4. 집행

집행이란 예산 편성이 완료된 사업목표를 최소한의 자원으로 달성하기 위한 제반조치를 시행하는 과정을 말한다.
집행의 역할은 편성예산의 효율적 사용으로 계획된 사업목표 달성에 기여 하고, 편성예산의 이 · 전용을 억제하고 이월액 발생을 최소화 하는데 있다.

가. 투자사업 집행 분류

투자 사업을 집행 분류기준에 의해 분류하면 아래와 같이 세 가지로 분류된다. 첫째, 국방부에서 통제하는 사업(A사업) : 국방부의 집행 승인 후 집행이 가능한 사업으로 아래와 같은 기준에 의해 분류한다.

- 당해연도 신규 집행사업 중 총사업비 100억원 이상 사업
- 주요 공통 전력사업, 국외협상 등 소요군과 국방부간 협조 조정 지원이 필요한 사업
- 연구개발 사업 중 체계개발사업, 주요 핵심기술사업 및 민 · 군 겸용 기술사업
- 정비시설 확충, 탄약고 건설 등, 시설사업으로 총사업비 100억원 이상 사업
- 연구 개발사업 중 체계개발사업, 주요 핵심기술사업 및 민 · 군 겸용 기술사업

둘째, 각 군 · 기관위임사업(B사업) : 각 군 · 기관에 위임하여 각 군 총장 · 기관장의 집행 승인 후 집행하는 사업으로 분류기준은 아래와 같다.

- 당해연도 신규사업 중 국방부통제사업(A사업) 이외의 전력화사업
- 다년차 반복 계속사업
- 공통전력 사업 중 각 군, 기관 단독 추진이 가능한 사업
- 연구개발 사업 중 국방부통제사업(A사업) 이외의 연구개발 사업
- 방위비분담 시설사업과 기지건설, 정비시설 확충, 탄약고 건설 등, 시설사업으로 총사업비 30억원 이상 100억원 미만 사업

셋째, 일반사업(C사업) : 국방예산 각목명세서와 조달계획서에 의하여 별도의 집행승인 절차 없이 집행 가능한 사업으로 분류기준은 아래와 같다.

- 편제장비보충, 노후교체소요, 수리부속 획득 등 매년 반복사업
- 연구개발을 위한 국과연 개발지원 사업
- 일반물자획득 등의 사업
- 국방부통제사업(A사업) 및 각 군 기관위임사업(B사업) 이외의 사업

나. 집행승인 사업분류

집행승인권자를 기준으로 투자사업을 분류하면 아래와 같이 분류할 수 있다.
첫째, 대통령 재가 집행승인사업 : 사업승인 단위당 1,000억원 미만으로 다음 각항에 해당하는 사업이다. ① 국가정책 및 외교에 중대한 영향을 미치는 사업 ② 고도의 정밀 무기 정보체계개발사업(연구수준이 외부에 노출되면 국익에 불리한 영향을 주는 사업) ③ 주요 핵심전력 확보사업(고도 전략무기 확보사업, 협상전략상 보안유지와 국익 우선 고려사업 등) ④ 사단, 전단, 비행단급 이상의 주요부대 창설 및 증 개편사업 ⑤ 정부부처 간 협조가 필요한 사업과 기타 대통령의 재가가 필요한 사업 등
둘째, 장관 결재 집행승인 사업 : 사업승인 단위당 500억원 이상 1,000억원 미만 사업으로 다음 각호에 해당하는 사업이다. ① 실전 배치되어 운용중인 재래식 무기 정보체계 확보사업 ② 기 승인된 사업의 후속사업(계속사업) ③ 여단급, 전대급, 중간제대 창설 및 증 개편사업 ④ 타 부처에서 대통령 재가를 받은 사업
셋째, 획득실장 결재 집행승인 사업 : 사업승인 단위당 500억원 미만 사업과 대통령 재가 및 장관 결재 집행승인 이외의 사업

다. 예산배정

예산배정의 목적은 재정 운영의 예측성 및 소요 자금의 적시적인 공급과 배정 시기를 조정하여 경기를 조절하며 중앙관서의 장에게 집행할 예산의 과목 및 금액을 명백히 통보하여 예산집행 권한을 부여하는데 있다. 또한 배정된 예산의 범위 내에서 지출원인 행위가 이루어지므로 배정은 예산 '집행의 근원' 또는 첫 단계라고 할 수 있다.
예산 배정 절차로 먼저 예산 성립 즉시 국방부에서는 배정요구서를 작성하여 기획예산처로 제출하는데 이때 사업운영계획, 세입·세출경비, 계속비 국고채무부담행위 등이 포함된다. 두 번째 단계에서 기획예산처에서는 예산배정계획(사업별/분기별) 및 월별 자금계획을 작성하여 국무회의에 보고하

여 국무회의 의결 및 대통령 승인을 거쳐 배정을 확정하며, 확정된 예산배정계획서를 기획예산처에서 재경부와 감사원 국방부 등에 통보한다. 마지막으로 국방부에서 각군 및 기관별 예산 배정계획을 각군 및 해당 기관에 통보함으로써 재배정이 이루어져 각군 및 기관별 예산집행이 가능하게 된다.

- 예산배정 → 자금배정 → 재배정/자금배분 → 예산/자금집행
  (기획예산처) (재경부) (국방부) (각군/부대)

배정되는 예산을 분류해 보면 여러 가지로 구분할 수 있다. 첫 번째가 정기배정이다. 이는 분기별 연간배정 계획에 의거 매 분기 개시 전월 15일에 정기적으로 배정하는 예산이다. 두 번째는 회계연도 개시 전 배정으로 중앙관서장 요구에 의해 기획예산처장관이 배정하게 되는데 외국지급 경비, 교통/통신 불편지역 지급 경비, 경제정책상 필요시 등이 여기에 해당된다.

〈세출예산 배정 및 재배정 계통〉

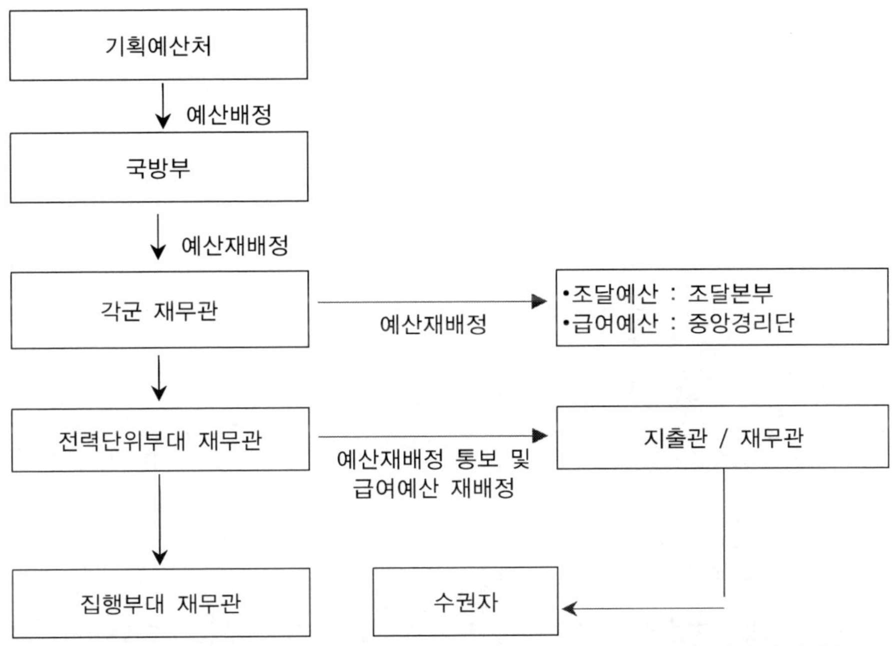

세 번째는 조기배정이다. 즉 경제 정책상 필요에 의한 연간 배정계획을 변

경하여 1/4, 2/4분기에 집중 배정하는 것을 말한다. 네 번째는 당겨 배정이다. 사업의 실제집행 과정에서 계획의 변동이나 여건의 변화로 인하여 당초의 연간 배정계획보다 지출원인 행위를 앞당겨 할 필요가 있는 경우 배정하는 예산이다. 다섯 번째로 수시배정이 있다. 예산편성시 사업계획이 미확정이거나 또는 사업시행의 점검이 필요한 사업에 대하여 분기별 정기배정에 관계없이 수시배정의 요구를 받아 해당사업의 추진상황, 문제점 등을 분석한 후 예산을 배정하는 제도이다. 마지막으로 감액배정이다. 이는 일단 배정된 예산에 대하여 사업계획의 변동 또는 차질이나 재정운용상의 필요에 의하여 배정된 예산을 감액하는 것으로 아래는 세출예산의 배정 및 재배정 계통을 나타낸 것이다.

라. 예산집행

예산집행은 국회에서 확정된 예산에 따라 수입을 조달하고 경비를 지출하는 재정활동으로 예산 집행의 목표 및 수단이 된다. 즉 예산의 배정과 지출원인 행위의 통제 등과 같은 재정통제 분야와 예산의 이 · 전용과 이월, 예비비 운용 등과 같이 집행의 신축성을 유지해 주기 때문이다. 예산 집행이 이루어지는 절차를 표시하면 아래와 같이 나타낼 수 있다.

〈예산집행 절차〉

구분	시기	비고
① 분기별 배정계획수립	12월말	국방부→예산처→대통령재가
② 세출예산 집행지침 통보	1월	경비별 집행원칙과 기준 제시
③ 분기별 예산 배정 ○ 정기 배정 ○ 수시 배정	분기개시	○ 배정계획에 의한 자동 배정 ○ 사업계획 확정시 배정
④ 지출원인행위 ※ 공사발주, 계약 등	15일전 수시	사업 주체
⑤ 지출	년 중	
⑥ 집행결과 보고	매익 월 15일	각 군/기관→국방부

예산의 집행이란 국회에서 의결 · 확정된 예산에 따라 수입을 조달하고 공

공경비를 지출하는 재정활동을 의미하는데, 정부는 세출예산을 집행할 때 원칙적으로 표시되는 목적과 금액의 한도 내에서 지출을 하여야 하며, 세입예산의 집행에 있어서도 법률에 정해진 세율 및 징수방식을 엄격히 준수하여야 한다. 또한 예산이 국회에서 성립되면 각 중앙관서의 장은 사업 운영계획 및 이에 의한 세입, 세출예산, 계속비와 국고채무부담행위를 포함한 예산배정요구서를 기획예산처장관에게 제출하여야 하며, 기획예산처장관은 예산배정요구서와 월별자금계획에 의하여 분기별 예산배정계획 및 자금계획을 작성하고 국무회의 심의를 거쳐 대통령의 승인을 건의한다.
매 분기별 예산배정은 위의 배정계획을 토대로 하여 기획예산처장관이 회계연도 초에 매분기별 배정액을 명시하여 연간예산을 일괄 배정하며 예산배정 후 각 부처는 예산의 범위 내에서 계약 등 지출원인행위를 수행한다. 또한 계약체결 등 지출원인행위를 한 후 사업 시행 진도에 따라 기성 확인을 받은 후 재정경제부 국 고국으로부터 자금배정을 받은 범위 내에서 국고를 지출하게 되며, 이를 지출행위라고 한다. 국고의 지출은 원칙적으로 한국은행을 지급인으로 하는 국고수표의 발행과 정부계정 상호간의 국고대체를 위한 수표를 발행하도록 되어 있으며 지출의 최종단계인 현금의 지급은 한국은행이 하는데 한국은행은 지출관이 발행한 국고수표의 제시를 받았을 때 그 수표 발행일로부터 1년 미만일 경우에만 지급하게 된다.

마. 예산결산

예산결산의 의미는 첫째 당해 회계연도의 정부 세입과 세출 실적을 확정적 계수로 표시하는 행위이며, 둘째 예산에 의한 정부의 지출행위를 사후에 심의하는 것이다. 국회 심의 · 의결은 지출에 대한 정부의 책임을 해제하는 것으로 법적 제한이라기보다 정치적 책임을 묻는 성격이 강하며 감사원 감사는 집행의 적법성에 대한 검증하는 활동이라 할 수 있다. 그리고 예산당국은 결산 결과를 포함한 집행 상황을 예산 편성에 활용하며 국회도 결산 결과를 차기연도 예산심의시 반영하는 경향이 있다. 미국의 경우 결산은 의회의 심의사항이 아닌 의회에 대한 보고사항으로 예산심의를 위한 사전 준비 단계로 활용하는 성격이 강하다고 할 수 있다.

예산의 결산은 예산과 달리 정부활동을 규제하는 직접적이고 명백한 법적 성격을 가지지는 못하나, 결산이 정당한 경우 정부의 책임을 해제시킨다는 의미를 갖게 되며, 정부의 지출소요가 예산에 의하여 국회의 사전 감독을 받는 것과 마찬가지로 결산에 의하여 국회로부터 사후 감독을 받는 의미이다. 결산을 위한 세부 절차는 다음과 같다.

예산집행이 끝난 후 각 중앙관서의 장은 매회계년도의 자기소관에 속하는 세입세출결산보고서, 계속비결산보고서, 국가의 채무에 관한 계산서를 작성하여 다음연도 2월말까지 기획예산처 장관에게 제출해야 한다.

〈결산절차〉

구분	시기	비고
① 결산지침 통보	12월말	재경부, 국방부→각 군
② 결산보고서 접수	다음연도 1월말	각 군→국방부
③ 결산보고서 제출	다음연도 2월말	국방부→재경부
④ 감사원 결산검사	6~8월	재경부→감사원→재경부
⑤ 국무회의 심의 및 대통령 승인	8월말	
⑥ 결산보고서 국회제출	9월 2일	회계연도 개시 120일 전

기획예산처 장관은 세입세출결산보고서에 의하여 세입세출의 결산을 작성하여 국무회의의 심의를 거쳐 대통령의 승인을 득한 후 각 중앙관서의 세입세출결산보고서, 계속 비 결산 보고서 및 국가의 채무에 관한 계산서를 첨부하여 이를 다음연도 6월 10일까지 감사원에 제출한다. 감사원은 세입세출결산서를 검사하고 그 보고서를 다음연도 8월 20일까지 기획예산처 장관에게 송부하며, 정부는 감사원의 감사를 거친 세입세출결산서를 회계연도 개시 120일전까지 국회에 제출 하면 국회는 각 상임위원회에 회부하여 예비 심사하게 하고 각 상임위원회는 그 심사결과에 대한 의견을 첨부하여 예결위에 회부하며, 예결위의 종합심사를 거친 결산은 본회의에 상정되어 심의 · 확정함으로써 결산이 종결된다.

결산의 종류는 크게 4가지로 분류할 수 있는데 먼저 월 결산은 매월 말일을 기준하여 실시하며 급여 결산, 급식비 결산, 국내여비 및 사업비 등이 여기에 해당된다. 두 번째로 분기결산은 매분기 말일을 기준으로 1개 분기간 각급 부대운영비, 참모직위 특정업무비, 장군참모활동비 및 기타 사업비를 결산한다. 세 번째는 중간결산으로 매년 9월 30일을 기준으로 각급 재무관 단위 부대에서 실시하는 결산으로 연말결산을 대비한 예비 결산이다. 마지막으로 연말결산으로 회계년도에 수령하여 집행한 예산에 대한 총 결산이다.
결산관계 서류는 세입세출(일반/특별회계) 결산보고서, 국가채무계산서, 예비비 사용명세서, 계속 비 결산보고서, 기업특별회계 결산서, 기금 결산서, 국가채권현재액 계산서, 국유재산증감/현재액 총보고서, 물품증감/현재액 총보고서 등이 있다. 참고적으로 회계감사란 수입 및 지출의 사무에 관한 장부와 기타 기록의 비판적 검증을 말한다.

바. 예산이월

예산이월의 의의는 1회계 년도의 예산을 다음 연도에 법이 허용하는 범위 내에서 다음연도로 이월하여 사용하는 것으로 예산이월이 인정되는 경우는 연도 내에서 지출하지 못할 것이 예측되는 경비로서 미리 국회의 승인을 얻은 명시이월, 지출 원인행위를 하고 불가피한 사유로 지출하지 못한 사고이월, 연도 중에 지출하지 못한 경비를 종료시까지 이월하여 사용하는 계속비 이월 등이 있다.

예산이월의 종류는 크게 3가지로 첫 번째는 명시이월이다. 세출예산 중 경비의 성질상 연도 내에 그 지출을 필하지 못할 것이 예측될 때에는 그 취지를 예산 편성시 세출예산에 명시하고 국회의 의결을 득한 후 이월 사용하는 것을 의미하며, 두 번째는 사고이월이다. 이는 세출예산 중 연도 내에 지출원인행위를 하고 불가피한 사유로 인하여 연도 내에 지출하지 못한 경비(지출원인행위를 하지 아니한 그 부대의 경비의 금액을 포함하여)와 입찰공고로부터 계약 체결일이 장기간 소요되는 예산을 다음 연도에 이월하여 사용하는 것을 의미하며, 마지막으로 계속 비이다. 이월 계속 비는 연도별 소관 경비의 금액 중 당해연도에 지출하지 못한 경비의 금액을 당해 계속비 사업 완성연도까지 이월하여 사용할 수 있으며 5년 초과시 국회의 동의를 다시 받아야 한다.

5. 분석평가

분석평가를 정의하면 분석평가란 사업을 기획 · 계획 · 예산편성 및 집행함에 있어서 사업목표의 달성과 자원의 합리적인 배분 및 효율적 사용을 보장하기 위하여 사업추진과 관련되는 제요소를 분석하고 평가함으로서 합리적 의사결정을 보좌하는 기획관리제도상의 한 기능으로 정의할 수 있다.
이러한 분석평가체계는 최초 기획단계로 부터 집행 및 운용에 이르기까지 전단계에 걸쳐 각종 의사결정을 지원하기 위해 실시하는 분석지원 과정으로서 예산의 집행 승인여부를 기준으로 사전분석과 사후분석으로 구분할 수 있다. 먼저 사전분석은 기획, 계획, 예산단계 및 집행승인 전에 실시하는 분석으로서 이는 사업을 추진함에 있어서 소요 및 사업의 타당성, 각종 계획의 합리성, 집행의 효율성 및 경제성 등을 제고하기 위해 기획단계로부터 집행직전까지 실시하는 분석이다. 두 번째는 사후분석으로 집행승인 이후 집행중인사업과 집행완료사업에 대한 집행단계분석, 초도생산 배치 후 1년 이내에 실시하는 전력화평가, 야전운영 및 도태 전까지의 전력운영분석으로 구분한다. 마지막으로 심사평가는 정부(국무총리실)에서 주관, 정부부처의 일원으로 실시하는 행위이다.

가. 분석평가 기능

이러한 분석평가의 기능은 사전분석 기능과 사후분석 기능으로 구분할 수 있다. 먼저 사전분석 기능은 사업의 소요제기, 계획수립, 예산의 편성 및 집행승인 과정에서 사업의 필요성, 타당성, 효율성, 합리성, 정책 부합성 등을 분석 평가하여 사업의 단계별로 합리적인 의사결정을 지원, 관리하는 기능을 말한다. 다음 사후분석 기능은 예산의 집행승인 이후부터 초도생산 배치, 야전 운영까지의 과정에서 사업의 효율성, 효과성, 합리성 등을 분석 평가하여 당해 사업을 점검 보완하거나 차기 사업계획에 반영하며, 사후분석은 국방부에서 실시하는 집행단계분석, 합참에서 실시하는 전력운영분석, 각군 및 기관에서 실시하는 전력화평가로 구분된다. 첫 번째 집행단계분석은 집행중인 사업에 대하여 수시로 사업 추진상의 문제점을 파악하여 해결 방안을 제시하며 완료사업에 대하여 최초계획 대비 목표달성여부, 효율성 및 능률성을 분석 평가하는 기능이며, 두 번째 전력화평가는 초도생산 배치 후 1년 이내에 실시하는 최초 운영능력 확인시 또는 후속 양산 사업에 대하여 전력요소에 대한 결함을 적기에 발견하고 최선의 시정방안을 제시함으로써 차기계획 및 타 사업에 반영하여 사업 추진성과를 극대화하는 역할을 한다. 세 번째 전력운영분석은 전력화되었거나 야전운영 중에 있는 사업에 대하여 현장 확인을 통한 문제점분석 및 개선요구를 확인한 후 성능개량 및 유사사업에 반영함으로써 현존전력을 극대화하고 미래 전력의 효율성을 제고하는 기능이 있다. 마지막으로 심사평가의 기능은 국방 주요 업무의 추진 상황과 집행성과 등을 종합적으로 점검 · 분석 · 평가하는 역할을 한다.

나. 분석평가 방법

분석평가 방법에는 양적분석과 질적분석으로 나눌 수 있다.

〈분석평가 방법〉

방법	내용	기준
양적분석 (定量分析)	• 계수화된 지표를 사용하여 실적 또는 성과를 분석 • 수집된 자료를 통계적으로 분석 처리	• 정확성 : 실적 / 계획 • 효과성 : 목표 실현치/목표 계획치 = 발생된 효과 / 기대효과 • 능률성 : 산출(편익) / 투입(비용)
질적분석 (定性分析)	• 사업(시책)의 시행과 관련 있는 제활동을 다양하게 검토(제반 규범 및 기준과의 비교 검토)	• 균형성 • 합목적성 • 정책부합성 • 합리성

양적분석에 있어서 정확성 평가는, 계획대로 집행되고 있는가의 여부를 평가하는 것으로, 명시된 내용에 대해 실시한 내용, 계획일정 대 진척된 일정, 계획된 자원 대 투입된 자원, 계획대상 집단 대 집행대상 집단 등이 비교평가 된다. 효과성 평가는, 보람 있는 결과 즉, 당초 의도했던 목표에 달성 여부를 분석평가 하는 것으로, 사업계획 수립시, 목표설정, 즉 기대효과를 고려하여 이를 계량화 하여야하며 또한, 목표에 상응하는 효과성 표출이 어떤 "척도"로 설정되어야 한다. 예를 들면 사업목표를 가장 잘 나타낼 수 있는 척도로는 교육훈련은 전투력 측정결과, 정신교육은 정신전력수준, 정비운영은 장비 가동율, 급양관리는 영양 섭취율, 군기확립은 근무이탈 각종 사고 등이 해당된다. 능률성 평가는 정확성과 효과성을 달성함에 있어서 얼마나 신속하고 정확하게 달성 되었는가를 분석하는 방법으로 할당된 국방자원을 얼마나 합리적으로 사용하였는지 여부를 분석평가하게 되며 이는 투입된 비용에 대한 산출된 효과로 평가되며 필수요건으로는 비용 편익은 화폐가치로 환산되고 효과성 척도 산정은 계량화된 방법으로 산출되고 있다.

다. 분석평가 업무수행 원칙

분석평가 업무수행 원칙으로 적시성과 종합성, 합리성, 분석의 효과성 등 4가지가 있다. 먼저 적시성(Timeliness)은 국방기획관리의 단계별 업무체계에서 적시에 의사결정 자료로 활용될 수 있도록 분석평가 업무를 계획하고 수행해야 한다는 것이다. 종합성은 유사 및 연관 사업과의 연계성, 중복성 검토, 이전 단계에서 정해진 분석자료 및 결과의 적극적 활용, 관련기관 및 부서의 검토 의견 청취 등, 종합적이고 거시적인 접근방법에 의해 분석평가를 수행해야 한다는 것이며, 합리성은 과학적 체계적 분석기법 적용, 전문적요원에 의한 분석, 국내외 객관적인 자료의 충분한 확보 및 활용 등, 전문적이고 심층적인 분석평가 수행으로 보다 효율적이고 합리적인 대안을 발굴 하는데 초점을 두도록 되어 있다. 마지막으로 분석의 효과성은 보편타당한 논리와 현장 확인을 강화하며 가정사항을 최소화하고 실행 가능한 대안을 제시 하여야하며, 제시된 결과는 의사결정권자가 필요로 하는 정보를 충분히 담고 있어 분석결과의 활용성이 보장되는 효과적인 분석활동이 되어야 한다는 것이다.

라. 비용분석평가

비용이란 경영활동에서 반대급부를 목적으로 소비한 경제가치(회계학)를 의미하며. 손실은 우발적 사정(화재, 도난 등)에 의한 가치상실을 의미한다. 또한 수명주기 비용은 하나의 체계를 획득하여 도태시 까지 소요되는 비용이며, 우리가 통상 비용이라 하는 것은 제품의 생산 및 운영시 투입되는 자본, 시간, 노력을 금액으로 환산한 총액이다. 이에 비해 가격(price)은 수요 및 공급조건으로 형성된 제품의 교환가치(시장 값)로서 완전경쟁시장에서는 실 발생 비용수준에서 수요 공급법칙에 의하여 가격이 형성되며 독점 또는 과점과 같이 불완전 경쟁 하에서는 실 발생 비용보다 통상 높은 수준에서 가격이 형성이 된다. 수명주기 비용에는 국내 연구개발의 경우 개발비와 생산비, 운영유지비 등이 포함되며, 국외 기술도입의 경우에는 해외지불비와 생산비 운영유지비 등이 포함되고, 국외 직구매시에는 획득비와 운영유지비가 포함된다. 그럼 비용평가란 무엇인가? 협의의 개념으로는 제품생산 및 운용시 투입되는 자본, 시간, 노력 등을 비목별로 분류하고, 기준에 의거 적절성을 평가하는 것으로 정의할 수 있고 광의의 개념으로는 협의의 비용평가, 가격정보 평가, 비용모델분석 등을 독립적인 검증수단으로 비교분석하여 적절성을 평가하는 것으로 정의할 수 있다. 비용 평가는 아래와 같은 절차에 의해 이루어진다.

〈비용평가 절차〉

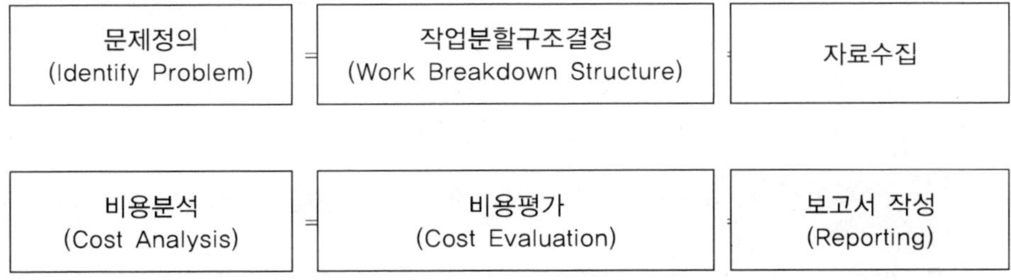

세부절차

구분	내용	비고
문제정의	· 사업추진 실태 진단 · 비용평가 방향 설정(목표/중점/방향)	· 시간 및 자원 절약의 요체
작업분할 구조결정	· 체계 및 비용구조 식별 ※얼마 정도를 쪼개서 볼 것인가?	· 획득방법 및 무기 체계에 따라 결정
자료수집	· 시제 및 조달 원가(국내연구개발) · 동일/유사체계 가격자료(국외도입)	· 작업분할 구조에 따라 세분화 정도 결정
비용분석	· 원가분석 · 거래실제가격 조사 · 분석 · 전산모델에 의한 분석 · 전문가 의견 분석	· 독립적 검증수단으로 복수기법 사용
비용평가	· 비목별 평가기준 설정 · 민감도 분석/신뢰구간 설정	· 객관적이고 신뢰성 있는 비용 평가 기준 설정
보고서 작성	· 사업 및 분석개요 · 체계 및 비용구조 · 비용평가기법별 분석 · 비용평가 기준 설정 · 비용평가 결과	· 작업분할구조 수준에 따라 구체화 정도 상이 · 산출근거 제시

마. 국방비용 분석 실태

국방비용 분석 실태를 살펴보면 첫째, 의사결정시 가격/비용자료에 대한 체계적인 검증 및 분석이 미흡한 상태에서 이해 당사자의 자료에 주로 의존하는 경향이 있다.

- 직구매 : 해외업체/무역대리점이 제공한 가격정보 의존
- 기술도입 : 불확실한 직구매가 대비 20~30% 추가지출 보편화
- 연구개발 : 개발자가 제안한 견적비용에 의존
- 양산/유지부품 : 업체 작성자료 및 지불영수증 위주로 비용인정 기술도입 (불확실한 직구매가 대비 20~30% 추가지출 보편화)

두 번째는 아래와 같이 정보공유 회보 및 자료 신뢰성 저하로 획득단계별

관련부서에서 매번 새롭게 수집하는 관행을 답습하고 있다는 것이다.

〈정보공유 실태〉

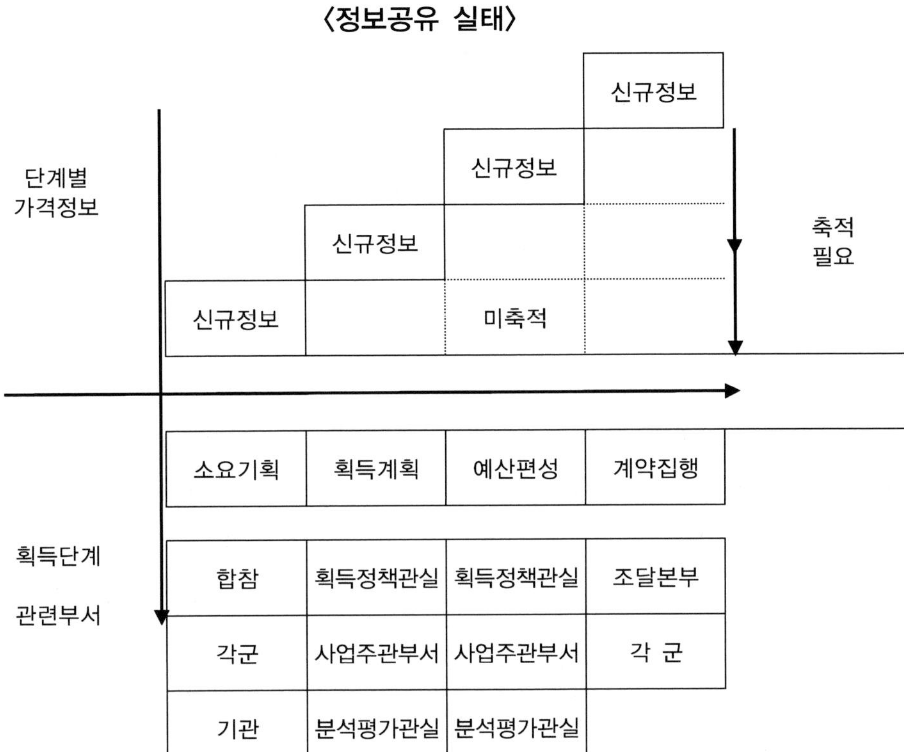

세 번째는 불확실한 가격/비용정보 사용으로 인해 획득비용이 증가하고, 사업지연 및 가용대안이 누락된다는 것이다. KTX-2 사업의 경우 사업추진 중 비용이 초기 예측한 비용보다 약 3배 이상 증가하였음을 나타내고 있다.

〈KTX-2 사업비용 비교〉

개념연구 착수시(`89)	탐색개발 착수시(`92)	체계개발 착수시(`97)
5,400억원	7,300억원	1조 7,000억원

제3장 수리부속 보급관리

제1절 개요

1. 수리부속 지원개념/체제

가. 수리부속 지원개념

육군의 보급지원체계는 무기체계 기능별 종합지원체계로서 평시는 독자적 보급지원체계를 운영하여 군원조달, 해외조달, 국내조달 등으로 보급소요를 획득하고 설정된 보급수준에 의거 저장관리하며, 지역 지원개념에 의거 지원한다. 전시는 한·미간 긴밀한 협조 하에 전투소요를 지원하기 위하여 한·미 연합군수 협조기구를 편성하고 운영하며, 국내 보급원으로부터 획득할 수 없는 품목은 한·미 연합군수 협조기구의 통제와 조정 하에 미보급원으로부터 획득 하고 지역지원 개념에 의한 청구보급제도와 할당보급제도에 의거 지원한다. Ⅰ, Ⅴ, Ⅶ종 품목을 제외한 보급 소요는 자금 관리제도에 의거 Y-1년도에 소요를 반영하고 자금을 배정 받으며, 청구 및 분배절차와 계통은 보급품의 특성에 따라 다소 차이가 있다.

나. 수리부속 지원체제

야전군 근무지역 및 군단지역에서의 보급지원 임무는 군지사 기능처 재고통제에 의거 화력, 기동, 일반장비 기능은 일반지원 정비대대 예하 7·9종 보급중대가 저장 및 불출을 수행하며 특수무기 및 통신기능은 특수무기지원대와 통신보급정비중대가 정비지원과 병행하여 지원한다. 7·9종 보급중대는 유동적 상황 하에서 정비중대들을 지원하기 위해 이동 가능하다. 7 · 9종 보급중대와 특수무기 및 통신정비중대는 야전군(1 · 3군) 지역 및 군단 근무지역에서 주 창고 역할을 하는데, 기지 보급창에서 획득된 장비 및 수리부속품을 저장한 다음, 사단 정비대대 및 직접지원정비중대, 일반지원대대 예하 정비중대를 통하여 지원한다.

〈수리부속 청구/수불 흐름도〉

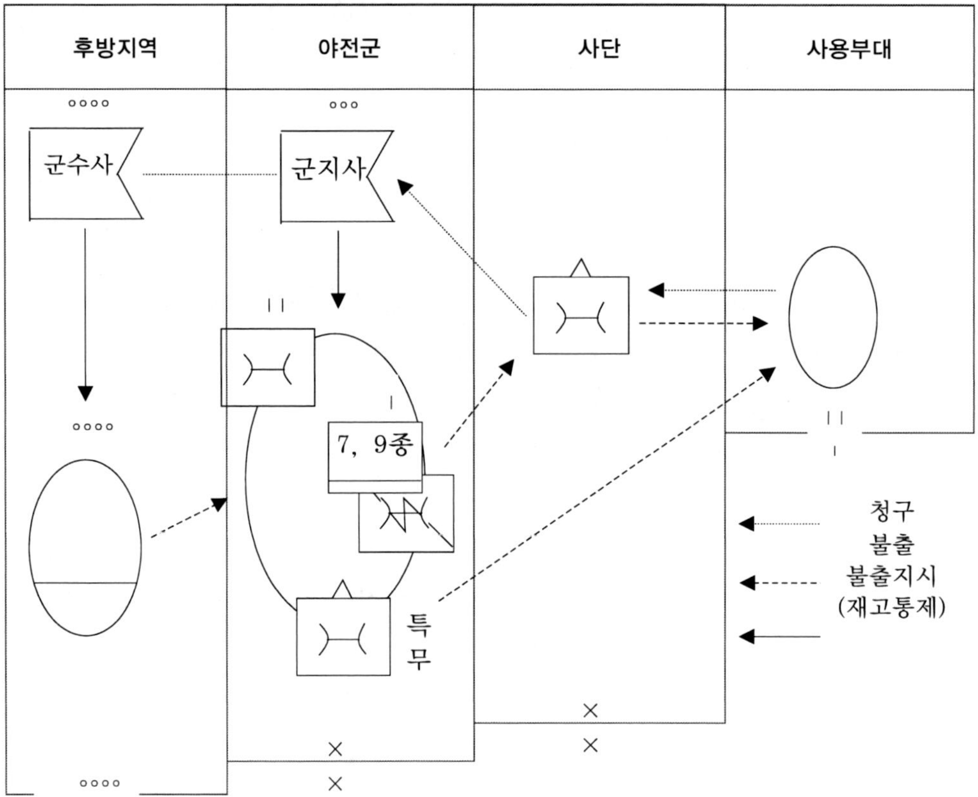

후방지대 장비 및 수리부속은 군지단 정비근무대에서 지원한다. 기지 보급창에서 획득된 장비 및 수리부속품을 군지단 정비 근무대에서 저장한 다음 후방 사단 정비 근무대 및 각 사용부대에 보급지원 한다.

2. 수리부속 보급관련 제도

가. 전환보급

전환 보급은 현행 보급지원체계를 준수하면서, 사단과 군지사(D/S), 사단과 사단간 상호지원이 가능토록 지원체계를 보완한 것으로 군지사에 전 군수부대의 재고자산을 파악할 수 있는 자산현황 공유체계를 구축 후에, 정상적인 보급계통에 의해 지원이 제한될 경우 긴급 소요가 발생한 부대에서 군지사로 청구하게 되면 군지사 보유 시는 즉각 조치하고 재고가 없을 경우에는 시스템을 활용하여 재고가 있는 부대를 식별 후 재고가 있는 부대에서 청구부대를 지원토록 하는 방법이다.

이는 보급지원의 속도를 증가시키고, 부대간 상호 지원을 통해 한정된 군수자원을 효과적으로 활용할 수 있는 방법이다. 이러한 전환보급지원의 목표는 정확한 자산 가시화 제공, 군수지원의 신속화 및 비용절감 효과제공, 가용자산의 부대 간 수평분배 가능, 사용자에게 최신 군수정보 제공, 발주 및 수송시간의 감소로 볼 수 있다. 전환보급은 현 재고 전 자산을 대상으로 하며 수리부속에 한하여 시행 한다. 또 전환보급은 현재고가 “0”인 품목이 발생할 때 시행하며 사용 후 자금전환은 월 1회 결산 처리하며 전환 수리부속에 대한 수송책임은 청구부대에 있다.

전환 보급 과정은 먼저 단위부대에서 일일장비검사를 실시한 후, 그 결과를 대대에서 품목별 청구서로 작성하여 전령을 통해 편성부대에 보고하게 된다. 그러면 연대에서는 각 대대별, 품목별, 청구량을 종합하여 FRMS 전산 프로그램을 이용 청구서를 작성하고, 디스켓 및 온라인을 통하여 사단전산실로 청구서를 전송한다. 그러면 사단 정비대대에서는 사단전산실로 전송된 연대 청구서를 확인하여 전산 처리를 하게 되는데, 이때 정비대대 시설 창고에 재고를 보유하고 있을 시는 불출하고 수준 보충을 위해서 군지사로 일반 청구를 하며, 재고고갈 시에는 품목에 전투 긴요도를 검토하여 군지사로 긴급청구를 하게 된다. 군지사 기능처에서는 모든 청구서에 우선하여 긴급 청구서를 처리하게 되는데, 군지사 현재고를 파악 후 보유시는 불출을 하고, 재고고갈 시에는 사단별 재산을 검색하여 수평보급 여부를 검토하게 된다. 긴급소요가 발생한 A사단에서 군지사로 긴급청구를 하면, 청구서를 접수한 군지사 출납관은 자산 공유체계를 이용하여 군지사 재고 보유 시에는 즉각 조치하고, 재고가 없을 시는 사단의 재고 보유여부를 확인하여 초과자산을 보유하고 있는 B사단 출납관과 재고변동 및 사용계획 여부 등 전환보급에 대한 상호 의사소통 후 B사단 출납관으로부터 A사단으로 전환보급지원이 가능하다는 협조를 받게 된다. 전환보급을 협조 받은 군지사 출납관은 즉각 A사단 출납관에게 전환보급 승인 통보를 하게 되고 동시에 B사단 출납관은 송증을 발급하게 되며, 승인 통보를 받은 A사단 출납관은 B사단 창고에 가서 승인된 보급품을 직접 수령함으로써 B사단과 A사단의 수평보급이 이루어진다.

나. 자금관리 보급제도

한정된 자원으로 최대의 보급지원 성과를 달성하기 위해 기존에 적용해 오던 씨링 보급제도 대신 보급품 사용부대에 연간 적정자금을 배정한 후 배정자금을 기준으로 청구 보급하는 제도이다. 이 제도는 최초 자금관리제도로 명명되어 1981. 1. 1부터 시행해 오다가 `83.7.1부터 비교평가제도가 신규로 설계되어 이 제도에 연계됨으로써 자금관리 비교 평가제도로 개칭하였다가 `90. 8. 1 이후 비교평가제도의 방향을 동종장비 및 동종부대별 평가에서 부대별 자금관리분석 위주로 전환하여 자금관리 보급제도로 재개칭하였다. 현재 야전에서 적용되고 있는 자금관리 순환단계는 아래와 같다.

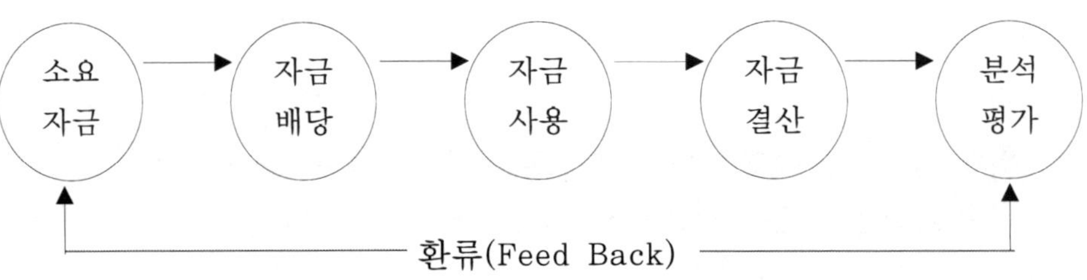

자금관리제도가 적용되는 품목과 제대에 대해 알아보자. 먼저 적용 품목은 군수유지비로 획득되는 보급품 중에서 장비·탄약·급식을 제외한 전 품목을 자금관리에 의해 보급하되, 그 중에서 초과품·도태장비 부속은 자금관리를 실시하지 않는다. 적용 제대로는 지원부대 또는 재고통제부서가 편제되어 있어 자금관리 능력이 있는 사단급 부대 이상에서만 자금관리를 실시한다. 기능별 지원부대의 보급품목은 다음과 같다.

① 보급지원 부대 : 1~4종 품목
② 정비지원 부대 : 9종 품목
③ 의무지원 부대 : 8종 품목(장비제외)

다. 재물조사

재물조사란 모든 제대 지휘관/참모가 관리중인 전 군수품에 대하여 장부상 수량에 대한 보유재산의 과부족 파악과 소요/인가에 대한 가용재산의 과부족을 판단하고 보유재산의 질정상태를 파악하는 것을 말한다. 재물조사는 군수품을 관리하는 전 제대가 실시하는 것으로 그 목적은 일정기간 동안 사용자가 사용 중에 손망실한 재산을 파악하고, 일정기간 동안 재산거래(수령, 반납 등)간 착오 또는 누락된 재산을 파악하여 재수입 계정하며 일정기간 동안 변경된 소요/인가기준량을 재입력하여 보유량과 비교함으로써 재산 보유수준을 파악하고 초과 및 부족재산은 타부대로 신속히 재물 조정하여 군수준비태세를 완비하고 조달 및 예산 편성계획에 반영하는데 있다.
재물조사와 관련된 용어로 폐창식실셈재물조사와 개창식재물조사, 자산평가, 과보유 재산, 초과자산, 잉여재산, 장부상재산현황 등이 많이 사용된다. 재물조사의 종류에는 전산 재물조사와 실셈 재물조사가 있으며 세부내용은 다음과 같다.

1) 전산 재물조사

육군의 군수품을 수불 계정 하는 전부대가 매 월말 시점을 기준으로 1개월 간에 거래된 내용에 대하여 전산적으로 결산을 실시하여 거래간 착오 및 누락 재산을 정확히 파악하는 것으로 정확한 재산현황을 평가하여 익월의 청구보급 조치에 반영하고 예산편성 및 조달계획 수립 그리고 각종 군수정책 수립에 반영하는데 근본 목적이 있다. 이 제도는 물품을 직접 거래하는 물품출납관 및 운용관의 상호간에 매월 거래 간 착오/누락 재산을 파악하는 월말 전산 재물조사(월말 전산 재산결산제도)와, 필요시 군수품을 관리하는 부대별로 지휘관, 물품관리관, 출납관 및 운용관교체시 또는 특정 품목에 대한 재물조사 사유가 발생시 실시하는 수시 전산 재물조사로 구분된다.

2) **실셈 재물조사**

육군의 군수품을 직접 사용하고 관리하는 전부대가 일정 시점을 기준으로 일정기간 동안 거래된 내용에 대하여 실셈을 통해 장부상 재산(수작업대장, 전산대장)과 실 보유재산을 정확히 파악하는 것으로서 손망실 여부를 확인하는 제도이다. 이 제도는 사용자나 창고관리자가 매일 실셈하는 일일 실셈 재물조사와 필요시 군수품을 관리하는 부대별로 지휘관, 물품관리관, 출납관 및 운용관교체시 또는 특정 품목에 대한 재물조사 사유가 발생시 실시하는 수시 실셈 재물조사로 구분하며 국방부에서 통제하여 2년마다 실시되는 전군재물조사는 특별실셈조사 개념에 입각하여 실시한다.

다음은 재물조사 후속 조치 업무인 재물조정에 대해 알아보면 재물조정이란 재물조사결과 실 재고품이 전산 재고현황 기록과 차이가 있을 시 그 차이의 원인이 어느 개인이나 부대의 책임에 의한 것이 아니고 재고 운영상 불가피하거나, 당연한 것에 한하여 그 차이를 현품과 일치되게 조정하는 것을 말한다. 재물조정은 재물조사 결과 동류품목간의 과부족 품, 주요품의 분해 및 조립, 키트 및 구성품을 분해 또는 조립할 때 발생되는 과부족, 관리자의 태만이나 부주의로 인한 것이 아니고 운용상 불가피하거나 당연한 원인에 의하여 상태가 변경되었을 시, 저장중의 재고품에서 물자의 혼합 파손 또는 의심스러운 불출단위나 기술명칭 등 재고결함사항이 발견되었을 시에 한다.

라. 손망실 처리

손말실 처리란 부대 및 개인이 관리하고 있는 금전, 물품 및 회계서류의 훼손망실시에 손망실 보고서에 의하여 합리적인 처리를 함으로써 재산 계정의 정리 및 조기 국고회복을 기하는 일련의 행정절차를 말한다. 이와 같은 손망실 처리업무와 관련하여 망실, 훼손, 손망실, 손망실보고서, 감가 등의 용어가 많이 사용되므로 이에 대한 정확한 이해가 요구된다.

물품에 대한 손망실 처리 대상은 정상마모 이외의 원인으로 사용 불가능하게 된 품목은 반납 받은 부대에서 시행하는 기술검사표상에 손망실 사항을 표시함으로써 증표로 완결한다.

즉 기술검사표상에 손망실로 판명된 품목에 대해서는 그 품목에 대해 관리책임이 있는 관리책임자에게 손망실처리토록 하여 변상하게 한다는 것이다. 세부 대상은 아래와 같다.

① 재물조사결과 재물조정(동종의 품목상호간) 할 수 없는 사유로 발생된 경우

② 실재량이 장부의 기록과 차이가 있어 관계 회계공무원의 귀책사유에 기인된다고 인정되는 경우

③ 정당한 원인에 근거함이 없이 훼손현상이 발생되어 가치감소가 손실이라는 형태로 파악되는 경우

④ 포장내 결함 및 근무이탈(사망) 사실로 인한 경우

⑤ 재산계정에 없는 잉여군수품의 부정처분의 경우 및 항공기 사고 등

마. 재고통제

재고통제란 기록과 보고계통을 통하여 보급품 및 장비의 수량, 위치 및 상태의 제원을 유지하는 과정이며, 재고통제의 주기능은 불출 가능한 보급품 및 장비의 수량을 결정하는 것이다. 7·9종 보급중대의 재고량은 군지사

기능처로부터 통제받으며 사단 정비대대의 청구는 군지사 기능처에서 종합되어 조치되며 부족한 물량은 군수사 기능처로 청구한다.
군수사 기능처는 청구된 품목을 해당 보급창을 통하여 청구부대에 불출 하도록 지시한다.
후방지대내에 있는 군지단 정비근무대의 재고량은 군지사 기능처 재고통제과에서 통제한다. 군수사 기능처는 전군 보급품에 대한 재고통제 기능을 수행하며, 필요한 기록을 유지한다. 아래는 수리부속 재고통제 업무 흐름을 나타내고 있다.

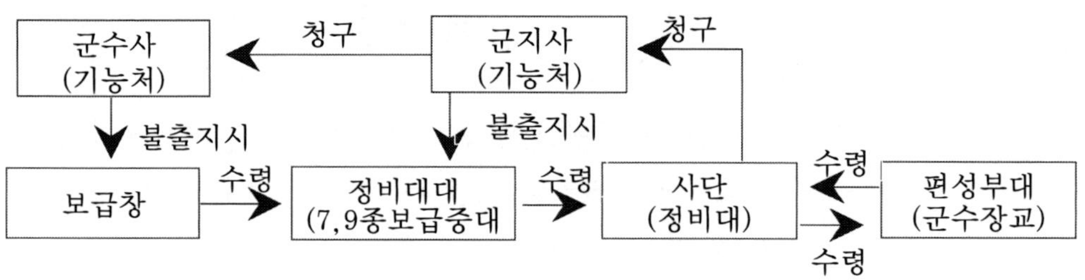

〈수리부속 재고통제업무 흐름도〉

다음은 전시재고통제에 대해 알아보자. 전시 재고통제는 진시 진산시설에 대한 적공격 또는 우발사태 발생으로 전산지원 기능 제한에 대비한 개념으로 전시 재고통제는 Net-Work가 연결된 상황에서는 평시와 같이 국방전산망에 의해 주전산기를 이용하여 재고통제를 실시하며 Net-Work가 단절된 상태에서는 지원부대의 재고를 가용한 수단(PC, 노트북, PDA 등) 을 활용하여 재고통제를 실시한다. 재고통제업무는 1단계로 주전산기에 의한 재고통제, 2단계로 PC에 의한 재고통제를 실시하고 전산에 의한 재고통제가 불가능시에는 수작업에 의한 재고통제를 실시한다. 청구업무는 온라인, 디스켓, FAX, RATT, 스파이더체계, 전령, 전화 등을 이용하여 청구한다.

구분	1단계	2단계	3단계
방법	주 전산기	PC(노트북)	수작업
시기	국방전산망/ 주 전산기 가용시	주 전산기 사용 불가시 부대 이동시	전산장비에 의한 재고통제 불가시

청구서 작성은 편성자원관리 시스템, 지원부대 자원관리 시스템에 의하여 청구서를 작성하여 군지사 전산실로 전송한다. 군지사 각 기능처는 D-Ⅱ시 전시 관리자 통제품목을 선정 입력한다.

바. 기술교범(TM : Technical Manual)

기술교범이란 장비 및 물자의 운용을 위한 원리 및 설치, 사용, 점검 및 정비 등에 관한 내용과 이에 필요한 수리부속품, 특수공구목록, 그리고 전문적이고 기술적인 업무수행을 위한 지식과 지시가 수록된 발간물이다.

1) 기술교범의 종류

가) 전자식 기술교범
(IETM : Interactive Electronic Technical Manual)
무기체계의 운용, 정비, 고장배제, 보급에 관련된 제반 요소(문자, 숫자, 도해)를 디지털화하여 장비 운용자 또는 정비요원이 컴퓨터를 사용하여 필요한 기술정보를 영상으로 표현하여 실시간 활용할 수 있게 하는 기술교범 체계

나) 전장응급정비 교범
(BDAR : Battle-Field Assessment and Repair)
전투현장에서 무능화된 전투장비에 대하여 신속한 정비복구가 요구되나 수리부속, 정비시간 등의 제한으로 정상 수리가 불가능시 신속한 응급복구로 최소한의 필수장치를 복구하여 전투력을 유지하게 하기 위한 정비 기술교범

다) 주유명령서

(LO : Lubrication Order)

반드시 주유를 하도록 지시하는 명령서를 말하며, 이에는 주유개소, 주유량, 윤활유의 종류 등이 명시되어 장비별로 발행

라) 창정비 작업요구서

(DMWR : Deport Maintenance Work Requirement)

부분품, 결합체, 구성품, 완제품 등에 대한 분해수리나 완전재생을 위한 작업소요를 말하며 창정비계단 수행 부서에서 활용

2) 기술교범의 발간 형태

가) 기본형 기술교범

1계단~4계단 정비교범(사용자교범, 부대정비교범, 직접지원정비교범, 일반지원정비교범)과 수리부속품 및 특수공구목록 교범(P교범), 점검교범 등이 있다.

- 사용자 교범(10)
- 부대정비교범(20)
- 직접지원정비교범(30)
- 일반지원 정비교범(40)
- 수리부속품 및 특수공구목록 교범(P교범)
- 점검교범(CL, PMD, TG)

① 다음에는 기술교범에 부여되어 있는 기술교범 번호에 대해 알아보면 다음과 같다.

기술교범

- 기술교범 : 기술적인 절차가 포함된 참고교재
- 서적 번호 구성

TM K 9 (1) - 2320 - 206 - 15 - P
① ② ③ ④ ⑤ ⑥ ⑦

㉮ 기술교범임 의미

K : 번역교범이 아닌 국내조달장비 교범은 교범번호 앞에

"K"자를 부여

㉯ 발간물 기본 번호 : 장비의 병과 또는 형태

1 : 항공	3 : 화학	5 : 공병	6 : 야전포병	7 : 보병
8 : 의무	9 : 병기	10 : 병참	11 : 통신	55 : 수송

㉰ 군수지원 기능번호 : 장비의 군수품분류와 군수지원기능

1 : 화력	2 : 특수무기	3 : 기동	4 : 항공	5 : 통신전자
6 : 일반장비	7 : 물자1	8 : 의무	9 : 물자2	

㉱ 해당 장비의 연방보급분류

FSC(Federal Supply Classification)

㉲ 교범 분류별 발간순서를 의미함

야전교범(FM)일 경우 적용하는 번호 영역 : 1~199

기술교범(TM)일 경우 적용하는 번호 영역 : 200~계속

㉳ 적용 정비계단

10 : 1계단(사용자) 정비

12 : 1~2계단(사용자로부터 부대정비까지) 정비

30 : 직접지원 정비

40 : 일반지원정비

㉴ "P"는 수리부속품 제원의 목록을 의미함. 즉, 기술교범의 서적번호 구성에서 정비계단 뒤의 "P"가 있는 경우 그 교범 속에 해당 장비를 구성하는 부분품(Part)에 대한 보급 제원의 목록이 수록되어 있음을 의미한다.

12 : 정비 지침만 수록된 교범을 의미

12P : 수리부속 목록만 수록된 교범을 의미

12 및 P : 정비 지침 및 수리부속 목록이 함께 수록된 교범을 의미

② 기술교범을 활용하여 수리부속을 찾는 방법에는 국가재고번호와 부분품 번호를 아는 경우와 모르는 경우 두 가지가 있는데 세부 내용은 다음과 같다.

㉮ 국가 재고번호와 부분품 번호를 모르는 경우

ⓐ 목차를 사용해서 품목이 속해 있는 기능그룹을 결정한다. 이것은 도해가 기능그룹별로 구성되어 있고, 목록도 그룹별로 분리되기 때문이다.

ⓑ 수리부속품이 속해 있는 기능그룹을 포함하는 도해를 찾아낸다.

ⓒ 도해상의 품목을 식별하고 각 품목에 대한 그림번호 및 품목번호를 식별한다.

ⓓ 수리부속품 목록을 사용하여 국가재고번호 및 부분품번호를 찾는다.

㉯ 국가 재고번호나 부분품번호를 아는 경우

ⓐ 국가재고번호 및 부분품번호 색인을 사용해서 필요한 국가재고번호 및 부분품 번호를 찾아낸다. 이 색인은 국가재고번호와 그림번호가 상호 참조된 부분과 부분품번호와 생산자 부호, 그림번호, 품목번호가 상호 참조된 2가지 색인이 있다.

ⓑ 그림 및 품목번호를 찾아낸 다음에 수리부속품 목록의 그림번호 및 품목번호로 찾아 해당 수리부속품을 찾아낸다.

나) 통합형 기술교범

기본형 교범을 통합한 형태이다. 모든 기술교범은 분리 발간함을 원칙으로 하나, 아래의 경우에 한하여 통합 발간 할 수 있다.

- 사용자 정비지침과 부대정비지침이 거의 같을 경우
- 할당된 정비내용이 구성품 교체 혹은 정비근무 지침에만 국한된 경우
- 정비내용이 단순, 경제성과 편의성 고려시 통합발간이 유리한 경우 등이다.

〈통합교범의 형태〉

- 사용자, 부대정비교범(12)
- 사용자, 부대, 직접, 일반지원정비교범(14)
- 부대, 직접, 일반지원정비교범(24)
- 주유명령서
- 전자식기술교범
- 직접, 일반지원정비교범(34)
- 부대, 직접지원정비교범(23)
- 일반주제교범
- 창정비작업요구서
- 전장응급정비교범
- 정비교범(위1~5형태) + 수리부속 및 특수공구목록교범

제2절 수리부속 운영

1. 적정 재고관리

보급수준(Supply Level)이란 일명 재고수준이라고도 하며, 이는 "예상되는 수요에 대비하여 보급 추진계통 내에 사전 재고로 유지하도록 상급 제대로부터 인가하는 보급품의 수량 또는 보급일수"를 말한다. 보급 추진계통(Pipe-Line)이란 보급품을 생산자로부터 사용자에게 공급하기 위한 계통을 말한다. 사용부대의 수요를 즉시 충족시켜 주기 위해서는 이 계통 내에 보급품이 충만 되어 있어야 한다. 보급 추진계통은 분배계통이라 한다. 분배계통은 소 분배계통(Retail Sale Level)과 대 분배계통(Whole Sale Level)으로 구분된다. 소 분배계통이란 단순 분배 목적을 위한 공급 체계로서 기지보급창과 야전 지원시설부대간의 거래 관계를 말하며, 대 분배계통이란 생산 및 납품이 이루어지는 분배계통으로서 "조달본부-생산업자-보급창"간의 거래관계를 말한다.

보급수준은 부대별로 해당 품종의 인가저장품목(ASL)에 한하여 인가하며, 부대별 품종별 인가량(일수)은 육군 군수방침 및 절차에 수록하여 하달한다. 구성요소별로 다음과 같은 사항을 고려하여 일수단위로 인가한다.

① 운영수준은 경제적 수송주기 및 수송단위, 저장시설의 능력, 수요금액의 과다, 보급운영의 효율성을 고려하여 설정한다.
② 안전수준은 수송여건의 신뢰도, 조달원의 신뢰도, 수요변동의 폭 등을 고려

하여 설정한다.

③ 발주 및 수송기간은 행정소요기간과 수송소요기간을 고려하여 설정한다.

④ 조달소요기간은 행정소요기간과 생산소요기간, 납품소요기간을 고려하여 설정한다. 현 수리부속의 보급수준 인가 일수는 아래와 같다.

구분	군 수사	군 지사	사단
계	–	65일	20일
운영수준(OL)	–	25일	10일
안전수준(SL)	30일	15일	–
발주 및 수송시간 (OST / PROLT)	실 PROLT	25일	10일

그러면 지금부터는 소 분배/대 분배 계통별 보급수준에 대해 알아보자.

첫째, 소 분배 계통 보급수준 : 소 분배 계통의 보급수준은 운영수준(OL : Operating Level), 안전수준(SL : Safety Level), 발주 및 수송시간(OST : Order&Shipping Time)등으로 청구목표(RO : Requisitioning Objective)를 구성하게 된다. 소 분배 계통의 구성을 도표로 표기하면 다음과 같으며 요소별 세부내용은 다음과 같다.

<table>
<tr><td rowspan="3">청구목표(RO)
(최대 자산)</td><td>청구량(RQN)</td><td>운영수준(OL)</td><td rowspan="3">저장목표(SO)
(최대재고)</td></tr>
<tr><td rowspan="2">재 청구점(RP)</td><td>안전수준(SL)</td></tr>
<tr><td>발수 및 수송시간</td></tr>
</table>

① 운영수준 : 운영수준이란 보충보급의 청구와 청구 또는 수령과 수령사이에 보급운영을 유지하기 위하여 필요한 보급품의 수량 또는 보급일수를 말한다. 운영수준의 기간을 결정하는데 고려할 사항은 가용자금, 재고관리비용(청구비와 보관비), 업무 수행능력, 저장시설 가용도 등이다. 고정 운용수준이란 운용수준 일수를 지정해주는 방법으로서 전투 긴요품목, 시한성 품목, 의무품목 등에 적용한다. 가변 운영수준이란 운용수준을 일수로 지정하지 않고

경제적 청구량으로 결정하는 방법을 말한다. 이 때는 품목의 연간 수요량과 단가에 따라 품목마다 청구 주기가 다르기 때문에 가변 운영 수준이라 하는 것이다. 산정방법은 수요율×보급수준 일수이며 수요율은 통제기간 수요실적÷365 이다.

② 안전수준 : 안전수준이란 일명 안전재고 또는 비상재고 라고도 하며, 예상외의 수요증가 또는 수송 지연 시에도 재고고갈 없이 계속적인 보급운영을 지속하기 위하여 운용수준에 부가하여 인가한 보급품의 수량 또는 보급일수를 말한다. 안전수준을 어느 정도 인가할 것인가를 결정할 때는 수요 변동 폭, 수송수단의 견실성, 경제성 등을 고려해야 한다. 안전수준은 전 품목에 동일한 일수를 인가해 주는 것으로서 소요량은 수요율에 인가일수를 곱하여 산출한다. 가변 안전수준은 일수로 인가하는 것이 아니라 재고고갈 방지 요망수준을 인가함으로서 이에 상응하는 수량을 품목별로 산출하여 적용하는 것이다. 인가하는 재고고갈 방지 요망수준에 의거 정규 분포 표에 의한 안전계수를 결정하고 안전수준 공식에 각종 자료를 대입하여 소요를 산출한다. 산정방법은 수요율 × 보급수준 일수이다.

③ 발주 및 수송시간(OST : Order & Shipping Time) : 발주 및 수송시간이란 청구행위를 착수한 시점부터 해당 청구품목을 일정비율 이상 수령하여 기록계정이 완료되고 불출이 가능할 때까지 경과된 시간적 간격을 말한다. 산정방법은 수요율 × 보급수준 일수 이다.

④ 저장목표(SO : Stockage Objective) : 저장목표란 현 보급의 운영을 지속하고, 예측할 수 있는 장차의 수요를 충당하기 위하여 보유하고 있어야 할 보급품의 인가량을 말한다. 저장목표는 저장해야 할 최상의 양으로서 운용수준과 안전수준을 합한 것이다. 이는 운용수준이 접수될 시점에서는 현재고로서 최대량이기 때문에 저장 계획 수립시 공간소요 산출의 근거가 된다. 저장목표는 운용수준과 안전수준을 합친 것이기 때문에 운용수준과 안전수준을 고정수준으로 인가할 경우에는 이들을 합친 일수에 수요율을 곱하여 산출된다. 그러나 가변수준을 운영할 경우에는 각 수준소요를 합하여 계산해야 한다. 산정방법은 저장목표량 = 수요율 × 저장목표 일수 또는 저장목표량 = 운용수준소요량 + 안전수준 소요량 등으로 산정한다.

⑤ 재 청구점(RP : Reorder Point) : 재 청구점이란 안전수준을 사용하지 않고 현 보급운영을 유지할 수 있도록 수준 보충청구를 해야 할 시점을 말한다. 재 청구점 제도의 설정 목적은 자산(현보유 + 수입예정 - 불출예정)이 재청구점 이하로 되면 즉시 청구하여 재고고갈을 미연에 방지함으로써 효과성에 기여하려는데 있다. 재청구점은 안전수준과 발주 및 수송시간의 합계로서 구성된다. 특정일자 현재의 자산이 재 청구점 이하로 되면 청구행위를 해야 한다. 이것을 수식으로 표현하면 다음과 같다.

- 재 청구점 ≥ 자산 : 청구조치
- 재 청구점 〈 자산 : 청구불가

청구행위를 하게 되면 해당품목은 발주 및 수송시간 경과 후에 도착되므로 현보유가 안전수준에 도달할 때 청구된 수량이 가산되어 현 보유는 저장목표 수준으로 상승한다. 산정방법은 재청구점량 = 수요율 × 인가일수 또는 재청구점량 = SL + OST 소요 등으로 산정한다.

⑥ 청구목표(RO : Requisitioning Objective) : 청구목표란 현 보급운영을 지속하고 예상되는 수요를 충족하기 위하여 보유하고 있거나 발주 중에 있어야 할 보급품의 수량 또는 보급일수를 말한다. 이는 해부대의 최대 인가량으로 과잉투자를 예방하여 경제성에 기여한다. 청구목표는 운용수준, 안전수준, 발주 및 수송시간의 합계로서 이루어진다. 산정방법은 청구 목표 = 운용수준 + 안전수준 + 발주 및 수송시간 또는 청구 목표량 = 수요율 × 청구목표 일수 등으로 산정한다.

⑦ 청구량(RQN : Requisitioning Quantity) : 청구량을 산출하기 위해서는 반드시 재청구 점과 자산을 비교하여 청구 여부를 판단해야 한다. 청구량 산출공식을 다음과 같다.

- 청구량 = 청구목표(RO) - 자산(ASST)
- 자산 = 현보유(OH) + 수입예정(DI) - 불출예정(DO)

둘째, 대 분배계통 보급수준 : 대 분배 계통이란 조달본부 → 생산업자 → 보급창에 이르는 보급추진계통을 말한다. 대 분배 계통의 보급수준은 소요목표(RO)

라고 하며, 조달주기(PC), 안전수준(S/L), 조달소요기간(PROLT), 계획소요(PR), 재생주기소요(RCR), 전쟁예비소요(WR), 저장목표(SO), 재청구점(RP) 및 청구량(RQN) 등으로 구성된다. 소요목표는 현 보급운영을 유지하고 예상되는 장차의 수요를 충당하기 위하여 보유하고 있거나 발주 중에 있어야 할 보급품의 수량 또는 보급일수를 말한다. 대분배계통의 소요목표는 조달주기, 안전수준, 계획소요, 재생주기소요, 전쟁예비, 조달소요기간 등으로 구성되며, 통산 조달주기, 안전수준, 조달소요기간 등이 적용된다. 대 분배 계통 보급수준 구성은 아래와 같이 소요목표, 조달주기, 안전수준, 계획소요, 재생주기소요, 전쟁예비, 조달소요기간 등으로 구성되어 있으며 요소별 세부내용은 다음과 같다.

<table>
<tr><td rowspan="6">소요목표
(RO)</td><td>청구량(RQN)</td><td colspan="2">조달주기(PC)</td><td rowspan="5">저장목표
(SO)</td></tr>
<tr><td rowspan="5">재 청구량(RP)</td><td colspan="2">안전수준(SL)</td></tr>
<tr><td>계획소요(PR)</td><td rowspan="3">포함가능</td></tr>
<tr><td>재생주기소요(RCR)</td></tr>
<tr><td>전쟁예비(WR)</td></tr>
<tr><td colspan="2">조달소요 기간(PROLT)</td><td></td></tr>
</table>

① 소요목표 : 소요목표는 소 분배 계통의 청구목표와 동일한 개념으로서 현 보급 운영을 유지하고 예상되는 장차의 수요를 충당하기 위하여 보유하고 있거나 발주 중에 있어야 할 보급품의 수량을 말한다. 이는 자산의 최대량으로서 보급운영의 지속과 예상수요에 대비하는 것이며, 경제성에 기여하는 역할을 한다. 소요목표는 조달주기, 안전수준, 계획수요, 전쟁예비 및 조달소요시간의 합으로 구성되며 조달원 및 조달형태에 따라 다음과 같이 산정 한다.

- 국내조달, FMS 지정구매, 상업 확정구매 품목
  - 국채기간이 PROLT보다 짧을 때 : S/L + PROLT – 국채기간
  - 국채기간이 PROLT보다 길거나 같을 때 : S/L
  - 국채조달이 없는 품목 : S/L + 실PROLT
- FMS 총괄구매, 상업한도액 구매품목 : 품목별 실 OST

② 조달주기 : 보급품의 조달요구와 조달요구 사이에 보급운용을 유지하기 위하여 필요한 보급품의 수량 또는 보급일수를 말한다. 이의 개념적 요소는 소 분배계통의 운용수준과 같다. 조달주기의 결정요소 및 산정방법은 소 분배계통의 운용수준과 동일하나, 조달주기는 통상 30일 단위로 조정한다. 그 이유는 재고 보충 업무가 조달이라는 특수성 때문에 빈번한 조달 요구를 지양하기 위해서이다. 조달주기는 재고관리 비용의 경제성을 확보하기 위하여 경제적 청구량으로 설정하는 것이 타당하다.

③ 안전 수준 : 소 분배계통 내용과 동일

④ 계획수요 : 계획수요란 비교적 정확히 그 소요를 예측할 수 있는 계획사업에 필요한 보급품의 수량을 말한다. 정비창의 계획정비 또는 재생작업이나 장비의 수정작업용 수리부속 소요, 계획공사 또는 계획된 훈련소요 등이 이에 속한다. 계획소요 중 대표적인 것은 계획정비용 수리부속 소요를 들 수 있으며 소요 중 보급수준에 포함시킬 소요량은 해당 기간 중의 소요량만을 산출하여 반영해야 한다. 보급수준 소요산정 기간은 조달주기와 조달소요기간의 기간만을 합친 것이다.

⑤ 재생주기 소요 : 재생주기소요란 일명 수리주기 소요 또는 정비주기 소요라고도 하며, 이는 복구성 품목이 정비시설에 정체되는 동안에 필요로 하는 수량이다. 따라서 소모성 품목에 적용되지 않고 복구성 품목에만 적용되는 보급수준의 일부이다. 복구성 품목은 대부분 재생된 품목이 보급되며 실제 조달은 폐처리되는 수량에 따라 결정된다. 복구성 품목의 수요율은 재생될 수량과 조달해야 할 수량으로 구분하여 산출한 후 각종 소요를 산출해야 한다. 순수예상 불가동회수량(NFUR : Net Forecasted Unserviceable Retu rn)은 예상평균월간수요(FAMD)중 월간 재생될 수량을 말하며, 불가동 반납률, 기술검사시 수리불가 판정 비율(α 라 가정) 및 재생 중 손실 비율(β 라 가정)에 의하여 산출한다. 반납률 α 및 β 등을 구분하지 않고 전체적으로 합하여 폐기율(BM이라 가정)이라 할 경우 아래과 같이 산출한다.

- NFUR = FAMD × (1 − BM)

순수예상평균월간수요(NFAMD : Net Forecasted Average Monthly

Demand)란 예상 평균월간수요 중 재생 보급되는 수량을 제외하고 순수하게 조달하여 보급할 수량을 말한다. 복구성 품목의 보급수준 소요은 일반 소모성 품목의 소요산출 방법과는 달리 아래와 같이 산출해야 한다.

- 재생주기소요(RCR) = NFUR × 재생기간
- 조달주기소요(PC) = NFAMD × PC 수준 또는 NFAMD에의한 EOQ
- 조달소요시간소요(PROLT) = NFAMD × PROLT 수준
- 안전수준소요(SL) = FAMD이용 산출

⑥ 전쟁예비 소요 : 전쟁예비란 전쟁 발발 시 급증하는 대량소요를 보급 중단없이 계속 지원이 가능토록 하기 위하여 평시 예산으로 일정기간 분량을 확보하여 저장한 보급품의 수량을 말한다. 이에는 비축소요, 전투예비소요, 사전 배치물자 등이 포함된다.

- 전쟁예비소요 = 전시수요율 × 인가 기간
- 전시수요율 : 장차전의 양상, 장비운영 전망 등을 고려 산출
- 인가 기간 : 전시 조달 소요 시간을 고려하여 인가

⑦ 조달소요 기간 : 조달 소요기간이란 조달 지체시간 이라고도 하며, 이는 조달 조치를 취한 시점부터 해당 품목을 일정비율 이상 수령하여 기록계정이 완료되고 불출이 가능할 때까지 경과한 시간적 간격을 말한다. 이의 개념적 요소는 소분배계통의 발주 및 수송시간(OST)과 같다. 조달 소요시간은 행정 소요시간(ALT : Administration Lead Time), 생산 소요시간(PLT : Production Lead Time), 및 납품 소요시간(DLT : Delivery Lead Time)등 세 가지로 구성된다.

행정 소요시간은 조달조치 취한 시점부터 계약체결 완료시점까지, 생산소요시간은 계약 체결 완료 시점부터 최초 납품시 까지, 그리고 납품 소요시간은 최초 납품시점부터 일정비율이상 납품되어 불출이 가능할 때까지의 경과시간을 말한다. 산정방법은 소 분배 계통의 발주 및 수송시간과 같다.

다음은 수리부속의 적정재고관리를 위한 중요한 수단중의 하나인 ASL 운영에 대해 알아보자. 현재 군에서 취급하고 있는 수리부속품은 17만여 품목에 달한

다. 이 품목 전체를 사전 재고로서 확보한다면 효과성은 있으나 경제성이 없게 된다. 즉, 재고투자액의 증대, 비 활용 품목의 사장, 재고 유지비 증대, 물자 취급업무의 복잡으로 기동력 제한 등의 요인이 될 것이다. 반면에 경제성을 너무 강조한다면 인가 저장품목은 대폭 축소되며, 이렇게 될 경우 사용부대에 대한 적기보급이 불가능하고 보급지원 제대의 지원업무를 상실하는 폐단을 초래할 것이다. 따라서 상호 상반되는 두 가지 요건인 보급지원의 성과와 경제성이 동시에 충족될 수 있도록 품목을 선정 유지해야 할 것이다. 일반적으로 수리부속 품류를 지원하는 기관의 품목 보유대 수요 융통률 관계는 그림에서 보는 바와 같이 수요 융통률 이란 청구서의 총 접수 건수 중 인가저장 품목 청구 건수가 차지하는 비율을 말한다. 아래에서 알 수 있는 바와 같이 수요빈도 순으로 품목의 15% 정도만 저장한다면 전체 수요건수 중 85%는 충족시켜 줄 수 있게 된다. 따라서 15%의 품목만을 저장하는 것이 경제성이나 효과성 면에서 가장 적절한 수준이 된다. 만일 수요 융통률 95%이상 높이려면 50%의 품목을 저장해야 하며, 이 경우 투자에 비하여 효과성의 증가폭이 극히 낮은 것이다.

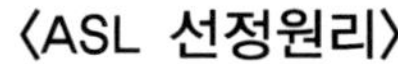
〈ASL 선정원리〉

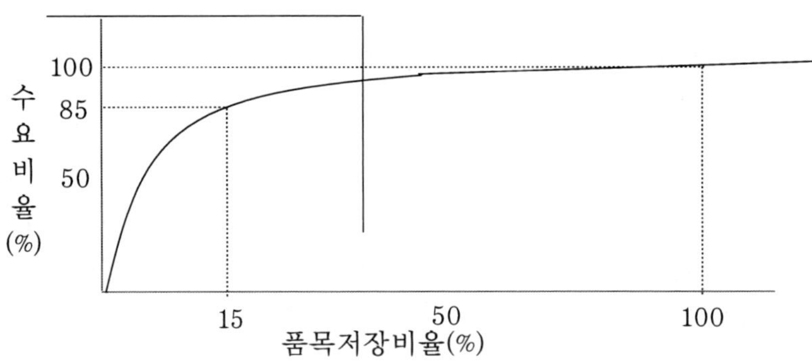

인가저장 목록(ASL : Authorized Stockage List)이란 현 보급운영을 지속하고, 장차 예측되는 소요를 충족시키기 위해 항상 저장 되도록 인가된 보급품을 말한다. 인가저장 목록을 유지하는 목적은 적정 수준의 ASL 품목을 선

정 유지하여 재고투자 비용 및 재고관리 비용 절감으로 보급지원능력 향상 및 목표 달성을 하기 위하여 운영한다.

ASL선정 절차에 대해 알아보면 ASL은 보급수준이 인가된 사단급 부대 이상에서만 설정하여 상급지원부대에 건의, 승인을 받은 후 회계연도 기간 중에 고정 운영함을 원칙으로 한다. ASL은 익년도 조달계획에 보급수준 소요를 반영할 수 있도록 매년 6월 말일을 기준, 군 수사 취급품목을 대상으로 연 1회 ASL(안)을 설정 하여 군지사로 통보하고, 군 지사 취급품목을 범위 내에서 ASL(안)을 설정하여 사단급 부대에 통보한다. 사단과 군 지사는 각각 자대 ASL을 설정한 후 군 수사에서 미 설정한 품목 중 추가품목이 발생시 추가품목을 군 수사에 건의하고 군수사령관이 최종 검토 / 확정 승인하며, 익년도 1월 1일부터 1년간 변동 없이 운영하며, 신규 설정된 품목은 군 수사 조달 반영 후 납품시까지의 시차로 인한 재고고갈 방지를 위해 익년도 7월1일부터 운영한다. 단, 아래와 같은 사유가 발생되는 품목은 ASL 수정(추가 및 삭제)을 건의, 승인을 득한 후 운영할 수 있다.

- 현재까지 운용하지 않던 장비가 타부대로부터 관리 전환되었을 시
- 익년도 ASL 설정 당시(6월말 기준)보다 수요융통률이 급격히 증감된 품목들이 발생되어 ASL을 수정할 필요가 있다고 판단될 시

사단급 부대장은 군 지사에서 통보된 ASL(안) 범위 내에서 자대 ASL을 선정하고 추가품목은 군지사로 건의한다. 군지사령관은 사단급 부대에서 건의한 품목을 검토하여 설정 방침상 위배되지 않은 품목은 최종 군 수사에 추가 건의하고 ASL설정 방침상 위배되는 품목이 포함되었을 시에는 품목별로 추가 건의하고, ASL설정 방침상 위배되는 품목이 포함되었을 시에는 품목별로 부당 사유를 명시해서 해당부대로 통보하여 수정토록 조치한다. 이렇게 해서 최종적으로 수정 건의된 사단급 부대의 ASL은 군 지사 ASL로 반드시 설정하여야 한다. 그 다음에는 군지사와 직접 보급 거래하는 모든 비사단급 부대 및 예하 지원부대들에 대한 원활한 보급지원을 위해 ASL 설정이 필요한 품목들을 자체 검토하여 추가함으로써 군 지사 ASL을 확정한다. 이와 같이 최종 설정한 ASL은 군수사로 건의한다.

군수사령관은 군 지사에서 건의된 ASL을 검토하여 ASL설정 방침에 위배되는 품목들에 대해서는 재설정하여 건의토록 조치하고, 이렇게 해서 최종 건의된 군 지사 ASL은 군 수사 ASL로 반드시 설정하여야 한다. 그 다음에는 원활한 보급지원을 위해 익년도 조달계획에 보급수준 소요를 우선적으로 반영하고 군 수사 ASL을 군 지사에 통보한다. 군수사로부터 ASL을 통보받은 군 지사는 기 건의한 ASL과 비교 검토한 후 이상이 있는 품목에 대해서는 군 수사에 확인하여 후속 조치한 다음에 군 지사 ASL을 사단급 부대로 통보한다. 군지사로부터 ASL을 통보 받은 사단급 부대에서는 기 건의한 자대 ASL과 비교 검토한 후 이상이 있는 품목에 대해서는 후속 조치하고, 인가된 ASL을 익년도 1월 1일부터 운영할 수 있도록 품목 기본철 수정 등 제반 준비를 한다. 단, 신규 설정된 품목은 군 수사 조달반영 후 납품시까지 시차로 인한 재고고갈 방지를 위해 익년도 7월 1일부터 운영한다. 그러나 수정사유가 발생되는 품목에 대해서는 연2회(3, 7월)에 한해 ASL 수정 건의를 할 수 있으며, 수정 건의를 받은 군수사령관은 이를 검토 후 현 보유자산으로 지원이 가능하거나 조달계획 수정이 가능한 품목에 한해 추가로 승인할 수 있다. 단, 이때에는 보유자산과 납품시기를 고려, 건의부대에서 신규 ASL을 운영하는 시기를 명확히 지정 통보해야 하며 건의부대는 이를 준수해야 한다. 다음은 제대별 ASL 선정방법에 대해 알아보자.

① 사단급 부대 : 보급수준이 인가된 품종에 한해 ASL을 설정하되 9종 품목(수리부속)중 화력 · 특무 · 기동 · 항공기능은 적용장비 그룹별(AG)로, 통신 · 일장 기능은 적용장비별(AC)로 분류하고, 기타 2 · 3 · 4 · 8종 품목은 자금계정부호(RCN)별로 설정하며, 과거 1년간 수요실적을 고려하여 누적 수요율 85%범위 내에서 수요횟수 4회 이상(항공 · 특무기능은 1회 이상) 품목만 선정한다. 편성부대에서 운영할 익년도 규정휴대량(PL)은 6. 30일 이전에 확정 후 군지사에 보고되어 타당성 여부를 검증 후 최종 ASL 선정시 포함되도록 하여야 한다. 물품출납공무원은 ASL 검토 목록을 토대로 AG / RCN별로 누적 수요율 85%를 만족시킬 수 있도록 ASL을 최초로 설정한 후 그 적절성 여부를 검토한다. 만약에 어떤 AG / RCN이

소수 품목이거나 수요빈도가 비교적 적은 품목들로 구성되어 누적 수요율 85%를 만족시키기 위해 너무나 많은 ASL을 운영하게 되어 경제적 보급관리를 도모할 수 없다고 판단될 시는 물품출납공무원 책임 하에 적정 ASL을 운영할 수 있도록 ASL 설정한도를 누적 수요율 70~85% 범위 내에서 재설정하여 최종적으로 ASL을 확정함으로써 경제성과 효과성을 동시에 만족할 수 있도록 해야 한다.

② 군지사 : 보급수준이 인가된 품종에 한해 ASL을 설정하되 9종 품목(수리부속)중 화력, 특무, 기동, 항공 기능은 적용 장비 그룹별(AG)로, 통신, 일장 기능은 적용장비 별(AC)로 분류하여 설정하며, 과거 3~5년간 수요실적을 기준으로 사단 유형별 표준 ASL안을 작성 하달하며, 이때 PL 및 임무필수품목, 수요 융통율 85% 범위 내에서 수요 횟수 4회 이상 다수요 품목으로 선정한다. 수리부속 ASL 설정시 비사단급 부대의 PLL은 군지사 ASL로 반드시 설정해야 한다. 따라서 익 년도에 비사단급 부대에서 운영할 PLL은 ASL 설정전에 확정되어야만 하며, ASL 설정주기와 동일하게 연1회 설정, 운영한다. 군지사는 사단급 부대에서 건의된 ASL을 AG / RCN별로 분류하여 군지사 ASL로 우선 설정한 후, 군지사와 직거래하는 비사단 편성부대 및 예하 지원부대들이 취급하는 품목들 중에서 사단급 부대 ASL에 미포함된 품목들을 대상으로 추가적으로 ASL 설정을 검토할 수 있도록 ASL 검토목록을 지정된 전산양식에 의거 출력 후 해당 물품출납 공무원에게 제공해 주어야 하며, 이 검토목록은 AG / RCN별로 구분하여 총 취급품목 중에서 방침상 ASL 설정 불가 품목을 제외한 후에 사단급 부대 ASL과 비사단급 부대 PLL을 우선 나열하고, 기타 품목들은 수요빈도가 많은 품목 순으로 나열하여 품목별 수요융통율과 ASL점유율을 동시에 나타낼 수 있도록 작성되어야 한다.

③ 군수사 : 군지사에서 건의된 ASL을 우선적으로 포함하고, 예하 창의 임무필수품목 및 전투긴요 수리부속 등 보급수준 유지가 필요한 품목들을 자체적으로 추가하여 익년도에 운영할 ASL을 확정한다. 각급 지원부대에서 ASL설정시 착오를 최소화할 수 있도록 ASL설정 불가품목에 대하여 군수사의 품목 기본철에 명시하여 통보한다. 군수사령관은 매년 ASL 설

정에 대한 세부지침을 작성, 각 부대에 7월중 하달하고 효율적으로 ASL이 설정 · 운영되도록 지도감독을 실시해야 한다.

다음은 ASL 품목에 대한 운영방법에 대해 알아보자. ASL로 승인된 품목은 보급수준 소요량을 아래와 같은 공식에 의거 산출하여 확보 · 운영한다.

- 보급수준 소요량(R/O) = 통제기간수요량×보급수준 인가일수÷연간보급통제기간(365)

  군수사 / 군지사는 3~5개년 수요추세를 고려하여 산출한 연간수요량을 반영하고, 연간 고정 운용한다. 사(여)단급 부대는 연간 고정 R/O를 적용한다. R/O 산출시 소수점 이하는 기능별 · 품목별 단가 기준에 따라 아래와 같이 품목별 차등 적용한다.
- 저단가 품목 : R/O가 2.9 이하는 무조건 3개
- 군수사에서 선정한 고단가 품목은 전량 군수사에서 통합관리(군수사에서 판단한 사전 배치된 물량 군지사 저장관리)
- 저 단가에서 고단가 사이품목 : 소수점 이하는 4사 5입(군수사는 절상)

  군수사령관은 저단가 · 고단가 품목의 기능별 분류기준을 설정 및 전파하고, 품목별 보급수준 차등 적용 실태를 감독한다.

※ 고단가/저단가 적용금액

구분	총포	궤도	특무	기동	통신	일장	항공
고단가(백만원)	2	20	20	1	5	1	20
저단가(천원)	1	20	70	2	1	2	200

ASL품목 청구 한도량은 다음과 같다.

- 청구량 ≤ (R/O + D/O) − (O/H + D/I)

  ASL을 운영하는데 있어서 가장 중요한 요소는 부대별 연간 수요 실적이다. 따라서 청구보급을 실시하더라도 동일 품목의 동급부대 연간 수요량은 비교적 유사한 분포를 형성하는 것이 자원운영상 바람직하므로 전 물품출납공무원은 담당품목에 대한 거래 부대들 간의 연간 수요량을

면밀히 비교 검토하여 과다한 차이가 발생한 부대의 수요량에 대해서는 특정분석을 실시하고 해당 부대의 물품출납공무원과 상호 협조하여 적정수준으로 수정하도록 조치해야 한다. ASL품목은 분기별로 보급관리 분석을 실시하여 ASL설정 및 운영상 문제점을 심층 깊게 분석 평가하고 그 결과를 익년도 ASL 관리에 반영해야 한다.

ASL에서 N-ASL로 전환된 품목에 한하여 그전 ASL 운영시 S/O분을 사단은 6개월, 군지사는 1년간 보유 후 수요가 없을시 초과품으로 기지에 후송한다. 그러나 군에서 완전 도태된 장비의 부속품으로서 타 장비에 활용할 수 없는 품목은 즉각 초과품으로 후송한다.

2. 규정 휴대량(PL) 운영

규정 휴대량이란 편성부대급(또는 단위부대 및 격리된 파견대)에서 부대정비를 위해 보유하도록 인가된 15일분의 수리부속품 및 특수공구의 자산을 말한다. 규정 휴대량의 운영부대는 편성부대이며 보급수준 인가 일수는 15일분이다. 편성부대 담당자는 부대정비에 필요한 규정 휴대량을 항상 보유 유지하여야 한다. 편성부대에서 산정한 PL은 지원시설의 인가로 확정되며, 편성부대의 물품관리관 책임하에 운용한다.

다음은 PL 품목 선정방법과 수량산정 방법에 대해 알아보자. PL(규정 휴대량)은 표준장비에 한하여 적용하며 선정에서 제외되는 것은 희소장비(전군10대 미만 장비), 도태계획 장비(대상 장비 기능별 연도고려), 비표준 및 현금 유지 장비 등이다. 품목선정은 보급교범이나 회보, 그리고 과거 수요경험에 의하여 다음과 같이 선정한다.

- 모든 장비 : 과거 3~5년간 평균수요량이 6개(15일간 수요량 0.24개)이상 품목
- 항공장비 : 과거 3~5년간의 평균수요량이 3개(15일간 수요량 0.12개) 이상 품목 수량을 산정하는 공식은 다음과 같다.
- 과거 수요 제원이 없는 초도 산정시 : 장비보유대수 × 보급교범상의 인가량

÷ 100

- 최근 1년간의 수요제원이 있는 품목 : 과거3~5년간 평균수요량 × 보급수준 인가일수(15일) ÷ 365
- 소숫점 처리원칙 : 모든장비(항공장비 제외)는 0.24 이상시에 1개로 절상한다. 단, 항공장비는 0.12 이상시에 1개로 절상

다음은 PL(규정 휴대량) 인가 절차 및 운영 방법에 대해 알아보자. 편성부대에서 확보해야할 규정 휴대량 목록은 장비별로 부대정비에 인가된 수리부속품을 기준하여 작성하여 익 년도에 운영할 규정 휴대량 목록은 매년 5월 31일을 기준으로 작성하여 6월 30일 이전까지 해당 지원부대에 보고하며 지원부대에서는 6월30일 까지 승인완료 한다. 지원부대는 편성부대에 재고고갈이 발생되지 않도록 보급수준을 유지하고 편성부대 PL품목은 반드시 ASL 검토시 포함 되도록 하며 수요빈도 증가 또는 장비가동에 결정적 영향을 주는 품목 추가 소요 시 상급시설에 매 분기 통보하여 반영하여야 한다. 편성부대는 인가된 규정 휴대량 목록을 기존 규정 휴대량 목록 철에 합철 유지하고 인가된 규정 휴대량 목록에 의거 단위부대별 운영 배당량 / 보유량 전산입력 전산대장을 유지한다.
전산입력은 다음해 시작 전에 하며, 인가된 품목은 매년 상이할 수 있으므로 현 보유 자산과 전산재고를 항상 일치 되도록 한다. 인가량 부족시는 지원시설에 즉시 청구 확보하며 DO설정품목은 지속적인 후속조치를 실시한다.

3. 공장보급 반 운영

공장 보급 반은 정비공장내 혹은 공장근처에 설치, 운영하며 정비중대내의 각 정비소대의 정비작업에 필요한 수리부속품, 예비부품 및 정비용 소모품을 획득하여 저장 및 불출하며 사용 불가 품을 회수 후 반납하는 업무를 수행한다. 현장정비 및 근접지원용 수리부속도 확보하고 있어야 한다. 지원소대장은 공장보급반이 기능을 수행하도록 하며 보급반의 설치, 운영 및 재산 책임을 진다.

공장보급 반에서 취급해야할 대상품목에 대해 알아보자. 사단급 정비중대 및 군지사 직접지원 정비중대의 대상품목은 정비소요 1~3계단 수리부속품으로 이중 고단가 품목을 제외한 복구성 품목을 포함하여 인가하며, 일반지원 정비부대는 1~4계단 수리부속품(고단가 품목을 제외한 복구성 품목 포함)을 운영하고 야전 순환정비 대상 장비는 폐기율에 의한 필수교체 계획정비 소요를 연도전 7월까지 산정하여 군수사에 계획소요로 반영하고 기타장비는 운영량만 확보한다. 예비부품은 볼트, 너트, 와샤, 캇타핀, 각종 가스켓트(헤드 가스켓 제외)등이며 소모품은 땜납, 용접봉, 사포, 산소, 아세치렌, 밧데리액 등이다.
다음은 공장보급 반에서 취급하는 수리부속의 운영량 산정 및 인가절차에 대해 알아보자. 먼저 운영량 산정 방법으로 사용경험이 있는 품목은 수요율에 보급수준 인가일수 만큼 곱하여 산정한다. 초도산정 품목은 장비의 수리부속에 대한 것으로서, 해당 교범상 제시된 수량을 참고한다.

- 초도선정(교범에 의거) : 지원 장비수 × 교범상의 30일 허용량 × 100
- 운영량 산출 공식 : 과거3~5년 평균수요량 × 30일 ÷ 365

* 산정결과 1개 이하는 1개로, 1개 이상은 사사오입한다.
인가절차에 대해 알아보면 공장보급 반 운영 대상품목은 보급지원부대에서 년 1회 선정 및 인가한다. 수리부속 보급지원부대는 군수사 - 군지사 - 사단 순으로 하달된 익년도 ASL(안)과 비교하여 익년도 ASL(안)에 포함된 경우 인가하고, 익년도 ASL에는 누락되어 있으나 필요한 품목의 경우 사단 - 군지사 - 군수사 순으로 ASL에 추가 건의한다. 공장보급 반 운영수준 인가 수리부속에 대하여 지원부대(사단급 부대 및 군지사의 수리부속 재고통제부서)는 품목기본철의 임무 긴 요도 부호를 규정 휴대량 품목에 해당하는 부호 "L"을 부여하여 실질적으로 ASL 품목으로 관리되고 있는지를 확인 및 조치한다.
정비소대장은 수리부속을 소모하거나 소모발생시마다 검작지를 공장 보급반에 제출하여 소모정리 및 청구를 한다. 공장보급 반은 P · R 품목 불출현황을 지속 파악하여 정비 후 교체된 사용 불가 품목을 회수 받아 상급지원부대로 반납한다. 인가품목이 물자분야 소모품인 경우 물자분야 보급지원부대(사단의 경우 보수대)로부터 지원받으며 공장보급반장은 운영품목 목록을 유지하여 인가부족분은 청구하여 재확보하며 정비소대 소요에 의거 불출 및 사용결과는 검사 작업 지시서에 소모근거를 기록한다.

4. 직접 교환반 운영

직접 교환이란 사용 불가능한 품목과 사용 가능한 동일 품목을 1 : 1로 교환하는 것으로서 장비의 주요결합체를 수리 복구하여 순환 보급함으로써 불 가동장비를 신속하게 해소하고 경제적 정비운영을 도모하기 위하여 운영한다.

직접교환반의 설치는 직접지원 정비시설부대의 보급부에 설치하며, 직접지원 정비부대장은 직교품의 선정 추가 및 삭제, 직교품의 획득, 저장, 수불 및 운영수준 유지, 사용불가로 회수된 직교품 정비순환, 직교품 목록을 작성, 편성부대 전파 등을 주기적으로 검토 발전 시켜야 한다. 직접 교환 반은 인가된 보급요원으로 편성 운영하며 반장은 하사 이상으로 임명한다.

직접교환 품목 선정에 대해 알아보면 직접 교환품목은 부대정비가 허용된 수리 부속품과 수리복구 가능품목(필수복구품목), 직접지원 정비시설장이 필요하다고 판단한 품목을 대상으로 선정하며. 품목 선정은 인가 저장품목 중 직접지원 정비부대장이 장비의 특성과 수요실적을 고려하여 선정하며 그 결과를 연 2회 지원계통에 보고하고 야전 수리복구 불 가품 일지라도 긴요 품목은 신속한 보급지원과 효율적인 폐품 회수를 위하여 직교품으로 선정할 수 있다.

직교품으로 선정된 품목은 정비중대 운영량(30일분)과 별도로 보급수준 범위 내 인가 운영하며, 부대별 정비능력과 여건을 고려하여 직접지원 부대장이 인가하며 운영량은 다음과 같이 산정한다.

- 운영량 산출 공식 : 과거 3~5년간 평균수요량 × 20일 ÷ 365

직교 의뢰기간 중에 장비 불가동을 방지하기 위하여 직 교품 중 수요빈도가 많은 품목은 규정 휴대량으로 인가할 수 있으며, 근접정비반이 현장 이동정비를 위하여 편성부대 지역에 출동할 경우 직교품을 휴대하여 현지에서도 교환, 불출

할 수 있다

5. 동시조달 수리부속(CSP)

동시조달 수리부속(CSP : Concurrent Spare Parts)이란 장비의 효율적인 유지 및 정비관리를 도모하기 위하여 초도 또는 후속 보급되는 장비와 동시에 조달하는 필수 소요 수리부속품을 말한다. 동시조달수리부속과 관련하여 자주 사용되는 용어인 계획수요 품목, 수요품목, 비 수요필수품목, 초도보급 장비, 후속보급 장비 등의 의미를 알아두는 것이 실무 적응에 도움이 될 것이다. 다음은 동시조달수리부속의 소요 산정 및 예산편성에 대해 알아보자. 먼저, 소요산정 기준 및 범위는 다음과 같다.

첫째, 연구개발 장비 초도보급 장비

① 계획수요 품목 : 표준S/W에 의거 산출되는 3년간의 소요분을 기준하여 교환주기 및 유사장비 경험제원이 반영된 최적 소요이다.

② 수요품목 : 업체 무상수리 보증기간(A/S기간)이 포함된 3년간의 소요분을 표준S/W에 의거 산출하되 유사장비 경험제원이 반영된 최적소요와 업체 무상수리 보증기간이 계약조건에 미 반영된 장비는 3년분 소요를 산정한다.

③ 비수요 필수품목 : 표준S/W에 의거 산출되는 3년간의 소요분을 기준하되, 유사장비경험제원이 반영된 최적소요를 말한다.

둘째, 연구개발 장비 후속보급 장비 : 표준S/W에 의거 산출되는 3년간의 소요분에서 업체 무상수리 보증기간(A/S기간)의 소요분을 제외하되 초도보급 동시조달 수리부속 운용실적, 업체 A/S실적 및 유사장비 경험제원 등을 고려한 최적소요를 말한다.

셋째, 직구매장비 : 동시조달 수리부속 소요 산출에 필요한 기술 자료를 조달본부 또는 업체로부터 획득 가능한 장비는 연구개발 장비와 동일한 절차에 의거 소요를 산정하며, 동시조달 수리부속 소요 산출에 필요한 기술자료 획득이 불가한 장비는 업체 추천 품목 및 유사장비 운용제원을 고려하여 소요를 산정한다. 또한 동시조달 수리부속의 획득원, 획득기간 등의 사유로 3년분 이상의 동시 획득이 필요한 장비는 육본(군참부)에 건의하고 군참부는 기참부(전력계획과) 및 전력단과 협조하여 그 결과를 군수사에 하달한다. 그리고 초도 또는 후속 보급되는 지원 및 시험장비의 동시조달 수리부속 소요산정도 주장비에 준하여 산정한다. 다음은 예산편성으로 동시조달 수리부속 획득을 위한 예산편성은 주장비 가격의 10% 이내에서 편성하되 과거 유사장비 또는 동일 장비 집행실적을 고려하여 편성하며, 육본(군참부)은 중기계획요구서 및 예산 각목명세서 작성시 기참부(전력계획과) 및 육본(전력단)에 의견을 제시한다.
다음은 동시조달수리부속의 분배에 대해 알아보자.

첫째, 분배기준 : 동시조달 수리부속은 군수사 보급창 및 군지사 일반지원(G/S) 정비대대 보급중대에만 보유토록 분배하되 분배기준은 운영용 수리부속 저장일수 및 경험제원을 고려하여 분배한다. 또 주기성/시한성품목은 편성부대(사, 여단 정비대대 제외)에 분배하되 교환주기 및 구성수, 편성부대 관리능력 등을 고려하고, 구축 및 재고통제를 위하여 시설부대(군수사, 군지사)에도 적정량을 분배한다. 주장비 배치부대가 소수로써 시설부대에서 전량 보유가 비효율적인 품목은 적정량을 편성부대에서 보유토록 분배하며, 육본(전력단)은 조달계약된 동시조달 수리부속 목록을 군수사에 통보하고 군수사는 각 군지사별 분배기준을 작성하여 군지사에 통보하며, 군지사는 관련되는 피지원부대에 보급목록을 통보하여 소요발생시 적기 청구가 가능토록 조치한다.
둘째, 보급 및 계정관리 : 보급은 제대별로 자동보급 원칙을 적용(DIC : 61A)하며, 자산 구분 관리를 위해 계정부호(PJ)는 “5SP"를 사용한다. 또 보급문서 작성시 수요구분란은 “N"으로 수록 관리하고 동시조달수리부속에 대한 자산계정은 전투예비재고(CB)란에 수록한다. 재고구분관리를 위해 수입 및 보급문서상에 계정부호는 “5SP"를 사용하며 초도 보급된 수량을 청구목표로 산정 인가저장품목(ASL)으로 관리한다.

6. 전투긴요 수리부속 운영

전투긴요수리 부속을 운영하는 목적은 초기 전투시 소요되는 전투긴요 수리부속을 평시 확보 및 운영함으로써 전시지원능력 향상하는데 있으며, 이와 관련된 주요 방침은 아래와 같다.

① 전투장비의 중요도, 경제성을 고려 대상 장비 선정 및 차등화 된 확보 목표를 설정한다.

ASL품목			N-ASL품목		
High급	Medium급	Low급	High급	Medium급	Low급
60일		30일	30일		미편성

② 대상장비는 성능, 수명주기, 전력화시기, 장비가동률 우선순위 등을 고려하여 선정한다.

③ 확보목표는 1단계 30일분 확보 후 2단계 30일분은 군수사 보급수준을 포함 부족소요를 확보한다.

④ 정비창 평시 순환정비 수량 고려 전시 초기 창 아이론정비용 소요 품목을 반영한다.

전투긴요 수리부속의 소요 산정에 대해 알아보자. 먼저 품목선정 기준이다. 전투긴요수리부속 품목의 선정기준은

① 전시 임무필수 품목 중 구성품/결합체 위주 선정

② 평시 다수요 품목 중 전시 애로/수요급증 예상품목

③ 국내 생산 불가 및 해외조달기간 장기소요 품목 등이다.

소요산정 기준은 K-2005 장비손실률 적용비율을 적용하여 산정한다.

구분	적용기준	피해율		폐기율 (%)	내용
		대파	중파		
직접피해 (외부노출)	K-2005 장비 손실률	50	25	50	외부에 노출되어 적의 화기로부터 1차적 피해 대상인 기동관련 품목
		25	12.5	25	기동기능 이외 대상품목
간접피해 (장갑보호)		25	12.5	50	1차방호가 가능하며 방호기능 상실시 피해를 받을 수 있는 기동관련 품목
		12.5	6.25	25	기동기능 이외 외부품목
소모보충	96-1소모보충률				장비에 의한 보호로 피해가 거의 없는 품목
	99AA/CSR				외부피해가 거의 없고 사역에 의한 마모가 발생되는 품목

전투긴요 수리부속의 저장기준은 전담지원 보급창 운영개념에 의거 저장하고 군지사 저장수준은 전시 이동물량 최소화 및 저장 공간 고려 25~30%를 저장한다.

7. 복구성품목 관리

복구성 품목은 복구가능 수리부속이라고도 하며, 고장발생시 정비 후 재사용하는 품목을 말한다. 이는 불가동 품목 중 복구하여 재활용 가능한 주요 수리부속품을 최대한 복구하여 재사용함으로써 폐처리를 최대한 방지하여 신품소요를 억제하고 경제적 정비운용을 도모하는데 목적이 있다. 현행 복구성 품목은 품류의 잦은 변동(복구성↔소모성)과 누적된 행정 착오로 재산관리가 미흡하며, 이를 개선하고자 결산용 전산프로그램 개발과, 주기적으로 자산 검증 및 정비여건 보장을 위하여 장비별 “결합체, 부분품 목록”을 보급회보로 배부 운영토록 하고 있다. 복구성 품목은 군수사령부의 품목 기본철(RIZ)에 수록된 P, R품목 전 품목을 대상으로 운영하며, 복구성 부호 적용은 품류부호와 SMR부호 병행 사용한다.

야전 정비지원부대는 정비 의뢰된 복구성 품목을 최대한 수리 복구한다. 또한 창 정비부대는 연간 정비계획을 수립하여 수리복구가 가능한 품목을 최대한 군직 정비하고 군 정비 불가품은 외주 정비한다. 기지 후송된 복구성 품목의 경제적 수리한계는 군수사령관이 결정시행하며, 수리가능품으로 판정된 품목은 정비 후 보급을 위한 재고로 활용하고 수리불가로 판정된 품목은 최대한 동류전용 사용 후 절차에 의거 폐처리 한다.

복구성 품목임을 알 수 있는 방법으로 품목 기본철(RIZ)에서 복구성 품목은 품류부호가 "P, R"로 표시된 품목이다. 현행 품목 기본철에서는 획득, 교환, 수리, 처리 전체를 알 수 있는 수준으로 SMR부호가 적용되어있지 않다. 복구성 품목 중 중점관리품목은 "필수복구품목 목록" 책자를 참고한다. 기술교범(P교범)에서 SMR부호로 확인한다.

8. 시장성 품목관리

시장성품목에 대한 광의의 개념은 영외에서 유통되는 물품과 규격, 포장, 용도가 동일하거나 유사한 품목 또는 영외유출시 대민피해 및 물의를 야기시킬수 잇는 위험성품목 등 영외 부정유출 가능성이 높은 품목을 말하며, 협의의 개념은 영외에서 유통되는 물품과 규격, 포장, 용도가 동일하거나 유사한 품목으로서 영외부정 유출 매각가능성이 높은 품목을 말한다. 시장성품목의 효율적인 관리를 위하여 각급 부대별로 다음과 같은 다양한 관리대책을 강구하여 시행한다.

① 저장관리 : 송증송달목록 중 시장성품목은 별도로 명시하여 관리한다. 또 창고 가용범위 내 구분 저장하되, 동일창고에 일반물품과 혼합저장시에는 칸막이 및 저장 선반 색깔표시 등으로 구분하여 저장한다. 창고 수불카드는 재고확인이 용이하도록 색깔을 표시하여 구분한다. 그리고 일일 수불결과 및 전산재고와 실재고 일치여부를 확인, 결산일지에 기록 유지한다.

② 주기적 · 입체적 점검체계를 확립한다.

③ 특별재물조사를 실시한다. 특별재물조사는 지휘관, 물품관리관, 출납관 및 물품 운용관 교체시 또는 특정품목에 대한 재물조사 사유 발생시에 실시한다.

④ 군수실무자 의식전환 교육/사고예방활동 강화 : 각 제대는 제대별 군수부조리 및 취약요인을 도출, 과제화 하여 주기적인 교육, 확인점검, 예방활동을 계획/시행한다. 또 각 제대 지휘관은 군수실무자의 건전한 사생활 풍토 정착을 위하여 지휘관심을 경주한다. 창고장, 출납관, 회계직 담당관 등 군수실무자는 순환보직 관리한다.

제3절 보급거래 절차

1. 청구 및 수령

가. 보급부호 체계

보급업무가 전산화됨에 따라 효율적인 전산 입·출력 및 연산처리가 가능하도록 부호화해서 업무에 적용한 것이 보급부호이다.
이 부호 체계는 보급거래나 정비 실적 관리뿐만 아니라, 군수자원관리 업무 전 영역에 적용되고 있어 야전 및 기지군수 업무수행에 핵심적인 업무수행 도구가 되고 있다. 즉 많은 업무처리가 사람과 전산기, 부대와 부대간에 보급부호에 의해 의사를 주고받으면서, 업무를 수행하고 있다.
군 보급품은 전산기내에 등재 관리하는 기계취급품목과 시험 진행 중인 품목 등 관리자가 취급하는 관리자 취급품목으로 나눈다.
기계취급품목은 다시 재고통제를 누가 하는가에 따라 기계 취급품목과 관리자 통제품목으로 나누어진다.
보급시스템에서 사용되고 있는 전산부호에 대해 알아보자.

① 문서 식별 부호(DIC : Document Identifier Code) : 문서식별 부호는 관리자가 원하는 대로 입력문서가 처리되고 요구되는 출력문서가 생성되도록 하기 위해서 사용하는 부호이다.
문서식별부호는 영문 및 숫자가 혼합된 3자리수로 구성되어 있다. 위치는 입력문서의 제1~3란에 있다. 문서식별부호의 종류는 아래와 같다.

구분		기계처리 품목	관리자통제 품목
청구		411(511, 611)	413(513, 613)
불출	직불조치	4S1(5S1, 6S1)	4S3(5S3, 6S3)
	D/O 해소	4T1(5T1, 6T1)	4T3(5T3, 6T3)
D/O 설정		41B(51B, 61B)	43B(53B, 63B)

② 경로식별 부호(RI : Routine Identifier Codes) : 불출창, 보급원을 나타내는 부호로서 보급원 및 거래문서의 부호에 적용되며, 길이 및 형식은 3자리(A/N)이며, 거래부대 거래문서에 적용되는 부호이다.

③ 품류 부호(ER : Expendable & Repairable Code) : 해당품목의 반납한계를 구분하여 불출과 반납 실적을 확인할 수 있는 부호로 길이 및 형식 : 1자리(A)이며 부호의 종류는 P(기지 반납 대상 수리부속), R(야전 반납 대상 수리부속), Q(소모성 수리부속) 등이 있다.

④ 불출단위부호 (UI : Unit lssue Codes) : 불출품목의 수량, 총량을 나타내는 단위로 길이 및 형식은 2자리(A / N)이며 부호의 종류는 아래와 같다.

EA : 낱개(Each) SE : 셋(Set) PG : 꾸러미(Package)

CN : 깡통(Can) AY : 결합체(Assembly) PR : 켤레

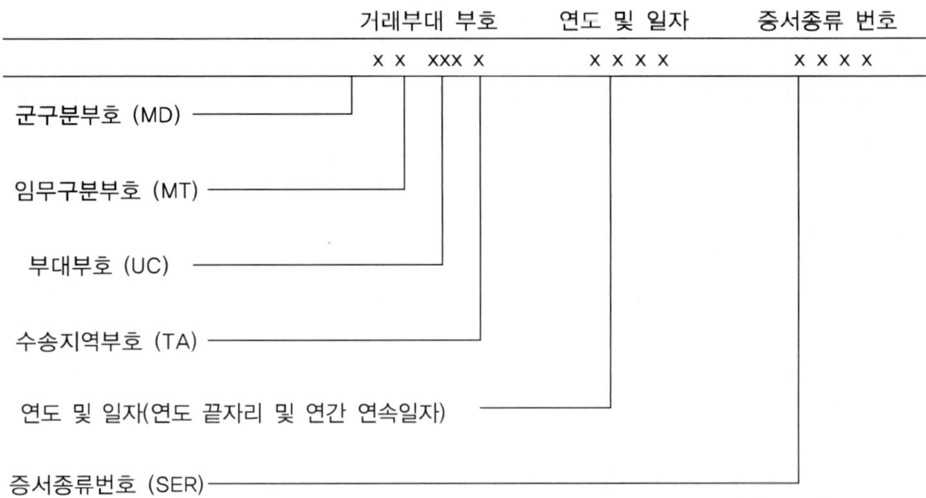

⑤ 문서번호(DN : Document Number) : 증빙서의 효력을 가지며 거래부

대 번호, 연도/일자, 증서 종류 번호로 구성된 부호로 길이 및 형식은 14자리이며, 구성은 거래부대 부호, 년도/연속일자, 증서종류 번호 등으로 되어 있다. 입력 문서의 처리 기준이 되며 문서번호는 최초 부여부터 증빙서의 효력을 가지며 거래부대 번호, 연도 및 연속일자 일련번호(증서종류 번호)로 구성된다.

⑥ 수요부호 (DM : Demand Codes) : 순환수요와 비 순환수요를 구분 및 식별하는 부호로 길이 및 형식은 1자리이며, R(순환수요)과 N(비 순환수요)이 있다.

⑦ 적용장비 부호(AC : Application Coders) : 해당품목에 적용되는 장비 또는 무기계통을 나타내는 부호로 길이 및 형식은 2자리로 되어 있으며, 편수 및 관리 분석자료 작성시 사용된다. 부호의 종류(예)는 아래와 같다.

부호	설명	부호	설명
HG	1/4톤 K-111	A6	구경 5.56mm기관총 K-1
	1/4톤 K-100	A7	구경 5.56mm소총 K-2
	1/4톤 K-113	A8	구경 5.56mm기관총 K-3
	1/4톤 K-115	AH	구경 5.56mm소총 M16
	1/4톤 K-116	B2	구경 50 기관총 K-6
	1/4톤 K-117	CJ	81mm 박격포 다리 M1
HK	1/4톤 K-131		81mm 박격포 M1

⑧ 적용 장비 그룹부호(AG : Application Group Codes) : 장비 또는 무기계통을 나타내며 관리 분석 자료에 사용된다. 길이 및 형식은 2자리로 되어 있다.

⑨ 자금계정부호(RCN :Record Control Number) : 자금의 예 · 결산 집행 및 분석을 위한 부호로 길이 및 형식은 4자리로 되어 있으며, 국방표준 자금 계정부호, 기능부호, 품종, 품류로 구성되어 있다.

⑩ 불출통제 부호(IE: Issue Exception Codes) : 관리자 통제품목의 불출 승인 한계를 구분하는 부호로 길이 및 형식은 1자리이며, 1(육군본부 통

제품목), 2(군수사 통제품목), 5(군지사 통제품목), 6(군지사 재 고통제과 통제), 7(사단 사령부 통제품목), 공란(비 통제 품목) 등으로 구성되어 있다.

⑪ 계정부호(PJ : Project Codes) : 재고통제 방법별로 나타내는 부호로 길이 및 형식은 3자리이며, 3XX(일반 지원 소요), 4XX(계획 지원 소요), 5XX(전투 지원 소요), 6XX(예산 배정 품목) 등으로 구성되어 있다.

⑫ 우선순위 부호(PY : Priority Codes) : 약정된 부호로서 청구 및 불출 우선순위를 나타내는 부호이다. 길이 및 형식은 2자리이며, 긴급청구(01~02), 준 긴급청구(03~06) 등으로 구성되어 있다.

⑬ 상태부호(CN : Condition Code) : 품목의 상태를 나타내는 부호로 길이 및 형식은 1자리이며, 1(사용가 : A, B급), 2(재생품, 차등단가 적용), 8(사용불가 : D급, 경제적 수리 및 재생 불가 상태의 폐품) 등으로 구성되어 있다.

⑭ 현황부호(ST : Status Codes) : 보급원이 청구자에게 조치 결과를 나타내는 부호로 길이 및 형식은 2자리이며, BA(불출조치), BH(대치품으로 보급조치함) 등으로 구성되어 있다.

⑮ 건의 부호(AV : Advice Codes) : 청구자가 보급원에 요청사항을 나타내는 부호로 길이 및 형식은 2자리이며, 9A(현지제작 또는 조달 불가능함), 9B(청구품목만 소요되며 대치품은 불필요함), 9C(차후 불초조치는 불필요함, 소요도입일 까지 불출이 가능하면 불출하고 불가능하면 기각) 등으로 구성되어 있다.

⑯ 자금 및 물량관리 구분부호(CTL : Control Code) : 품목 불출제한을 위한 관리구분 부호로 길이 및 형식은 1자리이며, C(물량관리 품목), F(자금관리 품목), 공란(물량, 자금 제한을 받지 않는 품목) 등으로 구성되어 있다.

⑰ 임무긴요도 부호 : 품목의 임무긴요도를 나타내는 부호로 C(전투긴요 품목), L(규정 휴대량 품목), M(임무 필수 품목), Q(청구목표가 있는 품목), 4(인가저장 될수 없는 품목), 공란(비인가 저장품목) 등으로 구성되어 있다.

⑱ 접미부호 (SX : Suffix Coders) : 문서의 1회 완결 불가의 경우 문서처리의 순차를 식별 가능토록 하는 부호로 A(1차 : 부분불출의 경우), B(2차 : 부분불출의 경우), Z(1회 전량 불출 조치) 등으로 구성되어 있다.

나. 청구

청구란 일정기간에 필요로 하는 품목의 총수량을 획득하기 위하여 지원시설에 소요를 제기하는 활동을 말한다. 청구의 종류에는 초도청구, 보충청구, 특별청구, D/L청구 등이 있다.
수리부속 확보를 위한 제대별 청구절차는 다음과 같다.

첫째, 단위 부대 → 편성부대 : 단위부대 물품운용관은 인가된 규정휴대량(PL)은 항시 확보 유지해야 하며 수시 및 계획정비를 통해 발생된 수리부속은 규정 휴대량 품목을 사용하여 교환을 하고 검사 및 작업지시서를 작성 즉시 청구한다. 이때 사용되는 청구문서는 아래 도표에서 설명하고 있다. 또한 비 인가수리부속 소요 발생시는 검사 및 작업 지시서를 작성 편성부대 물품출납 공무원에게 청구한다. 재고고갈로 수령치 못하였을 시는 수입예정으로 간주하고 수시 독촉해야 한다. 청구 및 반납문서는 아래와 같다.
둘째, 편성 부대 → 지원(사단)부대 : 단위부대로부터 청구서(검사 및 작업지시서)를 접수받은 편성부대 물품출납 공무원은 FRMS를 통해 전산 입력 조치한다. 이때 전산재산대장의 수리부속이 소모 삭제 되며 불출수량이 있는 경우는 할당 조치하고 현품이 없을 경우는 자산을 판단하여 지원부대로 청구할 청구량을 결정하여 전산 청구서를 작성(입력)한다. 편성부대 물품출납관은 인가된 규정 휴대량 목록(PLL)에 의거 수리부속품을 확보 유지해야 하며 재고수량이 인가된 규정 휴대량 보다 부족할 시는 청구서를 디스켓에 입력하여 해당 지원부대로 청구서를 제출한다. 비 인가된 수리부속품은 소요 발생시에 한하여 청구하되 특히 주요장비는 D/L 청구는 계획된 청구주기에 관계없이 발생 즉시 전산보급거래문서가 수록된 디스켓을 지원부대에 청구한다.

양식명	양식번호	용도
거래증	육양 24군 1-06- 6-1일	•모든 반납시(공통)
검사 및 작업지지서	육양 24군 1-05-35-1일	•9종의 청구 및 소모보고

편성부대 청구서가 지원부대 전산시스템에 접수되면 최초 편수작업을 실시한다. 편수 결과 청구서의 착오 / 누락 품목이 발생할 경우 일일착오 문서를 출력 해당 부대별로 배부 조치한다. 일일 착오 목록을 접수받은 편성부대는 자원관리 전산 시스템의 수입예정을 정리하여 전산 재산대장철을 정리한다.(수정 후 재청구 가능) 청구서 편수 작업이 종료되면 전산기내에서 청구품목별 기계처리 품목과 관리자 통제품목으로 구분 처리한다. 기계처리품목은 전산기내에 저장된 품목 기본철에 의해 재고통제를 실시 부대별 처리 조치한다. 관리자 통제 품목은 관리자 통제 품목 청구 현황철을 출력, 기능별 물품출납공무원에 의해 재고통제를 실시 조치한다. 관리자에 의해 재고통제 한 결과를 최종적으로 전산입력하면 최종적으로 일일거래문서 등록부(DTR)에 등재되어 관리된다.

셋째, 지원 부대(사단) → 지원부대(군지사) : 전산실로부터 청구소요 목록(FD3040)을 접수하여 보급원 청구 가용 자금과 계정부호(PJ) 부여의 정확성, 청구 및 불출 우선순위(PY) 부호 부여의 정확성, 타 저장시설 재고 전환 가능성 여부, 타 계정 재고 전환 가능성 여부, 조달 계획에 포함된 소요 등을 고려 조치한다. 청구소요 목록 중 청구 보류, 제원(PJ, PY) 수정을 요하는 품목은 청구소요 목록의 해당 품목 밑에 적색으로 삭선 입력하고 관리자가 요구하는 제원으로 청구서를 작성(SDL) 입력한다.

청구량을 조정할 품목은 청구소요목록의 수량란에 실제 청구할 수량을 기록한다.(단 청구 소요량보다 적게 조정가능) 청구소요 목록 외 품목에 대한 청구소요는 관리자가 산정 한다.

넷째, 지원 부대(군지사) → 지원부대(군수사) : 기능처 출납관은 소요목록을 접수하여 청구여부를 검토 청구량을 결정하여 전산 입력하는데 소요 목록에서 삭제하고자 하는 품목은 적색으로 삭선 하고 청구량을 수정하고자 할 때는 소요 목록의 청구량을 수정 입력한다.

계획지시 및 특별 청구시는 수시 전산실에 자산판단 현황을 요구하여 청구한다. 소요 목록을 점검 후 1근무일 이내에 청구서 1부 작성 출납관 날인 후 전산실에 발송한다. 복수 저장시설의 기능처는 각 저장시설별 R/O, O/H, D/I, D/O의 자산을 판단하여 청구서를 작성하고 반드시 부주소를 기록하고 보급품을 적송하고자 하는 수송 지역 부호를 기록 작성하여 보급품이 해당 수송지역에 적송되도록 한다. 기능처로부터 청구서를 접수받은 전산실은 편수 후 수입예정을 정리하고 터미널을 이용 기지로 전송한다. 청구가 완료된 청구서는 "천공필"이라 주기 하여 기능처로 회송한다.
다음은 보급거래간 후속조치 사항은 아래와 같다.

① 청구서 표준처리 시간적용 : 각 지원부대는 청구서를 표준 처리시간 내에 조치하여야 하며, 우선순위 07~12의 처리시간은 발주 및 수송기간 (OST) 산정에 적용한다.

② 독촉조치 : 편성부대 물품 출납공무원은 지원부대에서 통보된 불출예정 일자로부터 15근무일이 경과되었거나 청구서를 제출 후 15근무일이 경과되어도 조치되지 않을 경우에 독촉을 실시한다. 수입예정량에 대한 독촉 방법은 전산 보급거래문서 입력화면으로 전산 입력하되 문서식별 (DIC)란에 6F1 부호를 입력 후 디스켓으로 지원부대에 제출한다. 위와 같은 방법으로 2회 이상 독촉 조치를 취했음에도 이에 응신이 없을 때는 지휘계통으로 보고한다. 독촉 조치에 대한 응신 지원부대 물품 출납 공무원은 편성부대에서 제출된 청구 독촉조치 문서를 접수하면 이를 전산 처리하여 청구서 처리현황에 처리결과를 수록(DIC=6G1)하여 5근무일 이내 편성부대에 발송한다.

• 사단 및 비사단급 – 군지사 단위 : 일

<table>
<tr><th>청구/불출우선순위
처리단계</th><th>01~02</th><th>03~06</th><th>07~12</th></tr>
<tr><td>청구서 작성 및 송달</td><td rowspan="2">1</td><td>1</td><td>2</td></tr>
<tr><td>재고통제 분야</td><td>2</td><td>3</td></tr>
<tr><td>저장분야 (야창)</td><td>1</td><td>2</td><td>5</td></tr>
<tr><td>수송</td><td rowspan="2">1</td><td rowspan="2">1</td><td>4</td></tr>
<tr><td>수입처리</td><td>1</td></tr>
<tr><td>계</td><td>3</td><td>6</td><td>15</td></tr>
</table>

• 군지사 – 군수사

청구/불출 우선순위 처리단계	01~02	03~06	07~12
청구서 작성 및 송달	1	2	3
재고통제 분야	1	2	5
저장분야(야창)	1	2	10
수송	3	4	9
수입처리	1	1	3
계	7	11	30

군지사 보급실무자는 청구품목에 대한 보급현황 통보 미 접수시 또는 지원시설의 조치결과를 확인하기 곤란할 때, 애로물자가 미 수입될 때 후속조치 문서를 작성 입력한다. 즉, 청구서를 제출 후 30일(사단은 15일)이 경과되어도 보급현황을 접수하지 못하였을 때, 보급지연품목/애로물자/보급원/조치확인이 요구되는 품목으로 후속조치가 필요할 때 한다. 후속조치 문서는 청구서(또는 보급현황) 내용과 동일하게 작성하고 문서식별부호만 5F1(4F1)으로 작성한다. 또한 청구서 처리현황을 참조하여 보급원에서 불출 명령된 후 15일이 경과되어도 물자를 수령하지 못하였을 때에는 별도 공문에 의거 청구서 처리현황에 기록된 제원을 기록하

여 문서식별부호 5F2(4F2)로 불출창에 후속조치 한다. 수입 예정철(RJZ)을 검토하여 청구일자로부터 30일(사단15일)이 경과되어도 보급현황 미 접수품목과 보급예정 일자로부터 30일(사단15일)이 경과되어도 미 수입된 품목은 주1회 후속조치를 실시한다.

③ 소요문의 : 소요문의는 상급지원시설에서 불출예정 설정 후 90일이 경과한 품목을 대상으로 분기1회 실시하는 것이며 이때 문서 식별부호는 거래 제대에 따라 4N1, 5N1, 6N1을 각각 사용하여 출력문서를 해당 부대별로 통보한다. 소요문의 현황을 접수받은 물품출납 공무원은 계속 필요 여부를 판단하여 필요시는 거래 제대에 따라 문서 식별 부호를 각각 4P1, 5P1, 6P1각각 입력하며 불필요할 경우는 요청취소를 하는데 이때 문서식별부호는 2C2, 3C2, 4C2를 사용한다. 응신 방법은 소요문의 항목별로 필요 및 불필요를 판단하여 해당 문서식별부호를 입력하여 디스켓 또는 터미널을 사용 30일 이내 한다.

④ 수입예정에 대한 조치 : 편성부대 물품출납 공무원이 청구한 보급품중 일부 또는 전부가 지원부대로부터 불출예정(D/O)으로 설정되면 청구한 품목이 완전히 수령되거나 요청 취소할 때까지 전산기 내의 보급거래 기록 대장철에 수입예정으로 구축된다. 청구한 품목이 일부만 조치되고 수입예정(D/I)으로 설정되었을 경우 조치된 품목은 청구 우선순위에 의거 불출하고 수입 예정된 수량은 전산기내에서 단위부대별로 자동 불출예정 처리된다. 지원부대에서는 청구서를 편수시 불출예정(D/O)으로 조치할 경우 조치 예정일자를 필히 명시하여 거래부대에 통보한다. 수입예정량은 자산평가 시에는 부대자산으로 판단한다.

군지사 보급실무자는 수입 예정철 설정, 보급현황정리, 수입예정량 조정을 위한 입력문서는 원천 제원목록(SD L)으로 작성 입력한다. 정상청구에 의거 수입 예정철이 설정되는 외의 수입예정 설정은 조달계약에 의한 수입예정(411, 511), 자조지원(생산)에 의한 수입예정(410, 510), 수입 예정철(RIZ) 미 설정품목에 대한 수입예정(411, 413), 수입 예정철(RIZ)만 설정 시는 이중청구 방지를 위하여 67란에 *표시를 한다. 보급현황에 의거 수입 예정철(RJZ) 미 정리 시는 수입 예정철 정리를 위하여 보급현황문서를 작성 입력한다. 수입예정으로 설정된 수량이 실제 수입예정량과 다를 때는 수입예정량을 조정하기 위한 원천제원목록을 작성한다. 이때 수량 란에는 수입예정량으로 있어야 할 수량("0"도 기록 가능)을 기록한다. 소요가 없는 수입예정량을 취소 요청하고자 할 때는 전산실에서 판단한 요청취소 대상 품목 목록을 검토 입력하거나 관리자가 원천 제원 목록에 작성 입력한다. 이 때 취소 요청문서의 67*표시를 한다.

다. 수령

수령은 자금, 물자, 시설 및 용역 등을 획득하는 것으로서, 이는 보급원 또는 시설로부터 필요로 하는 물자 및 장비를 받아들이는 활동이다. 즉 야전피 지원부대는 주로 지원부대로부터 수령에 의해 보급품을 획득한다.
제대별 수령절차는 다음과 같다.
첫째, 군수사 → 군지사 → 사단

① 보급품의 발송 : 보급품의 발송은 보급창의 저장 책임자가 실시한다. 발송 준비된 보급품은 가용한 수송수단을 이용하며 표준처리 시간 내(30일)에 수송한다. 보급시설부대의 물품출납 공무원은 불출이 결정된 품목에 대하여 송증과 송증 송달목록을 발송책임 저장시설에 송달하여 물품 발송을 지시하고 규정된 기일 내에 불출품의 발송을 감독한다.

② 발송품의 송증 처리 : 보급시설부대의 저장분야 물품출납 공무원은 발송품을 수령 및 검수하고 송증상에 검수 내용과 차변 증빙서 번호를 부여하여 서명날인 후 5근무일 이내에 수입 원천제원 목록을 작성 전산실에 수입 보고하며, 전산실에서는 육안검수 후 수입 처리하고 "입력필"이라 주기 후 해당 재고 통제시설로 발송하고, 재고 통제시설에서는 수입원천제원 목록을 편철하여 종합 증빙서 등록부로 활용한다. 발송품에 수반된 송증이 망실되었을 때에는 사전 통보용으로 접수한 보급 현황에 의거 송

증사본을 작성하여 수령부대 물품출납 공무원이 확인하여 발송 송증의 대용으로 활용한다.

③ 보급품의 인수 : 철도 호송화물을 인수할 때는 외형 및 송증상의 포장단위 제원과 서로 이상이 없을 때는 포장단위로 인수하고 이상이 있거나 각종 품목이 하나의 포장으로 되어 있을 때는 우선 포장단위로 인수한 후 헌병, 감찰관 및 지휘관이 임명한 감독관의 입회 하에 개봉하여 검수 후 이상이 있을 시는 후속 조치한다. 호송관이 없이 화물로 탁송된 보급품을 인수하여 포장 내용물을 계수하기 위하여 개봉할 때는 물품출납 공무원 입회 하에 검수관이 개봉 검수한다. 인수한 보급품중 상태 저하, 부족, 훼손 또는 이중품이 발생하였을 때에는 수입 검수일로부터 4근무일 이내에 작성 처리한다.

④ 수입기록 계정 : 수입기록 계정은 시설부대 재고통제 분야에서 제출한 수입증을 차변증빙서 등록부 및 수입 원천제원목록에 등록하고 수입계정 입력문서를 작성하여 입력하며 송증 여백에 약식 서명한다. 전산기 미설치 부대는 재고기록계정 절차에 의거 재고출납 카드에 기록 계정 한다.

⑤ 수요지 납품품목 인수 : 수요 납품으로 야전시설부대에 직접 납품되는 품목의 인수 및 보고 절차는 생산업체에서 검사 및 납품조서 6부와 같이 현품을 지정된 지원시설 부대에 납품하고 야전지원시설 부대에서는 임명된 검수관 입회 하에 납품한 장비 및 물자의 기동 및 파손 여부를 검사 후 인수 한다. 인수부대 물품출납 공무원은 인수받은 일자로 상급지원 시설부대에 검사 및 납품조서 1부와 같이 수입보고를 실시한다.

⑥ 수입보고 : 저장시설에서의 수입보고는 수입증, 납품조서, 반납증에 의거 작성한 수입원천 제원목록으로 한다. 수입보고는 수입원천 제원목록에 의거 수입 보고함을 원칙으로 하나 부대실정에 따라 수입증으로 직접 수입보고할 수도 있다. 수입원천 제원목록이 작성 완료된 수입증은 해당 재고통제시설로 발송한다. 수입원천 제원목록은 저장시설별, 기능별 문건별로 2부를 보관하고 1부는 전산실에 입력 천공 후 재고통제시설에서 보관한다. 단. 저장시설과 재고통제 시설이 동일한 부서인 부대는 1부를 작성 천공 후 재고통제 시설에서 보관한다. 문서 식별부호 첫

자리를 K자로(사단은R자로) 변경 기록하고, 경로식별 부호(RJ)는 수입 문서상 경로식별부호를 기록한다. 거래부대 반납증, 창간전환, 군수이관 등은 수입저장시설부호를 기록한다. 부주소(SA)는 수입보고를 하는 저장시설의 부호를 기록한다.(보급원으로부터 거래부대로 직납된 품목은 거래부대 부호를 기록한다.) 초과 또는 결손량이 발생시는 실수령량이 수입증상의 수량보다 많으면 수입 원천제원목록 67란에 "V"자를 표시하고 62~66란에 초과량을 기록한다. 실수령량이 수입증상의 수량보다 부족하면 수입 원천제원목록 67란에 "S"자를 표시하고 62~66란에 부족량을 기록한다. 수입 원천제원목록 작성시 선불 후 정리 품목은 69란에 * 표시를 한다.

둘째, 사단 → 편성부대 : 사단 지원부대는 청구서를 접수받으면 즉시 처리하여 출력문서 송증 송달목록 과 송증을 출력 저장시설로 보내고 청구서 처리현황은 디스켓 및 문서로 편성부대로 제공한다. 비 사단 편성부대의 청구서 처리는 청구계통에 의해 청구서를 제출 받아 군지사 전산실에서 일괄 처리하여 처리결과를 청구 계통으로 송부하면 청구계통에서 청구서 처리현황을 디스켓에 수록하여 편성부대에 제공한다. 청구서 처리현황을 접수한 편성부대 기능별 담당관은 지원부대의 조치내용을 확인한다. 이때 청구자 및 지원부대에서 청구/조치를 위해 입력한 문서식별부호를 확인하고 청구서에 대한 지원부대의 조치내용을 현황부호로 확인하며 문서식별부호 및 현황부호에 나타난 내용에 대한 수량을 표시한다. 청구서 처리현황을 확인한 편성부대 기능별 담당관은 지원시설로부터 조치된 수량을 수령하러 지원부대로 출발한다. 사단 지원부대에서는 송증 및 송증송달 목록을 출력 저장시설로 발송하면 저장 책임관은 송증의 송달번호, 재고번호, 수량의 일치 여부를 상호 확인하여 최종적으로 저장 위치를 확인 현품을 색출한다. 이와 같이 색출된 현품은 부대별 불출 대기 창고로 발송 불출 준비를 하게 된다. 부대별 불출대기 창고에서 대기 중 편성부대에서 수리부속을 수령하고자 하면 송증 상에 창고관리관 및 수령 책임관 상호 서명 날인 후 현품을 주고받는다. 일일 단위 결산 시 미 불출 품목은 부대 건수별로 전산 입력하여 해당 부대 통보한다.

지원부대로부터 물품을 수령한 기능별 담당관은 지원부대에서 청구서 조치 후 지원한 청구서 처리현황이 수록된 디스켓을 전산기에 넣고 일일작업의 「보급거래정리」를 선택하여 재산정리를 실시한다. 이 편성부대 재산정리를 위한 회계증빙서류는 청구서 처리현황이 되는 것이다. 보급거래 정리를 하면 수입예정철이 정리된다. 보급거래 정리를 한 후 단위부대별로 할당 후 불출 정리를 통해 최초 청구서 접수(검작지 입력)시 생성된 불출 예정철을 정리하게 된다. 이와 같은 전산 작업이 완료되면 불출 및 영수증과 보급거래 현황철을 출력 단위부대로 불출 조치하게 된다. 불출 및 영수증은 단위부대 수령관 및 편성부대 불출 책임관이 서명하는 단위부대 및 편성부대용을 각각 출력하여 현품과 함께 증빙서류로 주고받는다. 편성부대에서 수리부속품의 계정은 규정휴대량 목록에 인가된 품목과 기동장비의 타이어, 튜브, 밧데리에 한하여 전산 재산대장철을 유지하면서 인가 대 보유에 의한 보급통제를 한다.

단위부대 물품 운용관이 수리부속을 수령하여 수작업 재산대장에 기록계정하고 비인가 품목은 재산등재 후 D/L장비를 정비하고 최초 작성한 검작지를 완결시킨다. 완결된 검작지는 편성부대로 통보하여 전산 입력한다. 편성부대 물품출납 공무원은 단위부대로부터 접수된 완결 검작지를 전산 입력하여 정비실적을 종합 주간단위로 지원부대로 보고한다.

라. 저장

저장이란 쌓아서 간직하여 둠을 말한다. 소요 산정결과 조달조치를 취한 물자를 군 보급계통 내에 받아들이기 위한 수령의 계속이며, 이를 사용자의 청구에 의해서 적기에 적량을 분배하기 위한 불출의 예비활동으로서 어떠한 물자를 일정한 장소에 보존 또는 유지시키는 행위 또는 상태를 의미한다. 비가연성 물자란 물품자체가 점화 또는 연소되지 않는 물자를 말하며 예로서 철재류, 시멘트류, 유리제품 등이 해당된다. 저가연성 물자란 물자 자체로서는 점화되지 않으나 다른 물질과 결합하여 연료화 되는 물자를 말한다. 예로서 목재류 등이다. 시효성 품목이란 일정기간 내에 사용하여야만 그 효능과 성능을 발휘할 수 있는 품목으로서 낱개 품목별로 생산 제조 년 월 일 및 유효기간이 명시되어야 하고 선입선출이 가능토록 저장하여 품목별로 시한 표찰을 부착한다. 부식성 화공약품 이란 유기물(알콜, 벤젠, 메탄올)과 혼합되면 불이 나기 쉽고, 이물질과 접촉하는 물질을 부식시키거나 손상시키는 강한 산성약품을 말한다.

군에서 저장시설에 보급품을 저장하는 목적은 수요와 공급의 균형유지 및 생산과 소비를 연결시키는 것과 필요 보급품을 사전에 저장함으로서 사용자 요구 시 즉각 지원이 가능한 것과, 시간적 여유를 두고 저렴할 때 구매함으로써 비용을 절약할 수 있다는 데 있다. 이러한 저장에는 물자를 보급계통 내에 받아들이기 위한 모든 행위 또는 절차를 말하는 수령기능과 수령한 물자를 물품 자체의 특징을 보존하도록 일정한 장소에 보관하는 모든 행위 또는 절차에 관한 협의의 저장기능 그리고 보관중인 물자를 사용자의 청구에 의해서 적기에 발송 또는 불출하는 행위 및 절차에 관한 불출 기능이 있다. 저장의 목적과 기능을 수행하기 위해서는 3대 자원이 있어야 한다. 물자를 위치시키기 위해서는 필요한 모든 장소라는 뜻의 저장 공간이 있어야 하며, 이는 물자의 저장을 위하여 지정된 장소로서 창고, 야적지, 지하저장지가 있다. 또한 물자를 저장하고 취급하는데 필요한 모든 장비와 기구를 뜻하는 물자취급 장비가 있어야 한다. 수리부속품 저장을 위한 창고관리에 대해 알아보자. 먼저 창고의 일반적인 구비조건은 다음과 같다.

① 야적창고를 제외한 모든 유개 창고는 지붕이 누수 되지 않아야 한다.
② 환기통이 설치되어야 하며 통풍이 잘 되어야 한다.
③ 차량 출입이 가능한 공간이 있어야 하며 우천시 침수되지 않아야 한다.
④ 구충, 구서대책이 강구되어야 한다.
⑤ 창고주위는 배수가 잘 되어야 하며 바닥은 항상 건조되어야 한다.
⑥ 창고에 현황판을 유지, 재고파악이 용이하도록 해야 한다.
⑦ 창고에는 깔판을 준비하고 저장물품을 깔판위에 저장토록 해야 한다.
⑧ 창고 지역에는 소방대책이 강구되어야 한다. 등이다.

다음으로 수리부속 창고관리를 위한 지침은 다음과 같다.

① 습기로 인한 녹이 발생하지 않도록 창고내부를 건조하게 관리하여야 한다.
② 개포 되지 않은 수리부속은 원칙적으로 사용 전에 개포하지 않아야 한다.
③ 식별이 용이하도록 선반을 설치하여 재고번호순 또는 용도별 저장한다.
④ 타이어는 항상 세워서 저장하여야 한다.
⑤ 크기에 따라 깔판위에 저장할 수 있다. 등이다.

다음에는 저장보호에 대해 알아보자. 저장보호란 저장물자의 변질 및 악화요인을 가져 온 제반원인을 사전에 발견 예방조치를 위하여 항상 입고당시의 사용가능 상태로 유지시키는 것을 말하며, 저장물자의 안전과 보호를 위해서는 변질 및 악화요인을 제거하고 또한 순환불출제도의 이행과 안전간격 유지 및 저장 중 정비를 실시해야 한다. 물자의 변질 요인으로서는 동물적인 요인(충해, 서해), 식물적인 요인(호흡에 의한 자체 소모 및 발열), 미 생물적인 요인(곰팡이, 세균, 효모)등이 있으며 물리적인 요인으로서는 기후나 온도, 습도의 변화에 따르는 물자의 질 저하, 환기, 채광, 조명등의 불량으로 물자의 변질, 먼지 또는 악취에 의한 오염, 장기저장으로 인한 변질, 청결, 정돈의 불량으로 곰팡이 발생, 타격이나 충격, 마찰, 적압(積壓), 붕괴 등에 의하여 물자 자체 또는 용기의 파손으로 내용물의 손실, 도난 및 분실 화재로 인한 손실 등이 있다. 이와 같은 요인으로부터 물자를 보호하려면 기후 및 온도 습도의 변화에 대한 조치, 청결 및 질서정연한 퇴적(정돈), 순환불출 제도의 적용, 안전 간격 유지, 도난 및 화재예방 대책, 저장 중 검사 및 정비, 적절한 환기, 채광 조명, 방화 등 적절한 보호설비를 완비하여야 한다.

다음은 창고 안전관리에 대해 알아보자. 창고 출입시는 인화성 물질의 휴대를 일체 금하고 흡연 등 화기사용을 금한다. 창고 내 전기 인입선은 절단하고 휴대용 전등을 비치해야 하며 건물 크기에 적당한 소화기 혹은 방화기구를 비치한다. 주간 작업을 위해서 적절한 조명창을 설치해야 한다.

인입선을 연결하여 조명을 하여야 할 비상시의 결정은 장성급 지휘관 또는 장성급 지역 사령관 명에 의한다. 단 데프콘 상황이나 천재지변 등 긴급한 상황으로 보고할 시간적 여유가 없을 시는 창고관리 부대장 책임 하에 우선 조치하고 즉시 보고하여야 한다.

다음은 순환불출에 대해 알아보자. 순환불출이란 물자의 장기 저장으로 인한 변질 및 악화를 방지하기 위하여 실시하는 것으로서 선입선출원칙과 순환불출표지판을 활용하는 방법이 있다. 순환불출은 선입선출과 같은 뜻이며, 일정한 표지판에 숫자 또는 색을 표시하여 저장되어 있는 보급품에 부착하여 장기간 저장되어 있는 보급품부터 불출하려는 제도이다. 저장관리 분야에 있어서 선입 선출법 이란 먼저 저장된 것을 먼저 불출하는 것으로서 이는 저장물자 보호에 있어서 핵심이 되는 관리 방법 이며 선입선출을 위해서는 퇴적할 때부터 선입선출이 이루어질 수 있도록 원칙에 의한 퇴적이 되어야 한다. 물자의 퇴적할 때는 벽이나 가상분할로부터 통로를 향하여 저장해 나가며, 반대로 불출할 때는 퇴적할 때의 역순으로 통로부터 벽 또는 가상 분할선 쪽으로 불출함으로써 선입선출이 실현된다. 모든 물자는 장기저장으로 인한 변질 및 악화를 사전에 방지하기 위하여 선입 선출하여야 하며 물자 퇴적은 벽으로부터 통로를 향해 저장하고 불출 시는 퇴적시의 역순으로 통로부터 벽 쪽으로 불출한다.

마지막으로 저장 중 검사 및 정비에 대해 알아보자.

① 저장검사 : 저장 중에 있는 물자를 어떠한 원인에 의해서 변질 및 악화되는 것을 사전에 예방하기 위하여 계속 부단히 검사하여 변질의 가능성이 있거나 이미 변질된 물자를 조기에 발견하여 필요한 조치를 취하기 위하여 저장 중에 있는 물자를 검사하는 것이다. 저장검사의 목적은 입고당시의 품질보존, 저장 중 정비, 상태판정 및 포장표지 확인이다.

② 저장검사의 방법 : 저장검사의 방법에는 육안검사와 기술검사가 있다. 육안검사는 저장 물자를 육안으로 관찰하여 상태변화 또는 저장 중 정비의 필요성 여부를 판정하는 검사 방법이며 기술검사는 육안으로 판정하기 어려운 것을 기계 또는 시험용 기구 등을 사용하여 그 물자의

기능발휘 여부를 판정하는 검사 방법이다.

③ 저장 중 정비 : 저장 중 정비란 기지창이나 보급시설에 저장된 품목을 항상 사용 가능상태로 유지하고 저장중인 보급품을 보호 및 파손방지 상태변화를 예방하기 위하여 주로 세척, 건조, 방부, 외부포장, 식별 표기 등 특수 정비를 행하는 것을 말한다. 각 시설에 저장중인 창고자재는 정비공장에 입고시키지 않고 창고 자체에서 현장 정비를 실시한다. 정비대상 범위는 경미한 포장 보수 정비 및 방부 정비 등이다. 창고자체 정비 계획을 수립 지속적으로 시행하여야 한다.

마. 분배

분배란 보급품이 지원계통을 통하여 지원자로부터 사용자에게 이전되는 과정을 말하며 적기에 적량을 공급해야 하며 이러한 분배에는 보급품의 수송의 책임과 보급품 인수인계 장소에 따라 부대 분배와 보급소 분배로 구분된다. 부대 분배는 지원시설부대에서 피 지원부대에 추진 지원하는 보급형태로 피 지원 부대는 기본 임무에 전념 가능한 분배 방법이다.

보급소 분배는 피 지원부대가 지원시설부대에 가서 보급품을 수령해 가는 분배방법이다.

모든 보급품의 분배는 추진 지원 원칙에 의거 시행하는데 평시에는 지원시설부대 능력 범위 내에서 직송 및 추진보급을 제공하는 직접 보급지원 제도를 최대한 시행한다.

전시지원은 부대임무, 상황, 지형 및 지원능력에 따라 지휘관(사단장급 이상)이 결정 시행한다.

다음은 분배를 위한 거래부대 청구서 처리절차에 대해 알아보자.

① 청구서 편수 및 조치 : 청구서는 기계처리 품목과 관리자 통제품목으로 구분하여 편수한다.

기계처리 품목은 전산기에 수록된 자료에 의거 청구제원을 기계가 편수하여 인가 배당량을 초과하는 청구 또는 비상소요, 특별소요 등은 물품관리관 결재 후 문서 식별부호를 관리자 통제품목으로 청구 처리한다.

관리자 통제품목은 기계에서 제공하는 자료에 의거 관리자가 편수하여 전산실로 불출 통보한다.

② 청구서 유통도

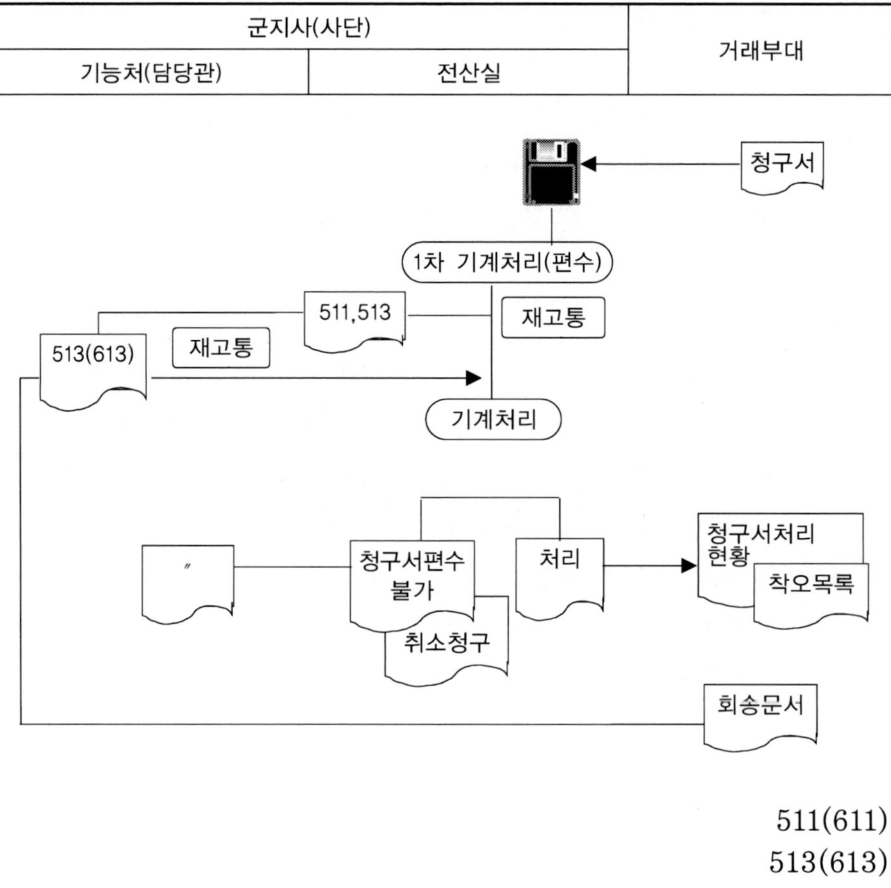

③ 거래부대 청구서 처리현황(FD 1030) : 거래부대 제출된 청구서는 제원처리실에서 매일 처리하여 거래부대 청구서처리현황(FD10 30, DD1030)을 기능처에 1부, 거래부대 2부를 통보한다. 거래부대에서는 청구서 처리현황 2부를 접수, 조치내용 등을 검토하고 조치된 품목이 수입되면 해당품목에 수입 차변증빙서 번호를 부여하여 접수일로부터 25일 이내

에 지휘관이 서명 날인을 득 한 후 기능처로 발송하여 송증대조용으로 사용한다. 거래부대 지휘관은 청구서 처리현황을 수시 검토하고 수입유무를 조치한다. 처리내용은 기능별 거래부대별로 청구서 처리내용 및 문서번호별로 수록한다.

④ 편수불가 청구서의 조치 : 기계편수 불가품은 물품출납 공무원이 편수하고 편수 불가한 청구서는 청구기관에 대하여 편수자료를 요청할 수 있으며 제원 식별불가로 취소하였을 때에는 취소사유를 명시, 물품출납 공무원이 날인하여 청구서를 회송하며 해당 군수책임 보급시설로 재청구 토록 한다.

다음은 지원부대 불출 통제 방법에 대해 알아보자. 보급품의 재고통제 방법에는 인가 있는 품목과 없는 품목으로 구분 할 수 있으며 편성부대의 인가 있는 품목은 편제인가 대 보유로 하며 지원부대는 보급 수준상의 인가 대 보유로 통제한다. 인가 없는 품목은 년간 평균 수요량을 고려, 불출 한도량을 설정 통제한다. 이러한 재고 통제 방법에는 물량 통제와 자금 통제 방법이 있다.

다음은 불출예정 통제에 대해 알아보자. 지원부대 물품출납공무원은 거래부대에서 제출한 청구 품목 중에서 재고가 없어 불출을 못할 때는 불출예정(D/O)으로 선정한다. 거래부대에 소요문의 품목은 D/O설정일로부터 90일이 경과한 품목으로 하며 거래부대에서는 이를 검토하여 불필요시 요청 취소한다. 지원부대에서 수입예정품목을 수령하면 불출우선순위에 의거 불출예정을 해소한다. 거래부대의 요청취소가 있을 시는 D/O 취소조치하고 자금은 해당 부대로 복귀 조치한다. 지원부대 물품출납공무원은 불출예정품목을 주기적으로 검토하여 장비 구식화로 인한 생산중단품목, 보급기준 및 사업계획의 변동으로 불출예정을 조정하였을 때, 계절성 및 시효성 품목의 사용시기경과로 소요가 상실하였을 때는 거래부대에 소요문의 없이 지원부대에서 임의로 D/O취소조치를 하되 D/O자금은 해당부대로 복귀 조치한다. 365일이 경과된 장기불출 예정품목에 대해서는 거래부대 소요문의 없이 지원부대에서 임의로 D/O 취소 조치하되 자금은 해당부대로 복귀 조치한다. 단 계획사업 소요는 해당사업이 완료될 때까지 D/O취소를 보류한다.

바. 반납

피 지원부대에서 보유 중인 품목 중 사용가 및 사용불가 품목을 군지사 저장창고 및 폐품 수집소로 반납하는 절차로서 국방 관리회계제도의 소모보고제도가 없어지면서 시설로 반납되는 현황을 시설에서 관리하므로 미 반납시 재산증가에 따른 물품조치가 불가능하다. 반납을 위한 업무수행 절차는 다음과 같다.

첫째, 단위부대/편성부대 - 사단 반납 절차 : 단위부대 물품 운용관은 정상마모 또는 기타 원인에 의거 폐품이 발생하면 거래증(청구/불출/반납)에 작성하여 편성부대에 제출한다. 편성부대 물품출납공무원은 단위부대로부터 보고된 거래증의 폐품 수량을 반납 받기 위하여 실제 단위부대에서 보고된 폐품을 판정 후, 폐품으로 판정된 수량을 거래증에 기재 단위부대 물품운용관과 상호 완결하고, 거래증을 편성부대 자원관리 전산시스템의 청구서 입력하여 단위부대 반납량을 종합한다. 반납처리 담당자는 폐품 판정기준을 숙지하여 반납물량의 회송을 최소화한다. 편성부대 물품출납 공무원은 반납품으로 최종 확정된 품목/수량을 전산 입력시켜 반납디스켓에(청구서입력:344) 수록 후 사단지원부대 해당 물품출납 공무원에게 제출하여 반납 송증을 수령한다. 반납 전산 처리된 송증(반납지시)에 의거 반납물량을 사단 지원부대 창고장에게 제출하여 폐품판정을 받는다.
둘째, 사단 - 군지사 반납 절차 : 부대보유 초과품 사용불가품 및 기타 반납대상 품목이 발생하면 보급품을 반납할 반납증을 작성하여 물품관리관의 승인을 받아 지원보급시설의 물품출납 공무원에게 반납한다.
반납증은 반드시 문서번호를 부여하고 기능별, 상태별로 구분 작성하며 비고란에는 정상마모로 사용불가할 경우, 손망실품으로 사용불가할 경우, 사용불가능할 경우등을 기록한다. 반납증은 청구서와 동일한 양식(2,4,8,9종 전산보급거래문서)을 사용한다. 지원시설 부대의 저장분야 물품 출납 공무원은 반납품을 인수하면 기술검사관이 상태검사를 실시하고 반납증에 서명날인 후 차변 증빙서 번호를 부여하여 거래부대 및 재고통제 분야에 발송한다. 기술검사결과 사용가 품목이 사용불가 또는 폐품으로 분류되었을 때 해당 수집시설로 반납하여야하며 비정상적인 마모로 인한 사용불가품이나 망실, 훼손품이 있을 때는 손망실처리 규정에 의거 처리하여야 한다. 재고통제 분야에서 반납증을 접수하였을 때는 차변증빙서 등록부에 등록하고 반납을 근거로 반납(수입) 처리를 위한 입력문서를 작성하여 전산에 입력한다.

제4절 보급관리 분석

1. 보급지원 능력 분속

보급지원 능력 분석이라 함은 어떠한 일정시점을 기준으로 하여 지원시설에서 보유하고 있는 보급품의 지원능력 여부의 가능성을 분석하는 것이다. 우리 군을 유지하는데 소요되는 보급품의 수량은 약 19만 여종이라 한다. 군을 지원하기 위해서는 이 많은 보급품 전체를 확보하여 가지고 있다가 피 지원부대에서 요청 시 이를 지원한다면 신속하게 요구량을 100% 지원할 수 있을 것이다. 그러나 만약 그렇게 된다면 얻는 장점보다는 손해가 더 많으리라 본다. 즉, 그 많은 보급품 수량을 다 확보하기 위해서는 구매자금이 과다하게 소요될 것은 물론이고 비 활용성 품목의 경우 많은 양의 보급품이 사장될 것이 당연하다. 또한, 이 수많은 종류의 보급품을 저장하기 위해서는 광범위한 저장시설과 공간이 필요하고 취급하는 인력소요 또한 증대되리라 생각되며, 모든 물자 취급업무의 복잡성을 초래하게 될 것이다. 이와 같이 보급지원 효과성만 강조한다면 경제적 손실과 타격을 입게 될 것이다. 반대로 경제성을 강조한다면 상기 비용을 막을 수 있겠으나 적기보급이 불가능하고 전체적인 지원업무 수행이 곤란하리라 본다. 그렇기 때문에 제한된 국방예산으로 최대의 보급효과를 얻기 위해서는 사용부대에서 주로 활용되는 품목만을 위주로 재고를 유지할 수 있도록 하며 기타 품목은 수요가 발생시마다 조달 보급하자는 원칙아래 연구 분석된 것이 인가저장품목이다.
이는 군수품 전체 중에서 15%~20% 품목만 엄선하여 관리 저장한다면 지원업무의 80%~85%를 완수할 수 있다는 수요곡선에 의해 구해진 비율인데 과연 이 15~20% 범위 내에서 포함될 수 있도록 제대로 선정했는지 여부와 선정된 품목 중에서 과연 80~ 85% 수요융통률을 가져 왔는지를 분석하고 보급 지속일수를 분석하는 것이다. 즉 한정된 예산으로 경제성과 효과성을 모두 충족할 수 있도록 하는데 그 목적이 있다. 보급지원 능력을 분석하는 방법은 다음과 같다.

첫째, 인가저장품목 비율 : 인가저장품목(ASL : Authorized Stockage List)이란 각급 보급기관에서 현 보급운영을 지속하고 장차 예측되는 소요를 충당하기 위하여 항상 저장 유지하도록 인가된 보급품의 목록 또는 목록상의 품목을 말한다. 인가저장품목은 불출되면 다시 청구되어 보충되므로 항상 재고로 유지되기 때문에 일명 상비성 재고품이라고 한다. 즉 기능별 수요 조달품목, 수요 미달 품목이라도 전투긴요 품목, 임무필수품목, 규정 휴대량 등을 인가 저장함으로서 적기에 수요를 충족시킬 수 있는 품목을 인가저장품목이라고 한다. 보급지원능력 분석에서 가장 먼저 실시하는 것이 인가저장품목선정에 대한 비율분석이다. 인가저장품목 비율이라 함은 총 취급 품목수에 대한 인가저장품목이 점유하는 비율을 말한다. 인가저장품목 비율은 수요융통율과 함께 보급지원 능력분석의 지표가 되고 있다. 인가저장품목 비율이 과다 선정 시 피지원부대 보급지원 충족도는 양호하겠으나 시설에 많은 재고를 보유하고 관리하기 때문에 비용이 과다하게 소요되므로 경제성이 결여된다고 할 수 있다. 이럴 경우 인가저장품목을 재검토 후 주요 기능품은 일정 기간동안 수요가 "0"이라 해도 삭제할 수는 없다. 주요 기능품목이란 전투필수품목, 임무필수품목, 규정 휴대량 등이 포함된다. 인가저장품목 비율이 과소 선정 시는 과다 선정 시와 정반대의 현상이 발생한다. 관리자는 일정 기간동안에 거래된 총 취급품목 현황을 재검토하여 수요가 상승한 품목 중에서 일부를 선정하여 인가저장품목으로 추가선정 한다. 그러나 아무리 수요빈도가 많다 하더라도 비 기능품목은 선정 할 수가 없다. 비 기능품목이라 함은 도태장비나 비표준장비에 소요되는 수리부속을 말한다.

둘째, 수요 융통율 : 수요융통율이라 함은 총유효수요 항목에 대한 인가저장품목 유효수요 항목비율을 말한다. 수요 융통율은 인가저장품목의 유효성 즉, 인가저장 품목의 총 수요를 어느 정도 충족시키고 있는가 하는 인가저장 품목의 효과를 측정하는 것이다.

• 산정 공식

–수요융통율(%) = ASL유효수요항목 × 100 ÷ 총유효수요항목수

• 비율분석

–비율상회 : 인가저장품목 과다 선정

–비율하회 : 인가저장품목 과소 선정

수요 융통율 산정공식은 총 유요수요 항목 중에서 인가저장품목의 항목의 유효수요항목이 어느 정도인지를 나타내는 것이다. 다시 말해서 상비성 재고를 유지하는 인가저장품목에 대하여 청구서가 몇 %나 집중하였느냐를 나타내는 것이 수요융통율이다. 총 유요 수요항목이란 청구보급 형태가 이루어진 총수요 항목 중에서 비 유효수요를 뺀 유효수요 항목을 말한다. 유효 수요항목이란 보급 및 청구행위가 정상적으로 이루어져 불출되었거나 또는 불출예정으로 설정되어 통제 기간 내에 해결된 수요항목을 포함한다. 그러나 ASL 항목 중에서도 특정부대에 대한 계획지원 사업의 경우에는 제외된다. 비 유효수요란 보급품 수불행위 없이 물품이 증감이 이루어진 수요를 말한다. 즉, 군수이관, 관리전환, 청구취소나 장비청구 등 비 순환수요를 말한다. 수요융통률 목표비율은 이론상 수요곡선에 의해 85%이다. 수요융통률이 목표보다 상회한 원인은 인가저장품목을 과다하게 산정하였다는 것이며, 군수측면에서 투자비 소요가 과다하면 물자 취급비용등 재고관리비가 증가하고 기동에 제한을 받게 되므로 관리자가 인가저장품목을 재검토하여 품목수를 감소시켜야 한다. 하회하는 경우 원인은 인가저장품목을 과소하게 산정한 것이며, 이 경우 미치는 영향은 보급지원이 부실해 진다. 이에 대한 관리자의 조치사항은 인가저장품목이 적절한가를 재검토하고 수요빈도 기준을 완화하여 인가저장품목수를 증가시키면 된다. 수요융통율에 관한 출력문서는 수요융통율 분석현황(DM6610)이며 이 문서의 내용은 기능별로 구분하여 거래부대를 품목별 수요융통율과 인가저장품목 청구서 접수건수 및 비 인가저장품목 접수건수가 수록된다. 따라서 이 출력문서는 수요융통율과 인가저장품목 비율을 상호 연관하여 분석하는 자료를 제공하는 것이다.

셋째, 재고 고갈률 : 재고 고갈률이라 함은 인가저장품목수에 대한 재고고갈 품목수의 비율을 말한다.

반대로 인가저장품목에 대한 재고보유 품목수를 인가저장품목 보유비율이라고 한다. 재고 고갈률과 인가저장품목 보유비율을 합하며 100%가 된다.

• 산정공식
  −일일 재고 고갈률 = 재고 고갈된 인가저장품목수×100÷총 인가저장품목수
• 원인분석 : 해외수입지연, 조달지연, 수요변동, 신형장비 부속 소요증가, 재생지연, 조달원 생산중지

재고 고갈율 산정방법은 평가기간중의 평균 재고 고갈율로 평가하며 평균 재고 고갈률은 평가기간 중 일일 재고고갈율의 산술평균치로 하여 평가한다.
D/O(불출예정) 〉 OH(현재고)인 경우에도 재고고갈항목으로 간주, 재고 고갈율에 포함하여 평가한다. 지역별 창간전환이 비현실적인 군지사는 군지단별 재고 고갈율의 평균치를 군지사 재고 고갈율로 평가한다. 일일 재고 고갈율은 재고 고갈된 인가저장품목의 항목수를 총 인가저장 품목수로 나눈 백분율이다. 재고 고갈율은 평가기간을 망라한 일일재고고갈율의 평균치를 말한다. 재고 고갈율은 일정시점을 기준으로 하여 측정하며, 재고관리의 충실도를 나타낼 뿐 아니라 재고 고갈율로 인한 보급지원부실 즉, 보급지원의 충실도를 나타내기도 한다.
재고 고갈률의 목표비율은 교리상 "0"이다. 재고고갈은 해외수입지연, 조달지연, 수요변동, 신형장비부속 소요증가, 재생지연, 조달원 생산중지 등을 들 수 있다. 재고 고갈분석시 유의 사항은 기능별로 평가하되 보급원별 임무 우선순위 및 임무 긴요도별로 산정 하여 참고자료로 사용하고 재고고갈 원인은 대책수립이 가능토록 구체적이고, 실질적으로 분석하여야하며 보급애로 품목 및 수요격변 품목은 별도 분석해야 한다.

2. 보급지원 성과 분석

보급지원 성과분석은 어떤 일정 시점을 기준으로 현재 지원시설에서 보유하고 있는 인가저장품목으로 피지원부대를 경제적이고 효과적으로 지원할 수 있느냐를 검토하여 시설의 지원능력을 측정하는 분석이다.

보급지원 성과를 분석하는 방법은 다음과 같다.

첫째, 보급 조치율 : 보급조치 율이란 일정 평가기간 중에 인가저장품목의 청구에 대한 직불 조치한 비율을 건수 및 금액으로 구분하여 어느 정도 성과를 달성하였는가를 나타내는 것이다. 즉 피 지원부대에서 인가저장품목 청구에 대하여 지원부대에서 즉각적으로 지원한 보급지원부대의 지원결과를 분석 검토한 것으로 보급 조치율은 수요의 충족도를 직접적으로 나타낸 것이며, 군수사로부터 각 군지사간, 군지사로부터 각 사단 간 상호 연계하여 분석하는 것이다.

- 산정공식
  - 건수 : 직불조치 건수 × 100 ÷ 총ASL유효청구건수 (청구대 직불조치 비율 = 직불조치량÷유효청구량)
  - 금액 : 총 직불조치금액 × 100 ÷ 총ASL유효청구금액
- 비율분석
  - 미달원인 : 재고고갈 및 자금부족으로 미 조치

보급조치율 미달 원인 중 가장 큰 원인은 재고 고갈율이다. 재고고갈 품목을 점검하여 몇 회 청구했으며 청구횟수가 총 몇 %이며 이것이 보급 조치율에 미치는 영향을 분석하여 사전 재고고갈 방지에 노력해야 한다. 자금부족으로 보급을 해주지 못할 경우가 발생될 경우도 있어 보급 조치율이 저조 할 수도 있다. 아래 도표는 목표 및 관리수준을 표시한 것이다.

구분	기지	야전	사단
목표	85 %		85%
관리수준	70 ~ 85 %		80 ~ 85%

조치율(건수)란은 인가저장품목(ASL) 유효청구에 대한 즉각 조치된 항목 / 금액 비율을 나타낸다. 또한 수량 및 금액누적 란은 총 요효청구 누적 수량 / 금액에 대한 즉각 조치 수량 및 금액을 표기한다. 수량 및 금액평균 란은 즉각 조치된 항목을 기준으로 한 수량 / 금액평균을 나타낸다. 불출예정 항목에 대한 군지사 보급전망을 확인하고 편성부대에 통보한다. 장기 보급 제한 품목의 경우

편성부대 소요문의를 통한 실소요량을 파악하고 수입예정 품목에 대해 지원시설부대에 지속적 독촉조치 및 보급전망을 수시 확인한다. 보급조치 저조 주원인은 편성부대의 모듬청구로 인한 보유량 대비 청구량이 과다하기 때문이다. 따라서 보급조치율 저조부대의 모듬청구여부를 확인하고 일일장비검사 및 부대정비시 소요품목에 대한 적시청구 및 조치를 유도한다.

둘째, 보급 지원율 : 보급 지원율은 어느 정도 지원성과를 달성하였는가를 금액으로 평가하여 보급지원 향상 책을 강구하는 것으로 비인가 저장품목에 대한 청구도 포함한다. 보급지원율의 평가시에는 매분기별로 평가하되 평가기간은 당해연도 1월 1일 기준으로 누계 평가하되 당해연도 배정자금으로 결산되는 지원 실적만 평가한다.

- 산정공식
  - 금액 : 총불출조치금액 × 100 ÷ 총 유효청구금액
- 회계 연도 시점으로부터 누계평가하며 당해연도 청구 대 불출 실적만을 평가하고 청구금액과 불출금액이 상이시는 불출금액으로 정산한다.

보급지원율에 대한 목표비율은 설정되어 있지는 않으나 보급지원율이 높을수록 좋다. 보급지원율은 항상 보급 조치율 보다 낮게 나타나게 되며 보급지원율의 정상적인 변동범위는 비 인가저장품목 비율만큼 보급 조치율 보다 떨어지는 것을 하한선으로 하게 된다. 보급지원율은 보급 조치율 보다는 낮고 보급조치율은 비인가 저장품목 비율보다는 높거나 같은 범위 내에 있게 된다. 그러나 통상적으로 보급 조치율은 비 인가저장품목 비율 보다 약간 높은 선에 있다. 보급지원율이 보급 조치율에 근접하려면 비 인가저장품목이 이 기간 내에 보급이 되도록 신속한 보급지원이 잘 수행되어야 한다. 즉, 발주 및 수송기간을 단축시켜야 한다. 보급지원율에 대한 목표비율은 설정되어 있지 않으나 높을수록 좋으며 보급조치율과 연계하여 분석한다.

용 어 설 명

1. 단위부대(소총중대, 포대등)

편제표에 의거 편성된 부대로서 편성부대의 일부인 단위부대 군수자원을 직접사용하고 운영하는 최하위 제대(군수자원관리 행정업무 미 수행, 군수자원관리 실적업무만 주기적 보고)

2. 편성부대(보병연대, 포병대대, 정비대대등)

2개 이상의 단위부대로 구성된 부대로서 편성 및 장비표에 의거 편성된 부대이며, 편성부대는 물품출납공무원이 임명되어 보급업무 수행. 편성 및 장비표와 배당표에 의거 운영되는 부대(군수자원의 거래 및 운영실적 직접 기록계정/운영, 비용집계부대, 군수자원관리 행정업무 수행하는 최하급 제대)

3. 지원부대(사단 정비대대, 군지사 예하 정비대대등)

인가된 저장량으로 재고기록계정을 유지하고, 편성부대에 대한 보급 및 정비지원을 제공하도록 편성된 부대

4. 보급(Supply)

군 임무수행을 위하여 필요로 하는 재화를 사용부대에 공급하여 주는 일체의 행위. 군수물자의 소요판단, 획득, 저장, 분배, 처리에 관한 모든 업무

5. 보급품

군을 장비하고 유지하며 운영하는데 필요한 모든 품목

6. 소모품

그 품목의 사용 용도에 따라 소모됨으로써 원형의 상실로 인한 원상회복이 불가능하여 재차 동일 목적으로 사용할 수 없는 품목

7. 수리부속품

완제품의 장비정비를 위하여 필요한 부속품

(1) 부분품 : 한 개의 품목이 그 이상 분해 될 수 없거나 분해하는 것이 실질적으로 불가능한 최소 단위 품목(“예” 볼트, 너트 등)

(2) 결합체 : 2개 이상의 부분품으로 서로 결합되었거나 관련되어 1개의 물체로 뭉쳐진 부품으로 이는 부분품으로 분해할 수 있는 것.

(3) 구성품 : 2개 이상의 결합체가 연결 또는 결합되어 1개의 물체로 구성되어 독자적인 성능을 발휘 할 수 있지만, 외부에서 조정하거나 전원을 공급해 주어야 하는 품목

8. 인가저장목록(ASL)

각급 보급기관에서 현보급 운용을 지속하고, 장차 예측되는 소요를 충당 하기 위하여 항상 저장 유지하도록 인가된 보급품의 총목록

9. 초과품

편성장비표나 인가배당표상의 인가량 보다 초과해서 보유하고 있는 품목

10. 잉여품

육군이나 타군, 정부기관에서 임무수행을 하는데 소요되지 않는 초과 재산

11. 전산입력문서

부대 임무수행에 소요되는 보급품을 청구/ 반납하며, 소모실적 및 운영 실적을 보고하는 문서

(1) 전산보급거래문서(1, 3종 / 2, 4, 8, 9종 / 7, 8종 및 기타거래)

(2) 월장비운행증

(3) 시설자원 거래전표

(4) 검사 및 작업지시서

12. 재산

편제표, 장비 배당표와 물자 배당표에 의거 소지기준을 포함하는 기타 문서로 인가된 보급품 (소모품/수리부속 제외)

13. 재산대장

편성 및 단위부대에서 부대 보유 재산의 계정을 위하여 사용하는 문서

14. 보급거래 기록대장

편성부대 모든 자산의 거래내용과 거래문서 통제를 위하여 기록 유지 하는 문서(자산증감, 수리부속의 불출근거)

15. 불출 및 영수증

편성부대에서 소모품을 예하 단위부대 또는 소 특정 기능부대에 분배시 사용하는 문서

16. 총 배당량

편제표 및 장비 배당표, 물자배당표상의 인가된 수량

17. 운영 배당량

부대임무의 변동 또는 병력의 증감에 따라 상급부대로부터 인가된 수량(A/S인원, TA 배당표, 통제병력)

18. 청구보급

사용부대의 청구행위에 의하여 보급조치를 취하는 보급제도

19. 할당보급

사용부대 의사와 관계없이 수요실적 이외의 방법으로 소요를 예측하여 가용

한 자원으로 시설부대에서 통제보급 하는 제도

20. 자동보급

사용부대의 청구 없이, 보급품의 예상되는 소요 또는 과거실적과 기준에 따라 일정기간동안 자동으로 불출되는 보급제도

21. 불출예정(D/O)

재고량 부족으로 불출 할 수 없으나, 수입되는 대로 장차 불출하도록 기록계정 된 것

22. 수입예정(D/I)

청구한 보급품 중 지원시설 부대로부터 장차 수입될 상태.

23. 보급(Supply)

군 임무 수행을 위하여 필요로 하는 재화를 사용부대에 공급하여 주는 일체의 행위

24. 보급 5대 활동 주기

소요판단 - 획득 - 저장 - 분배 - 처리

25. 자산(Assets)

소득을 축적 한 것 · 자산 = 현재고 + 수입예정 - 불출예정

26. 계정(Account)

보급품을 관리함에 있어서 수시로 변동되는 보급사항을 양식에 기록 유지하는 것

27. 증빙서

재산계정에 있어서 수령, 불출, 관리전환, 반납, 재고조정과 같은 거래를 증

빙하기 위해 사용되는 모든 문서

28. 재고통제

보급품의 수량, 위치, 상태를 유지하여, 불출 가능한 보급품의 수량을 결정하는 것

29. 편수(Editing)

청구서에 대한 심사로서, 청구성의 정확성, 근거, 청구량의 적절성, 대치품목의 가용성 등을 심사수정 함을 말하며, 기계처리 품목은 전산기에 의해 편수한다.

30. 소요(Requirement)

(1) 어떤 부대가 일정기간동안 또는 시기에 어떤 임무를 수행하기 위하여 필요한 지정된 품목의 총 수량을 말함
(2) 이는 조직체, 임무, 기간, 품목, 수량의 다섯 가지 요소가 포함되며, 이 중 한 가지라도 빠지면 소요산정이 부정확해진다.
(3) 소요는 장차의 예상치 이다.

31. 수요(Demand)

품목별 발생된 필요량 또는 청구량 중 불출할 필요가 인덩된 품목별 수량을 말함. 통상 청구서를 처리하여 불출할 것으로 결정한 수량(불출량+불출예정량)

32. 보급품의 분류 및 보급문서

가. 보급품의 종류

(1) 계정상 분류 : 보급품을 기록 유지하고 관리하는데 편의를 도모하기 위한 분류방법

(가) 재산(비소모성 품목) : 편성 및 장비표, 인원 및 장비배당표, 기타 문서로서 인가된 보급품

(나) 소모품 : 군수참모부장이 소모성으로 승인한 품목으로서 사용용도에 따라 소모, 원형 회복 및 재차 동일목적 사용이 불가능한 품목

(다) 수리 부속품 : 완제품의 정비에 필요한 모든 부분품, 결합체, 구성품

(2) 성질상 분류 : 보급품을 한번 사용한 후에 재차 동일목적에 사용가능, 불가능에 따라 분류하는 방법

(가) 소모성 품목 : 품목의 사용용도에 따라 원형상실로 인한 원상회복 및 재차 동일 목적에 사용 불가능 품목

(나) 비소모성 품목 : 사용 중 소모되지 않고 통상 그 원형을 계속 보유하게 되며 사용 불가품이 되면 반납을 요구하는 품목

나. 보급품의 인가문서

(1) 편제표(Table of Oraganization)

(가) 편성 및 장비표(T/O & E : Table of Organization & Equipment) : 군의 정상적인 임무, 편성상의 조직, 인원 및 장비의 인가를 규정한 표

(나) 인원 및 장비 배당표(T/D & A : Table of Distribution & Allowance) : 임무와 병력이 수시로 변동하는 특수임무부대에서 그 부대의현 소요 인가인원, 계획소요, 편성구조 및 정상적인 임무를 규정하는 군 편제문서

(2) 배당표(T/A : Table of Allowance) : 일반 물자의 보급기준을 선정해 놓은 표

33. 가동률(稼動率) Available Rate

해당 장비의 총 운용시간에 대해서 불 가동시간을 제외한 가동시간을 판단하여 백분율로 표시한 것.

※ 가동률 = $\frac{\text{가용시간}}{\text{총운용시간}}$ × 100

34. 경제적 수리한계(經濟的 修理限界)Economic Repair Limits, ERL

정비에 소요되는 비용과 정비 후 사용가치를 비교하여 정비 및 폐기여부를 결정하는 한계. 경제적 수리한계 설정시 고려사항은

① 전술적 가치

② 경제적 이점

③ 대치자금 획득가능성

④ 정비시설 확장

⑤ 타 분야 활용도 등이 있다.

35. 고장율(故障率) Hindrance Rate

특정기간 동안 발생한 품목의 고장수를 같은 기간 동안의 총 운용수명으로 나눈 값, 수명의 단위는 시간, 발수, 거리, 주기(Cycle) 등이다.

36. 가용 자산(可用 資産) Available Asset

장차의 일정 기간 또는 특정 계획(또는 업무)에 사용 가능한 자산으로, 가용자산범위는 개념의 용도에 따라 현 재고만을 대상으로 하는 경우와 순자산(현재고 + 수입예정 - 불출예정)을 대상으로 하는 경우 및 총자산(현재고 + 수입예정)을 대상으로 하는 경우 등이 있다.

37. 관리자 취급품목(管理者 取扱品目)

총 취급품목을 관리자 취급품목과 기계취급품목으로 구분하며, 관리자 취급품목은 성질상 또는 관리통제 목적상 전산기(Compu ter)에 의한 처리가 곤란하며 수작업에 의해서만 처리하는 품목. 예를 들면, 재고 번호의 자리수가 전산자료철 상에 할당된 자리 수를 초과하는 품목(통상 15자리), 재고번호가 부여되어 있지 않은 품목, 불출 수량이 전산자료철상에 정한 불출단위 이하인 품목 등이 있다.

38. 관리자 통제품목(管理者 統制品目)

전산기에 품목제원을 수록하여 청구서 처리, 계정 및 불출증 작성을 전산화하였으나 청구량에 대한 조치사항을 관리자가 결정하여 전산기에 입력하여야 전산처리가 가능한 품목을 말한다.

39. 관리 전환(管理 轉換) Management Conversion

군수품을 다른 물품관리관의 소관으로 전환하여 재활용 또는 재분배하는 것

40. 국가 재고 번호(國家 在庫 番號) National Stock Number, NSN

보급품목을 식별하기 위하여 세계 전국 가에 공히 사용되는 재고번호로 1974. 10월부터 채택 적용되었으며, 그 구성은 13자리 숫자로 되어 있다.

41. 국방 CALS(Continuous Acquisition & Life-Cycle Support)체계

국방체계(Defence Sy stem)의 전 수명주기(Life-Cycle) 에서 발생되는 기술자료를 전자화하여 통합 데이타 베이스(TDB)를 구축하고 정보통신망을 통하여 자료공유 및 교환이 가능한 통합된 자료 환경 구현 전략이다.

42. 군수 지원 분석(軍需 支援 分析) Logistic Support Analysis, LSA

무기체계의 수명주기기간에 걸쳐 군수지원요소를 확인, 분석, 구체화하는 활동으로 획득단계별로 주 장비와 지원체계를 결정하는데 필요한 정보를 제공하며, 해당 무기체계의 운영유지비용을 최적화시키는 동시에 무기체계 운용시 지속적인 군수지원이 이루어질 수 있도록 보장하는 종합군수지원 업무의 실질적인 활동.

43. 규정 휴대량(規定 携帶量) Prescribed Load, PL

편성부대 및 독립중대, 격리된 파견대(격리된 통신소, 레이다 감시소)에서 부대정비를 하기 위하여 보유하여야 할 15일분의 수리부속품과 인가된 특수공구를 유지하여야 할 수량을 말한다.

44. 기능화 지원 체제(機能化 支援 體制)

군수지원의 활동분야(보급, 정비, 수송, 시설) 근무기능별로 단일 지휘하 기능 수행부대 계층으로 사용부대에 지원하는 체체이며, 이 체제의 장점으로 지휘의 통합, 강력한 통제, 경제성, 신속성, 융통성을 가질 수 있다.

45. 기본 불출 품목(基本 拂出 品目) Basic Issue item, B.I.I

완제품을 구성하고 있는 부수품, 부수장치, 구성품, 결합체와 1계단 정비부속품, 공구 및 보급품, 예비수리부속품 등을 말하며, 이 품목들은 모두 사용부대에 불출하기 위한 주요 완제품의 구성 요소로서, 통상 차량부수기재(OVM), 상비부속품(Running-Spares), 예비부속품(On-boa rd Spares)으로 알려진 품목들이다.

46. 긴급소요부족목록(緊急所要不足目錄) Critical Requirement Deficiency List, CRDL

전시초기 단계의 군수 지원 소요에 미달되는 물자보충을 위하여 D~D+30일 이내 한국군의 긴급소요부족 보충물자를 말한다.

47. 다기능 통합 전투근무지원(多技能 統合 戰鬪勤務支援) Multi Functional Inter gration Combat Service Support)

기본적으로 전투부대가 필요로 하는 전투근무지원 제요소(정비, 보급, 수송, 의무, 시설, 병력보충 등)를 통합하여 동시에 근접추진 지원함으로써 전투부대가 전투임무에만 전념할 수 있도록 보장하는 것으로 군단지역에서는 정비, 보급, 수송, 탄약, 근무, 보충 기능을 통합하여 사단의 전투근무지원부대를 보강하거나 전투부대를 직접 지원하는 것임.

48. 대분배 계통(大分配 系統) Wholesale Systematic

보급품이 생산업자로부터 군조직 내부, 즉 보급창에 이르는 보급추진 계통을 말한다. 대 분배 계통의 보급수준은 조달주기(PC), 안전수준(SL), 조달소요시간(PROLT)으로 구성되며, 운임방법에 따라 계획소요(PR), 재생주기 소요(RCR), 전쟁예비소요(WR), 저장목표(SO), 재청구점(RP), 청구목표(RO) 및 청구량(RQN) 등을 포함하여 운영할 수도 있다.

49. 대외 군사판매(對外 軍事販賣) Foreign Military Sales, FMS

미 군사수출판매제도의 일종으로서 민간판매와 대외군사판매 등 두 가지 형태가 있다. 대외군사판매는 미 공법 제 90-629호(1968.10.22)로 제정된 "대외군사판매법"에 의거 방위물자 및 용역과 군사보안상 민간계통을 통하여 판매하는 것이 곤란한 품목을 미국정부대 구매국 정부간의 거래로 구매하는 제도를 말한다.

50. 동시조달 수리부속품(同時調達 修理附屬品) Concurrent Spare Parts, CSP

무기 체계 및 장비배치시 주장비와 함께 보급되는 수리 및 예비부품으로서 배치 후 초기 일정기간 동안 재보급 없이 무기체계 및 장비에 주어진 운용 임무를 상징 적으로 수행하기 위해서 필요한 지원품목을 말한다.
통상장비 가격의 10% 범위 내에서 1년간의 유지소요를 장비와 동시에 조달하여 운용하며, 기본 휴대량과 인가저장 품목의 보급수준도 정상적으로 운영하여야 한다.

51. 모듈(Module)

기계 또는 시스템의 구성단위를 지칭하는 것으로서 복수의 전자제품이나 기계부품 등으로 조립된 특정기능을 가진 작은 장치로서 부품과 완성품의 중간단계.

52. 물품 관리 공무원(物品 管理 公務員) Materiel Managing Official

물품관리에 관한 사무를 위임받거나 대리 또는 분담하는 자로서 물품관리관, 물품출납공무원, 물품운용관과 그 대리자 및 분임자를 말한다.

53. 물품 관리관(物品 管理官) Materiel Management Manager

군수품 관리법 및 동 시행령에 의거 각 중앙관서의 장으로부터 물품의 관리에 대한사무를 위임받은 공무원을 말한다. 일반적으로 물품관리관이라고 할 때에는 물품관리관은 물론 대리 물품관리관, 분임물품관리관을 포함한다.

54. 물품 출납 공무원(物品 出納 公務員) Materiel Accounting Official

물품 회계직 공무원으로서 물품관리관으로부터 물품의 출납 및 보관에 관한 사무를 위임받은 공무원을 말한다.

55. 병참선(兵站線) Line of Communication

작전중인 군부대와 작전기지를 연결하여 보급품과 병력이 이동하는 일체의 육, 해, 공로를 말하며, 통상 병참지대(후방지대)에서는 병참선이라 하고, 전투지대에서는 주 보급로라고 한다.

56. 보급소(補給所) Supply Point

군수물자를 저장하고 분배하는 곳을 지칭하는 용어로서 상급재고 통제기관의 지시에 따라 물자를 획득, 저장, 분배, 저장중의 정비 업무 등을 처리한다.

57. 보급 회보(補給 回報) Supply Bulletine

군수제원편찬, 구입통보, 협정 및 통제된 품 목표와 같은 보급 문제에 있어서 더욱 기술적인 분야에 관한 지시 및 정보를 전달하는 발간물을 말한다.

59. 복구(Recondition)

사용 불가능한 장비를 사용 가능한 상태로 되돌리기 위해 취해지는 제반 조치로서, 수리 또는 구난활동을 통해서 이루어진다.

60. 복구성 품목(Recoverable Item)

특정병과의 관련병과 또는 기능에서 수리할만한 가치가 있다고 인정한 물품을 말하며 재생 가능품 이라고도 함.

61. 복원(復員) Demobilization

전시체제로부터 평시 체제로 또는 비전투 체제로 전환하여 병원(兵員)의 소집물자 및 장비의 징발 등을 해제하는 것. 동원이 해제된 인적, 물적 자원을 원상으로 복귀함을 말한다.

62. 부대분배(部隊 分配) Unit Distribution

보급품을 상급부대나 지원시설부대 인원 및 차량으로 수령부대까지 보급품을 추진보급하는 분배방법을 말한다. "보급소분배"와 대응되는 개념이다.

63. 분배(分配) Distribution

군의 유지와 임무수행에 필요한 물자, 시설근무지원을 수요자에게 적시 적소에 적량을 나누어주는 것.

64. 분해수리(分解 修理) Overhaul, OVHL

사용가능성에 대한 규정된 표준에 의기 품목을 완전 사용가능상태로 수리 및 조정하는 것. 즉 결합체 구성품을 분해하여 검사, 부분품 교환, 세척, 윤활, 연마, 도금을 실시하고 작동점검을 통하여 최종검사로써 한 품목을 완전 사용가능상태로 복구시키는 것을 말한다.

65. 비군사화(非 軍事化) Demilitarization

장비 및 물자가 지니고 있는 군사적 특징을 제거하는 행위로서 군사목적으로는 더 이상 사용할 수 없도록 해체, 절단, 폭파, 변조 등의 조치를 취하는 것을 말함.

66. 비소모성 품목(非消耗性 品目) Non-expendable Supplies

각종 장비나 기계공구와 같이 사용결과 부분적인 기능 저하나 원형의 변화가 있으나 사용기간 중에 통상 그 형태가 계속 유지되고 사용불가품이 되면 반납을 요하는 품목으로 소모성 품목으로 분류된 품목을 제외한 전 품목을 말한다. 67. 비인가 저장품목(非認可 貯藏品目) Non-Authorized Stockage List, N-ASL : 기준 수요빈도에 미달되는 품목으로 보급부대 및 보급창에서 재고수준으로 보유하지 않는 품목을 말한다.

68. 비축 물자(備蓄 物資) Stockpile

전쟁초기에 일시 대량 획득이 곤란한 전투 긴요물자 중 국고예산으로 평시에 확보 저장해 두는 물자를 말한다. 비축물자는 일반물자와 동일한 방법으로 관리하나 그 기록계정은 일반물자와 별도로 계정 유지하여야 하고, 참모총장의 승인 없이는 사용할 수 없다.

69. 비축 소요(備蓄 所要)

동원일(M일)로부터 생산일 까지 물자 동원소요에서 물자 동원능력과 평시 군 물자 소요를 제외한 수량이다.

70. 비표준 장비(非標準 裝備) Nonstandard Equipment

작전 요구성능을 충족할 수 없고 경제적으로 부적합한 장비로서 도태계획에 의거 처리해야 할 장비 및 교육 훈련용으로 가용한 장비도 비표준장비로서 완제품 및 부품의 조달이 불가능하고 동류전용으로 유지되는 장비.

71. 사장 재고(死藏 在庫) Dead Storage

장비, 물자를 일정기간 사용하지 않고 묻혀둠을 뜻하며, 사장재고란 인가배당량 및 인가 보급수준량을 초과하여 보유하고 있는 보급품의 재고를 말한다.

72. 선입 선출법(先入 先出法) First-In, First-Out Method, FIFO

선입선출이란 먼저 저장된 것을 먼저 불출하는 것으로서, 이는 저장물자 보호에 있어서 핵심이 되는 관리방법이며, 선입선출을 위해서는 퇴적할 때부터 선입선출이 이루어질 수 있도록 원칙에 의한 퇴적이 되어야 한다.

73. 설물(屑物) Scrap

그 물자를 구성하는 기본적인 물질(원질) 외에는 경제적 가치가 없는 물자.

74. 소 분배 계통(小分配 系統) Retail Sale Level

대분배 계통에 이어지는 군조직 내부의 보급계통. 즉 군수사로부터 보급품 사용자에 이르기까지의 보급계통

75. 소모 및 보충율(消耗 및 補充率)

소모율(消耗率)이라 함은 일정한 기간동안에 소모 혹은 소비된 품목의 평균량이며, 보충율이라 함은 일정한 기간 내에 보유중인 장비가 사용 불가능하게 되었거나, 전투피해, 포기, 기타로 인해 동원으로 보충되어야 할 한 장비의 월간평균 수요량을 말한다.

76. 수리(修理) Repair

고장의 탐지, 분해/결합, 고장확인 등을 통해 유용한 상태로 복구하는 정비활동, 정비조치 및 근무를 의미한다.

77. 수명 주기(壽命 週期) Life Cycle

어떤 품목의 요구 혹은 필요성의 인정으로부터 운용개념 형성, 소요제기, 개발 (시험포함), 생산(양산), 운용유지, 도태 및 폐기까지 거치는 전 단계를 말한다.

78. 수요 빈도(需要 頻度)

보급제대가 편성부대 소요품목에 대해서 일정기간 청구를 받는 횟수를 수요빈도라 한다.

인가 저장품목을 선정하는 기준은 상기한 수요빈도 이외에도 경제성과 필수도를 고려하여 효과성과 경제성이 균형을 이루도록 선정하여야 한다.

79. 시효성 품목(時效性 品目)/시한성 품목(時限性 品目)

일정기간 내 사용하여야만 그 효능과 성능을 발휘할 수 있는 품목으로, 이는 낱개품목별로 생산제조 년. 월. 일 및 유효기간이 명시되어야 하고, 선입, 선출이 가능토록 저장하며, 품목별로 시한표찰을 부착한다.

80. 외자 조달(外資 調達) Foreign Procurement

국내조달에 대응한 개념으로 외국환거래법에 의한 대외지급수단 또는 차관자금으로 물품 및 용역을 구매하는 것을 말한다. 군에서는 FMS구매와 상업구매를 실시하고 있다.

81. 유효 수요(有效 需要) Effective Demand

보급에 있어서의 유효수효란 보충수요만을 뜻하며, 이는 청구보급제도 적용품목에 있어서 수요실적에 의한 소요판단을 위하여 수요실적으로 집계하여야 할 대상이 되는 수요이다.

82. 인가 보급량(認可 補給量) Authorized Allowance of Supplies

할당표, 편성장비표 또는 기타 적절한 근거에 의하여 승인된 보급량이다.

83. 재물 조정(在物 調定) Inventory Adjustment

재물조사 결과 실제 재고품이 재고출납카드상의 기록과 차이가 있을 시 그 차이의 원인이 어느 개인이나 단체의 책임에 의한 것이 아니고, 재고 운영상 불가피하거나 당연한 것에 한하여 변상유무를 규명하지 않고 무책임으로서 군이 규정한 절차에 의하여 그 차이를 일치되게 수정하는 것을 말한다.

84. 재생(再生) Rebuild

원래의 제조기준에 따라 사용 불가능한 장비를 신품과 같은 상태로 복구 시키는데 필요한 제반 활동 및 근무로서 군 장비에 적용되는 최고수준의 물자

정비를 말함. 재생은 ① 외관 및 기능을 원상태에 근접하도록 복구하거나 ② 수명측정 기준 (시간, 거리)을 "0"상태로 바꾸는 활동을 포함한다.

85. 적정 재고수준(適正 在庫水準)

수요를 가장 경제적으로 충족시킬 수 있는 재고량을 말한다. 수요를 100% 충족무제한의 재고확보로서 지원하는 것이 아니라 재고투자의 절감이라는 경제성과 적기 수요충족이라는 효과성을 동시에 만족시키기 위한 재고 수준이며, 계속공급원칙 = 경제성 확보원칙 이라는 두 가지 원칙이 균형을 이루는 점에서 성립된다.

86. 정비(整備) Maintenance

장비 및 물자를 사용 가능한 상태로 유지하거나 사용 불가능한 장비 및 물자를 사용 가능한 상태로 복구시키는 일체의 행위를 말한다. 정비의 개념적 요소로서 구분될 수 있는 것은 정비의 본질과 정비행위이다. 정비의 본질은 장비 및 물자의 사용가치를 영구적으로 부가시켜 나가거나 또는 당초에 계획하였던 기준수명을 더욱 연장시키기 위한 것이 아니고, 다만 조기수명 단축현상을 효율적인 정비활동을 통하여 사용 가능상태로 유지하는 소극적인 행동이며 정비행위는 장비 및 물자를 사용 가능상태로 유지하는데 필요한 손질, 검사, 수리, 재생, 시험, 수정의 행위

87. 조달(調達) Procurement

경제주체가 그의 기능을 수행하기 위하여 소요로 하는 장비, 물자, 시설, 용역을 신뢰할 수 있는 조달원에서 필요한 품목 및 수량을 규격에 의한 품질로, 수요군이 요구하는 장소 및 납기에, 적정서비스 조건 및 적정 가격으로 획득함으로써 경제주체의 활동을 원활하게 하는 것을 말한다.

88. 종합 군수 지원(綜合 軍需 支援) Integrated Logistics Support, ILS

무기체계의 효과적이고 경제적인 군수지원을 보장하기 위하여 무기체계의 소요제기, 설계, 개발, 획득, 운영 및 폐기시까지 제반 군수지원요소 (정비

계획 · 지원 및 시험장비 · 보급지원 · 수송 · 취급 · 포장 · 인원 및 훈련 · 시설 · 기술제원 · 군수지원자금 · 군수 관리정보)를 종합 관리하는 활동이다.

89. 처분(處分) Disposition

군수품의 처분은 물품의 소유권을 상실하는 경우는 물론 물품으로부터 국유재산으로 편입되어 군수품 관리법의 규제 대상에서 제외되는 경우도 포함된다. 처분에는 물품 본래의 목적에 따른 목적적 처분과 불용의 결정이 이루어진 물품을 매각 또는 폐기하는 경우와 같은 비목적적 처분 등 두 가지가 있다.

90. 청구보급제도(請求補給制度) Requisitioning Supply System

통제품목 중 할당보급을 제외한 품목들로 이는 사용부대 또는 보급지원 부대의 청구행위에 의하여 보급조치를 취하는 보급제도이며, 보조품이나 소모품 그리고 비인가 장비 등은 사용부대에서 소요를 산출하여 지휘계통으로 인가 상신 한다. 즉 사용자 단위부대 편성부대 직접 지원부대 일반지원부대 기지보급부대 보급원천의 위계적 보급추진 계통에 따라 단계별로 보급소요가 발생할 때마다 적기에 청구조치를 취함으로서 보급조치가 이루어지는 형태의 보급제도이다.

91. 초과품(超過品) Excess Property

단위부대, 편성부대, 보급지원부대, 특정기능부대에서 현재 보유하고 있는 보급품의 수량이 인가저장량을 초과하는 재산이나 물품을 말한다.

92. 치장(置臟) Store

장비 및 물자의 사용통제와 치장방침에 의거, 평시 운영량(운용수준)초과분, 인가초과분 및 전시 긴요물자, 장비 등에 대하여 사용을 완전 통제함으로써 전시소요를 충당하기 위하여 일정한 장소에 저장하는 것.

93. 키트(Kit)

결합체를 구성하는 부분품 중에서 고장 나기 쉬운 부분품들을 모아서 한 포장단위로 보급하는 집합된 수리부속.

94. 패키지(Package)화

특정 목적을 달성할 수 있도록 관련성 있는 요소를 통합하여 편성하는 것을 말한다. 따라서 Package화란 2가지 이상의 Set 요소를 하나로 통합하는 의미로서 예를 들어 전차, 장갑차, 자주포 등 주요 전투장비의 보충보급 또는 야전 및 기지정비 후 전투현장 복귀시 즉각적인 전투임무 수행을 보장하기 위하여 인원, 장비, 물자, 시설을 각각 Set화한 후 이를 통합하여 지원하는 것을 Package화 지원이라고 한다.

95. 표준 장비(標準 裝備) Standard Equipment

작전요구 성능을 충족시키고 기준에 적합한 장비(부대 실용시험 결과 채택키로 결정된 장비, 제대별로 소요가 광범위한 장비, 계속 군이 보유하고 관리 유지해야 할 장비), 완제품으로 조달이 가능한 장비, 국방규격 제정 대상 장비, 상용장비 중 조건을 충족하는 장비(군 계통을 통하여 보급 및 정비유지가 되어야 할 장비, 전투지원 및 전투근무지원에 직접 참여하는 장비, 제대별 소요가 광범위한 장비) 무기체계로 채택된 장비

96. 현지 조달(現地 調達) Local Procurement

중앙조달기관이외의 기관이 국내에서 보급품, 용역 또는 장비를 조달하는 것을 말하며 부대조달이라고도 한다. 어떤 시설부대에서 자대에 사용할 목적으로 보급품, 용역 또는 장비를 구매하는 것 등이 그 예이다.

97. 호환성 품목(互換性 品目) Interchangeable Geability, I/G

어떤 품목의 특성이 유사한 품목과 비교시 비슷하거나 동일한 것으로 기능적, 물리적 동작, 신뢰성, 보편성 면에서 상응한 품목이거나 능력면에서 교환하더라도 타당한 품목을 말한다.

제4장 장비/정비관리

제1절 총론

1. 장비관리 개념 및 체계

장비란 전차, 차량, 항공기 등과 같이 동력원(인력, 풍력, 수력, 연료, 증기 등)이 공급되면 부대운영에 필요한 주요 기능을 독립적으로 수행할 수 있고 정해진 수명기간 동안 동일성을 유지할 수 있는 완제품으로서 일정수준 이상의 화폐 가치를 가진 품목이다. 장비는 구조적으로 부분품, 결합체 및 구성품으로 구성되며 국방장비목록 또는 편제표에 등재되어야 한다.

장비분류는 무기체계별로는 지휘 및 통제, 기동, 화력, 항공기, 함정, 유도/방공, 통신/전자전, 화생방, 기타 무기체계로 구분하며, 군수지원의 효율성, 관리책임의 명확성, 기술지원의 전문성 및 보유량을 고려하여 단독, 혼성, 생산 및 정비용 장비로 구분한다.

또한 관리방법에 따라 전비품과 통상품으로도 구분되며, 표준화 여부에 따라 표준, 제한표준, 비표준, 시험용, 상용 장비로 분류하기도 한다. 장비 분류에 대한 세부내용은 다음과 같다.

첫째, 무기체계별 분류 : 무기체계별에 의한 장비분류는 무기체계 장비와 비무기체계 장비로 구분하는데 무기체계 장비는 군사작전에 직접 운용되는 장비로서 다음과 같다.

- 무기
- 군사작전에 직접 운영되는 장비
- 합참에서 무기체계로 분류된 장비

그리고 비무기체계장비는 무기체계 이외의 장비를 말한다.

무기체계로 분류되는 장비에는 아래와 같은 장비가 있다.

① 지휘 및 통제 무기체계 : 지휘 및 통제를 목적으로 하는 자동화체계로서 전투의 통합 및 동시성을 발휘할 수 있는 무기체계류이다.

② 기동 무기체계 : 기동무기체계에는 경 · 중(中) · 중(重) 전차, 구난전차 등의 전차류와 병력수송용, 탑승전투용, 화기탑재용(박격포, 토우, 발칸 등), 탄약운반용, 전투 지휘용, 화생방 정찰용, 구난용, 상륙돌격용 등의 장갑차 종류 그리고 기동지원 장비 등이 있다. 기동 지원 장비에는 무기탑재 및 견인용 차량, 전투지원장비 탑재용차량, 전술지휘통제용 차량 등 전술적 운용을 위하여 특수목적으로 설계, 제작된 특수목적 차량류와 공병전투장갑차, 지뢰제거 · 통로개척 등의 장비류(전투공병장비) 그리고 강, 계곡장애물 등을 극복할 목적으로 제작된 부교 및 문교, 조립교, 교량전차 등의 간격극복 및 도하장비 등이 운용되고 있다.

③ 화력 무기체계 : 화력 무기체계에는 먼저 권총, 소총, 기관총, 유탄발사기, 유탄기관총 등의 총기류와 같은 소화기와 대전차로켓포, 대전차 유도무기, 무반동총 등 주로 대기갑 작전을 목적으로 사용하는 무기류인 대전차무기가 있다. 또한 화력지원용 무기인 화포도 있는데 화포에는 경 · 중(中) · 중(重) 박격포류와 자주, 평사포(견인, 자주) 등 지상작전의 화력지원을 목적으로 사용하는 화포류, 다련장로켓, 무유도로켓 등의 로켓포류, 해안에 설치, 해상표적을 파괴할 목적으로 사용하는 화포류, 함정에 장착 지상 · 대함 · 대공용으로 사용되는 화포류(함포), 항공기에 장착하여 공대공, 공대지로 사용되는 기관포 등이 있으며 화포에 사용되는 탄약에는 지상탄, 함정탄, 항공탄, 지뢰, 기뢰, 폭뢰, 선전탄 등의 폭발물 류가 있다.

④ 항공기 무기체계 : 항공기 무기체계에는 일반 목적기와 특수목적기, 회전익기, 무인항공기 등 4가지가 있다. 먼저 일반 목적기에는 전투기, 폭격기, 공격기 등 요격 및 공격을 목적으로 운용되는 전투 항공기류와 항공정찰을 목적으로 운용되는 정찰 항공기류, 또 병력, 장비, 물자수송, 탐색 및 구조, 연락업무 또는 환자수송 등을 목적으로 운용되는 수송 항공기류, 항공관측 및 공중작전 통제를 목적으로 운용되는 관측 및 통제용 항공기류, 잠수함/수

상표적의 탐색 및 공격 등을 목적으로 운용되는 해상초계 항공기류 등과 공중급유를 목적으로 하는 급유 항공기류, 비행훈련을 목적으로 하는 훈련 항공기류, 대공사격을 위한 표적 예인 목적의 표적예인 항공기류 등이 있다. 특수목적기에는 조기경보 및 공중작전 통제를 목적으로 운용되는 항공기류와 전자전을 목적으로 운용되는 항공기류 그리고 대공 제압기 등이 있다. 회전익기는 군사작전에 운용되는 회전익 항공기류를 말한다. 마지막으로 무인 항공기는 기만, 항공정찰 또는 대지공격 등을 목적으로 사용되는 항공기류이다.

⑤ 함정 무기체계 : 함정 무기체계는 크게 수상함과 잠수함으로 나누어진다. 먼저 수상함은 구축함, 호위함, 초계함, 고속함(정) 등 대함, 대공, 대잠작전을 목적으로 운용되는 전투함정류와 기뢰부설함, 기뢰탐색함, 소해함(정) 등 기뢰부설과 소해 작전을 목적으로 운용되는 기뢰전 함정류, 또 상륙함, 고속상륙정, 상륙지원 등 상륙작전을 위해 인원과 장비를 양륙 또는 탑재할 목적으로 운용되는 상륙전 함정류가 있고 마지막으로 유조함, 구조 및 예인함 등 타함정에 지속적 작전활동을 지원할 목적으로 운용되는 지원 함정류가 있다. 잠수함은 잠수함, 잠수정 등 수중작전을 목적으로 운용되는 함정류를 말한다.

⑥ 유도 무기체계 : 유도 무기체계는 대지 유도무기와 대함 유도무기가 있으며, 대지유도무기는 지상, 함정, 항공기에서 지상표적 공격을 목적으로 사용되는 유도무기류이고, 대함 유도무기는 지상, 함정, 항공기에서 함정공격을 목적으로 사용되는 유도 무기류이다.

⑦ 방공 무기체계 : 방공 무기체계는 지상, 함정, 항공기에서 공중표적 공격을 목적으로 사용되는 유도무기류와 대공기관총, 대공포(견인, 자주) 등 대공작전수행을 목적으로 사용되는 총포류 그리고 방공작전을 목적으로 사용되는 지상운용 체계구성 장비류인 방공레이더(방공관제용 탐색레이더, 탐지/추적레이더), 발사대, 사통장비, 기타 등이 있다.

⑧ 통신 · 전자 무기체계 : 통신 · 전자 무기체계에는 통신장비와 항법장비, 레이더 장비, 음향 · 음향대항 장비, 전자광학 장비, 사격통제 장비 등이 있다.

⑨ 정보 · 전자전 무기체계 : 정보 · 전자전 무기체계에는 정보장비와 전자전 장비가 있으며 정보장비는 신호정보장비와 영상정보장비, 정보처리장비, 정보

위성 등의 장비류가 있고 전자전 장비에는 적 통신 및 전자장비 사용에 대한 탐지, 분석, 방해/기만을 목적으로 사용되는 전자전 지원(ES), 전자공격(EA), 전자보호(EP) 장비류 등이 있다.

⑩ 화생방 무기체계 : 화생방무기체계는 화생방 탐지 및 식별, 경보, 보호 해독(예방, 치료) 및 제독 등의 목적으로 사용되는 장비 및 물자류와 화염방사기, 연막차장 장비류가 있다.

⑪ 기타 무기체계 : 기타 무기체계에는 모의훈련장비가 있으며 이는 주장비의 전술적 운용효과를 동일 또는 유사하게 발휘할 수 있도록 제작된 모의훈련장비류이다.

다음은 무기체계별 분류 두 번째인 비무기체계에 대해 알아보면 비무기체계는 주요 비무기체계, 자동화정보체계, 기타 비무기체계로 분류하며 세부내용은 아래와 같다.

① 주요 비무기체계 : 주요 비무기체계는 군사작전에 운용되는 장비 · 물자중 무기체계 범주로 분류하기 곤란한 장비 · 물자 및 주요 전술훈련장비로 다음과 같이 분류된다.

먼저 기동/화력장비는 무기탑재를 위해 개조한 일반용 차량 등이 있고, 항공장비는 작전운용에 필수적인 항공기의 정비 · 정비지원 장비류이다. 또 함정/잠수장비는 해안경비정 등 보조 선박류와 전투지원 및 구명장비이고, 통신/전자장비는 유무선 통신 · 정보 및 음향탐지 · 기상관측 장비류 등이 있다.

그리고 공병/일반장비는 폭파 기구셀 등 작전에 직접 운용 · 지원되는 장비류이며 전술 훈련장비는 전술훈련장비(ASTT) 등 주요 전술훈련장비이다. 마지막으로 기타 전투근무지원 성격의 주요 장비 · 물자류와 전투 필수시설 등이 포함된다.

② 자동화 정보체계 : 자동화 정보체계에는 정보통신기반체계와 응용체계, 정보보호체계 등 3가지 종류가 있다.

③ 기타 비무기체계 : 전투력발휘에 간접적으로 영향을 미치는 품목으로 무기체계와 주요 비무기체계(자동화정보체계 포함)에서 제외된 모든 품목이 이에 해당한다. 구체적으로 살펴보면 먼저 병력운용, 시설유지, 장비 유지 및 운

영에 필요한 장비 및 물자가 있고, 개인의 기본 및 생존보호 장구류, 그리고 부대의 전투지원장비 및 물자중 주요 비무기체계 이외의 장비 및 물자와 전력화장비의 운영유지에 필요한 수리부속, 유지물자로 부분품(Part)과 결합체(Assembly), 모듈(Module), 기타 각종 물자류 소모품 등이 있다. 또 교육훈련에 필요한 활성, 비활성 교보재류가 있고 마지막으로 무기체계 및 주요 비무기체계 분류에서 제외된 기타 장비 · 물자 및 시설 등이 있다.

둘째, 군수지원 및 관리책임과 기술자원에 의한 분류 : 군수지원 및 관리책임과 기술자원에 의해 장비를 분류하면 단독장비와 혼성장비, 생산 및 정비용장비로 분류되며 세부내용은 아래와 같다.

① 단독장비 : 6개 기능 체제별(화력, 기동, 특수무기, 항공 및 선박, 통신전자, 일반장비)로 관리책임을 분류한다.
② 혼성장비 : 2개 이상의 장비로 구성된 장비이며 아래와 같이 4가지 유형으로 관리책임을 분류한다. 첫째, 장착된 장비가 공용성이 없을 시는 주장비 분야로 통합 분류한다(예 : 항공기에 장착된 무전기, 발칸, 토우를 항공으로 분류).둘째, 장착된 장비가 공용되는 품목은 주장비와 분리 해당장비 분야로 분류한다(예 : 1/4톤 지프에 탑재된 무전기는 통신전자로 분류). 셋째, 주장비와 분류되어 있는 보조 장비로서 단독 기능을 수행할 수 있는 장비를 취급이나 지원이 용이한 기능으로 분류한다(예 : 통신 전용발전기, 특수무기 충전기, 화포용 충전기 등). 넷째, 첨단전자 광학장비로서 단독장비 중 일반광학장비는 화력장비로, 전자광학장비는 통신전자장비로 전자광학 복합장비는 첨단성을 우선하여 통신전자장비로 각각 분류하고 항공기와 특수무기에 장착된 전자광학 혼성장비는 주장비 기능(항공 또는 특수무기)으로 분류한다.
③ 생산 및 정비용 장비 : 2개 기능 이상의 공통장비에 적용되는 기계류 및 특수 장비는 전문성을 고려하여 주기능 분야로 분류한다.

셋째, 기능별 분류 : 장비를 수행하는 기능에 따라 분류한 것으로 6개 기능으로 아래와 같이 분류할 수 있다.

① 화력 : 소·중화기류, 화포류, 전차, 장갑차, 화염방사기 등 직접사격을 가하는 장비와 동 장비의 기능 유지를 위함 야간감시장비, 포병운용 측량 및 측지기구, 사격기재, 수리부속 수리용 특수장비 등이 포함된다.

② 기동 : 각종 차량장비, 오토바이, 지게차, 트레라류와 차량장비 유지 및 정비를 위한 수리용 특수장비가 포함된다.

③ 특수무기 : 전자유도병기, 레이더식 전자 사격통제장치를 수반하는 대공화기와 수리용 특수장비가 포함된다. 세부내용은 아래와 같다.

- 대공유도무기 : 나이키, 호크
- 대공화기 : 에리콘, 발칸(헬기탑재 발칸 제외)
- 지대지유도무기 : 지대지유도탄
- 지대지 로케트 : 어네스트

④ 통신/전자 : 유·무선 통신장비, 레이더를 포함한 탐지장비, 전자장비, 첨단광학장비, 기상 측정 장비, 방사능 측정 장비, 시험 및 계기장비, 사진장비 등이 포함된다.

⑤ 항공/선박 : 항공기 기체 및 항공기 주기능과 관련되는 부수장비 기계류와 수리공장용 특수무기, 선박, 조정의 선체 및 선박, 주정의 주기능 유지를 위한 부수장비 등이 포함된다.

⑥ 일반장비 : 건설 및 포장장비, 발전 장비, 공압 장비, 도하장비, 소화급수장비, 정비 또는 공작용 기계장비, 화생방장비, 근무 장비, 측지장비, 물자 운반궤도장비, 폭파기구 등이 포함된다.

넷째, 편제장비 분류 : 편제장비 분류는 편제부대별 필수장비는 편제표로 그리고 지역 특수소요 장비는 지역장비로 인가하며 장비별로 전시와 평시로 구분하여 인가한다. 장비별 세부내용은 다음과 같다.

① 장비편제표 대상 장비로 부대 기본임무수행 필수장비와 살상병기 및 전투직접사용장비, 그리고 생존성 보장에 필요한 장비가 포함된다.

② 지역장비 대상장비로 특수한 지역여건이나 특수임무 수행을 위하여 편제상의 인가량을 초과하거나 인가에 없는 특수소요 장비와 GP 및 GOP별 추가

소요장비, 해 · 강안 및 기타 지역에 추가 소요장비 등이 있다

다섯째, 관리방법별 분류 : 장비를 전비품과 통상품으로 구분하고 전비품은 다음과 같이 전투장비와 전투지원장비로 구분한다.

① 전투장비 : 전투 목적으로 운용되는 장비로 화력장비와 특수무기, 기동장비, 일반장비, 통신전자장비, 함정, 항공, 기타 전투장비에 준하는 것으로서 국방부장관이 감사원장과 협의하여 정한 전투용장비 및 기재 등이 있다.

② 전투지원 장비 : 전투지원을 목적으로 운용되는 장비로 기동장비는 트럭(지휘정찰, 작전연락, 장비가설, 병력 및 물자수송용), 견인차, 구난차, 통신가설차, 중장비운반차 및 기타 군용트럭과 트레일러 등이 있고, 일반장비에는 도하장비류가 있다. 통신전자장비에는 전화기(야전용), 전신기, 교환장치, 전화중계장치, 반송장치, 중계대, 시험대, 원격조정장치 및 반송전화 단말장치 등이 있으며, 전투장비의 검사시험 및 정비용 장비(화력, 특수무기, 통신전자, 기동일반, 함정, 항공정밀측정용 장비), 기타 전투지원 장비에 준하는 것으로서 국방부장관이 감사원장과 협의하여 정한 전투용 장비 및 기재 등이 있다.

여섯째, 표준화 분류 : 표준화 여부에 따라 분류하는 장비로 표준장비와 제한표준장비, 비표준장비, 시험용장비, 상용장비 등이 있다.

가. 장비관리 개념

국방장비목록 또는 편제표에 등재되어 있는 모든 장비는 소요제기 단계부터 폐처리 단계까지 일련의 장비 수명주기(Life Cycle)를 갖게 되는데 군이 "장차전에서 어떻게 싸울 것인가"에 대한 개념을 설정하고 이를 구현하기 위하여 장비소요를 각종 기획문서에 반영하여 획득, 분배하며 이를 운용하고 도태시킨 다음 신장비 소요를 제기하는 반복과정을 갖게 된다. 이러한 일련의 주기가 반복되는 동안 복잡하고 다양한 고가의 장비체계를 보다 경제적이고 활동적으로 유지하기 위해서는 소요제기로부터 각 단계별로 과학적이고 정확하며 효율적인 관리개념이 적용되어야 한다. 따라서 「장비관리」라 함은 장비를 소요제기로부터 획득 및 조달, 저장 및 분배, 운용 및

정비, 소모 및 처리까지 일련의 주기가 반복되는 동안 가장 효과적이고 경제적이며 능률적으로 관리하여 전투력을 보장하는 활동을 말한다.

나. 장비수명주기 관리체계

효율적인 장비관리를 위해서는 이를 구현하기 위한 관리체계가 뒷받침되어야 하며 장비관리체계는 다음과 같이 장비수명 주기인 소요 제기로부터 폐처리까지 일련의 반복과정을 거치게 된다.

〈수명주기 관리체계도〉

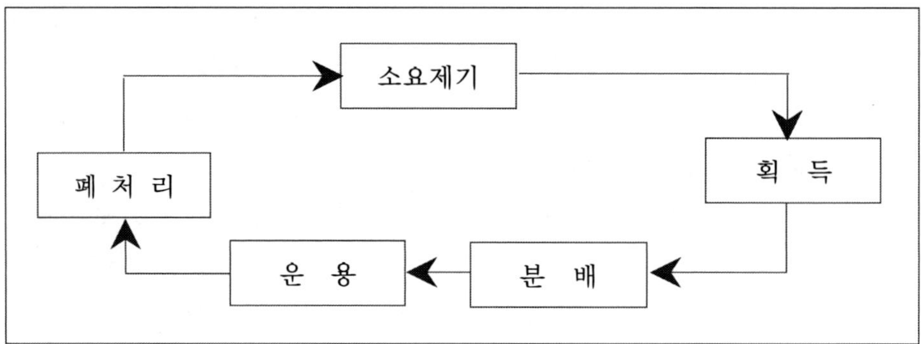

① 소요제기 : 소요의 통상적인 개념은 요구되거나 필요한 양을 말하며, 광의의 개념과 협의의 개념 두 가지가 있는데 광의의 소요란 필요한 것을 뜻한다. 군에서는 승인된 군사목표, 임무 또는 책임을 완수할 수 있는 능력을 갖출 수 있도록 하기위하여 적절한 자원 배분을 합법화하는 확실한 필요성이라 할 수 있으며 이는 기획(Plan)이나 계획(Program) 수립과정에서 사용한다. 즉 국방목표 달성을 위하여 군사전략을 수립하고, 이러한 전략을 실천하기 위하여 군사조직을 편성하며, 편성된 조직체에 임무가 부여된다. 한편 협의의 소요란 어떤 부대가 일정기간 또는 시기에 어떤 임무를 수행하기 위하여 필요한 지정된 품목의 총 수량을 뜻한다. 이는 조직체, 임무 또는 기능, 기간, 품목 및 수량의 다섯 가지 요소가 포함되며, 이중 한 가지라도 빠지면 소요 산정이 부정확해진다. 통상적으로 소요란 특정시기 또는 특정기간에 있어서 인원, 장비, 보급,

자원, 시설 또는 근무지원이 특정량 만큼 필요하다는 것을 표시하는 계획을 말한다. 이러한 소요의 종류는 기획소요, 증강목표, 목표소요로 구분할 수 있는데, 군사전략개념을 구현하기 위한 전력구조별 및 전장기능별 순수요망 소요로서 전시동원 · 부대 확장 및 긴급구매 계획 발전에 필요한 기준이 된다. 증강목표는 가용재원 · 상비전력 운영수준 · 작전운영성 등을 고려하여 실질적으로 계획 및 확보가 요망되는 소요로서 중기계획 수립의 기초가 된다. 또한, 목표소요는 소요전력 우선순위에 입각하여 대상기간 중에 반영할 중기 군사력 건설소요를 말한다. 소요제기 절차는 각 군 및 기관이 소요창출과 관련이 있는 전 계통(각 군 예하부대 및 교육사 등)의 소요를 종합 검토하여 합동전장 운영 개념 및 소요제기 업무지침과 중기계획 작성방침 및 절차에 의거 합참(전략기획참모본부)에 제기(신규소요)하게 된다.

② 획득 : 획득이란 인원, 용역, 보급품, 시설 및 장비를 얻어서 가지는 것과 얻기까지의 과정을 말하며, 이에 관련된 연구개발, 설계, 규격, 표준화, 계약업자의 선정, 계약방식, 가격결정, 재협정, 재정조치, 해제 및 이와 유사한 기능을 포함하는 활동으로서, 군에서는 확정된 중기계획을 기초로 당해 연도 예산을 집행하여 요구되는 전력을 확보하는 것으로서 집행기관에서 작성되는 사업승인 건의서의 세부내용과 예산이 승인된 이후 예산배정, 계약, 대금지출, 납품까지의 행위를 말한다.

육군본부 관련 참모부에서는 중기계획을 기초로 사업승인 건의전 장비사업일 경우 무기체계 확정 및 채택, 규격 및 표준화, 군수품 지정과 견적서 획득 등의 선행조치가 필요하며 해외 구매시에는 오파요청, 접수 및 검토, 가격정보획득, 국산대체 기술검토, 절충교역(Off-Set), 구매방법 결정, 협상 등의 조치가 추가된다. 육군본부에서 국방부로 사업승인 건의가 되면 건의된 사업은 국방부에서 투자사업의 경우에는 투자사업 추진위원회 심의를 통하여 의결하고 대통령 재가후 확정되어 집행부서에서 조달 및 예산 배정을 요구하여 승인이 되면 조달본부에서 업체와 계약하여 수요군에 납품이 된다.

③ 분배 : 분배는 군의 유지와 임무수행에 필요한 물자, 시설근무지원을 수요자에게 적시적소에 적량을 나누어 주는 것으로서 장비의 분배는 편제부대별 편제표 그리고 지역특수소요부대에 지역장비를 근거로 하여 인가부족을 판단하여 분배 우선순위에 의해서 분배를 한다.

분배 우선순위는 전투부대로부터 전투지원부대, 전투 근무 지원부대 순이며 분배절차는 신규장비 및 부대 증·창설 장비는 전력화계획에 의해 관련 참모부에서 분배하며, 노후장비 교체 및 인가부족 장비 보충은 통제 형태에 따라 육본 통제장비는 군수참모부 장비과에서 분배하나 대부분의 장비는 군수사에 위임되어 군수사에서 분배한다. 또한 군사령부, 군지사로 위임되어 분배하는 경우도 있으며 통제장비는 품목 기본철 불출란이나 보급 부호집에 명시되어 있다.

④ 장비운용 : 장비운용은 최초 부대 배치시부터 폐기시까지 등록 및 현황관리를 통하여 정보체계를 구축하고 모델별 연도별 유지비 소요를 산정하여 해당 장비의 경제수명을 판단하며 도태계획과 신장비 교체의 연계성을 유지한다. 국방목록에 등재된 모든 장비는 부대배치와 동시에 등록되어 관리되어야 하며 모든 부대가 보유하고 있는 장비는 각종 제원이 전산으로 입력되어 사용부대에서 군수사에 이르기까지 관리되고 각종 자료로 활용되어야 한다. 장비의 적절한 정비는 수명을 연장하여 새로운 보급소요를 감소시켜주므로 그 자체가 하나의 보급출처가 될 수 있다. 따라서 전투력 유지 및 경제적인 군의 유지와 관련한 정비의 중요성은 전·평시를 막론하고 전 장병에게 인식되어야 하며 더욱 중요한 것은 정비관리 자료축적을 위하여 정비기록 관리제도가 정착되어야 한다. 군수품의 통일을 기하고 작전요구성능을 최적으로 충족시키며 군수지원의 효율성을 보장하기 위해서 군수품을 표준화해야 한다. 편제장비의 고장 발생시 전투력 공백방지 및 장비 가동률 향상을 위하여 사전에 주요장비를 정비대충장비로 선정, 적정량을 운용함으로써 항상 부대 준비태세가 유지될 수 있도록 한다. 정비대충장비는 정비시설의 부품부족, 작업량과다, 중정비 소요, 기타 등으로 제한된 정비기간에 수리반환이 불가능할 시 우선 확보된 대충장비를 1:1로 교환 불출한다.

⑤ 폐처리 : 장비의 수명주기에 의한 노후장비를 적기에 도태 및 처리하여 장비관리 유지의 효율성과 경제성을 기하고 이를 전력정비 사업과 연계성 있게 추진하여 장비수준 향상에 기여하여야 하며, 각 군 참모총장은 F+2~F+6년간의 도태계획을 수립하여 국방부장관에게 보고한다.

2. 정비관리 개념 및 지원체제

가. 정비개념

정비(Maintenance)란 장비를 항상 사용 가능한 상태로 유지하거나 사용 불가능한 것을 사용 가능한 상태로 복구시키는 일체의 행위를 말한다. 효과적인 정비를 수행하기 위해서는 정비목표를 달성할 수 있는 정비원칙이 필요하며 또한 정비원칙을 구현하기 위한 정비지원 체계가 뒷받침되어야 한다. 정비는 개념적 요소로 본질과 행위로 분류할 수 있다. 정비의 본질은 장비별로 정해진 기준 수명을 연장하려는 적극적인 활동이 아니라, 다만 기준수명이 단축되지 않도록 효율적으로 관리 유지하는 것이다. 따라서 정비에 의해서 수명이 연장되는 것이 아니라 장비의 기준 수명 단축현상을 억제하는 데 그 본래의 뜻이 있다. 정비 행위에는 아래와 같이 장비를 사용 가능상태로 유지하는데 필요한 검사, 시험, 근무, 조정, 정열, 측정, 제거 및 설치, 교환, 수리, 분해검사, 재생 등이 포함된다.

〈정비행위의 구분〉

기능	정의
검사 (Inspect)	품목의 물리적, 기계적 특성을 조사(시각, 청각, 촉각 사용)를 통해 정해진 기준과 비교하여, 사용 가능 여부를 결정하는 것
시험 (Test)	품목의 기계적, 공기압적(空氣壓的), 유압적(油壓的) 또는 전기적 특성을 규정된 기준과 비교하여 품목의 사용 가능성을 확인하는 것
근무 (Service)	장비/장비출 적절한 상태로 유지하기 위하여, 정기적으로 필요한 작업, 즉 손질, 보존, 배유, 배출, 도색 또는 연료/윤활유/유압액, 압축공기 등의 보충에 필요한 작업
조정 (Adjust)	정확한 위치에 놓거나 또는 작용 특성을 규정된 매개 변수에 놓아서 일정한 한계 내에서 유지토록 하는 것
정렬 (Alignment)	최적의 또는 원하는 성능을 발휘하도록 어떤 품목의 특정가변 요소를 조정하는 것
측정 (Calivration)	교정시 사용되는 시험, 측정 및 진단장비나 도구 등과 같은 정밀측정 장비를 조정하기 위해 2가지 도구를 비교하는 것으로 그중 하나는 정밀도가 보증된 것이어야 한다. 이는 비교하는 도구의 정밀도에 대한 차이를 조정하고 탐지하기 위한 것이다.

〈정비행위의 구분〉

기능	정의
제거 및 설치 (Remove & Install)	근무 또는 다른 정비기능을 수행하기 위해 동일 품목을 제거 및 설치하는 것, 설치는 장비 또는 장치가 적절한 기능을 발휘하도록 예비 부분품, 수리부속품, 모듈(구성품 또는 결합체)을 위치시키거나 고정시키는 행위를 말한다.
교환 (Replace)	사용 불가능한 품목을 제거하고 그 자리에 사용 가능한 대용품을 설치하는 것 "교환"은 정비할당표에 의해 인가되며, 근원, 정비, 복구성 부호의 셋째자리 부호로서 나타낸다.
수리 (Repair)	결함 및 고장발견, 제거 및 설치, 분해 및 결합을 포함하는 정비근무와 고장을 식별하여 부분품, 소결합체, 모듈, 완성품 또는 장치내의 특정손상, 결함, 기능장애나 고장을 교정함으로써 그 품목을 사용가능 상태로 복구시키는 정비조치를 적용하는 것
완전분해수리 (Overhaul)	어떤 품목을 관련기술 발간물(창정비 작업 요구서) 정비기준에 의거 사용가능 상태로 하는 데 필요한 정비 작업(근무 및 정비조치), 완전분해수리는 보통 수요군에 의해 수행되는 최고의 정비계단이며, 보통 신품과 같은 상태로는 복구되지 않는다.
재생 (Rebuild)	사용 불가능한 장비 및 결합체를 해체하여, 그 구성품의 상태를 파악하고 신품 또는 수리된 것이 마모되었거나 사용 불가능한 부분을 수리 및 교환하여 다시 결합함으로서 장비 및 결합체의 형태, 성능 및 사용 수명을 신품 또는 신품에 가까운 수준으로 복구시키는 수요군 최고 등급의 물자정비이다.

다음은 정비(Maintenance)와 수리(Repair)의 구분에 대해서 알아보자. 수리라 함은 파손되었거나, 기타 이유로 사용 불가능한 수리부속품(부분품, 결합체, 구성품)을 검사, 분해, 손질, 용접, 조정, 교환 등을 함으로서 사용 가능한 상태로 복구시키는 것을 말한다. 그러므로 정비와 수리는 차이가 있다. 즉, 수리는 정비행위의 일부이므로 "정비 및 수리" 또는 "정비 및 재생" 등으로 말하는 것은 잘못된 표현이다. 따라서 정비와 수리는 대상면과 상태면에서 각각 다른 개념으로 사용된다. 즉 정비의 대상은 장비 및 물자인데 반하여 수리의 대상은 수리부속품이며, 상태면에서 정비는 장비 및 물자를 사용 가능한 상태로 유지하거나 사용 불가능한 것을 사용 가능하게 하는 것이며, 수리는 사용 불가능한 것을 사용 가능한 상태로 복구시키는 행위이므로 양자는 차이가 있다.

정비는 여러 가지 측면에서 매우 중요한 활동으로 장비를 계속하여 사용하기 위해서는 부단한 정비가 수행되어야 한다. 이것은 마치 인간의 건강관리와 같다. 효율적인 정비는 장비 및 물자의 기준 수명유지, 신뢰도 향상과 새로운 정비소요를 억제하여 전투지속 능력을 유지하며, 비능률적인 정비는 장비의 불가동, 장기간의 정비 대기, 장비성능의 약화 등으로 부대 전투력을 약화시키게 된다. 특히, 장차전의 양상으로 볼 때 신속한 정비지원은 전승의 요체이므로 모든 지휘관 및 관계자는 최상의 장비 가동상태가 되도록 장비를 관리하여야 한다.

효과적인 정비를 위해서는 정비요원, 정비용 장비 및 공구, 수리부속품, 정비시설 등 정비여건이 구비되어야 한다. 특히, 지휘관 및 참모는 요망수준에 도달하는 정비요원을 확보하도록 노력하여야 한다. 우수한 기술은 고장부분의 확대방지, 수리부속의 소요감소, 불가동 기간의 단축, 상급시설로의 후송억제 등에 기여하기 때문이다.

나. 정비책임

정비책임은 지휘책임, 직접책임, 기술책임 및 지원책임의 네 가지로 구분된다.

첫째, 지휘책임 : 지휘책임은 장비 사용부대 지휘관의 책임으로서 여기에는 사용 가능상태 유지 책임, 남용(濫用) 방지 책임, 정비여건 조성 책임, 전장응급정비 책임 등 네 가지가 있다.

① 사용 가능상태 유지 책임 : 지휘관은 부대에 지급 또는 배당된 모든 장비 및 물자를 경제적이며, 효율적으로 정비 및 관리하여 항상 사용 가능상태로 유지하여야 한다.

② 남용방지 책임 : 지휘관은 지휘하에 있는 모든 요원이 제반 정비규정과 지시를 정확히 이행하고 있는가를 확인하여야 하며 아래와 같은 사항이 발생되지 않도록 지휘 감독해야 한다.

- 부적절한 장비사용, 비공식 또는 타 목적 사용
- 검사, 주유 및 정비 태만
- 장비운용 미숙 및 기술부족

③ 정비여건 조성 책임 : 지휘관은 예방정비에 대한 책임이 있으며 정비를 위한 충분한 시간을 부여하고 필요한 교육을 실시하며 정비환경을 조성하여 실질적인 정비가 가능하도록 항상 확인 감독과 필요한 조치를 취하여야 한다.

④ 전장응급정비 책임 : 지휘관은 전시 현장 근접정비 능력 향상을 위해 전시 전투상황 요구에 맞게 전장응급정비(BDAR)를 수행 할 수 있도록 교육훈련 감독과 필요한 조치를 하여야 한다.

둘째, 직접책임 : 직접책임이란 장비를 개인 또는 부하에게 운용하도록 위임되어 개인 또는 지휘관이 책임을 지는 것을 말하며 다음과 같이 구분된다.

① 개인책임 : 개인책임은 장비가 개인이 운용하도록 위임되어 개인이 직접책임을 지는 책임을 말한다. 장비를 사용하는 개인은 규정에 의거 장비를 취급하여야 하며, 지급된 장비의 예방정비를 실시할 책임이 있다.

② 감독책임 : 감독책임은 직접책임의 일종으로서 이것은 소대장, 분대장, 반장 등과 같이 지휘자가 직접 지휘관계에 있는 장비에 대한 감독 책임을 지는 경우와 과장 혹은 계장 등과 같이 참모가 직위상 관할하에 있는 장비에 대하여 감독 책임을 지는 경우의 두 가지로 분류된다.

셋째, 기술책임 : 기술책임은 정비에 관한 기술교리, 기술 감독, 장비검사, 기술지도 등에 대하여 책임을 지는 것을 말하며 군수참모부장은 육군의 정비에 관한 기술교리, 방침 및 절차를 수립하고 전군에 대한 기술 감독과 정비에 관한 제반기준 즉, 경제적 수리한계, 장비상태 분류기준 등을 설정하고 이를 발전시키며, 장비개선 보고 및 장비결함 보고를 조치하고 수정작업 명령을 하달한다. 또 전장응급정비에 관한 기술, 절차, 킷트 개발과 새로운 장비개발에 따른 BDAR 개념 수립시 의견제시 및 협조하여야 한다. 그리고 각 군 군수처장, 군수사 정비처장 및 정비시설 부대장은 기술 감독, 장비검사, 정비절차 발전 및 기술지도의 책임이 있다.

넷째, 지원책임 : 지원책임은 연간정비 및 생산계획수립과 피지원 부대에 대한 정비지원에 대한 책임을 지는 것을 말하며 다음과 같이 구분된다.

① 군수사령관은 연간 정비 및 생산계획을 수립 시행한다.

② 정비 지원 부대장은 배당된 사용부대에 대하여 정비지원을 실시할 책임이 있으며 사용부대의 장비정비를 효과적으로 수행하도록 기술적인 지원(검사, 정비 및 지도방문)을 제공하여야 한다.

다. 정비검열

정비검열은 지휘관에 의하여 실시되며 이러한 검열을 통하여 지휘관은 장비의 사용가능 정도 및 정비소요를 판단한다. 정비검열에는 지휘정비검열, 기술정비검열, 불시정비검열로 구분한다.

① 지휘 정비검열 : 지휘 정비검열은 장비 및 물자의 부대정비 상태를 포함하여 정비원칙, 규정 및 방침의 준수상태와 정비운영의 효율성 등을 확인하고 장비 및 물자의 관리 유지 상태를 평가하며 연 1회 이상 실시하여야 한다. 또 장비 및 물자의 정기적인 지휘 정비검열은 그 부대 지휘관이 직접 실시하거나 또는 대리자에 의하여 실시되며 검사의 횟수 및 시기와 착안사항은 지휘관이 결정한다. 단, 군단급 이상 부대는 직할부대를 대상으로 현행대로 연 1회 검열을 실시한다.

② 기술 정비검열 : 기술 정비검열은 장비의 사용 가능도, 앞으로의 정비 및 교환대상 소요를 판단하고 부가해서 부대정비의 성과를 측정한다. 기술 정비검열의 세부사항은 주요사령부 지휘관이 결정하여 최소한 연2회(전, 후반기) 잘 훈련된 기술요원으로 하여금 100% 기술검사를 실시하도록 한다.

③ 불시 정비검열 : 지휘 정비검열 및 기술 정비검열은 필요시 피 검열 부대에 사전 통보 없이 불시에 실시할 수 있으며, 평소의 부대 및 야전정비의 적합성과 그 효과를 확인하고 평가하는데 더욱 효과적이다. 각급 지휘관은 불시검열을 실시하여 장비 정비에 대한 각성을 촉구하고 장비 유지관리의 향상을 기하여야 한다.

④ 검열 결과조치 : 검열결과를 분석 평가하여 시정사항은 지체 없이 피검 부대에 시정지시하고 시정결과를 확인하여야 한다. 또한 상급부대 지시

에 의한 검열은 결과를 종합하여 보고하여야 한다. 피검부대는 검열결과 시정사항을 즉각 시정하고 시일이 요하는 것은 자대 계획을 수립하여 단계적으로 시정한다.

라. 정비계단

정비계단은 정비행위별(검사, 교환, 시험, 조정, 수리, 재생 등)로 요구되는 기술적 수준으로서, 특정장비나 구성품, 결합체, 부분품을 정비함에 있어 소요되는 장비 및 공구, 수리부속의 사용이 허용된 최저 정비 책임부대를 나타낸다. 군은 장비 및 물자의 효율적인 정비를 위하여 정비계단을 아래와 같이 5계단으로 구분하여 설정하고, 계단별 정비작업 제대와 작업범위를 해당 장비의 기술교범(2계단 정비교범)의 정비 할당표에 수록하고 있다.

① 1계단 정비 : 사용부대에서 장비유지를 위해 실시하는 가장 기초적인 정비로서, 장비 운용병 및 승무원에 의해 수행되는 정비작업으로써 기술교육을 받은 정비병의 도움을 받아 실시하는 점검, 손질, 주유, 허용된 조정, 사소한 수리 및 시험, 허용된 부속품 교환 등의 정비작업을 말한다. 1계단 정비는 장비의 운용전·중·후의 점검 및 정비 등 일일정비와 주간정비로 나누며, 예방정비 개념에 의거 실시한다.

② 2계단 정비 : 부대정비에 대해 특별히 기술교육을 받은 부대 정비병에 의하여 수행되는 정비작업으로써 1계단 정비수준을 초과하는 정비작업을 위해 정비병, 수리부속, 공구 및 기재, 시험장비 등이 편제표나 기타 배당표에 인가되거나 할당된다. 2계단 정비는 월간, 분기, 반년정비 등 계획정비를 실시한다.

③ 3계단 정비 : 야전정비에 대해 특별히 기술교육을 받은 정비요원에 의하여 수행되는 정비작업으로서 결합체 및 구성품의 교환 작업 위주로 실시한다. 또 3계단 정비는 주로 직접지원 정비부대에서 실시하나 부대정비에서도 특별한 경우 인가를 받아 실시 할 수 있다.

④ 4계단 정비 : 고도의 기술수준을 가진 정비요원에 의하여 수행되는 정비작업으로 장비, 구성품, 결합체 등의 내부진단과 수리작업을 실시한다. 또 4계단 정비는 주로 일반지원 정비부대에서 실시하나 특별히 인

가된 경우는 3계단 정비부대에서도 실시 할 수 있다.

⑤ 5계단 정비 : 고도의 기술과 숙련된 정비요원에 의하여 수행되는 정비작업으로 완제품, 구성품, 결합체의 분해수리와 재생작업을 위주로 한다. 또 5계단 정비는 창 정비 부대에서 실시하나 특별히 인가된 경우는 4계단 정비부대에서도 실시 할 수 있다.

마. 정비할당표

정비할당표는 장비(완제품)를 정비함에 있어서 그 구성품 및 결합체에 대한 각 정비기능 즉, 정비 행위별 정비책임 제대를 명시한 표로서 기술교범 작성의 기준이 되며 통상 2계단 기술교범의 부록에 수록된다. 정비 할당표에는 완제품의 구성장치별 그룹번호, 정비기능(정비행위), 책임 정비제대 및 작업인시, 정비용 장비 및 공구 등이 명시된다.

정비할당표의 구성은 다음과 같다.

(1) 그룹번호	(2) 구성품 및 결합체	(3) 정비기능	(4) 정비계단 및 인시					(5) 정비용 장비/공구	(6) 비고
			1(C)	2(O)	3(F)	4(H)	5(D)		
01	엔진								
0101	엔진조립체								
		검사	0.10						
		시험		0.62				2, 6, 65	
		손질		0.66				1, 3	
		조정		0.20					
010101	흡기다기관 계통	교환			6.00			1, 2, 3, 9, 16	
		검사	0.05						
		수리			1.25			1, 2	

① 그룹번호는 숫자로 표시되며(완제품/구성품 : 2자리수, 결합체 : 4자리수, 소결합체 및 모듈 : 6자리수) 정비를 요하는 구성품, 결합체, 소결합체, 모듈 등이 차상급 구성품 또는 결합체와 연관성을 식별하는데 사용된다.

② 구성품 및 결합체는 정비하도록 인가된 구성품, 결합체, 소결합체 및 모듈의 명칭이 기록된다.

③ 정비기능(정비행위)은 수록된 구성품, 결합체 등의 품목에 대하여 수행되어야 할 정비기능 즉, 정비행위가 기록되며, 이러한 정비행위에는 검사 · 시험 · 근무 · 조정 · 정열 · 측정 · 제거 및 설치 · 교환 · 수리 · 분해검사 · 재생 등이 있다.

④ 정비계단 및 작업인시는 정비기능을 수행 할 수 있는 최저 정비계단과 정비기능 수행에 필요한 인시가 표시된다.

〈정비계단 부호 및 정비책임제대〉

정비계단(부호)	정비제대
1 (C)	사용자(운용병, 승무원)
2 (O)	부대정비
3 (F)	직접지원정비
4 (H)	일반지원정비
5 (D)	창정비

⑤ 정비용 장비 및 공구는 할당된 정비기능을 수행하기 위해 필요한 공구(일반 및 특수), 시험장비, 측정장비, 진단장비 등의 부호가 기술된다.

⑥ 비고란에는 정비기능을 수행하는데 도움이 되는 보충지침 및 참고교범이 부호로 기술되며, 부호는 정비할당표 4절에 기술된다.

바. 정비관리 개념

현재 및 장차의 지상전투에서 승리하기 위해서는 가용한 제 전투요소를 통합하여 공세적인 전투를 구현함으로써 전투의 효율성을 극대화하기 위한 것이 지상군 운용개념이다. 따라서 정비관리는 공세적 동시 · 통합전투 개념과 요소를 충족할 수 있도록 운용되어야 한다.

각급 지휘관 및 관리자는 임무수행에 필요한 계획을 사전에 수립하여 지향해야 할 방향을 결정하고 정비관리를 수행하되 다음과 같은 정비지원 원칙을 준수할 수 있도록 노력해야 한다.

① 정비는 최대한 전투현장에서 수행해야 한다. 정비는 고장난 현장에서

수리하여 즉각 임무수행이 가능하도록 하는 것이 최선의 방법이다. 따라서 정비를 위한 장비의 장거리 이동은 전투력을 감소시키므로 장비의 결함사항에 대한 신속한 검사를 실시하여 현장에서 정비가 불가능할 경우에만 후송이 이루어져야 한다.

② 정비제대의 통합 운영이다. 즉 부대정비, 야전정비, 창정비 지원을 망라하여 정비계획 및 관리에 있어서 어느 특정 제대로 과도한 정비업무수행이 되지 않도록 해야 한다. 그러므로 제대별로 업무량이 적절하게 균형을 이룰 때 정비 복구시간이 단축되어 최대의 전투력을 발휘할 수 있다.

③ 정비와 보급은 상호 보완 유지되도록 해야 한다. 항상 치밀하게 계획하고 실시하여 간단없는 정비지원이 이루어져야 한다. 이를 위하여 적절한 수리부속의 소요 판단, 재고 통제, 이동 및 통신 등의 수단을 강구해야 한다.

④ 최소의 인원으로 정비지원 임무를 수행한다. 각급 정비지원 제대는 효과적인 정비지원이 이루어질 수 있도록 장비별 고장정도에 따라 적정인원을 판단하여 정비를 지원하도록 한다. 사전에 제대별 정비능력 판단 제원을 유지함으로써 병력 절약의 효과를 얻을 수 있다.

⑤ 고도의 장비 준비태세의 유지이다. 이를 위해 각급 제대는 정확한 정비소요와 능력을 판단하여 정비계획을 수립시행 함으로써 계속적인 장비가용성이 보장되며 고도의 장비전투준비태세를 유지할 수 있게 된다.

⑥ 융통성 있는 편성이다. 정비는 넓은 전장과 깊은 종심에 배치된 다양한 장비에 대해 사용자 요구를 충족시켜야 한다. 이를 위하여 지휘관은 정비지원 부대를 변화하는 작전 상황에 능동적으로 대처할 수 있도록 융통성 있게 편성하여야 한다. 정비 지휘관이나 관리자가 정비관리 업무를 수행함에 있어 정비 지원능력을 극대화하기 위해서는 신속성, 경제성, 신뢰성의 세 가지 요소에 의해서 관리되어야 한다. 신속한 정비를 위해서는 고장 현장에서 수리할 수 있는 근접정비 능력을 갖추어야 하며, 또한 고장 발생 후 근접정비 불가로 후송할 경우에만 재보급에 소요되는 정비소요 시간을 단축해야 한다. 또 경제적인 정비를 위해서는

정비활동의 직접비용을 절감하는 방법 즉 부대, 야전 및 창 정비 단가를 절감하거나 적정 재생률 분석으로 노후장비의 재생을 억제하는 방법과 후송소요 및 거리를 단축하여 후송비를 절감하는 간접적인 방법이 있다. 또한 정비의 신뢰성을 높이기 위해서는 우선적으로 제대별 정비요원을 확보하여 정비기술을 향상시키며 일단 정비된 장비는 완전하게 성능이 발휘될 수 있는 품질보장체제가 필요하다. 아래는 정비관리 개념도이다.

〈정비관리 개념도〉

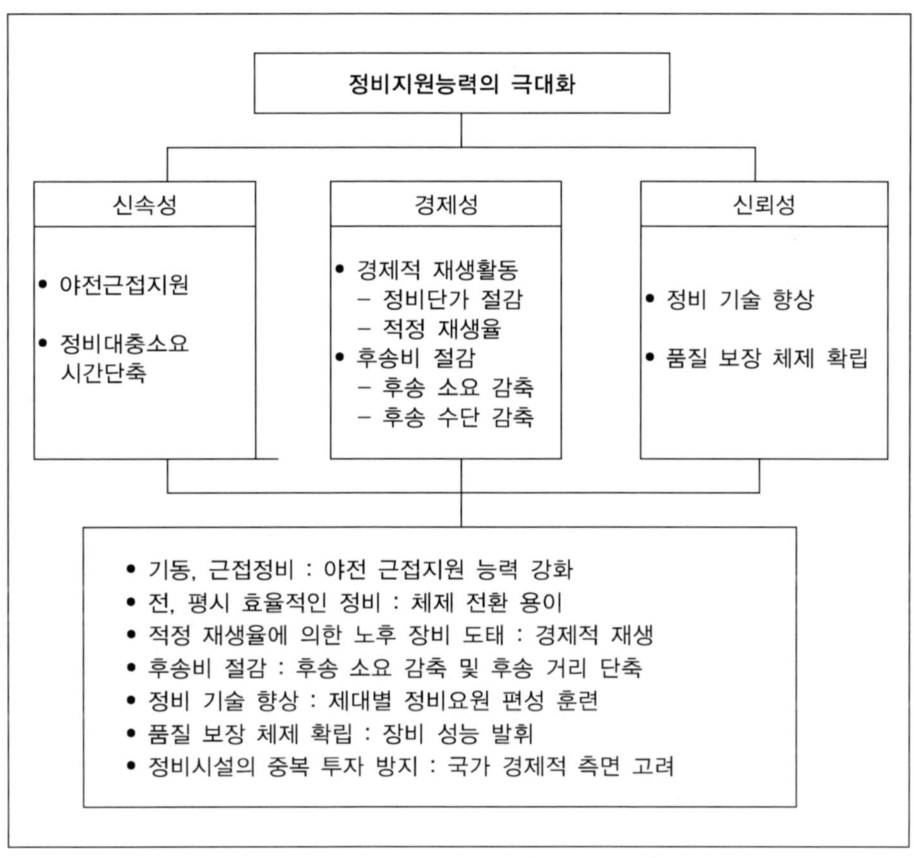

사. 정비목표

정비목표는 장비를 전투 임무수행이 가능하도록 90% 이상의 가동상태를 유지하고 수명기간 동안에 최소의 비용과 정비활동으로 신뢰성, 가용성, 정비성을 보장하는데 있다.

첫 번째 목표인 90% 이상의 가동상태 유지는 모든 장비 및 물자를 항시 최상의 사용 가능한 상태로 정비 유지하여 전투준비 태세를 완비하고, 부여된 임무를 수행할 수 있는 능력을 발휘할 수 있도록 정비해야 함을 강조하고 있다.

두 번째, 결함의 조기발견 및 적기 정비 실시는 철저한 예방정비로써 장비 및 물자의 결함을 조기에 발견하고, 이를 신속히 시정함으로써 결함 확대는 물론 장비가 조기에 폐품화 되는 현상을 방지하고 적은 유지비로 경제적인 장비관리를 해야 한다는 것이다. 세 번째, 정비 비용의 절감은 장비 및 물자의 결함전이나 결함후 등 정비작업을 수행하기 전에 결함을 탐지하여 꼭 필요한 부분만 정비함으로써 장비 및 수리부속 소요를 최소한으로 감소시켜 신품구입 예산을 절감해야 한다는 목표이다.

아. 정비원칙

정비원칙은 정비목표를 실현하기 위한 행동지침이다. 따라서 각급 제대에서는 다음과 같은 정비원칙에 입각하여 정비 업무를 수행해야 한다.

① 최하급 제대 정비이다. 모든 장비 및 물자정비는 최하급 제대의 사용자가 실시해야 한다는 원칙이다. 장비 및 물자는 장비를 사용자가 운용하는 것이므로 정비도 사용자가 일차적으로 실시한다는 것은 당연한 것이다. 따라서 최하급 부대의 정비는 장비를 사용 또는 운용자와 부대정비병이 실시하는 정비로서 이는 곧 예방정비를 비롯한 부대정비 책임이 지휘관에게 있는 근거가 된다.

② 상급제대 정비지원이다. 이것은 장비에 대한 결함을 조기에 발견, 예방정비를 실시해야 하며 상황에 따라 정비시설, 공구, 기술, 시간, 수리부속 등 정비여건의 미흡과 각종 상황에 따른 유기적인 정비지원체제를 유지하기 위하여 상급계단 정비부대에서 하급계단 정비를 지원해야 한다는 원칙이다.

③ 정비계단 초과 정비 금지(정비한계 준수)이다. 장비별 품목별 정비계단 한계를 설정하고 있는 근본 취지는 정비시설 및 공구와 기술 등을 고려하여 그에 알맞은 정비한계를 정해둠으로써 정비계단초과 정비로 인하여 야기되는 문제점 즉, 결함부분 확대유발, 수리부속품의 소요증가, 상급계단 정비시설에의 후송 격증을 방지하는데 있다.

④ 동류전용 제한이다. 동류전용(Cannibalization)이라 함은 수명초과로 폐기되는 장비중 복구가능 부품을 탈거하여 타 장비에 사용할 때와, 재생과정중 필요한 수리부속이 보급되지 않았을 때 다른 요수리 장비에서 필요한 수리부속을 탈거(脫去)하여 사용하는 경우를 말한다. 특별한 경우를 제외하고는 사용부대의 동류전용은 제한하고 있는데 그 이유는 동류전용이 계단초과 정비요인이 되어 고장부분의 확대, 수리부속품의 소요 격증, 기지후송 격증 등의 현상이 초래될 뿐만 아니라, 탈거 당하는 장비는 점차적으로 폐품화 되어 가기 때문이며, 무엇보다도 해당 수리부속에 대한 신뢰성을 보장받을 수 없기 때문이다. 동류전용을 실시하는 시기로서 전시에는 정비 및 보급지원을 받을수 없는 접적지역 및 비상사태 발생시 장관급 부대장 권한으로 시행할 수 있으며 평시에는 수리부속 긴급소요 발생시, 장기고갈 및 획득 전망이 불투명할 경우에 폐처리 승인된 장비에 한하여 실시한다.

⑤ 불가동 장비처리이다. 상급계단 정비를 요하는 불가동 장비는 가능한한 최단 시간 내에 입고 또는 후송을 함으로써 계단초과 정비요인 제거, 불가동 장비의 조기 고장(D/L) 해소, 고장확대를 방지 등의 조치가 되어야 한다. 즉 불가동 장비중 사용부대의 정비한계가 초과되고 작전환경 및 제반여건상 근접정비지원을 제공받지 못하는 장비는 최단시간 내에 정비지원 부대에 입고 또는 후송한다는 원칙이다.

⑥ 아이론(IROAN)정비이다. 아이론(Inspect & Repair Only As Necessary) 정비는 정비를 실시하기 전에 정확한 검사를 통하여 반드시 필요한 부분만을 정비하는 것을 말하며, 이는 장비의 불필요한 분해로 인한 고장 확대를 방지하는 동시에 정비비용 및 시간을 최대한 절감하

는 정비 방법을 말한다. 즉 수리정도를 검사를 통하여 결정한 다음 불필요한 분해수리를 억제하여 최소한의 노력과 비용으로 설정된 정비수준을 달성하는 경제적인 정비를 말한다.

⑦ 근접정비지원이다. 이는 전투부대의 고장장비에 대한 후송부담을 없애고 신속하게 정비 복구 할 수 있도록 정비지원부대가 전투부대에 근접하여 적극적으로 정비 지원하는 것으로서 전술적인 상황에 따라서 장비가 운용되는 현장에서 즉각 복구하는 것이 효과적이며 근접정비지원의 선결요건은 지원부대의 숙련된 정비병, 현대화된 정비용 장비 및 공그, 필수 수리부속품의 사전확보, 피지원 부대에 상응한 기동력과 통신수단, 자체 방호능력 등을 갖추어야 하며 이는 평시에 확보 및 편성되어야 한다.

⑧ 국방 공통 장비 정비지원이다. 국방 공통장비 정비 방침 및 절차에 의하여 육군은 지상공통장비, 해군은 선박, 공군은 장거리 무전기와 정밀 측정장비 등을 상호 지원함으로써 경제적이며 신뢰성 있는 정비를 지원하는 원칙이다.

자. 정비지원체제

정비는 사용자가 수행하는 간단한 예방정비로부터 정비지원부대에서 실시하는 야전 및 창 정비에 이르기까지 그 범위가 넓다. 육군의 정비지원체제는 부대정비, 야전정비, 창정비로 구분하며 부대정비는 사용부대에서 실시하는 사용자 정비와 부대정비병 정비가 있으며 야전정비는 사, 여단 정비대대(근무대) 및 군지사 직접지원 정비대대에서 실시하는 직접지원정비와 군지사 일반지원 정비대대에서 실시하는 일반지원 정비가 있으며, 군수사 정비부대에서 실시하는 창 정비가 있다.
제대별로 이루어지고 있는 정비지원체제에 대해 알아보면 다음과 같다.

① 부대정비 : 부대정비는 장비를 운용하는 사용부대 지휘관의 책임 하에 편제표상의 인원과 공구 및 장비를 사용하여 예방정비 점검 및 근무 위주로 실시하는 정비를 말하며, 사용자 정비와 부대정비병 정비로 구분한다. 사용자정비는 장비를 운용하는 운용병 및 승무원이 직접 수행하

며, 장비결함의 조기발견과 기능회복을 위하여 일일정비(사용 전 · 중 · 후), 주간정비 등을 실시한다. 부대정비병 정비는 교육을 받은 기술병이 사용자의 조력을 받아 수행하며, 수시정비 또는 계획(월간, 반년)을 통하여 사용부대에 허용된 수준의 정비작업을 실시한다.

② 야전정비 : 야전정비는 부대정비 수준을 초과하는 정비소요를 지원하기 위하여 야전정비지원 부대가 실시하는 정비로서, 일정한 기술수준이 요구되고 특수정비용 공구 및 장비, 수리부속품을 필요로 한다. 야전정비에는 직접지원정비와 일반지원정비로 구분할 수 있다. 먼저 직접지원정비란 직접지원정비부대에서 수행되는 정비로서 전문기술 교육을 받은 정비병과 정비장비 및 공구, 수리부속, 정비시설을 확보하여 편성 및 사용부대에서 정비 불가능한 장비를 입고 또는 현장에서 정비하는 것이다. 직접지원정비부대는 군지사 예하 직접지원 정비대대, 군지단 정비근무대, 사단 정비대대(근무대) 등이 있다. 또 근접정비지원은 직접지원정비부대가 전투부대에 근접하여 결함장비를 현장에서 정비지원하는 개념을 말하며, 야전 정비지원부대는 자체 편성된 근접지원중대 또는 전방지원중대, 직접지원소대(반)를 전투부대에 배속하거나 직접지원 임무를 수행한다. 다음 일반지원정비란 야전 일반지원정비부대에서 수행되는 정비로서 여러 개의 직접지원정비부대를 지원하기 위하여 고도의 정비기술과 정비시설, 정비용 장비 및 공구, 수리부속을 확보하여 직접지원정비부대의 능력이 초과되는 장비를 정비한다. 이러한 일반지원정비부대는 군지사 예하 일반지원정비대대가 있으며 군지단 정비근무대 등은 통상 직접지원정비 임무를 수행한다. 한편 일반지원정비부대는 직접지원정비부대를 지원할 수 있도록 어느 정도의 기동력을 확보하고 있으나 고정시설에 의한 입고정비가 주 임무이기 때문에 통상 기동성 있는 부대로 편성하지는 않는다.

③ 창 정비 : 창 정비란 야전정비부대인 일반지원정비부대의 능력이 초과되는 정비소요를 지원하기 위하여 고도의 전문기술 요원과 현대화된 정비시설, 정비용 정밀장비 및 공구, 수리부속을 확보하여 야전에서 후송되는 장비를 완전분해수리(Overhaul), 재생(Rebuild) 위주로 정비 지원

하는 것이다. 이러한 정비부대는 군수사 예하의 정비창이 있으며 완제품 및 결합체를 분해 수리하여 재생시키는 임무를 수행한다. 한편 보강정비지원이란 상급 수준의 정비부대 또는 동일 수준의 정비부대가 하급 또는 동일 수준 정비부대의 부족한 능력을 보강해 주는 지원으로서, 이러한 지원형태는 정비창에서 야전정비부대를 지원하거나 군지사 정비대대가 사단 정비대대(근무대)의 부족한 정비능력을 보강해 주는 것 등이 있다. 군의 정비지원체제는 하급부대의 정비능력이 초과되거나, 정비계단이 초과될 때 지원 계통상의 상급부대가 지원토록 되어 있다. 이때는 상급부대가 하급부대로 이동하여 근접지원 하거나 후송계통을 통하여 후송된 장비를 입고정비 지원한다.

〈정비제대별 영역 및 역할〉

구분	부대정비	직접지원정비
왜? (목 적)	• 물자 준비태세 유지	• 사용부대의 물자준비태세 지원
누가? (수행자)	• 사용부대 (장비운용자/승무원, 부대정비병)	• 직접지원 정비부대
어디서? (정비장소)	• 장비운용현장 • 부대정비고	• 이동정비차량(기동화) • 자체정비공장(반고정 시설) • 장비운용 현장
무엇을? (정비범위)	• 검사 • 주요 및 손질, 세척 • 방청 • 정역(조준) • 사소한 조정 • 부분품 교체 • 부대정비 수준의 결합체 구성품 교체 • 사용불가능한 품목 반납 • 사소한 용접, 땜질	• 기능장애 장비, 구성품, 결합체의 진단 및 분리 • 구성품 결합체의 조정, 측정, 정열 • 와제품, 결합체의 결함 수리 • 예방정비 점검 및 근무 • 직접 교환에 의한 수리 • 가벼운 몸체 수리 • 사용부대 기술 조언 • 사용불가능 품목 반납 • 직접지원 정비수준의 수정작업
어떻게? (정비수단/방법)	• 예방정비 점검 및 근무(수시/계획정비) • 장비자체 진단장치, 단순한 삽	• 입고 및 이동정비 • 고기동성 근접정비반 운용 • 100% 기술검사

	입식 측정기구, 외부진단 및 결함분리 기재 등의 사용	• 직접교환 및 정비대충장비 운용 • 동류전용
전 장 지 원 활 동	• 전장응급정비(BDAR) (조작병, 부대정비병) • 현장복구 • 자체 전장구난/이송 • 부대정비수집소 설치 운용	• 전장응급정비(BDAR) • 현장복구(야전수리병) • 전장구난/후송지원 • 야전정비소 설치 운용

〈정비제대별 영역 및 역할〉

구분	일 반 지 원 정 비	창 정 비
왜? (목 적)	• 직접지원 정비부대에 대한 지원 • 야전군 재고로의 반환	• 일반지원 정비부대에 대한 지원 • 전군 창 재고로의 반환
누가? (수행자)	• 일반지원 정비부대	• 정비창 • 민간 계약업체
어디서? (정비장소)	• 이동정비차량(반기동화) • 자체정비공장(고정 시설) • 직접지원 정비시설 • 장비운용 현장(특별한 경우)	• 정비창 내 영구공장 (편의 시설 구비) • 야전 일반지원 정비시설 • 장비운용현장(특별한 경우)
무엇을? (정비범위)	• 내부 부분품 상의 기능 장애장비, 구성품, 결합체의 진단 및 분리 • 구성품, 결합체의 조정, 측정, 정열 및 수리 • 완제품, 결합체의 내부 부분품 상의 경함에 대한 수리 및 수정 • 무거운 몸체, 회전부위, 차내 부위 수리 • 사용불가 품목의 수집 및 분류 • 폐기물자 처리 • 직접지원 정비부대, 사용부대 기술조언 • 일반지원 정비수준의 수정작업	• 완제품, 구성품, 결합체에 대한 분해검사 및 재생 • 특수한 환경 및 시설이 요구 되는 수리 • 중고 부분품의 파괴 검사 • 광범위한 분해 요구 또는 정밀 시험 장비사용 요구 품목 검사 및 수정 • 창 정비계획 및 주기에 의한 장비 복구 • 달리 획득할 수 없는 부품 제작
어떻게? (정비수단 /	• 이동정비반 운용 • 야전순환정비 및 정비대충장비 운용 • 동류전용	• 창정비 수준의 대량 직접 교환 • 경제적 수리가능품의 복구 • 사용가능 자산의 개량

방 법)	• 탄도기술검사	• 창 순환정비
전 장 지 원 활 동	• 전장응급정비(BDAR) • 전투지역 근접정비지원반 운용	• 기지 근접정비반

다음은 정비지원방법에 대하여 알아보면 다음과 같다.

① 이동정비 : 이동정비는 기술검사를 통해서 발견된 사용부대의 정비소요를 해소하기 위해 사전에 정비계획을 수립 또는 요청에 의하여 정비지원부대의 정비요원이 정비용 장비, 공구와 수리부속 등을 구비한 정비반을 사용부대에 직접 파견하여 정비하는 것이다. 사용부대는 사전에 장비별로 집결할 수 있는 범위 내에서 최대한 집결하는 것이 정비효과를 증진시킬 수 있으며, 이동 정비반은 최대한 통합 정비개념으로 편성되어야 한다.

② 입고정비 : 편성부대 장비가 결함이 발생하여 검사한 결과 부대 정비능력을 초과하거나 정비계단이 초과될 시 야전정비부대에 장비를 입고시켜 정비를 실시하는 방법으로서 이동정비 또는 현장정비 불가시나 입고정비가 더 효율적이라고 판단될 때 실시하는 방법이다.

③ 현장정비 : 장비의 결함이 발생한 현장에서 사용자나 부대정비병 또는 야전정비부대의 지원을 받아 정비를 실시하는 것으로서 주로 미 계획정비이다.

④ 근접정비 : 속전속결의 현대전 양상에 부응하여 전투부대의 고장장비에 대한 후송부담을 없애고 신속하게 장비를 수리 복구할 수 있도록 장비가 고장난 현장이나 고장장비를 집결시킨 장소에서 정비지원을 함으로써 장비후송이나 입고정비를 지양하는 정비를 말한다. 이는 이동정비개념과 현장정비개념을 혼용한 것으로 주로 현장정비를 실시하기 위하여

기지 근접지원반과 야전정비부대의 근접지원중대, 전방지원중대, 직접 정비지원소대 등을 편성 운용한다. 근접정비지원체제는 전투지역에서 신속하고 다양하게 편성 운용될 수 있도록 야전정비제대는 고정시설에서 정비하는 개념을 탈피하여 움직이는 정비공장 개념으로 운용되어야 하며, 축선별 주 전투지역에 기동화된 통합 근접정비팀을 운용하여 대부분의 고장장비가 전투현장에서 복귀되도록 정비지원을 제공해야 한다. 또한 전장응급정비(BDAR)개념에 입각해서 결합체 및 구성품(Module) 교환, 아이론(IROAN) 및 동류전용, 임무 필수정비(MEMO) 위주의 전장정비기법 위주로 복구 정비하고 현장에서 복구가 불가능한 경우 신속히 구난 및 후송하되, 상황이 긴박한 경우에는 적이 사용할 수 없도록 거부 조치를 취한다. 사단정비대대(근무대)는 근접지원중대나 전방지원중대에 의해서 근접정비지원을 제공하며 보병연대, 포병/전차대대 및 필요시 전투부대를 후속하여 운용될 수도 있다. 사단 근접정비팀은 평시에는 사단 근접지원중대장의 지휘하에 운용되며 전시에는 연대에 배속 또는 직접지원으로 운용되기 때문에 생존성 보장을 위하여 가능한 한 장갑화된 기동력 및 통신수단을 강구해야 한다. 군지사 정비대대는 직접지원과 일반지원정비중대의 직접지원소대와 특수무기지원중대의 이동정비반, 통신보급 정비중대의 이동정비반에서 근접정비지원을 제공한다. 이러한 정비팀은 독립된 근접정비팀으로 운용할 수도 있고 편조된 정비팀으로 구성하여 운용할 수도 있다. 이러한 근접정비팀은 사단 및 연대지역에서 운용할 수 있는데, 평시에는 소속부대장의 통제하에 운용되며 전시에는 사단에 배속 또는 직접지원으로 운용될 수도 있다. 창 근접정비반은 필요시 적절한 규모의 근접정비팀을 무기체계별 또는 통합 편성하여 군지사(단)의 정비대대(정비근무대)를 보강 지원할 수 있다.

3. 정비요소 관리

가. 개요

장비를 계속하여 사용하기 위해서는 부단한 정비가 수행되어야 한다. 이것은 마치 인간의 건강관리와 같다. 효율적인 정비는 장비 및 물자의 기준수명 유지, 신뢰도 향상과 새로운 정비소요를 억제하여 전투지속 능력을 유지하며, 비능률적인 정비는 장비의 불가동, 장기간의 정비 대기, 장비성능의 약화 등으로 부대 전투력을 약화시키게 된다.

특히, 장차전의 양상으로 볼 때 신속한 정비지원은 전승의 요체이므로 모든 지휘관 및 관계자는 최상의 장비 가동상태가 되도록 장비를 관리하여야 한다. 따라서 효과적인 정비를 위해서는 정비인원, 정비용 장비 및 공구, 수리부속품, 정비시설 등 정비여건이 구비되어야 한다. 특히, 지휘관 및 참모는 요망수준에 도달하는 정비인원을 확보하도록 노력하여야 한다.

나. 인원 및 주특기

군의 정비인력은 기술 준사관, 기술부사관, 특기병, 군무원으로 분류할 수 있으며 각각은 야전의 소요에 맞게 획득하여 운용됩니다.

① 기술 준사관 : 기술 준사관은 자격조건이 원사 또는 상사 계급에서 2년 이상 복무중인 자로서 기술 분야에서 2년 이상 종사 결험자를 3단계에 걸쳐 선발하여 육군3사관학교에서 10주 임관교육을 마치고 해병과 학교에서 주특기교육 4주를 수료 후에 야전부대에 배치된다.
기술 준사관은 해 주특기 분야에 최고 기술 인력으로서 야전에서 부여된 직책에 보직되어 활용하여야 하며, 비인가 또는 타 직책에 보직되어 인력낭비가 되지 않도록 해야 한다. 아래는 기술 준사관 획득체계를 나타낸 것이다.

② 기술부사관 : 기술부사관은 획득방법에 따라 현역병 및 예비역에서 부사관으로 지원하는 경우와 고교졸업자로서 소정의 자격을 갖춰 지원 입대하는 경우, 그리고 전문(기능)대학 군 장학생으로 선발되어 소정의 장

학금을 지급 받고 수학 후에 입대하여 부사관으로 임관되는 경우 등 다양한 방법에 의해 획득이 이루어진다. 특히 현역 상병/병장, 전역 후 2년 이내 예비역 병장은 단기복무 부사관 장려수당이 지급이 된다. 이러한 획득방법에 의해 선발된 부사관은 부사관 학교에서 임관교육을 수료하고 해병과 학교에서 주특기의 특성에 따라 10~15주간 해 주특기 교육을 수료 후에 야전에 배치된다. 아래는 기술부사관 획득체계를 나타낸 것이다.

〈기술 준사관 획득체계〉

자격조건	선발기준			교육	
	1단계	2단계	3단계	임관교육	주특기교육
•원(상)사 2년 이상 복무자 •해당 장비 정비실무자	•지휘관 지휘 추천 •육본자격 조건심사 결정/하달	•1차선발 –전공시험:50점 –평점:10점 –근속년수:10점 –교육:10점	•2차선발 –상벌:5점 –자격증:7점 –군기여도:3점 –지휘관추천서:3점	•임관교육(10주) –육군3사관학교	•주특기 임용 교육(4주) –병과학교

〈기술부사관 획득체계〉

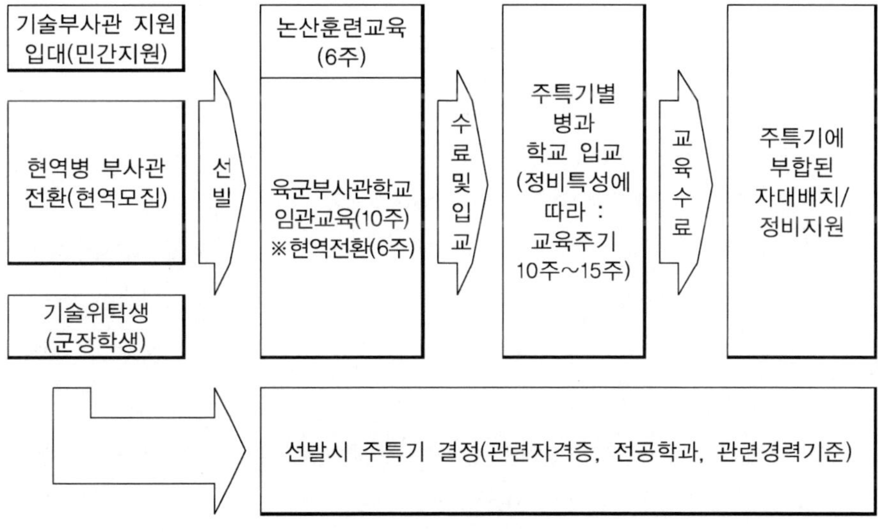

③ 특기병 : 특기병은 획득방법에 따라 징집과 모집으로 분류하며, 징집에 의한 기술 · 행정병은 육군훈련소에서 6주 교육 수료 후 해 병과학교에서 주특기교육 수료후 야전에 배치되고 일반병은 각군 보충대에서 사단 신교대 신병교육 6주 수료후 특기병 주특기를 부여받고 배치된다. 또한 지원에 의한 모집병은 13개 모집부대에서 공개모집으로 126개 특기를 모집하여 육군훈련소에서 신병교육 6주 수료후 해 병과학교에서 주특기 교육 수료후 야전에 배치가 된다.

④ 군무원 : 군무원은 업무수행 내용에 따라 일반(기술 · 행정)군무원, 기능군무원, 별정군무원으로 구분한다. 일반군무원은 기술, 연구 또는 행정 일반에 대한 업무를 담당하는 군무원으로 실제 야전 정비/탄약부대에서 근무하는 기계금속 직군과 병기, 탄약, 차량직군이 여기에 해당되며, 기능군무원은 기능적인 업무를 담당하는 군무원으로 기계기사, 전기기사, 시설 기사 등이 해당되고, 별정군무원은 전시 · 사변 등의 국가비상시와 직무내용, 책임의 특수성 등을 고려하여 임용하는 군무원으로 군 교육기관의 교관이나 예비군 관리업무를 수행하는 군무원으로 별도의 인사관리가 필요할 때 임용하는 군무원을 말한다. 군무원을 채용하는 시기는 공석발생시 우선적으로 승진 보충을 실시하며 승진 적격자가 없을 시는 신규 채용한다. 군무원을 신규 채용하는 방법에는 공개채용과 특별채용으로 구분하여 년 2회 실시하며, 공개채용은 일반직(기술 · 행정)의 경우 5급 이상은 국방부장관이 6급 이하는 참모총장이 임용할 수 있고, 기능직은 장관급부대장에게 임명권한이 위임되어 있다. 특별채용은 7급 이상은 직렬별로, 별정직 교관은 상당계급별로 수행할 직책에 필요한 일정한 자격을 갖춘 자를 채용한다.

다음은 기술 인력의 주특기(군사특기)에 대해 알아보자. "군사특기"는 직위의 직무를 전문적으로 수행할 수 있도록 군사업무와 관련된 분야별 필요한 부호를 부여한 체계를 말한다. "병과"는 전투병과, 기술병과, 행정병과, 특수병과로 구분합니다. "직군"은 병과 내에서 특정기술 및 기능별로 세분화한 것을 말하고, "기능특기"는 직군 내에서 장기간에 걸쳐 기술습득이 요구되는 전문직위 자격을 표시하는 부호이다.

① 기술 준사관 : 기술 준사관의 군사특기는 3행 숫자부호로 표시하며 제반 직위의 직무를 전문적으로 수행할 수 있도록 군사와 관련된 필요한 부호를 부여한 체계를 말한다.

2 5 1 : 차량수리관

병기병과 ─┘ └── 차량수리에 대한 자격

현재 병기병과의 준사관 주특기는 다음과 같다.

〈병기병과 준사관 특기 분류표〉

병과	특 기 / 명 칭	병과	특 기 / 명 칭
병기	221(발칸포 정비 및 수리관)	병기	222(오리콘 정비 및 수리관)
	223(비호 정비 및 수리관)		224(지대지로켓 정비 및 수리관)
	225(대공유도무기 정비 및 수리관)		226(저고도 레이더 정비 및 수리관)
	227(표적탐지레이더 정비 및 수리관)		228(자동측지장비 정비 및 수리관)
	231(대전차유도무기 정비 및 수리관)		232(총포수리관)
	233(광학기재 정비 및 수리관)		234(감시장비 정비 및 수리관)
	251(차량수리관)		252(전차차체 정비 및 수리관)
	253(전차 포탑/사격통제장비정비 및 수리관)		254(장갑/자주포 정비 및 수리관)
	255(유압/공병 중장비 수리관)		256(발전기/공병소형장비 정비 및 수리관)
	257(화학장비 정비 및 수리관)		258(정비 및 근무지원관)
	271(장비 및 수리부속 보급관)		291(탄약 관리관)
	292(탄약검사 정비관)		293(폭발물 처리관)

② 기술 부사관 : 기술 부사관의 군사특기는 하사 임관시 병과 및 직군으로 부여하며, 직군은 개인의 적성, 교육, 자격면허, 신체조건, 사회경력, 기술정도 및 군 교육 이수과정을 토대로 하여 군의 인력소요를 고려 부여한다. 정비/탄약부대에서 근무하는 부사관은 병참(21), 병기(22-Ⅰ, Ⅱ, Ⅲ, Ⅳ, Ⅴ)병과가 있으며 직군별로 분류하면 아래와 같다.

〈기술부사관/특기병 주특기 분류표〉

병 과		직군(부사관)	특 기 (병)
21 병참		214 (장비수리부속보급)	•2141(장비보급) •2144(특수무기 보급) •2145(수리부속보급)
22 병기	I	221(대공포수리)	•2211(발칸포수리) •2212(오리콘포수리) •2213(오리콘포사격) •2214(비호수리) •2215(비호사통장비수리)
		223(로켓무기수리)	•2221(다련장수리) •2222(어네스트존수리) •2223(현무수리) •2224(현무지휘통제장비수리)
		223(유도무기수리)	•2231(휴대용유도탄수리) •2232(천마수리) •2233(천마사통장비수리) •2234(저고도레이다수리) •2235(대전차무기수리) •2236(토우정비/수리)
	II	231(총포수리)	•2311(총기수리) •2312(화포수리) •2313(BTCS수리)
		232(광학/감시장비수리)	•2321(광학기재수리) •2322(감시장비수리)
		233(K-1전차수리)	•2331(K1 전차차체수리) •2332(K1 전차포탑수리) •2333(전차사격기재수리)
		234(M계열전차수리)	•2341(M47/M48차체수리)•2342(M47/M48포탑수리) •2343(전차사격기재수리)
		235(자주포수리)	•2351(자주포수리) •2352(K-9자주포수리)
		236(장갑차수리)	•2361(장갑차수리)
	III	241(유선수리)	•2411(유선장비수리) •2413(기록통신장비수리)
		242(무선/다중장비수리)	•2421(무선장비수리) •2423(중계/반송기수리) •2424(M/W장비수리)
		243(특수통신수리)	•2431(레이다수리) •2432(전자전장비수리)

	Ⅳ		•2433(시청각장비수리) •2434(보안장비수리) •2435(자동화장비수리)
	Ⅳ	251(일반차량수리)	•2511(경차량수리) •2512(중/특수차량수리)
		253(공병장비수리)	•2531(유압장비수리) •2532(건설장비수리) •2533(발전기장비수리) •2534(공병전투장비수리)
		256(일반장비수리)	•2561(용접/철물수리) •2562(기계공작) •2563(병참장비수리) •2564(화학장비수리) •2565(의무장비수리)
	Ⅴ	291(탄약운용)	•2911(탄약관리) •2912(탄약검사 및 정비) •2913(탄약처리)

③ 특기병 : 특기병의 특기도 기술부사관과 동일한 원칙하에 특기는 하나만 부여하고 전문화시키며 부여된 특기는 가급적 변경하지 않음을 원칙으로 하고 있습니다.

정비/탄약부대 특기병의 병과는 병기와 병참이며, 직군은 부사관과 같이 17개로 구분되고, 세부적으로 특기가 부여된다는 것이 다른데 특기는 부사관의 기능특기와 비슷한 개념으로 무기체계별 또는 장치별로 세분화하여 부여한다.

④ 군무원 : 군무원 인사관리에서 사용하는 일반적인 용어의 정의를 알아보면 "직급"은 직무의 종류, 곤란성과 책임도가 상당히 유사한 직위의 군을 말하는데 현역의 계급과 같다고 보면 되고, "직위"란 1인의 군무원에게 부여할 수 있는 직위와 책임을 말하며, "직군"은 직무의 성질이 유사한 직렬의 군을 말하며 이는 병과로 이해하면 되고, "직렬"은 직무의 종류가 유사하고 그 책임과 곤란성의 정도가 상이한 직급의 군으로 특기로 보면 되겠습니다.

〈군무원 특기분류표〉

구분	직군	직렬
일반직 (행정)	행정	행정, 외자, 전산, 사서, 생산(5)
	정보	군사정보, 기술정보, 수사(3)

일반직 (기술)	시설	토목, 건축, 냉난방(3)
	전기전자	전기, 전자기기, 통신, 정밀측정(4)
	기계금속	기계설계, 기계공작, 주조, 모형, 용접, 판금, 제관, 도금(8)
	병기	무장통제, 무장, 총포, 화학병기(4)
	탄약	탄약, 유도탄(2)
	차량	건설장비, 전차, 일반차량, 기관(4)
	함정	선목, 함정기관, 항해, 선거, 잠수(5)
	항공	기체, 항공기관, 항공보기, 항공도장, 항공지원(5)
	보건	약무, 병리임상, 방사선, 보철, 의지, 의안, 의료구, 영양관리(9)
	시험분석	물리분석, 화학분석, 환경관리(3)
	기상	기상장비, 기상예보(2)
	산업응용	인쇄, 지도, 사진, 항공사진(4)
기능직	행정	전산, 발간, 행정보조(3)
	병참	병참(1)
	농림	사육(1)
	보건위생	이미용, 조리, 보건, 의무기록(4)
	시설	조경, 시설, 목재(3)
	통신	교환, 전신타자, 통신보조(3)
	기술지원	운전, 기계, 전기(3)
	잡무	잡무(1)
별정직		교관, 항공조종, 간호, 예비군관리, 운동선수(5)

다. 정비장비 및 공구

정비능력 발휘의 중요 요소로서 인력, 시설, 수리부속 등과 함께 제 요소들이 잘 결합되어 지원될 때 효과적, 효율적 정비지원이 가능하다. 체계적인 관리시스템 구축, 관리능력 확보, 공구 획득방법에 대한 지속적으로 보완 발전시켜야 한다.

① 정비용 장비 : 정비용 장비는 용접기나 선반, 밀링, 시험장비 등과 같이 정비를 위해 필요한 장비를 말한다. 정비용 장비는 장비편제표에 부대별로 인가장비 종류 및 수량이 명시되어 있다. 정비용장비 편성문서는 아래와 같다.

구분	관장부서	분 류 기 준	주요 편성장비
편성 및 장비표 (T/O&E)	정 작 참모부	•기본 임무수행을 위한 필수장비(전투에 직접 사용장비)	•특수무기 정비장비 •창정비용 정비장비(희소장비) •기계공작장비(용접기, 드릴링, 선반, 밀링, 미싱 등)

정비용장비도 수명주기간 정상적인 가동상태를 유지하기 위해서는 주기적인 정비지원이 필요한데 정비용장비에 대한 정비지원 내용은 아래와 같다.

구분	부대정비	야전정비	창정비	정밀측정장비(공군)
정비범위	• 예방정비 • D/L장비 수리	• D/L장비수리 (K-1전차, 특수무기)	–	• 교정 • 수리
수행부대	• 장비보유부대	• 군지사	군수사	• 공군 표준시험소 / 지역지원시험소
지원형태	• 장비유지비 현금배정	• 외주정비	–	• 입고 · 이동지원

한편, 정비용 장비가 수명이 초과되었거나 정비 불가로 폐처리해야 할 때 장비 폐처리 업무 절차는 아래와 같다.

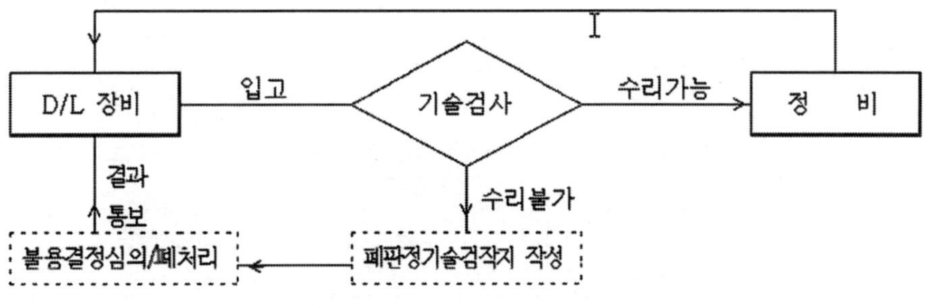

② 정비용 공구 : 공구란 손으로 직접 사용하거나 손에 의해서 일을 하는 연장으로 공구의 분류 방법에는 방법상, 운영상, 계정상, 용도상으로 분류하며 세부내용은 아래와 같다.

<table>
<tr><th>분류방법</th><th colspan="2">내 용</th></tr>
<tr><td rowspan="2">방법상 분 류</td><td>수공구 (Hand Tool)</td><td>• 사람이 조작하거나 손에 의해서 조작되는 공구
• 장비 정비용 공구가 대부분</td></tr>
<tr><td>기계공구 (Machine Tool)</td><td>• 손으로 직접 사용하거나 간접조작에 의해 작업능률을 향상 시켜주는 기계가공
• 주로 고정식 장비이며 동력에 의해 가동</td></tr>
<tr><td rowspan="2">운영상 분 류</td><td>부대관리 공구</td><td>• 장비정비와 무관한 부대운영시 소요되는 공구
• 예 : 축성작업 공구, 목공 공구, 전투화 정비공구, 장벽자재 설치공구</td></tr>
<tr><td>장비정비용 공구</td><td>• 각종 자이를 정비시 사용하는 공구로서 운용자 및 정비요원에 의해서 사용되는 공구
• 예 : 장비부속공구(OVM, OEM), 부대/야전/창 정비용 공구</td></tr>
<tr><td rowspan="2">계정상 분 류</td><td>낱개공구</td><td>• 획득 / 관리시 낱개 단위로 재산대장에 기록계정하는 공구</td></tr>
<tr><td>결합체 공구</td><td>• 예 : 화포정비용 공구 셋, 부대정비용 공구셋 보충1호, 렌치셋 등</td></tr>
<tr><td rowspan="6">용도상 분 류</td><td>정비성능 시험공구</td><td>• 장비의 주요기관의 성능을 시험하는 공구
• 예 : 노즐시험기, 엔진가동 측정시험기, 회전속도시험기</td></tr>
<tr><td>연마 및 절삭공구</td><td>• 물체를 다듬고 절단하는데 사용하는 공구
• 예 : 그라인더 머신, 밀링 머신</td></tr>
<tr><td>유류취급용 공구</td><td>• 각종 장비의 마찰부분을 원활히 작동하기 위하여 주유하는 공구
• 예 : Oiler, Grease Gun, Grease Pump</td></tr>
<tr><td>무기정비용 공구</td><td>• 주로 화기를 정비할 때 사용하는 공구
• 예 : 소화기 분해구, 두격 게이지, 신관렌치</td></tr>
<tr><td>축성공구</td><td>• 개인작엉용 공구
• 예 : 공병삽, 햄머, 도끼</td></tr>
<tr><td>측적용 공구</td><td>• 길이, 두께, 중량 등을 측정하는 공구
• 예 : Rule, 캐리퍼, 각종 게이지</td></tr>
</table>

공구의 인가는 부대별 인가기준에 의거 산정되는데 세부내용은 아래와 같다.

구 분	기 준
편성부대/ 사단, 비사단급 부대	• 장비 부수공구 : 장비 부수공구 기준표(T/A 10-100-15) • 정비용 공구 – 공구셋 인가배당표(T/A 10-100-16) – 부대정비용(2계단) 공구셋 목록(팜플렛 30-13-6) – 야전정비용(3~4계단) 공구셋 인가 목록(팜플렛 30-13-7) – 창 정비용 공구셋 목록(팜플렛 30-13-8) • 인가된 보급수준량(R/O, 사단)
시설부대 (군지사)	• 인가된 보급수준(R/O) • 기타 사업소요
군 수 사	• 인가된 보급수준량(R/O) • 잔여기간 전군 소요량 • 기타 사업소요

각급 부대에서는 필요한 공구를 지원시설에 청구하여 확보하게 되는데 공구 확보를 위한 청구절차에 대해 알아보자. 먼저 단위 부대는 일품검사결과 또는 사용 중 폐품 발생시 편성부대 물품 출납관에 의해 폐품으로 판정되면 물품 운용관과 상호 완결한 거래증을 전산 입력한다. 편성부대는 단위부대의 일품검사 및 수시로 발생하는 폐품발생 실적 근거에 의거 소요제기(청구)하여야 한다. 또 소모 삭제 공구는 공구현품 및 관련문서(소모내역서, 지휘관확인서, 전산보급 거래문서)를 해당 지원시설부대 수집소 담당출납관 확인(날인)후 재산이 감소되면 소요제기 한다. 그리고 공구셋 인가 배당표(T/A10-100-16), 장비 부수 공구 기준표(T/A10-100-15)를 기준으로 하여 부족량은 지원시설에 청구한다. 인가된 품목 중 장비 정비에 불필요한 공구는 청구를 하지 않으며, 동일 품목중 주품목과 대치품목이 있을 시는 주품목을 청구한다. 청구방법은 군수자원관리 전산시스템에 입력하여 디스켓 또는 온라인으로 지원시설에 청구한다.

지원시설부대인 사단 및 군지사는 공구코드별 구성품 현황을 검증하여 편성부대의 청구서를 전산처리 한다. 이때 인가보다 적게 보유하고 있을 경우에는 보급 및 D/O 설정(관리자 통보)하고 인가보다 많이 보유하고 있을 경우에는 과다청구로 취소 처리한다. 또한 피지원 부대 공구코드별 구성품 인가대 보유현황을 전산유지 및 관리해야 한다.

지원부대의 공구 관리는 정비용 공구, 장비부수공구, 비인가공구로 구분하여 품목(구성품)단위로 관리하며, 편성/단위부대의 공구 관리는 공구셋별, 구성품별로 공구를 보관 관리하고, 재산대장이나 각종 현황을 유지할 경우에도 공구셋별 구성품 단위로 기록 계정한다. 또한 공구셋별 구성품목은 여러 공구셋에 공통적으로 포함되는 경우가 있으므로 단순히 재고번호만으로 관리할 수 없으므로 공구셋별 구성품별로 별도의 공구코드를 부여하여 관리한다. 수집소에 중량 단위로 반납 처리한다.

다. 정비시설

정비시설은 견인, 운반, 인양을 위한 시설 고정장비와 기재, 공구실, 탈의실 등의 부대시설 및 정비고를 포함하나 일반적으로 정비고를 지칭한다. 정비고는 편제상 정비책임을 가지고 있는 소부대 정비고로부터 장비를 수리, 재생하는 창급의 대규모 공장에 이르기까지 수행하는 임무와 기술수준에 따라 그 규모가 다르다. 전시 직접지원 정비부대는 근접지원 정비개념에 의해 현장정비에 소요되는 천막으로 정비시설을 대체한다. 정비부대의 신지역 점령으로 인한 주둔지의 정비공장 계획 작성시 사용할 수 있으며 야전정비부대의 정비공장 소요는 다음과 같다.

순위	1	2	3	4	비 고
	편 제 부 호	부 대 명	넓이(㎡)	가용높이(m)	
1	TO/E 7-101	사단정비대대/근무대	794	3.5~10	전차공장:10m
2	TO/E 62-717	정 비 중 대(A)	1,139	3.5~10	전차공장:10m
3	TO/E 62-717-1	정 비 중 대(B)	879	3.5~6	
4	TO/E 62-717-2	정 비 중 대(C)	855	3.5~6	
5	TO/E 11-707	통신 정비중대(A)	125	3.5	

6	TO/E 11-707-1	통신 정비중대(B)	125	3.5	
7	TO/E 62-527	일반지원 정비중대	2,280	3.5~6	
8	TO/E 9-786	특수무기직접지원대	75~105	3.5	
9	TO/E 55-476	항공기 정비중대 근무대	4,133	8.2	UH-50급 이상
10	TO/E 55-476-1	항공기 정비중대 근무대	1,653	8.2	AH-1S급 이하

제2절 장비획득 및 운용

1. 장비획득

가. 장비 소요제기

군의 무기체계나 장비는 적 위협에 대응하기 위하여 한정된 시간과 가용한 지원 범위 내에서 결정될 수 밖에 없다. 따라서 소요제기는 군이 부여된 임무(목표)를 완수하기 위하여 일정기간 군사력 운용에 필요한 부대, 무기, 자원을 조성해 주도록 국가기관에 요구하는 것을 말하며, 국방부 및 합참은 이를 위해서 장기적인 전략 및 중기기획과 계획을 수립하는데 이러한 기획 및 계획 문서는 각 군의 소요제기 지침으로 활용하게 된다. 이러한 소요제기의 범주에는 유 · 무형의 전력을 망라하게 되는데 부대, 무기 인력, 교육훈련, 예산, 소프트웨어(Software) 전력 등을 포함한다.
장비의 소요는 아래과 같이 투자사업비 장비와 경상운영비 사업장비로 구분할 수 있다.

① 투자사업장비 : 군사력 건설 및 유지에 소요되는 장비로서 현재 군에서 운용중인 장비의 성능 개량과 정상적 운영으로 노후 되어 더 이상 사용이 비경제적인 장비의 교체, 그리고 전시에 창설되도록 계획되어 있는 부대의 편제 장비중 군 전용장비 보충 및 군에 보유하고 있지 않은 새로운 장비를 획득하기 위해 추진하는 사업으로 먼저 합동전략목표기획서(JSOP)에 소요의견을 제시하고 합동전략목표기획서가 발간되면 이를

기초로 국방중기계획에 소요 요구하여 연도별로 사업을 집행한다. 이는 현존전력을 보강하고 새로운 군사력 건설을 위한 사업으로서 투자사업 예산으로 집행된다.

② 경상운영비 사업장비 : 부대 임무수행을 위해 필요한 장비의 획득과 병력운영, 부대유지물자 그리고 장비운영 및 정비활동을 위한 사업이며 합동전략목표기획서(JSOP)에는 반영하지 않고 바로 국방중기계획에 소요 요구하여 반영되며 연도별로 사업을 진행한다. 이는 현존전력을 관리하고 유지하기 위한 사업으로서 경상운영비 사업예산으로 집행한다. 한편, 완성장비에 대한 업무수행체계는 투자사업과 경상운영비 사업으로 구분하여 수행되는데 아래와 같다.

구분	투 자 사 업	경상운영비 사업
주관	교육사, 육본 기관부	군수사, 육본 군참부
대 상 장 비	• 무기체계로 획득 장비 – 신규획득/성능 개량 – 패키지 소요(시설, 장비동시) • 부대 증·창설 및 개편 소요장비 – 차기보사, 현대화 사업	• 비무기체계, 상용장비로 획득 장비 • 현존전력 관리/유지소요 – 편제보충, 노후교체 소요
소요 제기	•합동전략목표기획서(합동전력소요기획서)로 제기 – 연도별 확보 목표량 반영 (전력증강, 신규획득, 증·창설용 소요 획득 장비) • F+2 7월 중기 계획 반영(전분야) – 육본 기관부 → 국방부	• 합동전략목표기획서 미반영 • F+2 5월 : 중기계획 반영 (인가부족, 노후교체 소요) – 군수사→육본 군참부→국방부 ※ 중기계획 수정 발간 : F+2 12월

장비 소요제기를 위한 전·평시 소요산정 기준은 편제표에 제시된 기준에 의거하여 산정하며 소모보충 소요는 장비획득 및 도태계획에 의거 교체 소요로서 산정한다. 기타 합동전략목표기획서(JSOP), 장비증강계획, 장비표준화분류, 장비현황보고서 등을 고려하여 산정한다. 소요산정 범위는 다음과 같다.

〈소요산정 범위〉

<table>
<tr><th>구 분</th><th colspan="6">총 소 요</th></tr>
<tr><td rowspan="3">전 시</td><td colspan="2">기 본 소 요</td><td colspan="4">전쟁 개시 이후 소요</td></tr>
<tr><td rowspan="2">인 가 량</td><td rowspan="2">정비대충
장비(M.F)</td><td>창설소요</td><td colspan="3">전투손실 보충소요</td></tr>
<tr><td>치장장비</td><td>동 원</td><td>안보지원</td><td>전시조달</td></tr>
<tr><td>평 시</td><td colspan="3">소요(확보 목표)</td><td colspan="3">← 전 시 획 득 소 요 →</td></tr>
</table>

소요산정은 인가소요와 보충소요로 구분 산정하며, 전·평시 산정방법은 다음과 같다.

구 분	산 정 방 법
평 시	• 부족소요량 = 인가부족 소요 + 노후교체 소요 ◦ 인가부족 : 감편 인가 - 현 보유 ◦ 노후교체 : 수명 초과 교체 대상 장비
전 시	• 부족소요량 = 총소요 - 가용량 ◦ 총소요 : 완편인가 + 증·창설 소요 + 소모보충 소요 ◦ 가용량 : 현보유 + 정비대충장비 + 치장장비

각 군에서 중·장기 전투발전계획에 의거 전투발전요소(무기/장비, 교리, 구조/편성, 교육훈련, 자원관리, 간부계발 등)의 소요 제기를 위한 문서로 「장기신규전력 소요제기서」와 「중기전력 소요제기서」, 「육군 전력소요서」 등이 사용된다.

지금부터는 신규전력의 소요제기 및 결정에 대해 알아보자.

교육사 및 육본 부·감실은 합동전장운영 차원에서 사업의 필요성, 편성 및 운영개념, 전력화시기, 소요량(필요시 대체 무기체계의 도태·조정개념 포함), 작전운용성능 및 전력화지원요소 등을 포함하여 소요제안서를 작성하고, 육본기참부가 이를 종합하여 전력소요를 제기한다. 사업의 예상 소요액이 100억원 이상인 경우에는 사전 분석서를 첨부한다.

합동 군사전략 목표 기획서에 반영되지 않은 신규 중기전력소요는 우선 장기전력소요로 제기하여 소요를 반영한 후, 소정의 절차를 거쳐 중기전력소요로 반영한다. 다만, 국가 안보상황에 따른 긴급 소요전력 또는 단기간에 구매 및 개발이 가능한 신규소요는 장기전력 소요제기 없이 중기전력 소요로 반영할 수 있다. 소요제안서 작성시 소요제기 부서에서 관련제대 및 부서 통합 협조회의를 실시하여 부서간 이견을 사전 조정하므로써 소요제기 시간과 노력을 절약해야 한다. 또한 주장비와 기본 부속장비, 구성장비, 소프트웨어, 정비 및 훈련장비, 사용탄약, 운영시설 등(Package 요소를 말한다)을 일괄 포함함을 원칙으로 한다. 소요결정은 소요제기 기관에서 제기한 전력소요를 근거로 단위전력의 완전성, 통합성, 타 무기체계와의 상호운용성과 소요의 우선순위 및 대체 무기체계의 도태·조정개념 등을 검토하여 합동전략회의 및 합동참모회의를 거쳐 소요를 결정한다. 육군에 위임된 소요결정 사항은 비무기체계 편제보충 및 노후교체 소요와 군 위임 기타 비무기체계 등이다.

교육사는 소요결정 후 연구개발 사업은 체계개발계획서 작성전까지, 국외도입사업은 제안요구서 작성 전까지 무기체계 세부 운용개념서를 구체화한 문서를 관련부서에 통보한다. 국외도입 및 단순 무기체계는 소요제기서로 대체할 수 있으며, 운용개념 구체화시 포함할 내용은 아래와 같다.

- 개요
- 무기체계 운용환경
- 전투 시나리오
- 임무 / 운용개념 정량화
- 결론

나. 장비획득

획득이란 사용자(수요군)를 위하여 무기체계를 개발, 생산, 공급하는 제반 노력의 집약적인 뜻으로 사용하는 용어이다. 획득은 개념형성 단계로부터 사용자에게 최종 생산품이 공급될 때까지의 활동이다. 사용부대가 임무수행을 위하여 보급된 무기체계를 운용하는 활동은 여기에 포함되지 않는다. 따라서 장비획득이란 확정된 국방중기계획을 기초로 당해연도의 예산을 집행하여 요구되는 전력을 획득하는 단계로서 육군본부에서 작성되는 사업승인건의서의 사업별 세부내용과 예산이 승인된 이후 예산배정, 계약, 대금지출 및 계획된 부대에 납품까지를 말한다.
획득업무를 효율적으로 수행하기 위한 원칙은 다음과 같다.

① 성능보장이다. 따라서 수요군의 작전 운용 성능을 충족시킬 수 있는 최적의 장비를 획득한다.
② 적기 전력화로 요구되는 시기에 전력화가 가능토록 적기에 승인하여 구매 및 획득한다.
③ 국산화 촉진이다. 국가 과학기술에 의해 『자주국방 달성』이 가능하도록 연구개발 및 국내생산을 우선적으로 추진한다.
④ 경제적 획득으로 성능이 보장될 수 있는 장비, 물자를 경제적으로 획득하여 투자효율을 극대화하고 국방재원의 경제성을 도모한다.
⑤ 운영유지 보장으로 운영주기간 효율적인 운영유지를 보장하여야 한다. 무기체계의 획득업무는 다음과 같이 구분한다. 첫째, 연구개발로 국내연구개발과 국제협력 연구개발로 나눌 수 있다. 국내연구개발에는 정부주도 연구개발, 정부관리 업체주도 연구개발, 업체자체 연구개발 등이 있고 국제협력 연구개발에는 국제공동 연구개발, 기술협력 연구개발 등이 있다. 둘째, 국외도입은 기술도입생산(면허생산, 공동생산, 조립생산 등)과 직구매(대정부간 구매 : FMS 등), 상업구매 등이 있다. 셋째 방법은 임차 이다. 비무기체계의 획득업무는 아래와 같이 구분한다. 첫째, 연구개발로 업체주도 연구개발과 업체자체 여구개발로 구분된다. 둘째는 구매로 국내조달과 국외도입의 방법이 있고, 셋째는 임차하는 방법이 있다. 연구개발은 연구개발 대상사업에 따라 무기체계/비무기체계, 자동화 정보체계, 핵심기술·부품 개발절차에 의해 추진하며, 사업성격에 따라 2~3개 절차를 병행하여 추진할 수 있다. 또한 정보통신망으로 연결된 전산장비를 활용하여 자료를 수집, 저장, 가공·분석·처리 및 전파·출력하는 소프트웨어로 구성된 체계를 획득하는 사업을 정보화사업으로 지정하여 획득한다.

지금부터는 획득업무의 세부적인 절차에 대해 알아보자.

① 국외도입 무기체계 획득업무 절차 : 국외도입은 도입형태에 따라 기술도입생산, 직구매 및 임차로 구분하며, 국제사업관은 소요량, 전략화시기 등 제반 여건상 직구매만이 유일한 도입방법일 경우에는 직구매로 결정하여 사업을 추진한다. 기술도입생산은 외국에서 이미 개발되어 생산중인 무기체계에 관한 기술을 도입하여 국내에서 생산하는 것으로 면허생산, 공동생산, 조립생산 순으로 추진하며 계약에 따라 단일 또는 복합하여 추진할 수 있다. 해외직구매는 외국에서 개발 생산한 무기체계를 완제품 형태로 구매하는 것으로 대정부간 구매와 상업구매로 구분하며 상업구매를 원칙으로 하되 소요군과 협조하여 대정부간 구매만 가능한 물자(용역) 및 해당 정부의 대정부간 추천물자(용역)인 경우는 대정부간 구매로 결정하여 추진한다. 국제사업관은 시험평가 결과와 주계약대상 업체에서 제출한 기술도입생산계획서 검토결과 및 국방 조달관리소의 직구매 가계약서를 근거로 기종 및 도입방법을 결정하며 기술도입생산을 우선 고려한다. 범정부적으로 추진해야 할 국가 계획대상사업(이하 "국채사업"이라 한다.)중 연구개발로 추진하는 사업은 확대획득협의회의 협의를 거쳐 추진한다. 또한 연구 개발시 제작되는 시제품은 기술 운용시험이 완료된 후 사업관리기관에서 관리한다. 체계개발 시제품에 대하여는 소요군의 요청에 의거 교육용 또는 시범용으로 활용할 수 있다. 소요군 또는 개발업체는 연구개발 사업을 수행함에 있어 기술지원이 필요한 경우 연구개발관에게 기술지원을 요청하고 연구개발관은 기술지원이 필요시에는 국과연 또는 국품소로 하여금 기술지원을 하도록 조치할 수 있다. 연구개발 승인은 연구계획 승인과 연구계획에 의한 예산승인으로 구분하며 연구계획 승인시 연구예산 승인을 포함하여 승인함을 원칙으로 한다.

② 연구개발 획득업무 절차 : 연구개발은 기술수준 및 자원의 투자형태에 따라 국내 연구개발과 국제협력 연구개발로 구분한다. 국내 연구개발은 정부가 개발비를 부담하여 국과연이 주도적으로 연구 개발하는 정부주

도 연구개발과 주계약 업체가 주도적으로 연구 개발하는 정부 관리업체 주도 연구개발(이하 “업체주도 여구개발”이라 한다.) 그리고 업체가 개발비를 부담하는 업체자체 연구개발로 구분한다. 정부주도로 연구 개발하는 무기체계인 경우에는 국과연이 체계 설계를 수행하며, 구성품 수준 이하의 품목은 시제업체를 기본설계부터 참여시킬 수 있다. 업체주도로 연구 개발하는 무기체계인 경우에는 소요군 또는 국과연의 주관으로 주계약 업체가 체계설계를 수행하며, 구성품 수준 이하의 품목은 협력업체를 기본설계부터 참여시킬 수 있다. 또한 업체가 개발비를 부담하는 업체차체 개발은 획득본부장의 승인후 업체차체 비용으로 개발을 추진한다. 국방부는 국방과학기술 경쟁력 제고 및 국가자원의 효율적인 활용을 위하여 정부 관련부처와 공동으로 민 · 군 겸용 기술사업을 추진할 수 있으며 민 · 군 겸용 기술개발에 따른 사업비의 부담 및 추진절차 사업관리 등에 관한 사항은『민 · 군 겸용 기술사업 촉진법 및 시행령』에 따라야 한다. 국제협력 연구개발은 국내 연구개발 주체가 외국 연구개발 주체와 공동의 연구개발 목표를 위하여 연구 개발자원을 공동으로 부담하여 연구를 수행하는 국제 공동연구개발과 국내 연구개발 주체가 우리만의 특정 연구개발 목표를 위하여 단독의 책임과 비용 부담으로 국내에서 부족한 기술을 외국의 연구개발 주체로부터 협력을 얻어 연구를 수행하는 기술협력 연구개발로 세분한다. 첫째 국제 공동연구개발은 한시적인 특정 사업관리를 위하여 사업 추진방향, 연구개발 자원분담 등 주요사항은 획득협의회를 거쳐 추진한다. 둘째 기술협력 연구개발은 개발계획 수립 단계부터 국내부족 기술분석 및 해외 기술보유현황, 기술도입 및 확보방법을 포함하여 연구개발관이 연구개발 계획을 검토하고 추진방향을 결정한다.

③ 비무기체계 획득 업무절차 : 비무기체계 획득은 국내 연구개발과 상용품 획득을 원칙으로 하며 민수용으로 생산, 유통되고 있는 장비중 민 · 군이 공통 사용 가능하고 유사한 모델을 보유하여도 군 임무에 지장이 없는 경우에는 상용품을 획득 사용한다. 획득방법을 국외구매/임차로 결정하는 경우에 대상기종은 대상국이 야전에 배치하여 운용중인 장비

를 선정하여야 한다. 연구개발은 국내개발을 원칙으로 하며 연구개발관의 조정·통제하에 실시한다. 연구개발은 정부가 개발비를 부담하여 국과연이 주도적으로 개발하는 정부주도 연구개발과 업체가 주도적으로 개발하는 정부관리 업체주도 연구개발(이하 "업체주도 연구개발"이라 한다) 그리고 업체가 개발비를 부담하여 개발하는 업체자체 개발로 구분한다. 구매는 국내에서 생산되는 표준품목 및 상용품목을 획득하는 것을 원칙으로 하며 획득이 곤란한 경우 국외도입을 할 수 있다. 전·평시 민간자원을 최대 활용하여 경제적 군 운용과 전시 효율적인 동원체제를 유지하기 위하여 상용품 획득을 확대하며 다음과 같은 경우는 상용장비로 획득한다.

- 전투와 직결되지 않고 후속 군수지원에 특별한 문제가 없어 경쟁조달이 가능한 경우
- 민·군 겸용으로 상호간 호환이 가능한 경우
- 제도 기술의 급속한 발전에 따른 성능, 기능상 지속적인 개발이 예상되거나 이미 성능 상 군용보다 우수한 경우
- 현재 군용으로 생산되고 있으나 향후 민간에서 대체 활용이 가능한 경우

비무기체계가 고도 정밀화되면서 고가 대형화하는 반면, 진부화 속도가 빨라지고 있으므로 경제적인 군 운용을 위해 다음과 같은 경우에는 임차하여 운용한다. 첫째, 해외구매에 비해 경제성이 우수할 경우 한시적으로 대여한다. 둘째, 획득방법이 연구개발로 결정되었으나 개발기간의 장기소요로 군의 요구 시기 충족이 불가할 경우 한시적으로 대여하고, 셋째, 장비의 기술발전 속도가 빠른 장비를 연구개발 또는 해외 구매하여 기술적으로 진부한 장비의 획득이 우려되는 경우 등이다. 임차방법은 한시적인 사용권을 의미하는 것으로서 획득관리 업무상 전투발전요소(교리, 편성, 훈련) 및 종합군수지원(정비, 수리부속지원, 보험등) 업무에 제한이 예상되므로 별도의 지침을 수립하여 미비점을 보완한다.
획득된 장비가 어떻게 분배되는지에 대해 알아보자. 장비의 분배는 편제부대별 편제표의 장비편성표(T/E), 장비배당표(T/A) 그리고 지역 특수소요부

대에 지역장비 배당표를 근거로 하여 인가부족을 판단하여 분배 우선순위에 의해서 분배를 한다. 분배 우선순위 다음과 같다.

1. 전투부대, 2, 전투지원부대 3, 전투 근무지원 부대

분배절차는 다음과 같다.

① 신규장비 및 증·창설 부대장비는 육군본부 관련참모부에서 전력화를 제기할 때 장비의 소요를 판단하여 합동중기전략목표기획서와 국방중기계획에 전력화부대가 지정되고 편제에 포함하며 군수참모부에서는 정작참모부계획을 기초로 사업승인 건의서를 작성하고 건의서가 승인되면 조달본부에 1부를 보내어 조달본부에서 업체와 계약하고 업체는 지정된 부대에 납품을 한다(예 : K-1전차, K-55자주포, 차기 보병사단 편제장비 보충).

② 노후장비 교체 및 인가부족장비 보충은 육군본부 군수참모부에서 장비도태 계획과 연계하여 먼저 합동군사전략목표계획서에 반영하고, 이를 참고로 하여 국방중기계획에 반영되어 발간이 되면, 이를 근거로 사업승인건의서가 작성되어 승인되면 예산을 반영하고 획득하는데, 획득된 장비는 통제형태에 따라서 육본에서 군수사, 군사령부, 군지사로 권한이 위임되어 분배한다. 육본 통제장비는 육군본부 군수참모부에서 통제하는 장비로 품목기본철의 불출란에 "1"번으로 표시된 장비이다. 승용차와 버스의 경우 육본 군수참모부 장비과에서 소요제기로부터 도태계획까지를 통제하며 따라서 전군 현황을 유지하여 운영유지 소요로 국방중기계획에 반영하여 획득하고 직접 사(여)단 및 직할부대에 할당하는데 이는 효율적인 예산확보와 통제를 위해서 육본에서 실시한다. 군수사 통제장비는 노후장비 교체와 인가부족장비 보충은 편제표에 의한 것으로서 전군 장비현황을 가장 잘 파악하고 있는 군수사로 위임되었으며 품목기본철 불출란에 "2"번으로 표시된 장비이다. 예를 들어 1/4톤 K-111차량은 군수사 화력기동장비과에서 편제표를 근거로 인가부족을 군별로 판단하여 야전군까지 할당을 하여 필요시 업체에 통보하여 지원시설부대에 직납토록 한다. 군사령부 통제장비는 품목기본철 불출란에 "4"번으로 표시된 장비와 군수사에서 야전군까지 할당된 장비를 사(여)

단 및 직할부대별 인가부족과 도태계획을 고려하여 군사령부 군수처 장비정비과에서 할당한다. 마지막으로 군지사 통제장비는 품목기본철 불출란에 "5"번으로 표시된 장비는 군지사에서 정비 지원시설로부터 청구를 받아 조치하고 또는 자동보급을 실시한다.

다. 장비개선 및 수정작업

장비개선이란, 장비의 기능, 구조 및 전술적 운용과 경제성을 고려하여 사용에 불편하거나 만족치 못할 때 또는 안전성이 없을 때 그 장비의 구성품을 개선하기 위하여 사용자 또는 사용부대가 지휘계통과 지원계통으로 보고하는 것을 말한다. 장비개선 요건은 다음과 같다. 첫째, 인원 및 장비의 위험성이 있어 안전을 도모코자 할 때 둘째, 결함이나 자재사용 또는 빈약한 작업기술로 인한 심한 손상을 방지코자 할때 셋째, 과도한 정비노력이 필요할 때 넷째, 정상운행중 나타난 결함 또는 불안전한 상태 다섯째, 특수목적으로 나타난 수정이 요구될 때 등이다.

장비 수정작업이란, 장비개선 보고 또는 장비 제작회사의 통보에 의거 사용자의 안전과 장비관리 운용효과를 향상시킬 목적으로 기보급된 장비의 일부분을 수정하는 것을 말하며 이는 수정작업명령서(M.W.O)에 의거 실시한다. 장비개선 보고 또는 장비제작 회사로부터 통보에 의한 수정작업은 수정작업 명령에 의거 실시된다. 군수참모부장은 수정작업 명령을 작성하여 수정작업 실시부대에 하달하고 작업시행을 감독한다.

군원 도입장비의 수정작업은 필요시 미 군사지원단과 협조하여 조치한다.

수정작업 실시부대는 수정작업 명령을 수령하면 소요공구 및 자재를 최단시일내에 청구 획득하여 작업을 실시한다.

작업진도를 군수참모부로 보고하고 작업내용을 장비정비기록부에 기록 유지한다.

수정작업 명령은 긴급수정작업명령과 보통수정작업명령으로 구분된다. 긴급 수정작업 명령은 인원에 대한 상해를 초래하거나 장비 또는 타재산을 파괴할 위험이 있거나 전투효과를 저해시키는 잠재적 위험상태가 있을 때에 적용한다. 수정작업 명령이 하달되면 기불출된 품목 전량을 수정하고 보급창의 전 재고량과 보급중인 품목을 불출 전에 수정하여야 한다.

보통 수정작업 명령은 장비개선을 위한 기타 일체의 수정작업 명령을 말하는 것으로 군수참모부장이 규정한 시간 내에 조속한 작업착수가 요구된다.

장비형상 변경이라 함은 작전수행 또는 장비 운용상 일시적으로 장비의 일부분을 변경(부분품 변경 부착 또는 탈거 등)함으로써 작전능률의 향상과 장비운용의 편의를 도모하는 것을 말한다.

장비형상변경도 물자수정의 일부라고 할 수 있으나 차이점은 물자수정은 영구적이나 장비형상변경은 일시적이고, 물자수정은 부분품의 변경 부착 또는 탈거 등 형식이 단조로운 작업이나 물자변형은 결합체 및 구성품의 교환 또는 탈거 등 수정 형식이 복잡 다양하다는 점에 차이가 있다. 형상변경을 위한 요건은 다음과 같다.

육본은 무기, 장비의 성능 및 품질향상을 위하여 성능개량을 추진하되 성능개량과 성능개선(소규모 성능개량)으로 구분하여 추진한다.

장비별 성능개량 또는 성능개선의 구분은 국방부 사업 주관부서가 최종 결정한다.

성능개량은 현저한 운용개념의 변경과 중대한 작전운용성능의 변경시 추진하며, 별도 무기체계로 소요 제기하여 추진한다.

성능개선은 운용중인 전력의 운용개념이나 작전운용성능의 현저한 변경이 없는 성능 및 기능의 향상시 적용한다.

2. 장비등록 및 보급

가. 개요

장비는 장비등록 및 장비정비 실적을 기록 유지하기 위해 기본문서(전산자료철)를 장비 사용부대에서 반드시 유지하여야 하며 이들 기본문서들이 자동 수정되기 위해서는 등록 장비의 경우 재고번호 이외에도 모델부호, 등록번호등이 거래 및 등록시마다 기록 유지되어야 하며, 제대별로 관리해야 할 기본문서는 다음과 같다.

〈장비관리를 위한 기본문서〉

제 대	장 비 등록증	전산자료철				
		등록철	재산대장철	정비철	운영철	종합이력철
편성부대	O(원본)	O	O	O	O	O
자원관리부대	O(부본)	O	O	O	O	O
군지사	×	O	O			
군수사	×	O	O			
육본	×	O	O			

장비보급 및 등록시 반드시 지켜야 할 기본준칙에 대해 알아보자. 장비보급 거래시에는 재고번호 이외에도 모델부호와 등록번호(등록장비인 경우)를 반드시 기록 유지해야 한다. 또 장비보급 거래시에는 장비의 사용목적인 편제, 지역, M/F, 예비군, 비축, 기타, 치장 장비에 대한 구분을 반드시 기록 유지해야 한다. 등록장비인 경우에는 반드시 장비등록철을 장비보급과 함께 발급하여 전산계통으로 전송하고, 장비등록철을 군수사, 군지사, 자원관리부대, 편성부대의 전산기에 반드시 수록 관리하여야 한다. 등록장비의 반납, 관리전환, 정비 등이 발생시에는 반드시 장비등록증과 장비정비기록 제원표를 첨부한 장비종합이력부를 장비와 함께 이동시켜야 한다. 모든 장비보급거래(수령, 반납, 정비, 손망실, 관리전환)시에는 지휘계통의 장비분배 및 조정계획에 의거 반드시 장비보급거래문서(육양4-1-4)와 장비송증(육양1348-1)에 의거 거래하고 거래실적을 매월말 결산해야 한다. 각 제대별 전산기내에는 반드시 피지원 거래부대별 장비재산대장(인가/보유)철과 장비등록철, 장비 거래 현황철을 유지하여야 하며, 상시 최신의 정확한

현황으로 유지하여야 한다. 장비보급 및 등록업무를 효율적으로 수행하기 위해서는 장비보급과 동시 등록업무를 수행해야 한다.

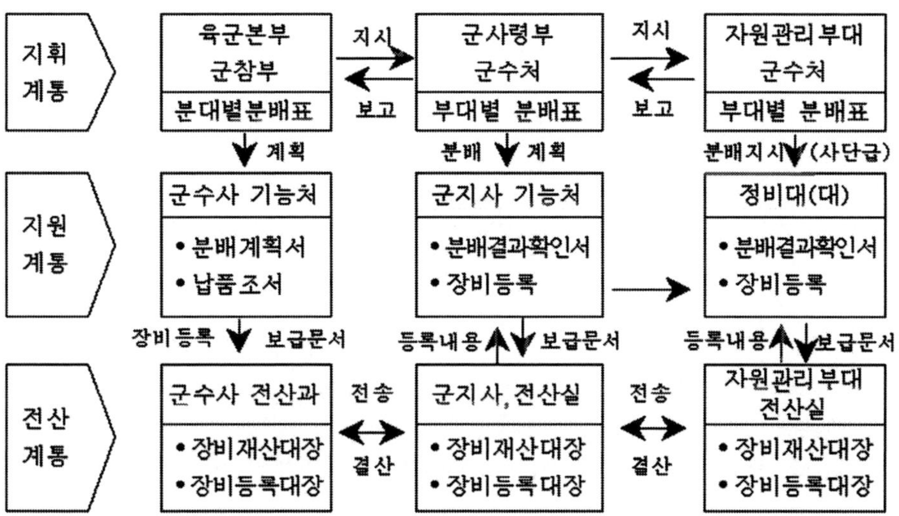

다음은 장비보급 및 등록에 관한 각관의 책임에 대해 알아보면 다음과 같다.

① 육군본부 군수참모부 : 소요관리처장은 장비보급 및 등록업무에 대한 제도 변경시 전산시스템에 관련내용을 반영하며, 확정된 T/E 및 T/A표에 의거 편성부대별 장비인가량을 산정하고 전산자료 철화하여 예하부대에 전파하는 업무에 대한 통제와 장비목록제원 현황을 전산자료 철화하여 군수전산계통으로 송수신 전파한다. 각 군지사 및 군수사로부터 편성부대별 장비현황 및 등록현황을 수신 받아 장비현황을 각 기능처에 제공한다. 보급처장과 정비처장은 장비 보금 및 등록업무 전반에 대한 제도, 방침, 절차의 개선 및 발전과 신규 및 도태장비의 변경된 장비목록제원을 매월 단위로 편수하여 정확한 장비 목록철을 유지하고 예하부대에 전파하는 업무 감독 및 통제를 하며 신규도입 및 도태계획을 수립하여 편성부대별로 정확한 장비보급 및 등록현황을 유지할 수 있도록 감독한다.

지휘 계통	육군본부 군참부 분대별분배표	군사령부 군수처 부대별 분배표	자원관리부대 군수처 부대별 분배표
지원 계통	군수사 기능처 •분배계획서 •납품조서	군지사 기능처 •분배결과확인서 •장비등록	정비대(대) •분배결과확인서 •장비등록
전산 계통	군수사 전산과 •장비재산대장 •장비등록대장	군지사 전산실 •장비재산대장 •장비등록대장	자원과리부대 전산실 •장비재산대장 •장비등록대장

② 군수사령부 : 군수사령부 보급처장은 장비보급 및 등록업무를 시행하며 등록대상 장비를 선정후 장비를 등록하여 장비등록철을 유지 관리한다. 또한 육본에서 하달된 T/E 및 T/A표에 의거 편성부대별 장비인가량을 산정하는 프로그램을 실행한 후 전산자료 철화하여 예하부대에 전파한다. 그리고 변경된 장비목록제원을 매월 단위로 편수하여 정확한 장비목록철을 유지하고 예하부대에 전파한다. 편성부대별로 정확한 장비보급 및 재산 등록현황을 관리 유지한다. 군수사 전산실장은 장비보금 및 등록에 관련된 전산자료철을 유지하고 육본 및 각 군지사에 송수신/전파하고 장비보급거래 및 등록에 의거 장비 전산 재산대장철과 장비 전산등록철을 자동기록 계정 한다. 육본으로부터 편성부대에 이르기까지 장비보급거래 및 등록에 관한 전산시스템을 설계하여 각 군지사에 전파하고 이를 유지보수 한다.

③ 각 군사 및 군수지원사령부 : 각 군사령부(자원관리부대) 군수처장은 장비보급 및 등록업무에 대한 확인 감독 및 통제와 확정된 T/E 및 T/A표에 의거 편성부대별 장비인가량에 대한 확인 감독을 실시하며 변경된 장비목록, 장비보급 및 등록현황에 대한 수정여부 확인 감독업무를 수

행한다. 각 군지사(자원관리부대) 기능처장 및 장비출납공무원은 피지원부대(육 · 국직부대 포함)의 장비보급 및 등록업무를 시행하고 피지원 거래 부대별로 장비재산 및 등록현황을 유지하고 매월말 결산하여 정확한 현황을 유지한다. 변경된 장비목록 제원 및 장비인가량을 피지원 거래부대별로 산정하여 하달하고 정확한 현황을 유지한다. 각 군지사(자원관리부대) 전산실장은 피지원 거래부대별(육 · 국직부대 포함) 장비보급 및 등록에 관한 각종 전산자료철을 유지하고 자원관리부대에 전파한다. 또 장비 보급거래 및 등록에 의거 장비 재산대장철과 장비등록철을 자동 기록계정한다. 군지사 또는 자원관리부대 정비대(대)장 및 장비출납공무원은 장비 보급거래 및 등록에 의거 장비 재산대장철과 장비등록철을 자동 기록계정하고 군지사로부터 장비등록철을 수신받아 장비인수 및 등록증을 출력시켜 장비출납관의 날인 후, 원본은 장비사용부대에, 부본은 정비대(대)에 보관한다. 자원관리부대장은 편제표에 의거 장비인가 현황을 전산에 입력한다.

나. 장비보급

장비보급은 부대별 장비편제표를 근거로 하여 편제부족 및 노후교체 소요를 판단하고 전투부대, 전투지원부대, 전투근무지원부대순으로 분배 우선순위를 설정하여 분배를 한다. 이러한 장비에 대한 보급은 육본의 통제장비와 군수사 통제장비에 대해 상급부대(군사령부 또는 사단)의 할당계획에 의하여 보급되며 다음과 같은 두 가지 유형으로 구분 할 수 있다.

① 자원계통에 의한 보급 : 지휘계통의 할당계획에 의거 군수사에서 재생 또는 조달하여 지원계통으로 보급되는 장비와 정비 후 지원계통으로 복귀하는 장비를 말한다.

② 수요지 직납에 의한 보급 : 수요지 직납장비란 지원계통에 의한 장비보급과 대응하는 보급으로서 역수송을 방지하고 장비 및 병력동원의 낭비 등 비경제성을 억제하기 위하여 지휘계통의 할당계획에 의거 업체에서 자원관리부대 또는 편성부대로 직접 납품/보급되는 장비를 말한다.

아래는 장비 보급 및 계정 체계를 나타낸다.

〈장비보급 / 계정 체계도〉

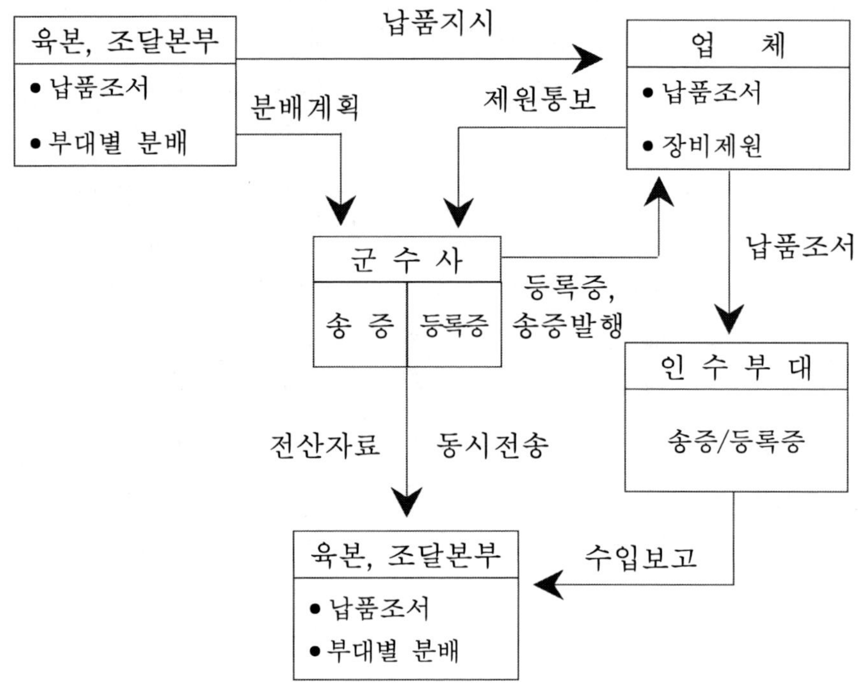

장비보급 및 계정은 장비 납품시기와 재산 전산계정 시기를 일치시키고 단일송증으로 전 제대 동시 기록 유지하도록 한다. 육본 장비담당자는 장비도입계획에 의거 각 군별 및 사단별 장비 분배 계획을 수립하여 조달본부와 군수사에 통보 및 지시한다. 조달본부는 업체로부터 납품될 장비에 대한 기본 제원표를 받아 군수사 장비담당관에게 발송한다. 군수사 장비담당관은 장비분배계획과 장비기본제원에 의거 장비수입송증(육군양식 1348-1)을 발급하여 전산 온라인으로 각 군 및 사단에 전송하고 장비를 납품하는 업체에 장비수입송증을 보내어 업체가 직접 사용부대에 인계한다. 각 군 및 각 부대는 전산으로 전송된 송증에 의거 자동적으로 전산 계정한다. 실제 장비를 인수한 인수부대는 정비대대에 수입보고하며 정비대대는 전산으로 수령한 제원과 일치여부를 확인하여 수입보고 실시한다.

야전에서 이루어지고 있는 장비보급거래 처리절차에 대해 알아보자.

① 신장비 수령 : 군수사 또는 납품업체로부터 장비수령시는 자원관리부대 군수처 할당계획에 의거 정비대대 보급장교는 문서식별번호 "M14"를 사용하여 정비지원부대의 품목기본철에 재고를 증가한 후 절차에 의거 처리한다. 먼저 군수사(납품업체)는 장비와 송증을 동시에 보급하고 직납품목의 납품업체는 군수사로부터 송증을 수령하여 장비와 함께 수요지에 직납한다. 군지사는 장비 및 송증을 군수사로부터 수령하여 사단에 불출한다. 사단 정비대대는 군지사 또는 납품업체로부터 장비와 함께 수령한 송증을 전산 입력하여 시설재고 증가시킨다. 사단 군수처 정비장교는 편성부대별 장비할당계획표를 작성하여 정비대대 장비담당관에게 통보한다. 정비대대 장비담당관은 장비보급거래문서(육양 4-14)에 의거 각 편성부대별 분배계획을 기록(제작년도 포함) 하고 전산 입력하여 전산 처리된 송증을 출력한다. 편성부대는 장비와 송증을 정비부대로부터 수령하여 송증은 증빙서류로 유지한다.

② 장비 반납 : 장비의 반납은 초과품 반납과 사용불가품 반납, 폐 반납으로 구분할 수 있다. 장비 반납 절차는 먼저 사용부대와 야전 정비부대간 반납일 경우 장비사용부대는 사용불가 장비가 발생하면 3근무일 이내에 정비지원부대에 반납 검사의뢰 또는 반납하며, 정비지원부대는 장비별 폐판정기준서를 기준하여 기술검사표를 완성하고 사용부대 관계관의 서명을 받아 반납증표 완결한다. 기술검사 결과 결함품목은 기술검사표에 기록하되 손망실 대상품목은 “요손망실 보고”라고 기록하고 손망실보고가 기제출된 품목은 접수번호 및 일자 기록하고 기술검사표의 기록 마감에는 사용부대 관계관과 지원부대 검사관이 마감 후 상호 날인하며 임의 추가 및 삭제행위를 금지한다. 기술 검사표에는 검사시 확인된 미조치 사항이나 검사관의 의견 기술하고 사고 장비는 사고 형태 보고서 사본 1부를 추가하여 후송한다.

다음으로 야전 수집소와 창 정비부대간 반납(후송) 절차는 야전정비부대에서 반납증 2부를 작성 기술 검사표를 붙임하여 장비 이력봉투와 함께 창 정비부대에 반납 후송하고 창 정비부대는 야전수집소로부터 반납장비가 접수되면 장비별 폐판정기준서를 기준하여 검사 실시한다. 검사결과 발견된 결함품목은 야전수집소에서 붙임한 검사표와 대조하여 추가 발견된 것은 추가 검사표를 작성하며 추가 검사표상의 제반 기록 및 확인 서명은 최초 검사표 작성요령과 같으며 손망실 보고 대상품목은 관련법규에 의거 처리한다. 따라서 반납 업무에는 영향을 주지 않으며 상태 그대로 장비를 인수하고 반납증에 추가 검사표를 붙임하여 증표를 완결한다. 반납증에 붙임된 기술검사표상의 결함과 장비상태가 일치토록 조치한다. 다음은 장비 반납시 전산 재산처리에 대해 알아보자. 먼저 초과품 반납(사용가 반납)의 경우 반납증 완결 시점을 기준으로 반납증을 전산 입력하고 일일거래기록을 대조하여 결과를 확인한다. 반납시에는 반납증 2부, 장비종합이력부, 장비등록증 및 인도검사표를 구비서류로 준비하고 서식별부호는 'M20'을 사용한다. 사용 불가품 반납은 수령시점을 기준으로 전산보급거래문서에 입력하고 반납시에는 장비종합 이력부, 장비등록증을 구비서류로 준비한다. 문서식별부호는 정비의뢰 후 정비대충장비(M/F)로 대체 받는 경우는 'M11'을 정비 의뢰한 장비를 수령하는 경우는 'M12'를 사용한다.

정비의뢰 장비 정비 후 정비대충장비(M/F)를 반납하는 경우에는 반납증 완결시점을 기준으로 반납증을 전산 입력하고 일일거래기록을 대조하여 결과 확인하고 반납시에는 검사/작업지시서를 구비서류로 준비하며 문서식별부호 'M13'을 사용한다.

폐품 반납은 반납증 완결시점을 기준으로 반납증을 전산 입력하고 일일거래기록을 대조하여 결과 확인하고 반납시에는 장비종합이력부, 장비등록증, 장비반납증, 인도검사표, 검사/작업지시서를 구비서류로 준비하며 문서식별부호 'M14'를 사용한다.

관리전환시에는 육양 4-1-3 양식의 제목을 삭선 후 관리전환증으로 작성하여 전산입력하고 일일거래기록 대조로 결과를 확인하고 반납시에는 관리전환증, 장비종합이력부, 장비등록증, 인도검사표를 구비서류로 준비하며 문서식별부호는 사단간 관리전환시 인계부대는 'M16'을, 인수부대는 'M15'를 사용하고 편성부대간 관리전환시는 'M17'을 사용한다.

다음은 장비보급거래에 대해 주기적으로 실시하는 장비보급거래 결산에 대해 알아보자.

① 편성부대~자원관리부대간 : 자원관리부대 전산장비에 편성부대별 장비재산대장철을 유지하며 매 월말을 기준으로 월간 장비거래현황을 파악하여 해당 장비출납관과 운용관간에 상호 대조한 후 결산한다.

② 자원관리부대~군지사간 : 군지사 전산장비에 거래부대별 장비재산대장철을 유지한 후 매월말 장비거래현황에 대해 결산을 실시하며 분기말 자원관리부대별로 장비재산대장철을 보고받아 군지사에 보유중인 장비 재산대장철과 비교하여 불일치 항목을 자원관리부대로 전송한다.

불일치 항목을 전송받은 자원관리부대는 장비거래내역을 검토하여 수정후 군지사에 보고한다.

③ 군지사~군수사간 : 군수사 전산장비에 각 군지사별 장비 재산대장철을 유지한 후 매 월 말 장비거래현황에 대해 결산을 실시한다.

분기말 각 군지사별로 장비재산대장철을 보고받아 군수사에 보유중인 장비 재산대장철과 비교하여 불일치 항목을 군지사에 전송한다. 불일치 항목을 전송받은 군지사는 장비거래 내역을 검토하여 수정 후 군수사에 보고한다.

다. 장비등록

장비의 등록 및 이동사항을 관리하여 등록 장비의 제원 및 도입년도별 현황을 유지하며 장비의 정확한 이력 및 등록사항을 기록 유지한다.

등록 대상 장비는 지상공통장비와 타군지원 공통장비가 있다. 먼저 지상공통장비는 각 군이 보유하고 있는 지상 공통 장비 중 완성장비 등록을 원칙으로 하며 대상 장비는 군수사 보급창 수입 장비와 수요지 직납 장비, 미등록장비, 정부기관 또는 민간인으로부터 기증된 장비 등이다. 특히 등록대상장비를 별도 선정할 때에는 군수사령관의 승인을 득해야 한다. 타군지원 공통장비는 육군이 보유하고 있는 해군 및 공군 지원 공통장비는 지원군에 등록함을 원칙으로 하며 대상 장비는 선박장비와 낙하산 장비, 정밀측정 장비 등이며 등록된 장비에 한하여 정비 지원함을 원칙으로 하며 등록 대상 장비를 별도 선정할 때는 지원군과 피지원군의 협의 하에 지원군 군수사령관이 결정한다.

장비등록 절차는 다음과 같다.

① 군수사 보급창 수입 장비 : 그림과 같이 장비납품시기와 동일하게 장비재산대장철과 장비등록철을 반드시 기록 계정하여야 한다. 육본 장비담당자는 장비도입 계획에 의거 각군별/사단별 장비 분배계획을 수립하여 군수관리관실과 군수사에 통보한다. 단, 육군 비통제 장비는 군수사에서 통제계획을 작성하여 군수관리관실 및 육본에 보고한다. 업체는 납품조서(FMS 및 상업구매장비 포함) 및 장비등록 제원표를 장비와 함께 기지 보급창에 납품한다. 군수사보급창은 군수사에 장비수입 보고 및 장비 일련번호와 자원관리 부대부호를 전송하고 납품 조서를 제출한다. 군수사 기능처장은 등록제원 및 수입보고 결과에 의거 3근무일 이내에 등록번호를 부여하여 장비등록철에 추가하고 장비를 불출 조치한다. 군수사는 육군본부로부터 하달되거나 자체 작성된 장비 분배계획표에 의거 각 군지사에 분배 보급할 장비 송증(육양7348-1), 장비보급거래현황(KD1030), 송증 송달목록(KB10 57), 장비등록철을 군지사에 전송한다. 이때 군수사 전산실은 각 군지사별 장비재산대장철과 장비등록철을 장비불출현황에 자동으로 수정하여 기록한다.

〈군수사 보급창수입장비 보급/등록절차도〉

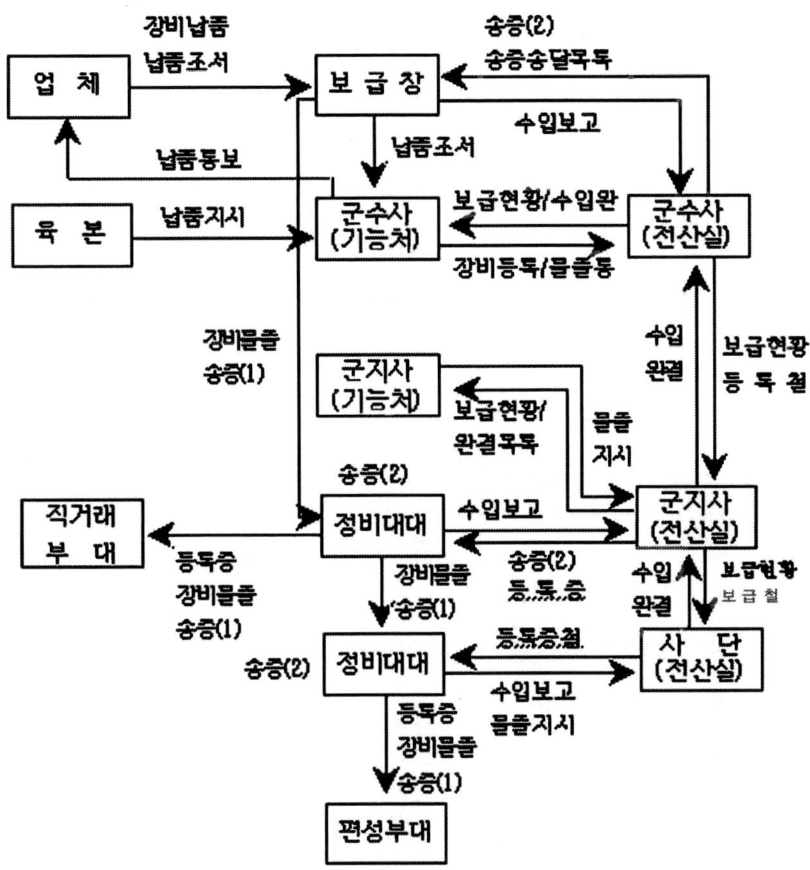

군지사는 군수사로부터 전송된 장비보급거래현황(KD1030)과 장비등록철을 군지사 예하 정비대대의 수입송증(육양1348-1)과 대조하여 일치여부를 확인하여 수입계정한 후 군사령부 군수처 및 군수사(육본)로부터 하달된 장비분배계획에 의거 다시 각 부대에 보급한다. 각 부대에 보급할 장비송증(육양 1348-1)과 장비 보급거래현황(FD1030), 송증송달목록(FD1050), 그리고 장비 등록철을 각 자원관리부대에 전송한다.

군지사와 직거래하는 부대는 군지사 예하 정비대대에서 장비등록 및 이동사항을 기록한 후 장비등록증 2부를 출력하여 장비 인수관이 날인한 후 1부는 정비대대에 보관하고, 1부는 장비사용부대에 보급한다. 사단급 자원관리부대의 장비담당관은 군지사로부터 전송된 장비보급거래 현황(FD1030)과 장비등록철을 수령한 수입송증(육양 1348-1)과 대조하여 수입계정후 군수처로부터 하달된 장비분배계획에 의거 각 부대에 보급할 장비송증(육양 1348-1)과 장비등록증(육양4-1-20) 2부를 출력하여 장비등록 및 이동사항을 기록한 후 정비대 장비 인수관이 날인하여 1부는 정비대에 보관하고, 1부는 장비 사용부대에 하달하며, 각 편성부대별 장비재산대장철과 장비등록철을 자동 수정 입력 기록한다. 각 편성부대는 장비 인수와 함께 장비재산대장(철)에 기록 계정하고 장비 종합이력부(육양 4-1-29)를 기록하여 장비인수 및 등록증(육양 4-1-20)과 합철 보관한다.

② 수요지 직납장비 : 그림 에서와 같이 기지보급창을 경유하지 않고 수요지 직납되는 등록 장비도 장비납품 시기와 동일시점(5근무일 이내)에 장비재산대장철과 장비등록철을 반드시 기록계정하여야 한다. 육본 장비담당자는 장비도입 계획에 의거 각군/사단별 장비분배 계획을 수립하여 조달본부 및 군수사와 해당부대에 통보한다. 업체는 납품조서와 장비를 사용부대에 납품한다. 이때 납품조서(장비등록제원)에 장비인수 부대장의 인수확인 날인(장비 제원표에 부대명 기록)을 받고 다시 1근무일 이내에 조달본부에 장비제원표 1부를 제출한다. 장비 제원표를 접수한 조달본부는 3근무일 이내에 군수사(서울연락관실)로 통보하며 군수사(서울연락관실)는 장비제원표를 1근무일 이내에 군수사 기능처에 보고한다. 장비제원표를 접수한 군수사 기능처장은 4근무일 이내에 장비 분배계획에 의거 보급조치와 등록번호를 부여 전산 입력하고 군수사 전산실장은 입력된 장비분배계획에 의거 각 군지사별 장비재산대장철과 장비등록철을 수정하고 장비수입현황(KD1030)과 장비등록철을 각 군지사에 전송한다. 군지사는 군수사로부터 전송받은 장비수입현황과 장비등록철에 의거 시설 및 각 거래부대별 장비재산대장철과 장비등록철을 자동 수정 기록하고 각 자원관리부대에 전송하며, 장비수입현황을 출력하여 기능처에 통보한다. 자원관리부대는 군지사로부터 전송된 장비등록철에 의거 장비등록철에 추가하고, 수입현황에 의해 시설장비 재산대장철을 자

동 수정 기록한다. 각 편성부대는 장비보급 송증과 장비등록증을 인수받아 장비재산대장철에 기록계정하고, 장비종합이력부(육양 4-1-29)와 장비등록증을 합철 보관한다.

〈수요지 직납등록장비의 보급/등록절차도〉

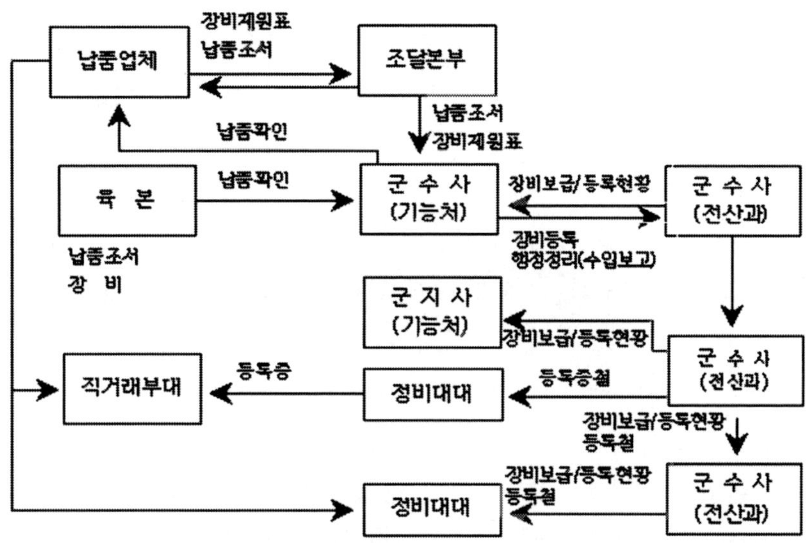

③ 기타 보급거래 및 등록절차 : 기타 보급거래란 등록된 장비가 관리전환, 손망실, 정비반납, 폐품반납, 재생 후 재보급, 정비 후 재보급 등의 거래가 발생된 것을 말한다.

1) **등록장비의관리전환시 보급거래 및 등록변경 절차**

등록장비의 관리전환시 보급거래 및 등록변경 절차에는 자원관리 부대내에서의 관리전환과 자원관리부대간의 관리전환 등 2가지 형태가 있다. 먼저 자원관리부대에서의 관리전환절차에 대해 알아보면 자원관리부대의 군수처는 장비인수 및 인계부대와 장비출납을 책임지고 있는 정비대(대)에 관리전환 지시를 전문 또는 공문으로 하달한다. 장비 인계부대장은 관리전환할 장비를 선정하여 장비보급거래문서(육양4-1-4) 3부와 장비등록증(육양 4-1-20), 장비종합이력부(첨부물 : 검작지, 운행증 포함)를 정비대(대)의 출납관에게 제출하여 확인 통제를 받은 다음 장비와 함께 장비 인수부대장에게 인계한 후 장비보급거래문서 1부는 인계부대에, 1부는 정비대의 출납관에게 제출한다. 장비 인수 부대장은 전산보급거래문서(육양 4-1-4) 1부와 장비등록증(원본), 장비종합 이력부를 인수하여 보관한다. 정비대(대)의 출납관은 장비 인수/인계부대가 상호 확인 날인된 장비보급거래문서(육양 4-1-4)와 장비등록증(사본) 1부에 의거 전산기내의 장비재산대장철과 장비등록철을 자동 수정 기록한다. 이때 인계/인수된 장비에 대해 전산기내 수록된 장비운영/정비기록제원을 동시에 변경하여야 한다. 사단급 자원관리 부대내에서의 변경은 지역지원 군지사에 보고하지 않고 분기말에 편성부대 장비현황 및 등록현황 보고시에 종합 보고한다.

두 번째로 자원관리 부대 간에 관리 전환할 경우에는 육본 및 군사급에서 장비 조정을 지시하는 경우로서 육본 및 군사에서 장비인수 및 인계부대와 장비 출납책임을 지고 있는 군지사에 관리전환 지시를 전문 또는 공문으로 하달한다. 장비 인계 부대장은 관리 전환할 장비를 선정하여 장비보급거래문서 3부와 장비 등록증(육양 4-1-20), 장비종합이력부(첨부물 : 검작지철, 운행철, 장비정비철, 장비종합 이력철을 기록한 디스켓)을 상비 인수부대장에게 장비와 함께 인계하여 인수부대장의 확인 날인을 받은 후 장비보급거래문서(육양 4-1-4)와 장비등록철을 군지사 전산실로 관리전환(인계) 완결 보고하며, 전산기내 해당 장비에 관한 장비운영/정비관리 기록을 삭제한다. 장비 인수 부대장은 장비보급거래문서(육양4-1-4) 1부와 장비등록증 원본, 장비종합 이력부를 인수하여 보관하며 디스켓에 수록된 해당장비에 관한 장비운영/정비관리 기록을 전산기내에 수록후 인수한 장비관리 전환증과 장비등록철을 군지사 전산실로 관리전환(인수) 완결 보고한다. 군지사 장비출납관과 전산실장은 장비 인계/인수 부대장으로부터 전송받은 장비관리전환 내역과 장비등록철을 확인 대조한 후 군지사 전산기내에 있는 장비 재산대장철, 장비등록철을 자동 수정 기록한다. 이때 변경내역을 즉시 군수사에 보고하지 않고 분기말에 편성부대 장비현황 및 등록현황을 보고시에 종합 보고한다.

2) 정비 의뢰시 장비보급거래 및 등록변경 절차

정비 의뢰시 장비보급거래 및 등록변경 절차에는 크게 3가지의 형태로 이루어지고 있다. 첫 번째는 야전 및 창 정비의뢰로 인한 장비 반납시 M/F장비와 완전 교체할 경우이다. 장비정비 의뢰 부대장은 장비 검사결과 4계단 및 5계단 정비를 위해 M/F장비와 완전 교체할 것으로 판정되면 검사작업지시서(육양4-1-25) 2부와 장비등록증(육양4-1-20)원본을 정비대(대) 장비출납관에게 제출한다. 장비출납관은 정비의뢰 장비대신 M/F장비를 불출하고 M/F장비의 등록증 원본을 불출한다. 이때 반납한 장비의 등록증과 불출한 M/F장비의 등록증에 의거 장비 정비의뢰부대는 장비반납 내용을, 장비출납관은 M/F장비의 관리전환 및 상태 전환 내용을 전산보급거래문서(육양4-1-4)에 작성 입력한다. 상기 사항은 군지사 또는 군수사에까지 장비가 후송될 경우 (1), (2)와 같은 요령으로 전산보급거래문서(육양4-1-4)에 작성 입력하여 군지사 또는 군수사의 장비현황을 자동기록 계정한다.

두 번째는 야전 정비의뢰로 인한 장비반납시 일시적으로 M/F장비를 수령하고 정비완료후 정비의뢰 장비를 인수하고 M/F장비를 다시 반납할 경우이다. 장비 입고시 정비의뢰 부대장은 정비의뢰 장비의 등록증과 장비종합이력부를 검작지와 함께 정비의뢰하고 대체할 M/F장비의 등록증과 장비종합이력부를 인수받아 보관 운영하며, 정비반납과 M/F장비 수령 내용을 각각 전산보급거래문서(육양4-1-4)에 작성 입력하여 장비등록철의 내용을 수정한다. 장비 출고시 정비의뢰 부대장은 M/F장비의 등록증과 장비종합이력부를 반납하고 정비의뢰 장비의 등록증과 장비종합이력부를 수령하며, 정비후 구장비 수령과 M/F장비의 반납 내용을 각각 전산보급거래문서(육양4-1-4)에 작성 입력하여 장비등록철의 내용을 수정한다.

세 번째는 창정비로 인해 재생 후 장비등록 내용이 완전 변경되었을 경우이다. 군수사 보급창 수입등록장비의 보급 및 등록업무의 일원화 절차와 동일한 요령으로 등록증을 재발급한다. 또한 장비보급거래 현황

(KD1030)과 장비등록증(재생)에 의거 각 제대별(군수사, 군지사, 사단) 전산재산대장철과 장비등록철을 자동수정 기록 변경한다.
최종적으로 정비의뢰로 인한 장비재산대장철과 장비등록철의 변동현황을 제대간에 월 단위로 결산을 하여 기록계정을 철저히 확인하고, 군지사내의 변동사항은 변동 즉시 군수사에 보고하지 않고 분기말에 편성부대 장비현황 및 등록현황을 보고시에 종합 보고한다.

3) 폐품반납 및 사용가 반납으로 군수지원시설(사단/군지사/군수사)에 반납시의 장비보급거래 및 등록변경 절차

먼저 자원관리부대의 군수처는 편성부대로부터 폐품반납대상 등록장비를 문서상으로 보고받아 도태여부를 결정한 다음에 편성부대와 정비대(대)에 반납지시를 전문으로 하달한다. 편성부대는 전산보급거래문서(육양4-1-4) 2부와 장비등록증 원본과 장비종합 이력부를 장비와 함께 정비대(대)에 반납한다. 반납을 받은 정비대(대)장은 즉시 상호 날인된 전산보급거래문서(육양4-1-4)와 장비등록증(원본)에 의거 장비 재산대장철과 장비등록철을 자동 수정한다.

4) 야전 폐처리 종결장비의 반납 및 등록해제 절차

군지사와 군수사에서 각각 수행해야할 업무로 세부내용은 다음과 같다. 먼저 군지사에서 수행해야할 업무로 각 군지사는 야전 폐처리 종결된 장비는 장비반납증(육양4-1-4)과 장비등록증(원본)에 의거 장비재산대장과 장비등록철을 감소 정리하고 그 결과를 3근무일내에 군수사로 보고한다. 폐처리 장비는 특히 재고번호, 장비등록번호 및 일련번호를 정확히 확인하여 전송하여야 한다. 폐처리한 장비의 이력봉투는 장비종결처리부대에서 3년간 보관후 문서이관하고 장비등록증(철)은 장비와 동시 폐기한다. 다음으로 군수사에서 수행해야할 업무로 군수사 전산실에서는 폐처리 품목이 등록장비일 때는 등록장비철의 변동란에 정리하고 폐처리 품목이 복구성 품목일 때는 거래부대 복구성 품목철을 정리(감소)한다. 그리고 처리내용을 일일거래목록에 수록하여 기능처 및 거래부대에 통보하며 월간 폐처리 결과를 종합 출력하여 기능처에 통보한다. 군수사 기능처에서는 전산실로부터 일일 거래목록을 접수하여 야전 폐처리 품목이 등록장비 일 때는 장비등록철을 정리한다. 폐처리 품목이 복구성 품목일 때는 정비대충량 판단자료를 정리한다.

5) 등록장비의 손망실인 경우 업무처리 절차

편성부대에서 지휘관 확인서와 손망실 보고서(육양0-3-1), 전산보급거래문서(육양4-1-4)를 작성한 후 물품출납공무원에게 제출한다. 손망실처리규정(육규197) 제23조에 의거 물품출납공무원은 전산보급거래문서(육양4-1-4)에 의거 장비재산대장철과 장비등록철을 수정한다. 편성 및 자원관리 부대는 5근무일 이내에 해당장비의 지휘관 확인서, 손망실 보고서를 송부하고 전산보급거래문서(육양4-1-4)를 군지사 및 군수사에 전송하면 군지사 및 군수사는 전송받은 전산보급거래문서에 의거 보유중인 장비재산대장철과 장비 등록철을 정리(감소)한다.

④ 미등록 및 기증장비 보급 및 등록절차 : 미등록 및 기증장비가 발생하였을 경우에는 발생부대에서 전산보급거래문서(육양 4-1-4)에 의거 장비재산대장철에 기록 계정하며, 등록장비인 경우 장비인수 및 등록문서에 의거 군지사를 경유하여 군수사에 보고하면 군지사 및 군수사는 이를 각각 장비재산대장철에 기록 계정한다. 군수사는 장비보급과 동일한 절차에 의거 미등록장비에 대하여 등록번호를 부여하며, 이를 군지사에 전송하면 군지사에서는 장비등록철에 등록후 해당부대에 전송한다. 해당부대에서는 전송된 자료에 의거 장비등록철에 추가한다. 편성부대에서 등록되지 않는 장비를 보유할 경우에는 정비 및 유지비가 미지급되므로 반드시 등록하여야 한다.

다음은 장비등록증 관리에 대해 알아보자.

① 배부방법 : 장비등록증 배부방법은 먼저 군수사 전산실은 등록된 장비등록철을 각 군지사에 전송한다. 군지사는 군수사에서 전송받은 장비등록철을 사단급 자원관리부대인 경우에는 사단전산실에 장비등록철을 전송하고, 군지사와 직거래하는 부대는 예하 정비대대로 장비등록철을 전송하여 정비대대에서 장비등록증을 출력하여 장비등록증 원본은 장비와 함께 사용부대에 송부하며, 부본은 정비대대에 보관한다. 사단 전산실

은 군지사에서 전송받은 장비등록철로 장비등록증철을 생성하여 정비대로 전송하며, 정비대는 장비등록증을 출력하여 원본은 장비와 함께 편성부대에 송부하고 부본은 정비대대에 보관한다.

② 보관유지 : 등록증 보관 방법은 먼저 원본의 경우 장비와 함께 사용부대에서 이력 봉투에 보관하며 부본은 정비대(대)에서 정비지원 기간동안 보관한다. 제대별 장비등록증(철) 보유기준은 아래와 같다.

구 분	편성부대	자원관리부대	군 지 사	군 수 사	육 본
장비등록철 (전산자료철)	○	○	○	○	○
장비등록증 (전산출력지)	○ (원본)	○ (부본)	×	×	×

③ 장비등록증의 망실 : 장비등록증을 망실한 편성부대장은 다음 구비서류를 구비하여 망실일로부터 3근무일 이내에 시설 부대장에게 재교부 신청을 하여야 한다(지휘관 이유서 1부, 재교부 신청서 1부).

3. 장비도태 및 불용처리

군 보유중인 노후장비를 적기에 도태 및 처리하여 경제적이고 효율적인 장비관리를 유지하며 정확한 교체소요를 파악, 중기계획에 반영함으로써 정상 장비 수준향상을 기여하는데 있다. 장비도태 및 불용처리 업무는 참모총장으로부터 군사령관, 군수사령관, 군지사령관 등에 의해 수행되도록 제도적으로 개선 및 발전시키도록 책임이 부여되어 있다.

가. 장비도태계획 수립

노후장비 도태 중기 계획서는 대상기간 중 육군의 전력증강과 운영유지를 위한 연계업무로서 중기 도태계획 작성에 필요한 기본 자료를 제공한다. 노후장비 도태계획은 5개년간 노후 도태 대상장비를 사전에 예측, 판단하여 F+6년도를 목표로 계획하고 그 후 F년도가 될 때까지 매년 수정 보완하여 기준년도(F년도) 계획에 예산요구의 기초자료가 될 수 있도록 연동적으로 적용한다.

노후장비 도태계획은 자연도태 및 계획도태를 포함하여 수립하고 계획기간중의 연도별 장비 보유 목표수준과 정상장비 목표수준을 설정한다. 장비도태심의대상장비 및 특별관리장비로 규정된 장비에 대하여는 도태계획과 보충계획이 연계되도록 하여야 한다. 노후장비의 도태계획은 정상장비 목표수준을 달성할 수 있도록 수립하여야 하며, 도태계획에 상응하는 물량을 보충할 수 있도록 방위력 개선계획의 관련사업에 반영하여야 한다. 비편제장비는 특수소요나 향후소요를 제외한 초과량에 대해서는 도태계획에 반영후 처리한다. 주장비와 보조장비로 구성되는 혼성장비의 도태계획은 분리해서 작성한다. 다만, 주장비에서 분리가 불가능한 보조장비는 주장비 처리에 준한다.

노후장비 도태계획수립을 위한 제대별 임무는 다음과 같다.

① 사단급 이하부대에서 매년 작성되는 도태계획은 사단 및 군수지원부대 장비검사관의 기술검사 결과를 근거로 하여 작성하고 군수지원사령부에 통보하고 지휘계통으로 보고한다.

② 육직, 교육사, 군수사 부대는 매년 도태계획을 수립하여 지원계통 통보 후 지휘계통으로 보고한다.

③ 군사령부/군수지원사령부는 매년 연동제로 도태계획을 수립하여 군수사령부로 통보한다. 군수사령부는 각 군사령부에서 작성한 노후장비 도태계획을 검토 조정하여 전력 단위 부대별로 작성 육본에 보고한다.

④ 육본(군수참모부)에서는 군수사령부 도태계획을 검토하여 육군 노후장비 도태계획을 작성, 국방부에 보고하고 각군 및 군수사에 하달하며 도태장비 보충계획을 국방중기 계획에 반영한다. 또한 합참 노후도태 심의대상장비에 대한 장비도태 건의서를 군수사령부로부터 육본군참부 및 기참부에서 동시에 접수하여 관련 서류를 검토하며 합참 건의는 기획관리 참모부에서 실시한다. 제대별 노후도태계획 작성시기와 보고절차는 아래와 같은 절차로 이루어진다.

〈제대별 작성시기 및 보고절차도〉

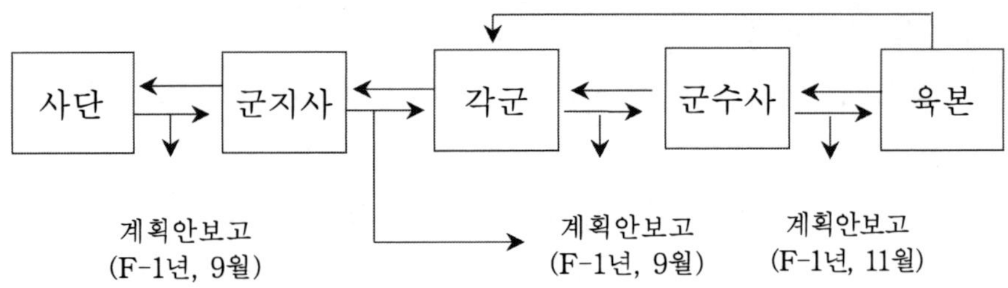

먼저 각 사단 및 육국직 부대는 5년간(F+2~F+6)의 도태대상 장비에 대한 기본 도태계획을 작성하여 F-1년 7월말까지 해당지원 군수지원 사령부로 통보하고 지휘계통으로 보고한다. 각군/군수지원사령부는 당해연도 부대별 보충계획을 접수후 5년간(F+2~F+6)의 도태계획을 작성, F-1년 9월말까지 군수사령부로 통보한다.

군수사령부는 각 군계획을 검토 조정후 F-1년 11월말까지 육군본부에 보고한다. 이때 전력단위별 분류 내용을 포함한다. 도태계획에 의한 처리실적은 매반기별로 각군지사에서 종합 검토후 익월 15일까지 군수사로 통보하고 군수사령관은 익월 말까지 전군 현황을 종합검토후 붙임 "4" 양식에 의거 육군본부(군수참모부)로 보고한다.

장비별 종결처리는 도태 대상장비를 어느 제대에서 어떻게 처리할 것인가?에 대한 세부절차를 설정하는 것으로 세부내용은 아래와 같다.

구 분	선 정 기 준	처 리 절 차
야전종결 장 비	• 군·민 공통장비로 정비기술이 보편화된 상용 장비류 • 장비도태계획에 포함된 희소장비류 • 기타 기지 후송보다 야전정비가 경제적인 장비	야전에서 최대한 정비하여 사용한 다음 폐처리 실시
기지종결 장 비	• 기지정비 대상 장비 • 국고장비중 대형, 소형 정밀 장비 • 군원장비(미군시설 반납 고려)	창 후송하여 창에서 검사 후 재생여부를 판단하여 재생 및 폐처리 실시

다. 장비불용처리

불용결정이란 국방부 및 그 직할 기관장과 참모총장이 사용 필요성이 없는 군수품(불용품 또는 잉여품) 또는 예측할 수 있는 장래의 수요를 초과하는 재고가 있는 군수품(초과품)중 관리전환에 의하여 적절히 처분할 수 없거나 정비의 가치가 없는 군수품(사용불가능품)이 있을 때에는 그 군수품에 대하여 불요품(잉여품), 초과품 또는 사용불능 등을 결정하는 것을 말한다.

장비불용 처리는 신무기체계 도입으로 도태계획에 포함되어 있거나 재생여부를 판단하여 재생불가한 장비는 군사목적에 사용할 수 없도록 하고 효율적으로 처리하여 경제성을 도모하는데 그 목적이 있다.

불용결정 대상 장비는 다음과 같다.

① 신무기체계 도입으로 인하여 사용의 필요성이 없어진 군수품

② 비편제 및 잉여품

③ 노후화로 인하여 안전에 위험이 예상되는 군수품

④ 대결함 발생으로 복구 불가능한 군수품

⑤ 정비비가 경제적 수리한계를 초과한 군수품, 다만 무기체계 장비중 정비비가 경제적 수리한계를 초과한 경우라도 대체 무기체계 장비가 없는 경우에는 계속 정비 사용할 수 있다.

⑥ 장비 도태 및 무기체계 변경으로 군 수요가 없는 탄약류 등이다.

다음은 불용결정 판단기준에 대해 알아보자

① 대결함 발생으로 복구 불가능한 장비 판단 기준

구분	내용
총기류(소 · 중화기, 무반동총)	총몸, 균열 및 파손
차량류(일반/특수차량)	후레임 균열 및 파손
항 공 기	심대한 기골 결함으로 수리 불가시
함 정	전체 노후화 및 파손 등으로 수리부속 불가시
기타장비	수리가 불가한 장비

② 경제적 수리한계 적용 대상 장비 불용결정 판단기준 : 장비의 불용결정 기준은 비재생 대상 장비와 재생 대상 장비로 구분 적용한다. 야전 종

결장비는 비재생 대상 장비로 분류한다. 창으로 후송되는 장비(상용, 비표준 포함)는 비재생 대상 장비와 재생 대상 장비로 구분한다.

1) 비재생 대상장비의 불용결정기준

비재생 장비의 정비비가 비재생 대상장비의 정비 후 활용가치보다 클 때는 불용결정한다. 정비비는 군에서 직접 정비할 때에는 재료비만을 기준으로 하고 외주정비를 할 때는 견적가를 기준으로 한다. 비재생 장비의 정비후 활용가치는 다음 공식에 의거 산정한다.

정비 후 활용가치 = 신품 장비 가격×정비후 잔여수명÷신품장비 평균수명

정비 후 잔여수명은 신품장비 평균수명에서 대상장비의 현재 사용년수를 감하여 산정한다. 신품장비 가격은 최근 조달가격(당해년도 및 전년도)를 적용하고 최근 조달 실적이 없는 경우에는 표준단가를 적용한다.

2) 재생 대상 장비의 불용 결정기준

재생 대상장비의 재생비가 재생후 활용가치보다 클 때 불용 결정한다. 재생비는 군에서 직접 재생할 때에는 재료비, 비생산 노무비를 제외한 생산 노무비 및 제경비를 합산한 금액을 기준으로 하고 외주정비시에는 견적가를 기준으로 한다. 재생후 활용가치는 다음 공식에 의거 산정한다.

재생 후 활용가치 = 신품 장비 가격×재생후 잔여수명÷신품장비 평균수명

재생장비 평균수명은 1차 재생 후 재생을 위한 후송 또는 폐기시까지의 평균 사용기간으로 한다. 수명자료가 축적되지 아니한 장비의 경제적 수리한계 비율은 유사장비의 경제적 수리 한계 등을 고려하여 정하되 40% 이상을 적용하여야 한다.

3) 정비 및 폐품분류

정비 및 폐품분류 기준은 아래와 같이 정비 후 활용가치가 정비원가보다 클때에는 정비를 하고 활용가치보다 정비원가가 클 경우에는 폐처리한다.

정비 : 정비(재생)후 활용가치 〉 정비원가 폐품 : 정비(재생) 후 활용가치 〈 정비원가

4) 경제적 수리한계가 초과된 품목은 원칙적으로 정비를 하지 않으나 대체 무기체계 장비가 없거나 군 작전 소요와 장비의 특성에 따라 계속 유지가 불가피할 경우, 폐처리 승인권자의 승인을 얻어 경제적 수리한계를 초과하여도 정비할 수 있다.

다음은 장비상태분류 기준에 대해 알아보자. 장비상태를 분류할 때에는 장비검사를 통하여 정확한 장비상태를 파악하고 현황을 유지하여 정비계획 수립의 기초제원으로 활용하고 장비 전투준비태세 평가기준을 제공한다. 장비의 질적 평가기준은 아래와 같다.

① 분류기준 “A”(완전임무수행 가능) : 주장비와 보조장비 및 부수장비가 정상 가동상태를 유지하고 있는 장비로 즉각 임무수행에 투입가능한 장비를 말한다.

② 분류기준 “B”(임무수행 제한) : 주장비는 정상 가동상태를 유지하고 있으나 보조장비와 부수장비중 일부가 불가동 상태에 있는 장비로 비상 임무수행은 가능하나 정상임무수행에는 제한을 받는 장비를 말한다.

③ 분류기준 “C”(요정비) : 주장비가 불가동상태인 장비로 경제적 수리한계를 초과하지 않는 상태의 정비대기 장비와 순환정비 및 부대정비중인 장비 또한 가동은 되나 임무수행이 불가능한 장비를 말한다.

④ 분류기준 “D”(폐품 및 도태장비) : 경제적 수리한계를 초과한 장비로서 폐처리 및 도태 대기장비와 본래의 사용 목적대로 사용할 수 없는 상태의 장비를 말한다.

다음은 경제적수리한계가 초과된 장비에 대한 불용결정 승인절차에 대해 알아보자.

① 승인건의 구비서류(야전종결장비) : 편성부대에서 군지사로 불용결정 승인을 건의할 때에는 다음과 같은 서류를 구비해야 한다. 장비별 불용결정 판단서 1부, 불용결정 승인신청서 1부, 장비종합이력부 (정비기록내용포함) 사본, 불용결정 승인을 건의한 장비의 사진(국방부 승인대상장비만 해당), 장비등록증 사본(등록대상장비만 해당), 검사

/작업지시서 1부 등이다

② 불용 결정 승인 권한 : 장비의 불용결정 권한은 장비의 중요도에 따라 군지사령관까지 위임되는데 장비별 불용결정 승인권한은 다음과 같다.

구분		대상 장비
국 방 부 장 관		전차, 장갑차, 자주포, 견인화포, 유도무기, 헬기/지원기
참모총장	야전종결	○ 군사령관 – 통상품중 1,000만원이상 장비(승용차, 버스) – 특별관리 장비 : 건설중기, 덤프, 5톤이상 구난차 ○ 군지사령관 – 통상품중 1,000만원이하 장비 – 특별관리 장비를 제외한 전 장비
	창종결	○ 군수사령관(정비창장에게 권한 위임)

③ 승인절차

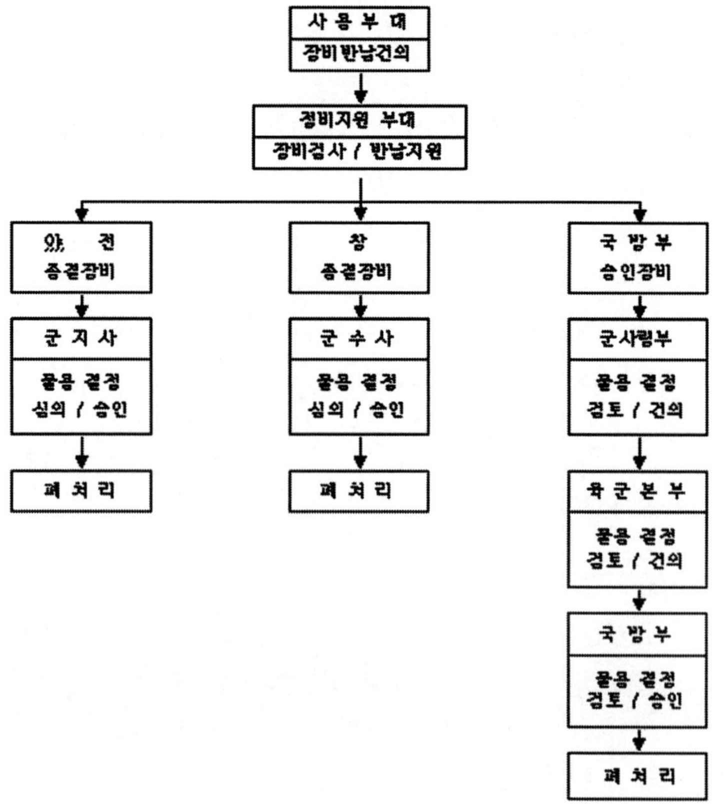

④ 장비폐처리 : 폐처리란 경제적 수리한계가 초과되고 정비 및 재생작업을 할 가치가 없는 품목과 재생과정에서 발생하는 장비 및 부품결합체에 대하여 군 보유 자산에서 삭제하는 것을 말한다. 폐처리 수행 지침은 다음과 같다.

먼저 불용결정이 승인된 야전정비 및 창정비종결장비(원형처리 대상장비 포함)는 사용가능 수리부속품을 최대한 취발, 재활용 후 처리한다. 불용결정이 승인된 야전종결장비 / 창종결장비의 사용불가 수리부속품은 비군사화 시행후 수집소로 반납한다. 단, 총열 및 총기류 수리부속품은 원형대로 반납한다. 비군사화 대상은 살상무기 등 군 외에서 군 전투 목적으로, 사용되어서는 안되는 장비와 차량, 중기 등 등록관청의 등록을 요건으로 민간 재사용 가능 장비, 기타 민간에서 정비 또는 재생 후 군수품과 동일하게 시장활성화할 우려가 있는 품목 등이다. 비군사화 작업방법은 절단, 마멸, 변형, 용해 등으로 원형을 변경하되 과잉처리로 인한 인력 및 예산의 낭비를 초래하지 않도록 한다.

제3절 정비 근무

1. 정비계획 및 능력판단

가. 정비계획

정비계획은 장비를 획득하는 과정에서부터 운용기간까지의 획득순기 비용을 최소화하고 장비의 전투준비태세완비를 위하여 수립한다. 즉 장비획득시 정비계획이 수립되어 기본설계에 반영됨으로써 이에따라 기술교범이 작성된다. 이 기술교범은 정비계획 수립의 기초를 제공하고 또한 획득된 장비의 정비소요 대 능력을 판단하여 제대별로 적절한 정비계획을 수립하게 함으로써 장비전투준비태세 유지에 기여할 수 있기 때문에 사전에 준비하여야 한다. 정비계획은 장비의 전 수명기간 동안에 검토되고 보완되므로 아래 사항을 고려하여 정비계획을 수립해야 한다.

- 정비량 판단 및 분석
- 정비인원 편성의 적절성
- 장비별 부품별 정비소요 인시
- 정비 대충장비 운용계획
- 정비지원 제대의 결정
- 정비 할당표

정비계획은 장비별 획득과정에서부터 수명주기의 전 단계에 적용하여 계획하지만 특히 운용과정에서 적절한 정비계획이 수립됨으로써 장비전투 준비태세를 유지하는데 큰 역할을 한다. 특히 장비가동률을 향상시키기 위해서는 제대별 즉 부대정비, 야전정비, 창정비 지원계획을 가장 효율적으로 수립해야 한다. 제대별 정비계획 수립 방향은 다음과 같다.

① 부대정비계획 : 먼저 부대 정비 계획은 수시 또는 계획에 의해서 실시되지만 편성 및 단위부대의 정비는 예방정비 기록표에 의해 실시되는 계획정비가 큰 비중을 차지하므로 아래와 같이 수립한다.

- 부대 기본임무수행에 지장이 없는 범위 내에서 계획
- 정비계획은 인가된 범위 내에서 수립되고 부대정비요원의 활용이 가능토록 계획
- 인가된 수리부속 정비장비, 공구, 정비시설의 활용 여부를 고려하고 수리부속의 교환, 주유 및 조정 등에 국한하여 계획
- 장비의 특성에 따라 정비주기를 별도로 설정한다.

② 야전정비계획 : 야전정비 계획은 직접지원 정비계획과 일반지원정비계획으로 구분된다. 직접지원정비는 이동정비, 입고정비 등으로 실시하며, 기술검사 결과 정비소요에 의한 이동정비와 정비시설, 고장 정도, 제반여건 등이 현장정비가 불가능시 입고정비를 실시하고, 장비 가동 중 정비소요 발생시 편성부대 요청에 의거 실시되는 이동정비가 있다. 전시에는 주로 현장정비에 의존하고 평시에는 이동 및 입고정비 위주로 정비지원이 이루어지므로 정비계획은 이동정비와 입고정비에 국한된다. 이동 정비 및 입고정비 계획시 고려사항은 아래와 같다.

- 기술정비검사 결과 다량 정비소요 발생부대에 우선적으로 실시
- 이동정비계획은 편성부대에 사전 통보하여 최단 시간내 실시
- 급변하는 상황에 대처할 수 있는 근접 정비지원팀이 즉각 지원 가능토록 준비태세 구비
- 입고정비계획은 가능한 최소화 될 수 있도록 해야함
- 입고정비 소요는 정비기록 실적통계 자료를 이용하여 판단하고 과부족시 필요한 조치 사전 강구

일반지원 정비부대는 입고정비 및 순환정비 위주로 실시되지만 이동정비 특정 장비에 국한하여 실시된다. 따라서 정비계획은 입고정비, 순환정비와 최소한의 이동정비에 국한되므로 정비계획을 수립할 경우에 고려할 사항은 아래와 같다.

- 입고정비는 정비기록 실적 통계자료에 의거 소요를 산출하여 계획
- 야전 순환정비는 피지원부대의 정확한 정비실태를 파악하여 정비지원 능력과 대충장비의 확보를 고려하여 계획
- 이동정비는 피지원부대의 임무, 지원부대의 이동정비 능력 등을 분석하여 적절히 계획

정비지원부대는 피지원부대에 대한 정비지원을 효율적으로 실시하기 위해 전 · 평시 정비지원계획을 사전 수립하게 된다. 먼저 평시 정비지원계획은 전년도 정비관리분석 결과를 기초로 매년 1월에 작성하게 되며 계획수립시 포함내용은 당해 년도 상급부대 정비방침을 고려 자대 실정에 맞는 정비방침 설정(정비방법별 어떻게 정비하겠다는 방향 제시)과 정비방법별 정비물량(대수) 설정한다. 정비물량 설정시에는 과거 정비실적 고려 장비별 정비수량을 산정하고 야전 순환정비나 외주정비계획, 기지 순환정비계획도 포함해야 한다. 또한 계획은 연간 일정별 추진계획으로 작성한다.
전시 정비지원계획은 전술적 상황하에서 부여된 임무를 체계적으로 수행하기 위한 부대운용 계획으로서 통상 전투세부시행규칙에 포함되어 있다. 전시 정비지원계획은 평시에 기본계획을 작성 유지하며, 세부시행계획은 상황에 맞게 수시로 작성하며 정비지원계획 수립시 포함사항으로는 첫째 정비지원 방침(지침)으로 정비지원 우선순위(전투부대, 전투지원부대, 기타부대)와 중대별 임무 재진술, 정비지원간 특히 강조해야 할 사항등을 포함하고 둘째는 근접정비제대 운용계획으로 편성/임무, 지휘통제/숙영/생존 대책, 수리부속 추진보급 계획과 근접정비반 능력초과시 정비중대 잠정 보강정비반 편성/지원 계획 등이 포함된다. 셋째 야전 정비수집소 운용 계획은 장소, 정비반 편성, 정비시설 배치계획, 경계계획, D/L장비처리 방침/절차 등을 작성한다. 넷째는 노상구난반 운용계획(장소, 편성, 통신대책, 수행업

무/절차)과 노상순찰반 운용계획(편성, 운용구역, 통신대책)이며, 다섯째는 전시 정비예산 확보/사용계획과 동원업체 통제/운영 계획, 정비/보급 거래선 등이다.

③ 창 정비지원 계획 : 창 정비지원 계획은 육본 정비방침에 의거 순환정비 및 재생으로 구분하며 고려할 사항은 아래와 같다.

- 장기간의 정비기록 통계자료를 기초로 정비소요 판단
- 순환정비 대상장비는 순환정비 주기와 장비상태, 지원능력, 정비대충장비의 확보 상태 등을 고려하여 계획
- 예산의 가용범위와 수리부속의 획득계획을 고려
- 외주 및 해외정비 소요판단 결과 반영

나. 정비능력 판단

정비능력 산출시에는 정비소요와 관련된 모든 영향요소를 고려함이 이상적이나 산출기법상의 어려움 등으로 정비작업에 직접 영향요소인 정비요원능력, 장비/공구 가용능력, 수리부속 가용능력 및 정비시설 가용능력에 한정하여 고려한다. 정비능력판단은 정비소요에 대한 정비 영향 요소별 가용능력을 비교하여 종합적인 정비지원 가능여부를 결정하는 과정으로서 여기에는 지원요소별 과부족의 산출은 물론 각 요소별 문제점의 도출과 이에 대한 대책을 함께 강구하여야 한다.

(1) 정비소요 판단

정비소요는 일정지역과 기간동안 해당지역의 장비를 운용, 유지하는데 소요되는 정비작업량으로서 주기당 정비대상 장비수나 작업인시(Man-Hours)로 표시한다. 정비소요 결정을 위해 해당 정비부대가 지원하는 단위부대의 장비는 유형(Group)별, 제형(Model)별로 그 수량이 파악되어야 하며, 전 · 평시 적용 기준은 다음과 같다.

- 전시 : 편성장비표상의 완편 인가 장비수 또는 감편 인가 장비수와 전시 동원계획의 합
- 평시 : 현 보유 장비수 (배속 운용장비 포함)

손실을 분류하는 기준은

① 손실은 특정부대가 보유중인 장비 및 물자가 여러 가지 원인으로 인하여 사용상의 일체의 결손을 말한다. 손실의 범위는 수리복구가 가능한 것과 불가능한 것을 포함한다.

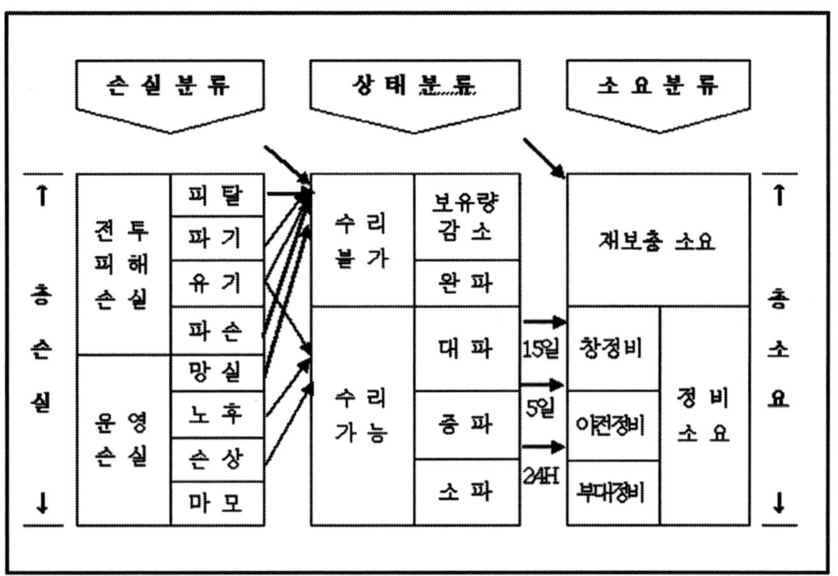

② 평시 손실은 운영손실만이 발생하나 전시손실은 운영손실과 전투피해 손실이 발생한다.
전투피해손실은 적 행동의 결과와 이에 대응하는 아군의 행위로 야기되는 장비/물자상의 손실을 말하며, 적과의 교전으로 인한 피탈, 파기, 유기 및 파손 등의 원인에 의해 발생한다.
운영손실은 부대의 일상적인 업무수행과 관련된 행위로 야기되는 장비/물자상의 결손을 말하며, 운영중의 망실, 수명초과로 인한 노후, 사고에 의한 손살, 정상/비정상 마모 등의 원인에 의해 발생한다.

정비소요 판단을 위한 장비의 상태를 분류하는 기준은 다음과 같다.

① 보유량 감소이다. 이는 보유품목의 감소(피탈, 파기, 유기, 망실 등)로 인한 재보충 대상을 말한다.

② 완파이다. 이는 수리를 통해 장비의 원상회복이 불가능한 상태로서 재보충 대상을 보충한다.

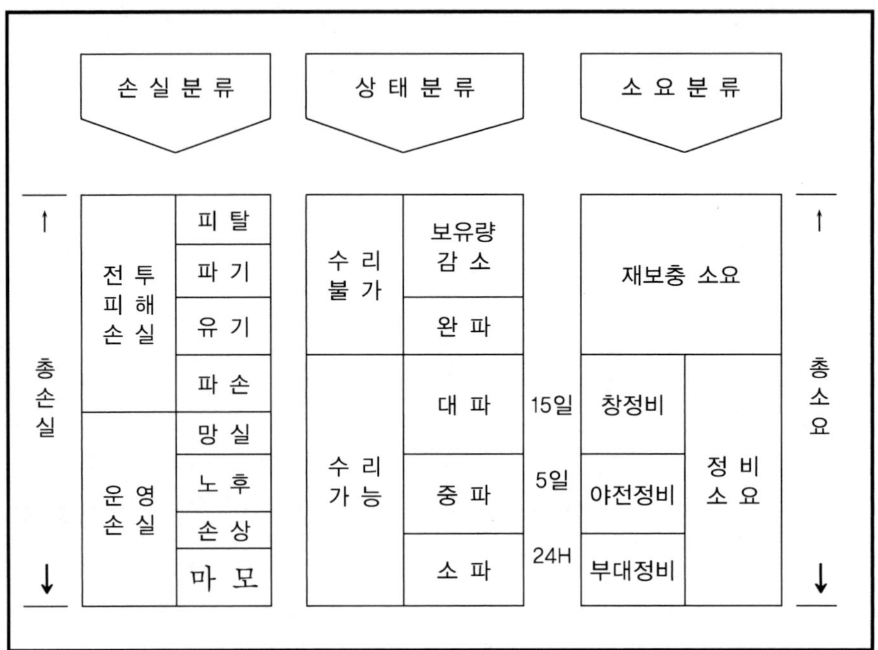

③ 대파이다. 대파는 재생이나 분해수리를 요하는 창정비 대상으로서, 15일 이내에 수리가 가능한 것을 말한다.

④ 중파로 주요 부분품, 결합체 및 구성품의 교환을 요하는 야전정비 대상으로서, 5일 이내에 수리가 가능한 것을 말한다. ⑤ 소파로 약간의 수리로 장비의 기능 회복이 가능한 부대정비 대상으로서, 24시간 이내에 수리가 가능한 것을 말한다.

소요는 특정부대가 임무 및 기능수행을 위하여 일정기간에 요구되는 지정된 품목의 총 수량을 말한다. 보급과 정비지원의 측면에서 소요는 재보충 소요와 정비소요로 구분된다.

- 재보충 소요 : 재보충 소요는 손실중 수리복구가 불가하여 재보충 되어야 할 소요를 말하며, 손실율로부터 산출한다.
- 정비 소요 : 정비 소요는 손실 중 수리복구가 가능하여 운용을 위해

정비가 필요한 소요를 말하며, 창 정비소요, 야전정비소요(직접, 일반), 부대정비소요로 구분된다.

•

용 어 해 설

① **K-2005**

장비 손실율 연구의 명칭, K는 KOREA, 2005는 전시소요기준 연구의 기준연도, 즉 손실률 판단 대상 년도인 2005년을 의미하므로 피, 아 전력을 비롯한 모든 전장상황은 `05년 말 기준으로 판단

② **손실**

보유중인 자원이 전투피해 및 운용과정에서 영구적으로 결손되는 것

③ **손실률**

보유중인 자원이 전투피해 및 운용과정(비전투)에서 영구적으로 결손되는 자원의 일정기간 편제장비수 또는 총 보유수에 대한 비율

④ **일일 손실률**

작전 기간 중 발생한 완파 장비수÷(편제장비수×작전기간)으로 산출하며, 작전기간별, 동원단계별, 누적기간별 손실률로 구분한다.

⑤ **피해**

전시 또는 이에 준하는 국가 비상 사태시 적의 공격에 의하여 특정 표적이 손상 받는 것

⑥ **피해 상태별 비율**

완파, 대파, 중파, 소파의 비율로서 합은 100%가 된다. 다음은 전시 정비소요 산정방법에 대해 알아보자.

전시에 발생하는 정비소요를 계산하는 공식은 아래와 같다.

> 정비소요(장비수) = 투입장비수×손실율×교전형태 가중치×피해지수
> 정비소요(인시) = 투입장비수×손실율×교전형태 가중치×피해지수 ×대당1회 정비인시

전시 정비소요 산출을 위한 손실률 적용 방법에 대해 알아보면 먼저 투입 장비수는 작전기간 중 총 소요와 정비소요의 발생으로 인한 변동을 고려하여야 한다.

그리고 손실률은 적 행동의 직접적인 결과로 인한 전투피해 손실과 부대의 일상적인 업무수행에 의한 운영손실을 합한 총 손실을 결정하기 위한 것으로 백분율로 표시한다. 또한 손실 상태별 비율은 완파, 대파, 중파 및 소파에 대한 발생 비율로서, K-2005의 제원을 적용하며 대당 정비 인시의 제원은 "기능장비별 정비시간 판단 제원" 적용한다. 피해상태별 손실 비율 및 피해지수는 장비 범주를 지상장비와 헬기로 분류하고 교전형태 및 정비계단에 따라 아래와 같이 분류한다.

구 분	교 전 형 태	정 비 계 단
내 용	방어, 공격, 예비, 교착	부대정비, 직접지원정비, 일반지원정비, 창정비

교전형태별 가중치는 공격, 방어, 예비, 교착에 대한 피해상태별 피해량을 산출하기 위한 가중치로서 피해상태별 피해량 산출시에만 적용한다.

구 분	공 격	방 어	예 비	교 착
피해율	0.16	0.20	0.09	0.02
가중치	0.80	1.00	0.45	0.10
산출공식	가중치 = 교전형태별 피해율 ÷ 방어피해율			

지상장비 손실상태별 손실비율 및 피해지수는 아래와 같이 적용한다.

구 분		완 파	대 파	중 파		소 파
				직접지원	일반지원	
공 격	비율(%)	20	16	24	24	16
	피해지수	1.0	0.8	1.2	1.2	0.8
방 어	비율(%)	30	21	17.5	21	10.5
	피해지수	1.0	0.7	0.6	0.7	0.35
예 비	비율(%)	15	12.75	25.5	25.5	21.25

	피해지수	1.0	0.85	1.7	1.7	1.42
교 착	비율(%)	10	18	27	27	18
	피해지수	1.0	1.8	2.7	2.7	1.8

이번에는 평시 정비소요 산정방법에 대해 알아보자. 평시 정비 소요는 일정기간 동안의정비기록 서류상 정비실적 통계자료를 근거로 산출하여야 하나, 자료의 미비 행정소요 증가 등으로 다음 공식을 적용한다.

지원대상 장비수× 주기당 정비빈도 × 대당 1회 야전정비 소요인시

정비능력 판단시 적용하는 일일 작업시간은 전시 기준의 하루 작업시간은 통상 12시간으로 되어 있으나, 이 중 2시간은 식사와 개인 용무 등으로 제외하고 실질적으로 근무할 수 있는 시간은 10시간으로 간주한다. 평시는 군 표준일과표에 의거 8시간을 기준으로 한다. 주기당 작업가용일은 월간 작업 가용일의 비율로서 산출하며, 정비요원의 월간 작업일은 전시는 30일, 평시는 교육훈련에 필요한 수요일(4일)과 토요일(4일) 및 공휴일인 일요일(4일)과 국경일(평균 1일)등 총 13일을 감한 17일을 기준으로 한다. 행정 손실률은 정비요원이 휴가, 파견, 후송, 출장 등 행정조치에 의거 작업할 수 없는 손실을 말하며, 그 손실률은 통상 전체 작업가능시간의 25%로 판단한다. 따라서, 평시 월간 작업가용시간은 136(8시간×17일)시간이나, 행정손실 34시간(136×25%)을 제외한 102시간이 된다. 기타손실률은 정비요원이 경계근무, 보급업무 등의 비MOS근무와 환자 등으로 작업할 수 없는 손실을 기타손실이라 하며, 그 손실률은 25%로 판단한다. 따라서, 평시 월간 작업가용시간은 행정손실을 고려한 102시간에서 기타손실 26(102×25%)시간을 제외한 76시간이 된다. 현실적으로 모든 정비요원이 완숙한 기술수준에 도달하여 부대근무를 한다는 것은 불가능하므로 통상 기술정도에 따라 숙련공, 준 숙련공, 미숙련공으로 분류하여 시간당 작업량을 다음과 같이 적용한다.

기 술 수 준	숙 련 공	준 숙 련 공	미 숙 련 공
시간당 작업량(인시)	1	0.75	0.5

숙련공은 어려운 부분의 작업을 혼자서 할 수 있으며 그 작업능률이 대단히 높은 정비요원으로서, 이러한 정비공은 1시간에 1인시의 작업을 수행할 수 있다. 준 숙련공은 어려운 부분만 숙련공이 도와주면 혼자서 작업을 할 수 있는 정도의 비교적 작업능률이 높은 정비요원으로서, 이러한 정비공은 숙련공의 75%인 1시간에 0.75인시의 작업량을 수행할 수 있다. 미 숙련공은 숙련공의 계속적인 도움 없이는 혼자서 작업을 할 수 없으며, 작업능률도 저조한 정비요원으로서, 이러한 정비공은 숙련공의 50%안 1시간에 0.50인시의 작업량을 수행할 수 있다.
작업능력은 정비부대가 일정 주기 동안 작업할 수 있는 능력을 산술적으로 계산하는 것으로 산출 공식은 아래와 같다.

작업능력(인시/주기)=인원수×주기당 작업가용시간×기술수준

인원수 산출은 전시에는 편제표상 완편 인원, 평시는 편제표상 감편인원(A/S) 또는 보직인원을 기준으로 한다. 주기 당 작업가용시간 계산은 일일 작업가용시간을 전시 5.6시간 평시 4.5시간으로 하며, 월간 작업가용시간은 168시간, 평시 76시간을 기준으로 한다. 기술수준은 전시는 준 숙련공, 평시는 각 개인별 주특기능력 측정결과를 적용하나, 계획단위부대에서는 평시에도 준 숙련공을 기준으로 하여 적용할 수 있다. 정비를 위해서는 해당 장비의 수리작업에 직접 투입되는 요원과 간접 투입되는 요원(정비행정, 보급, 근무지원 및 기술지도 근무요원 등)을 동시에 필요로 하나, 작업능률 산출시에는 직접 투입되는 요원만을 대상으로 한다.
다음은 정비인력 능력을 판단하는 방법이다. 정비부대에 보직된 정비요원의 총 능력을 산출하는 것으로 아래와 같이 산출한다.

$$\text{정비요원 능력(\%)} = \frac{\text{작업능력(인시/주기)}}{\text{장비소요(인시/주기)}} \times 100$$

$$\frac{\text{인원수×주기당 작업가용시간×기술수준작업능력(인시/주기)}}{\text{주기당정비소요장비수×대당정비인시}} \times 100$$

※ 대당 정비인시는 "기능장비별 정비시간 판단 제원"을 활용한다.

다음은 장비/공구 가용능력 판단이다. 장비/공구 가용능력 판단은 편성장비표 또는 할당표상의 인가에 대한 보유비율로 산출하며, 차후 보급계획 및 전망, 특정장비 임무 수행시 문제점과 대책 등을 함께 제시하여야 한다.

$$\text{장비공구 가용능력(\%)} = \frac{\text{장비가용능력}}{2}$$

$$\text{장비공구 가용능력(\%)} = \frac{\text{보유}}{\text{인가}} \times 100$$

$$\text{공구 가용능력(\%)} = \frac{\text{보유}}{\text{인가}} \times 100$$

장비는 점 또는 대수를 기준으로 하며 대상장비는 정비부서 보유차량/트레라(행정/시설보급용 제외)와 기계공작 장비(공구 세트 포함 장비 제외), 직접지원 정비부대의 현장정비에 소요되는 정비용 천막류 등이 된다. 공구는 세트수를 기준으로 하고 보유세트 중 구성항목이 50% 미만인 세트는 미보유 세트로 한다. 인가 초과 보유 품목의 초과량은 보유량에 포함하지 않는다.

다음은 수리부속 가용능력 판단이다. 수리부속 가용 능력 판단은 제대에 따라 인가저장목록(ASL)품목 또는 공장보급반 운영인가품목의 인가저장항목에 대한 보유항목의 비율로 산출하고, 차후 보급계획 및 전망, 특정정비 임무 수행시 수리부속상의 문제점과 대책을 함께 제시하여야 하며, 적용기준은 다음과 같다.

- 시설보급 임무병행 수행 부대 : ASL품목
- 기타 정비부대 : 공장 보급반 운영 인가 품목

다음은 정비 시설에 대한 가용능력 판단이다. 정비시설 가용 능력 판단은 장비별 높이를 고려한 유개공장 소요 체적대 보유 체적의 비율로 산출하나, 전시 근접정비지원 개념에 의한 현장정비를 위주로 하는 직접지원 정비부대는 현장정비에 소요되는 정비용 천막으로 정비활동이 가능하므로 정비시설 능력 산출 적용에서 제외한다.

마지막으로 종합판단이다. 특정제대의 정비능력은 지원요소별로 가중치를 고려하여 종합적으로 판단하여야 하며, 각 지원 요소별로 문제점 및 대책도 함께 제시하여야 한다. 종합적인 정비능력을 산출하는 공식은 아래와 같이 가중치를 적용 계산한다.

정비능력(%)=(정비요원능력×가중치)+(장비/공구 가용능력×가중치)+(수리부속 가용능력×가중치) + (시설 가용능력×가중치)

가중치는 계획단위 정비부대에서 군수 기능 간 지원능력을 비교하기 위한 수단으로 이용된다. 정비 업무와 관련된 지원요소별 비중에 따라 다음과 같은 가중치를 설정할 수 있다

인 원	공구/장비	수리부속	시 설
0.50	0.20	0.25	0.05

정비요원은 해당 장비의 정비작업에 직접 투입되는 인원(직접 수리요원)과 간접 투입되는 관련분야 근무인원(간접수리요원)으로 구분된다. 정비요원의 소요를 산출할 때는 현실적으로 모든 직, 간접 수리요원이 해당분야 업무에 기술적으로 완숙한 숙련공일 수 없기 때문에 이들의 기술정도를 준숙련공 기준으로 반영한다. 소요 판단은 수리부속 고갈, 정비대기 시간 등을 고려하지 않고 순수 정비 소요만을 산출하여 판단하며, 소요 판단시 수치가 정수가 아닌 경우에는 소수점 이하를 절상하여 결정한다. 정비요원의 능력을 산출하는 공식은 아래와 같다.

정비요원 총 소요(명)=직접수리요원 소요(명)+간접수리 요원 소요(명)

$$\text{직접수리요원 소요(명)} = \frac{\text{정비소요(인시/주기)}}{\text{수리요원 1인의작업능력[인시/주기(명)]}}$$

정비소요(인시/주기) = 지원대상장비수(대)×정비빈도(회/주기)×
대당 1회 야전 정비소요[인시/(대.회)]

수리요원 1인의 작업능력[인시/(주기, 명)]
= 주기당 1인 작업가용시간×기술수준(0.75)

- 간접 수리요원 소요(명) : 직접 수리요원의 수와 해당분야 업무량을 고려 결정

정비 소요는 "기능 장비별 정비시간 판단 제원"을 적용하여 산출한다. 간접 수리요원은 군사특기가 별도로 설정되지 않고, 각 정비특기 요원이 공통으로 편성되는 정비작업 지원 분야 근무요원(정비 통제반, 공장 보급반, 구난/후송반, SUB 품목 수리반)과 기술지도 및 노상검사 등의 부가적인 임무수행에 필요한 인원을 말한다. 육군 항공기의 경우 비행시간에 따라 정비소요가 발생하기 때문에 항공 정비요원 소요는 비행시간당 인시로 결정한다.

TIP 2

기능 장비별 정비시간 판단 제원

① 용어설명

1) 대당 월간 부대정비소요[인시/(대. 월)] : 월간 장비 1대당 사용부대 정비요원이 정비하는데 소요되는 평균 작업시간
2) 연간 야전 정비빈도(회 · 년) : 연간 야전정비를 필요로 하는 평균 횟수
3) 대당 1회 야전 정비소요[인시/(대 · 회) : 야전정비를 필요로 하는 장비를 대당 1회 정비하는데 소요되는 평균 작업인시
4) 대당 연간 야전정비소요[인시/(대 · 년) : 연간 야전정비시설에서 장비를 정비하는데 소요되는 대당 정비인시[연간 야전정비빈도(회/년)×대당 1회 야전 정비소요[인시/(대 · 회)]

② 화력 및 기동장비

장비명			대당월간 부대정비 소요 [인시/(대.월)]	연간 야전정비 빈도 (회/년)	대당1회 야전정비 소요 [인시/(대.회)]	대당연간 야전정비 소요 [인시/(대.년)]
화력	개인화기		15	2	1	2
	기관총		20	4	3	12
	무반동총		20	4	2	8
	박격포		20	4	2	8
	화포	105M 이하	24	5	24	120
		155M~8"	24	5	32	160
		M계열전차 /자주포(90M~8")	33	5	36	180
		K계열 전차(1)	33	5	120	600
		K계열 자주포(2)	12	5	90	450
	사격기재(OCE포함)		8	1	4	4
기동	궤도차량(차체)	전차/자주포	48	4	88	352
		M계열 장갑차	48	4	88	352
		K계열 장갑차(3)	28	4	180	720
	차륜차량	2 1/2톤 이하	60	4	25	100
		5톤 이상	48	4	50	200
	트레라	1 1/2톤 이하	13	3	3	9
		2~10톤 미만	13	3	8	24
		10톤 이상	18	3	10	30

주) (1)~(3) 장비의 제원은 수기사에서 '97년도 경험치를 이용하여 산출한 결과임.

③ 공병장비

<table>
<tr><th colspan="3">장 비 명</th><th>대당월간 부대정비 소요 [인시/(대.월)]</th><th>연간 야전 정비 빈도 (회/년)</th><th>대당 1회 야전 정비 소요 [인시/(대.회)]</th><th>대당 연간 야전정비 소요 [인시/(대.년)]</th></tr>
<tr><td rowspan="2">건설장비</td><td colspan="2">도저, 굴삭기, 크렌</td><td>57</td><td>5</td><td>117</td><td>585</td></tr>
<tr><td colspan="2">그레이더, 로다스코프</td><td>57</td><td>5</td><td>112</td><td>560</td></tr>
<tr><td rowspan="3">발전장비</td><td rowspan="2">발전기</td><td>소형 1.5~10㎾</td><td>24</td><td>3</td><td>24</td><td>72</td></tr>
<tr><td>대형 15~100㎾</td><td>33</td><td>2</td><td>72</td><td>144</td></tr>
<tr><td>충전기(1)</td><td>1.5, 3㎾</td><td>24</td><td>3</td><td>24</td><td>72</td></tr>
<tr><td rowspan="2">공압장비</td><td colspan="2">소형 5, 15, 60 CFM</td><td>24</td><td>4</td><td>30</td><td>120</td></tr>
<tr><td colspan="2">대형 250, 600 CFM</td><td>33</td><td>4</td><td>86</td><td>344</td></tr>
<tr><td rowspan="3">급수장치</td><td rowspan="2">양수기</td><td>50 GPM</td><td>24</td><td>3</td><td>12</td><td>36</td></tr>
<tr><td>80~125 GPM</td><td>33</td><td>3</td><td>27</td><td>81</td></tr>
<tr><td colspan="2">정수장비 : 1500GPH (정수장비세트 차량탑재)</td><td>33</td><td>4</td><td>32</td><td>128</td></tr>
<tr><td rowspan="2">도하장비</td><td colspan="2">교량가설 보트(27')</td><td>24</td><td>6</td><td>37</td><td>222</td></tr>
<tr><td colspan="2">아웃보드모타:25, 40, 70HP</td><td>12</td><td>3</td><td>38</td><td>114</td></tr>
<tr><td rowspan="4">전투장비</td><td colspan="2">장갑 전투도자(2), 다목적 굴착기(3)</td><td>32</td><td>2</td><td>150</td><td>300</td></tr>
<tr><td colspan="2">교량 전차(4)</td><td>20</td><td>2</td><td>120</td><td>240</td></tr>
<tr><td colspan="2">지뢰탐지기(5)</td><td>1.3</td><td>4</td><td>3</td><td>12</td></tr>
<tr><td colspan="2">지뢰살포기(6)</td><td>0.8</td><td>2</td><td>5</td><td>10</td></tr>
<tr><td>기타장비</td><td colspan="2">폭파기구 세트(7), 제논 탐조등(8), 전기 용접기(9)</td><td>1.3</td><td>4</td><td>3</td><td>12</td></tr>
</table>

주) (1)~(3) 장비의 제원은 수기사에서 '97년도 경험치를 이용하여 산출한 결과임.

④ 통신/전자 장비

장비명			대당월간 부대정비 소요 [인시/(대.월)]	연간 야전정비 빈도 (회/년)	대당1회 야전정비 소요 [인시/(대.회)]	대당연간 야전정비 소요 [인시/(대.년)]
유선 장비	전화기	경전화기KTA-1/PT 야전용전화기KTA-312	5	1	6	6
	교환기	휴대용교환기SB-22/PT 전술용전자식교환기 SB-30K(1)	10	4	8	32
	전신타자기UGC-80K, PGC-5K		15	2	12	24
무선 장비	FM 장비	경보수신기 GRR-5K	10	1	8	8
		단파송수신기 AN/GRC-165	16	2	19	38
		단파송수신기 AN/URC-87, AN/URC-106	20	2	11	22
		전신타자기 AN/GRC-142AK, BK	18	2	26	52
	FM 장비	저출력휴대용 무전기 PRC-85K	20	2	5	10
		휴대용 무전기 K AN/PRC-77	25	2	5	10
		초단파송수신기 (V-12계열) AN/PRC-46, 47, 49	25	2	24	48
		초단파송신기 PRC-999K(2)	16	2	3	6
		초단파송수신기 VRC-946K(3)	16	2	5	10
	원방조정기 KAN/GRA-39		6	3	2	6
	전신전화 신호변환기 AN/TCC-29, TCC-95K		8	2	8	16
다중 장비	무선중계기 T-113		10	2	12	24
	무선중계 단말기 T-145		8	1	20	20
기타 장비	해안감시용 레이더 MR-1600(4)		45	4	10	40
	열상장비 TAS-502(5)		24	4	12	48
	기상관측기 WO-2000AM(6)		12	2	8	6
	전장감시장비 라지트 3190B(7)		24	4	12	48

주) (1)~(3) 장비의 제원은 수기사에서 '97년도 경험치를 이용하여 산출한 결과임.

⑤ 화학장비

장비명		대당월간 부대정비 소요 [인시/(대.월)]	연간 야전정비 빈도 (회/년)	대당1회 야전정비 소요 [인시/(대.회)]	대당연간 야전정비 소요 [인시/(대.년)]
개인보호	방독면류	8	12	0.4	0.8
집단보호장비	집단보호기류	12	4	6	24
경보장비	자동경보기	12	4	10	40
제독장비	제독차량	24	4	16	64
	휴대용제독기	8	4	4	16
발연장비	발연기	24	6	8	48
기타장비 : 산소호흡기, 가스살포기, 화염방사기, 지뢰충전기		12	5	2	10

⑥ 대공 유도 무기

장비명		대당월간 부대정비 소요 [인시/(대.월)]	연간 야전정비 빈도 (회/년)	대당1회 야전정비 소요 [인시/(대.회)]	대당연간 야전정비 소요 [인시/(대.년)]
발칸(문)	사통장비	8	52	6	312
	레이더	22	108	14	1512
오리콘(문)	화포	12	32	4	128
	사통장비	28	68	8	544
토우(기)		20	29	35	1015
어네스트 존(대)		24	24	36	864
다련장(대)(1)		32	12	10	120
저탐레이더(대)(2)		40	20	24	480
현무(기)(3)	발사대	8	18	12	216
	지휘통제장비	30	62	48	2976
재브린(기)(4)		8	22	12	264
레포타 (830K)(5)		40	20	24	480
대박격포레이더(6)		18	46	14	644

2. 정비지원

가. 부대정비

군 정비체제는 정비작업을 실시하는 부대에 따라 부대정비, 야전정비, 창정비로 구분되며, 작업수준에 따라 1계단~5계단으로 구분된다. 정비체제상의 각 정비부대나 정비계단은 전체 정비체제 내에서 각각 고유한 역할을 담당하고 있으며, 그 중에서 특히 강조되고 지휘관심을 집중시켜야 할 분야는 부대정비이다. 부대정비는 전체 정비체제의 시발점인 동시에 가장 기본적인 정비분야로서 보편적인 기술수준으로 임무수행이 가능할 뿐만 아니라 최소의 정비비용으로 최대의 정비효과를 얻을 수 있다. 따라서 부대정비근무와 관련되는 모든 요원은 "내가 사용하는 장비 및 물자는 내가 손질한다." 는 주인으로서의 책임의식을 가져야 한다. 이를 위해 지휘관은 제반 정비여건을 조성하고, 직접적인 감독과 지휘검사를 통해 부대가 보유한 장비 및 물자가 항상 사용 가능한 상태를 유지하고 있는지를 확인하여야 하며, 장비 운용병과 정비병은 "닦고, 조이고, 기름칠" 하는 등의 예방정비 활동을 통해 자신이 관리하는 장비 및 물자가 기준수명을 유지하고 부대임무 수행에 즉각 사용될 수 있도록 부단한 관심과 노력을 경주하여야 한다.

예방정비는 장비 및 보급품을 항상 사용 가능한 상태로 유지하고, 조기에 결함을 발견하여 이를 시정하기 위한 검사, 점검, 손질, 조임, 조정, 주유를 체계적으로 실시하는 정비를 말한다. 일반적으로 철저한 예방정비를 실시함으로써 장비 및 보급품에 대한 결함의 조기발견 및 고장확대 방지, 수리부속의 소요감소, 상급 정비 부대로의 후송 및 입고정비를 억제할 수 있으며, 장비 및 보급품의 기준 수명을 유지 할 수 있다. 예방정비는 고도의 기술과 많은 시간, 공구, 수리부속, 시설 등을 필요로 하지 않기 때문에 가장 저렴한 비용으로 언제, 어느 곳에서든지 수행이 가능하므로 어떤 특정한 시기나 장소에 국한하기보다 꾸준히 계속적으로 실시하는 것이 더욱 중요하다. 예방정비는 일반적으로 수시정비와 계획정비로 구분하여 실시한다.

수시정비는 일일정비라고도 하며, 장비의 사용전, 사용중, 사용후에 실시하는 점검과 손질을 말한다. 기동장비의 사용전 점검은 장비 일조점호로 대치할 수 있다. 또한 수시정비는 장비 운용병과 승무원이 함께 실시한다. 또한 계획정비는 사전에 수립된 예방정비 계획에 따라 주기적으로 실시하며, 실시 주기는 주간, 월간, 분기 및 반년으로 구분된다. 주간정비는 장비에 따라 1주 또는 2주 단위로 사전 수립된 계획에 의거 장비 운용병이 부대정비병의 지원을 받아 실시한다. 월간, 분기, 반년정비 또한 장비별로 사전에 수립된 계획에 의거 실시한다. 이들 정비는 부대 정비병이 실시하며 필요에 따라, 해당 장비의 운용병이나 승무원의 도움을 받아 실시한다.

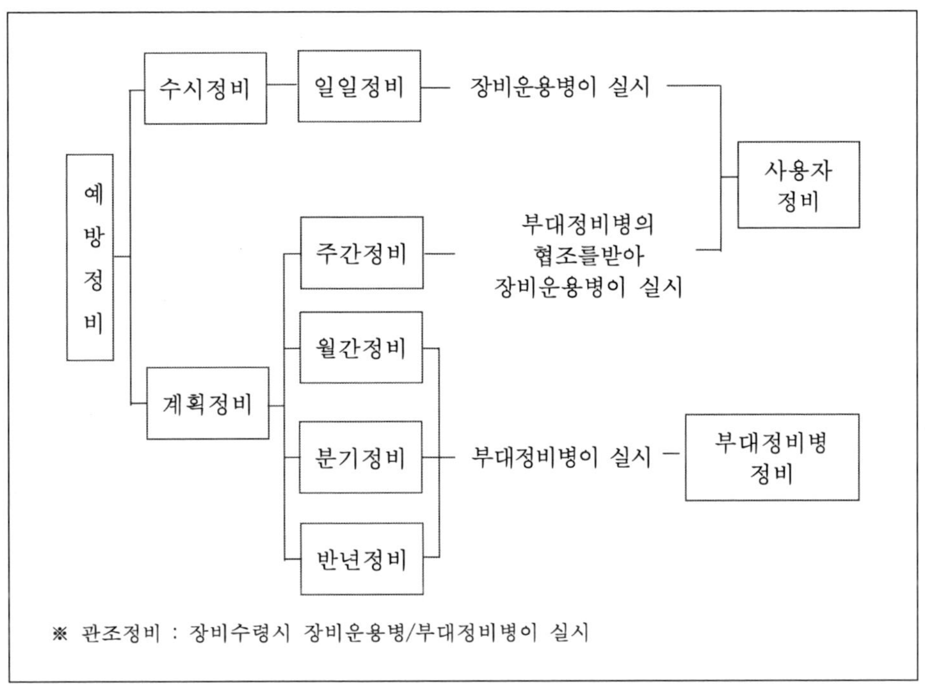

다음은 예방정비계획 수립시 유의사항에 대해 알아보자. 예방정비계획 수립시는 예방정비의 효율적인 수행을 위하여 다음사항을 유의하여야 한다.

① 계획 반영 단위 : 해당 장비가 시간 단위로 운용되면 운용시간을 계산하여 일정계획에 반영하고, 거리단위(km, mile)로 운용되면 운행거리를 계산하여 일정계획에 반영한다. 예를 들면 시간 단위로 운용되는 장비류는 발전기, 공압기, 유·무선 통신장비, 화포 등이며 운행 거리 단위

로 운용되는 장비류는 차륜 또는 궤도차량 등 기동장비를 말한다.

② 계획일정 산정 : 토요일, 일요일, 국경일, 기념일 등 공휴일은 예방정비 계획일에서 제외시켜야 하나, 기간 계산에는 포함시킨다. 이때 주의할 것은 교육과 전투체육을 실시하는 수요일 등 실질적으로 예방정비를 실시할 수 없는 날자는 장성급 지휘관의 승인을 득해 예방정비 계획 수립시 공휴일과 동일하게 적용 할 수 있다.

③ 일정의 계속성 유지 : 장비 반납시를 제외하고 예방정비는 계속 실시되어야 하며, 전년도의 12월과 당해연도의 1월, 그리고 매월 말과 익월초 사이에는 관련성 있게 계획되어야 한다. 특히 연초나 월초에 전년도나 전월의 계획을 전혀 무시하고 처음부터 시작하여서는 안 된다.

④ 정비 작업량 균등 배분 : 정비병, 공구, 시설 등 정비능력과 장비수를 고려하여 정비일정과 작업량은 전체 계획기간 동안 균등하게 배분하여야 하며, 특정 일자에 집중적으로 계획하여서는 안 된다.

⑤ 주행거리(시간) 표시 : 거리(시간) 단위로 운용되는 장비는 주행거리(시간)가 도달되어 정비시에 월간, 분기 또는 반년 정비를 실시할 당시의 주행거리를 해당 일정란에 표시하여 둠으로써 차기 예방정비계획을 수립할 때에 참고로 한다.

⑥ 정비 주기 엄수 : 장비별로 설정된 정비주기를 엄수하여 예방정비계획을 수립하여야 한다. 다음 표는 주요장비의 표준적인 예방정비 주기를 제시한 것이다. 특정 장비의 예방정비계획 수립시 적용할 정비주기는 해당 장비 기술교범(1, 2계단 정비교범)을 참고하여야 한다.

구분	주간	월간	분기	반년
일반 차량	2주	•$\frac{1}{4}$톤 및 승용차 : 1,600km •1$\frac{1}{4}$톤 이상 : 2,000km	×	•$\frac{1}{4}$톤 및 승용차 : 9,600km 또는 6개월 •1$\frac{1}{4}$톤 이상 : 10,000km 또는 6개월
궤도 차량	1주	1개월(400㎞)	3개월(1,200㎞)	6개월(2,400km)

화포	1주	1개월	3개월	6개월
특수 무기	1주	1개월	3개월	6개월
통신/전자	1주	1개월	×	6개월
일반 장비	1주	1개월(250시간)	3개월(500시간)	6개월(1,000시간)
기타 장비	해당 장비의 기술교범 또는 취급설명서에 명시된 주기를 적용			

정비 융통성이란 천재지변이나 갑작스러운 부대행사 등 정당한 사유가 있을 때 계획된 예방정비 일정을 앞당겨 실시하는 것을 말한다. 정비 융통성의 적용은 위 사유가 발생되었을 때 월간정비에 있어서는 10%, 분기 및 반년정비에 있어서는 5%이내에서 정비일정을 앞당겨 실시한다. 그러나 예방정비 계획상의 차기 시행주기는 변동시키지 않는다. 다음 표는 장비별 예방정비계획의 정비융통성을 예시한 것이다.

구 분		월 간	분 기	반 년
일반 차량	$\frac{1}{4}$톤 이하	160㎞까지 단축 가능	–	480㎞까지 단축 가능
	$1\frac{1}{4}$톤 이상	200㎞까지 단축 가능	–	500㎞까지 단축 가능
기타 장비		3일 단축 가능	5일 단축 가능	9일 단축 가능

다음은 예방정비 근무 절차에 대해 알아보자.

① 일일정비 : 일일정비는 장비의 사용전, 사용중, 사용후 장비 운용병이 장비의 이상유무와 가동상태를 점검하여 자신이 직접 정비가 가능하면 필요한 공구와 수리부속, 기타 자재로써 정비를 실시하고, 능력이 초과될 때는 감독자에게 보고하여 필요한 조치를 받는다. 기동장비의 일일 정비 중 사용 전 점검은 일조점호 행사로 대치할 수 있으며, 점호시 발견된 결함은 일조 점호관에게 구두 보고하고 필요한 조치를 받아 시정한다.

② 주간정비 : 주간정비 대상은 운용병이 해당 장비를 세차 후 작업할 장소에 위치시키고 주간정비 대상임을 알리는 표식을 부착한다. 장비 운

용병은 장비검사를 실시하여 정비할 개소와 내용을 확인 후 검사내용을 「검사 및 작업지시서 (육양 24군 1-05-13-1일)」에 기록하고, 필요한 공구, 수리부속, 기타 자재를 획득하여 작업을 실시한다. 이때 필요하다면 부대 정비병의 지원을 받는다. 정비작업이 완료되면 「검사 및 작업지시서」의 조치 내용 란에 필요한 내용을 기록하여 정비반으로 송부한다. 이 때 부대 자체 정비능력을 초과하여 상급 정비부대의 지원이 필요한 사항은 감독관(정비반장)에게 보고하여 이동정비를 요청하거나 입고정비 의뢰한다.

③ 월, 분기, 반년정비 : 월간, 분기 또는 반년정비의 실시 및 조치절차는 주간정비와 동일하다. 단, 검사 및 정비작업은 부대 정비병이 수행하고 필요시 장비 운용병의 지원을 받는다.

다음은 부대정비능력을 초과한 정비소요에 대해 상급 정비지원부대에 정비 의뢰 및 지원 요청하는 절차에 대해 알아보자.

① 입고정비 : 입고정비는 부대정비 수준을 초과하는 결함장비를 야전정비부대에 입고하여 실시하는 정비를 말하며, 결함발견 3근무일 이내에 지원 정비부대에 입고정비 의뢰한다.

입고정비 의뢰전에 준비할 사항은 다음과 같다. 첫째 입고 대상장비에 대한 전반적인 상태를 점검하고, 점검결과 부대에서 정비 가능한 결함부위는 수리후에 세차와 주유를 실시한다. 특히 탈거된 야전필수복구품목(R품목)은 입고 의뢰전에 반드시 해당위치에 부착한다. 둘째 입고 의뢰시 제출할 서류는 다음과 같으며, 사전에 기록사항을 확인하여 누락된 부분이나 내용을 보완한다.

- 장비종합이력부 (육양 24군 1-05-16-1비)
- 검사 및 작업지시서 (육양 24군 1-05-13-1일) 2부

장비와 서류에 대한 준비가 완료되면 사용부대 정비담당관은 준비된 서류와 함께 해당 장비를 야전 정비부대로 이송하고, 기술 검사관이 실시하는 입고검사에 입회한다. 입고검사 완료 후 기술검사관이 확인 서명(날인)한 「검사 및 작업 지시서」 1부를 입고 증빙서(미결)로 교부받아

자대 보관후 장비 출고시 이를 제출하여 입고 증빙서(완결) 및 장비를 인수한다.

② 이동정비 또는 기술검사 지원 요청 : 야전정비 부대의 이동정비나 기술검사에 대한 지원요청의 경우는 다음과 같으며 이러한 지원요청 사안이 발생하면 사용부대 정비담당관은 지휘관에게 보고후 문서 또는 유선으로 야전 정비부대에 지원을 요청한다. 첫째, 전술작전 등 긴급한 임무투입을 위해 해당 장비를 입고하여 정비 할 시간적인 여유가 부족하거나 또는 장비의 이동이 곤란한 경우이다. 둘째는 부대에서 동시에 많은 장비를 검사하고 정비하거나 또는 기술적인 능력이 부족한 경우이다. 셋째는 부대 보유장비에 대한 종합적인 기술검사를 필요로 할 경우이다. 야전정비 부대에 이동정비 지원을 요청할 때는 고장내용, 정비 및 수리부속 소요를 정확히 통보한다. 또한 이동정비 또는 기술검사 요청 후 야전정비 부대의 지원에 대비하여 다음 사항을 준비한다. 첫째 대상 장비에 대한 사전 점검과 부대정비를 실시한다. 둘째 부대 보유 장비의 전반적인 상태와 주요결함, 기타 지원요구사항을 지원반에 제시하기 위해 관련 자료와 현황을 파악한다. 야전정비 부대의 지원이 계획된 날짜는 일정한 장소에 장비를 집결시키며, 지원반이 도착하면 준비된 현황과 자료를 제공하고 장비 집결장소로 안내한다. 이동정비 또는 기술검사가 종료되면 검사 및 작업지시서, 기타 관련서류를 완결하여 교부하고, 정비실적을 유지하기 위해 이를 전산입력하거나 증빙서류로 보관한다.

나. 야전정비

1) 정비공장 운영/관리

정비 공장은 원활한 정비지원 및 업무의 효율을 높이기 위하여 정비통제부문, 검사부문, 정비부문으로 구분된다. 먼저 정비통제 부문에 대해 알아보면 각급 정비부대의 정비통제 부문은 임무 및 기능을 고려하여 상이하게 편성 운용되고 있다.

- 사단 정비대대(근무대) · · · · · 지원통제과(정비통제과)

• 정비대대 각 중대 · · · · · · · · 지원통제소대
(통신정비중대 : 정비소대, 특수무기 지원대 : 관리과)
• 군지단 정비근무대 · · · · · · · 지원통제과

정비통제부문의 주요 기능으로는
① 수행할 작업등록 및 작업명령,
② 공장 보급반 운영과 정비소요 수리부속 획득, 불출,
③ 정비업무 수행에 따른 각종 현황 및 통계유지 보고,
④ 각 공장 운영 통제,
⑤ 필요시 기술지도 및 긴급 정비근무 등을 들수 있다.

정비공장의 검사부문에 대해 알아보면 각급 정비부대의 검사부문은 편성상 정비통제부문의 일부로 편성되어 있으나 업무의 중요성을 감안하여 정비부대 지휘관의 직접적인 지휘하에 기술검사관을 운용하고 있다. 이는 공장 작업조(정비소대)와 정비통제부문의 정실 개입을 억제하고, 검사업무의 책임한계를 명확히 할 뿐만 아니라 정확한 정비소요 판단과 정비작업의 능률성 및 신뢰성을 보장하는데 있다. 검사부문의 기술검사관은 입고장비에 대한 최초(입고)검사, 공정(작업간)검사, 최종(출고)검사 등을 실시한다.
마지막으로 정비공장의 정비부문이다. 정비부대에서 실시하는 직접적인 정비업무는 정비부문인 각 정비소대(반)에서 담당한다. 따라서 각 정비소대(반)는 정비통제부문에서 부여된 작업명령서(검사/작업지시서)의 작업내용을 기초로 정비작업을 실시한다. 정비소대(반)의 책임관 및 감독요원은 부여된 정비작업을 허용된 시간내 완료할 수 있는 인력과 기술 및 공간을 각 작업조에 할당하여야 한다. 정비를 필요로 하는 장비는 가능한 신속하게 정비되어야 하며, 품질관리가 유지되어야 한다. 야전정비 작업의 착수 우선순위는 통상 입고순으로 하되 특수임무장비는 별도 우선권을 부여 할 수 있다.
정비부문의 작업관리 방법과 작업통제 및 관리수단에 대해 알아보자.
① 작업관리 : 정비작업 방법은 정비작업의 형태, 입고장비의 취급상 난

이도 정도, 정비공장의 대소 등에 따라 작업하기에 편리하도록 하기 위하여 여러 가지 방법을 사용 할 수 있다. 야전정비 부대에서 주로 활용하고 있는 작업관리 방법에는 "개별식 작업방법" 과 "흐름식 작업방법" 의 두 가지가 있다. 개별식 작업방법은 정비 대상물을 기준으로 하여 이것을 일정한 장소에 고정시켜 놓고 정비병이 낱개별로 정비하는 방식으로 이 방법은 작업 대상량이 적거나 정비대상 품목의 이동이 곤란한 품목에 대하여 채택하는 작업방법이다. 이 방법은 정비대상 품목을 작업대 위에 올려놓고 지정된 정비요원에 의하여 수리하고 제거된 특수결합체는 해당 공장에 보내어 수리하며, 각 작업장에 소요되는 수리부속품은 작업 개시전에 판단하고 획득하여야 한다. 개별식 작업방법이 적용되는 구체적인 예는 차량 정비공장, 화포 정비공장, 발전기 정비공장 등에서 찾아볼 수 있다.

흐름식 작업방법은 정비 대상물의 수량이 많고 그것의 이동이 용이한 품목에 대해 정비요원이 의자에 앉아서 수리작업을 실시하는 방법으로 주로 정비대상 품목이 소형이고, 고도의 정비기술을 요할때 채택되는 방법이다. 예를 들면 사격통제기재 정비, 전화 및 무전기 정비, 소형화기 정비, 소결합체 정비, 방독면 정비 등은 흐름식 방법에 의하여 정비작업이 실시된다.

② 작업통제 및 관리수단 : 정비작업을 효과적으로 통제 관리하기 위하여 정비통제 부문에서는 정비의뢰 및 작명 등록부, 작명서류함, 작업지휘판 등을 활용한다. 정비의뢰 및 작명 등록부(육군양식 4-1-28)는 접수된 작업의뢰서(검사/작업지시서 : 육군양식 24군1-05-13-1일)를 등록하여 각 정비소대(공장)에 작업지시 및 통제를 위하여 사용하는 문서이다. 이는 공장에서 작업하고 있는 정비의 내용과 작업수를 표시하고 작업일정, 부속을 포함한 비용 등을 파악하기 위해 사용되며 각종 통계유지 및 보고서 작성에 대단히 유용하다.

작명등록부의 작명번호는 정비 의뢰된 작업물의 구분을 위하여 그룹별, 정비방법별로 구분하여 아래와 같이 번호를 부여하며, 편의상 각각 별도의 등록부를 유지 할 수도 있다.

(1) 작명번호	(2) 장비명및수량	(3) 의뢰부대	(4) 장비일련및등록번호	(5) 작업내역	(6) 일자				(7) 인시수	(8) 비용			(9) 검사관	(10) 비고
					접수	착수	완성계획	완료		노임	부속품	총비용		

- 그룹별 : 기동장비(G), 총포장비(A), 근무지원(S), 일반장비(E), 통신장비(R), 특수무기(토우:T, 발칸:B, 다련장:D)
- 정비방법별 : 입고정비(W), 이동정비(M), 기타정비(E)
  "예" : 105밀리 곡사포 1문이 금년도 25번째 입고정비 의뢰 되었을 시 "A25W" 으로 부여

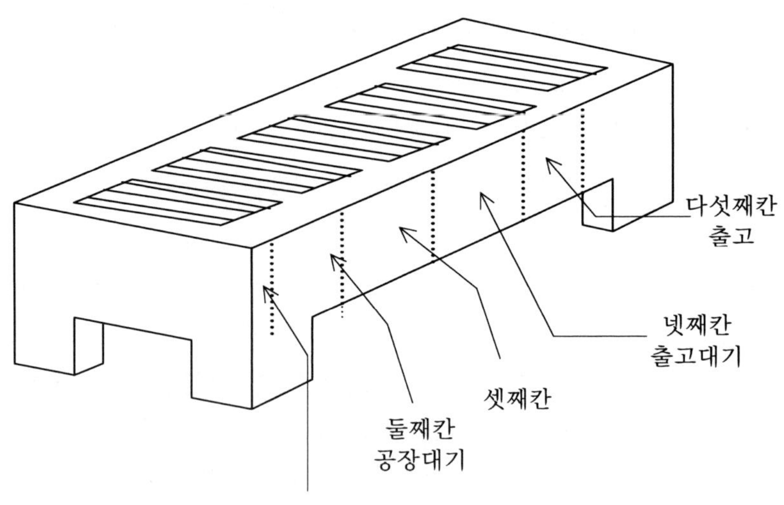

작업통제 두 번째 수단인 작명서류함은 정비 의뢰된 작업물의 작업명령 및 부가적인 기록서류를 보관하는데 사용하며 작업명령 및 부가서류를 수

용할 적당한 규격으로서 가볍고 튼튼한 재료로 부대실정에 맞게 제작한다. 대표적인 작명서류함은 공장운영 순서대로 5칸(SEC)으로 구분되고 각 칸(SEC)은 세분되어 있다. 작명서류함에 들어있는 작업명령 및 부가서류는 업무진척 정도에 따라 한 칸씩 다른 세분된 칸으로 옮겨진다.
통상적으로 사용되는 작명 서류함의 형태는 다음 그림과 같이 제작된다.

① 첫째칸(SEC1) : 부속대기 → 이 칸은 작명은 부여되었으나 소요 수리부속을 획득하지 못한 작명을 보관한다. 이 칸에 보관되는 최대의 기간은 그 부대에 인가된 정비수준에 따라 결정된다.
② 둘째칸(SEC2) : 공장대기 → 이 칸은 작명이 부여되고 소요 수리부속의 획득이 완료되었으나 작업을 실시할 해당 공장의 작업조건 때문에 공장에서 받아들이지 못하는 작업명령을 보관한다.
③ 셋째칸(SEC3) : 공장작업 진행 → 이 칸은 현재 공장에서 작업 진행중에 있는 작업명령을 보관하는데 사용한다. 부속대기나 공장대기와 동일한 요령으로 작업명령에 꼬리표를 붙여 계획표대로 작업이 진행되는가를 점검하고 확인한다.
④ 넷째칸(SEC4) : 출고대기 → 이 칸은 공장에서 작업이 완성되어 최종검사를 완료하고 장비가 출고대기 중에 있는 작업명령을 보관하는데 사용한다.
⑤ 다섯째칸(SEC5) : 출고 → 이 칸은 작업이 완료되어 장비가 출고 되었지만 행정상의 미비로 인하여 기록이 완성되지 못한 작업명령을 보관하는데 사용되며 작명함에 보관되어 있는 모든 기록서류가 완결철로 옮겨질 때 정확성과 안전성을 보장하는데 큰 역할을 한다.

작업통제 및 관리수단 세 번째인 작업 지휘판은 최신의 작업현황 및 위치를 쉽게 알아볼 수 있도록 그림과 같이 공장 사무실에서 사용되는 작업 통제수단이며 작업 우선순위를 결정하거나 각 공장반의 작업조건에 따라 작업경로를 결정하고 진행 중인 작업을 재조정하거나 전반적인 작업을 계획하고 통제 및 조정하기 위하여 중대장이나 지원통제 소대장이 효과적으로 활용한다. 작업 지휘판의 작업진행 위치별로 부착할 꼬리표는 작업지휘판의 전체 규격에 조화되게 아크릴 조각을 이용 제작하며 꼬리표에 기재할 내용은 작명번호, 입고 부대명, 입고일자, 작업개요 등이다.

작 업 지 휘 판 　　　　　　　　**년 월 일**

구분	차 량		총 포			근 무
	차륜차량	궤도차량	화 포	소 화 기	기 재	
부 속 대 기	△△△••• ••••••	△△•• ••••	△•• •••	•••• ••••	••• •••	기계공장 △△•• ••••
공장입고대기	△△△••• ••••••	•••• ••••	••• •••	•••• ••••	••• •••	용 접 △△••• •••••
공장작업진행	△△△△△△ △△△△••	△△△• ••••	△△△ △••	△△△△ ••••	△△•• ••••	도 장 △△••• •••••
출 고 대 기	△•••••	••••	•••	••••	••••	캠 퍼 스 △△△△• •••••
출 고	△△••••	△•••	•••	••••	••••	

다음은 정비 작업 간 주의해야할 안전관리에 대해 알아보자. 안전관리는 사고예방 차원에서 임무를 안전하게 수행 할 수 있도록 정비작업을 기획, 조정, 지시, 통제하는 것을 말하며 안전관리 책임은 다음과 같이 구분한다.

① 지휘관의 책임이다. 지휘관은 모든 군사 활동에 있어 각종 안전사고를 예방 할 수 있도록 사고예방 대책을 수립 시행하여 인적, 물적

손실을 방지, 전투력을 보존 할 책임이 있다. 구체적인 활동들을 나열해 보면 부대 임무와 특성에 부합되는 세부 안전행동 표준의 설정과 부대 전 장병에 대하여 안전 활동에 대한 동기부여 및 안전 생활화 습성 조성, 불안전한 행동과 상태 등 잠재적 사고위험 요인을 조기에 발견 및 시정 등이 있다.

② 감독자의 책임이다. 편제상 지휘관 및 참모 이외의 조장, 반장, 기타 일정한 업무를 지휘 감독하는 직위에 있는 모든 요원(장교, 부사관, 병, 군무원)은 안전 감독자로서 다음과 같은 책임이 있다. 구체적인 활동으로서 감독자는 임무 수행 전 작업분석의 실시와 소관장비 및 비품에 대한 성능검사 실시하고 안전규정과 수칙의 내용을 설명하고 필요성을 강조하며 새로 전입온 인원에게 안전규정과 수칙을 강조하며 안전작업 요령의 지도 및 교육한다. 또한 활동 범위내의 모든 환경, 도구, 장비 등을 안전한 상태로 유지하며 일상 업무 활동시 안전의식 고취와 5분 안전교육 실시의 생활화해야 한다. 그리고 안전 활동에 대한 솔 선수범적 행동과 일상생활을 통해 발견된 각종 안전사고 위험요인을 적시에 보고하여 부대 안전계획의 보완 발전에 적극 참여하여야 한다.

③ 개인의 책임이다. 군에 근무하는 모든 인원은 일과시간 내외를 막론하고 자기 자신과 정부재산을 사고로부터 보호 할 책임이 있다. 이를 위해 안전규정, 수칙, 기타 설정된 각종 안전표준을 준수하고 자기 자신과 동료의 안전을 도모하며 각종 위험요소는 발견 즉시 시정하고 자력으로 시정이 불가능한 때에는 상관에게 편리한 방법으로 신속히 보고하여야 한다.

안전 기회 교육에 관한 것으로 각급 지휘관 및 감독자는 작전, 교육훈련을 포함한 제반 군사 활동 전 필히 임무와 유관한 5분 안전교육을 실시해야 한다.

기타 아래와 같은 시기에 필히 임무와 유관한 안전교육을 실시한다.

- 새로운 임무를 부여받았을 때
- 새로운 장비를 지급받았을 때

- 계절이 바뀔 때
- 위험이 수반된 훈련, 공사, 기타 활동을 시작 할 때
- 새로운 지역에서 활동할 때
- 기타 필요하다고 판단할 때

이번에는 안전예방 활동에 대해 알아보자.

① 작업위험 분석 : 작업위험분석(Job Hazards Analysis)이란 작업 대상에 잠재되어 있는 위험성을 분석하여 안전하게 과업을 수행 할 수 있도록 하는 작업이다. 작업위험분석의 결과 위험에 관한 확증된 정보는 사고원인의 제거 및 시정책을 구체화하고 장비 또는 도구의 개선과 아울러 안전교육에 필요한 안전작업 절차를 수립하는 기초 자료가 된다. 작업위험 분석의 목적은 일정한 행동을 반복하는 모든 임무, 작업 및 기타 활동에 대하여 단계별 행동을 논리적으로 구분하고 이를 분석하여 안전적 측면에서 표준 행동절차를 설정하는데 있다. 작업위험 분석 실시자는 단위작업의 책임자, 직무와 가장 밀접하게 관련된 관리자, 감독자 또는 담당자가 작업위험분석의 책임을 맡는다. 작업위험분석은 관계 작업의 내용을 잘 알고 그 일에 숙달되어 있을 뿐 아니라 건전하고 객관적인 안전태도를 가지고 있으며 현장에 잠재한 위험을 피부로 느낄 수 있는 현장근무 경험자가 담당하는 것이 바람직하다. 작업위험 분석 대상의 범위는 작업인원, 장치, 기계/장비, 물자, 방법 등이 비교 평가 분석되어야 한다.
작업위험 분석방법은 다음과 같다.
첫 번째, 면접법은 해당 부문의 숙련된 기술자와 경험이 많은 장기 근속자의 작업위험에 대한 의견을 수집한다. 두 번째, 시찰법은 작업자가 작업장에서 평상시에 하는 대로의 작업방식을 당사자들이 의식하지 않는 상태에서 시찰하여 문제점을 발견한다. 세 번째, 질문지법은 작업공정 및 방법에 대한 적절한 문항을 작성하여 알아보는 방법으로 개인의 태도 측정과 문제점의 비교에 적합한 방법이다. 네 번째는 절충식으로 위의 방법을 상황에 따라 적절히 절충하여 상호 보

완하여 분석하는 방법이다. 다음은 작업위험 분석을 실시하는 절차는 다음과 같다.

첫 번째는 기초조사다. 필요한 단서에 대한 기초조사 및 연구가 선행되어야 하며 이에 따라 관계문헌 및 자료를 수집 분석하여 문제와의 관련성을 알아내며 전문적 정보를 얻어낸다. 두 번째는 작업의 세분화로 작업내용을 단위작업 수준까지 세분화함으로써 분석해야 할 문제점을 세분, 단순화한다. 세 번째는 위험성의 검토 및 분석이다. 즉 세분화된 작업내용을 검토하여 위험을 인지하고 사고의 잠재성을 찾아내며 안전방안을 강구한다. 네 번째는 신규방법의 개발로 잠재적 사고위험을 배제 할 수 있는 새로운 작업방법을 연구 발전시킨다. 다섯 번째는 적용이다. 안전하고 생산적인 신규 방법을 작업에 적용 할 수 있도록 표준 안전작업을 정하고 이를 실천한다.

② 안전진단 : 안전계획을 수행함에 있어 주기적으로 그 실시 상태를 확인할 필요가 있다. 안전진단 또는 점검을 통하여 내재되어 있는 불안전 상태를 발견하여 이를 시정하고 안전을 유지 보완해야 한다. 안전진단을 위해 준비해야할 사항은 다음과 같다.

첫째 진단대상 작업장에서 실시되는 작업의 종류와 내용, 작업방법, 기계설비 조건과 작업 특성에 따른 위험성에 대한 내용을 파악한다. 둘째 과거에 실시한 안전 점검표 및 사고 기록 등을 조사 분석하여 해당 작업장의 사고 경향 및 위험성에 대한 내용을 파악한다. 셋째 종사원의 자질을 파악한다. 넷째 정기진단의 경우에는 진단일시를 사전에 책임자에게 통보한다. 다섯째 작업과 관련되어 발생할 가능성이 있는 불완전 상태 및 조건을 빠짐없이 확인하기 위하여 점검표 및 필요한 검사기재를 준비한다.

안전진단의 형태는 특정작업 및 장비 등에 대한 정기적 진단으로 월, 분기 및 연간 정기진단이 있고, 사전에 예고 없이 특정부서, 장비 및 작업자에 대해 진단함으로써 문제점을 수시 발견 시정하는 중간진단이 있으며, 특별 강조기간중이나 사고조사위원회의 요구가 있거나 시설을 교체할 때 실시하는 특별진단이 있다.

진단의 내용은 다음과 같다.

구 분	진 단 내 용
작업장 시설의 위험성	• 통로 및 작업장의 바닥 또는 발판 • 작업장의 정리정돈 • 비상출구 • 소화장비 • 전기장치, 장비 및 배선 • 보일러, 압력용기 및 배관 • 조명장치 • 환기 • 각종 표지 및 표시 • 구급장비
기계 및 장비	• 기계/장비의 사용요령 • 동력 전달장치 • 위험발생 우려가 많은 장치 및 계통
위험물	• 공기, 오염물질 • 인화 및 가연성물질 • 방사능, 발암물질 • 위험가스 및 화공약품
동력원	• 전기 접지설비 • 긴급 방출장치
특수한 작업공정	• 마무리 작업 • 철골 건축물 • 용접, 절단, 가열 및 땜질 • 터널 공사시 등의 방호장치 • 콘크리트, 외형틀, 버팀대 • 폭파 뇌관
종사원의 불안전 행동 및 관례	• 움직이는 기계에 접근 • 허용되지 않는 작업의 실시 • 기계의 남용 • 장난 • 보호구의 불사용, 사용 부적절 • 무자격자의 무단 조작 • 위험구역에서의 흡연

③ 안진장애 보고 : 모든 부대원은 안전에 영향을 주는 인적, 물적 장애요인을 발견시 관계부대, 관계관에게 즉각 통보하여야 한다. 안전장애 보고에 포함될 사항은 아래와 같으며 보고요령은 간단명료하게 서식 또는 구두로 한다.

- 규정, 교범, 지시, 절차 등의 모순 또는 미비 사항
- 교육훈련의 불합리한 사항
- 인원배치, 지시사항 등의 결함 사항
- 보건 환경위생, 공장안전 등의 보건장애
- 시설, 장비 등의 위험요소에 대한 색채 및 표지에 대한 사항
- 방치된 유해물
- 기계의 방호장치, 인원의 보호구의 미비 또는 요수리 사항
- 화재, 전기시설 등의 위험 요소

• 인명 재산피해와 유관한 장비. 시설의 위험
• 규정 위반을 반복하는 행위
• 기타 긴급히 시정을 요하는 중요한 사항

④ 안전표지 및 색채 : 각급 부대는 시각적인 경고를 통하여 위험을 인식시키고, 불안전한 행동을 통제 및 시정하기 위해 필요한 장소, 장비, 시설 등에 안전표지를 설치한다. 안전표지의 종류 및 용도는 아래 표와 같다.

구분	색채	용　　도
금지(규제)	적색	위험물 또는 위험지역 부근에서 행동을 금지 또는 제한 할 필요가 있는 위치에 정지 · 금지 등의 표시를 설치한다.
경고(주의)	황색	위험물 또는 위험지역을 경고, 주의를 환기시킬 필요가 있는 곳에 설치하며 방사선 물질 · 고압전기 · 유해물질 위험장소 등의 표지가 있다.
지시	청색	특정물 또는 특정행위의 위치, 방향을 지시하고 사실을 고지하기 위해 설치하며 보호구(의) 착용, 방향지시, 안전지대 표지가 있다.
안내	녹색	안전(구호) 의식을 환기시키고 각종 구호용구의 보관 장소를 알리기 위해 설치하며, 녹십자 · 응급구호소 · 들것, 비상구 등의 표지가 있다.
보조	백색 흑색	상기 4종류의 표 외에 추가 표지, 세부사항, 문자가필요시 설치한다.

※ 안전표지의 기본 모형, 규격 및 채색기준에 관한 세부사항은 육규 139 (사고예방 및 안전관리 규정)를 참조한다.

다음은 안전기재 및 장구에 대해 알아보자. 재해방지와 건강 장애 방지를 위하여 작업자가 갖추어야 할 개인용 보호 장비는 다음과 같다. 안전모는 작업에 적당한 것을 사용하여야 한다. 모자를 쓸 때 모자와 머리끝부분과의 간격은 25mm 이상 되도록 조절해 두어야 한다. 턱 끈은 반드시 꼭 매어 놓아야 한다. 가능하면 각 개인별 전용으로 사용할 수 있도록 한다. 작업복은 상의의 옷자락, 소매 및 바지 등은 몸에 맞는 것을 착용해야 한다. 작업 중 휘발유나 인화물질이 묻었을 때에는 화기에 주의하고 될 수 있는 대로 빨리 옷을 갈아입어야 한다. 주머니는 가급적 수가 적어야 한다. 소매나 바지의 옷자락에 끈이 있는 것은 기계작업을 할 때에는 착용하지 말아야 한다. 정전기가 발생되기 쉬운 섬유질 옷의 착용은 금해야 한다.

장갑은 회전하는 기계작업(선반, 드릴링머신, 프레스)시는 끼지 말아야 한다. 손이나 손가락을 상하기 쉬운 작업을 할 때에는 손에 꼭 맞는 장갑, 토시, 손가락 없는 장갑을 사용해야 한다. 안전화는 신 끝에 강철제 끝심이 들어 있어야 하며 구두창에 발이 찔리지 않아야 한다. 또 미끄럼 방지가 되어 있어야 한다. 보호안경은 차광안경과 보안용안경이 있다. 차광안경은 작업에 적당한 것을 사용하고 아크 용접이나 고열을 발생하는 평로 등의 작업시에는 가시광선을 약하게 하여 고열 발광을 관측할 수 있어야 한다. 보안용 안경은 선반이나 밀링, 연삭기 같은 공작기계 조작시나 센딩작업 등 먼지가 많은 곳에서는 보안용 안경을 반드시 착용하여야 한다. 귀마개는 소음이 많은 작업장에서는 반드시 착용하여야 하며 휴대하기에 편리하고 귓구멍에 알맞아야 하며, 안경이나 안전모에 방해가 되지 않아야 한다. 방진 마스크는 광물성 먼지를 흡입할 우려가 있을시는 반드시 착용해야 하며 취급이 간편하고 쉽게 파손되지 않으며 오랜시간 사용하여도 압박감과 고통이 없어야 한다. 보호복은 불꽃이나 높은 온도의 물건을 취급하는 작업을 할 때는 반드시 착용해야 하며 작업에 적합한 종류의 보호복을 선택하며 사용 전에 미리 점검해야 한다.

다음은 작업안전에 대해 알아보자. 안전에 대한 교육 및 훈련을 계속적으로 실시하여 정비병이 각종 안전규정을 숙지하게 한다. 근무일마다 오전, 오후로 나누어 정비 개시 전에 반드시 안전교육을 실시하고 일반 정비 안전수칙을 복창시킨다. 작업안전에 대한 점검 및 감독을 통해 각종 정비시설의 미비, 불완전 등 안전사고의 발생요인을 사전에 철저히 점검하여 제거하고 매일 안전점검을 하여 기록 유지한다. 또한 정비 작업 간에 위험요소가 발생되지 않도록 감독을 철저히 한다. 정비병이 태만(장난, 잡담, 흡연)해지지 않도록 정비작업 군기를 확립한다.

① 정비공장 안전 : 정비공장의 안전을 위한 조치사항은 다음과 같다. 첫째, 몸이 불편한 사람은 정비작업에서 제외시킨다. 둘째, 충전기, 발전기, 콤프레샤, 용접기 등의 조작은 숙련된 정비병이나 기술병을 임명하여 그 요원으로 하여금 조작하게 한다. 셋째, 차량의 검차 및 주유대 진입시나 차량 후진시에는 반드시 유도병을 배치한다. 넷째, 시동을 위한 차량 견인시에는 직접 감독한다. 다섯째, 유류나 화기 취급소마다 소화기구를 반드시 완비시키고 소화기구 사용방법을 교육시킨다. 여섯째, 지정된 장소 외에서는 흡연을 금지하며, 발화성 물질은 취급하지 못하게 한다. 일곱째, 정비차량의 앞뒤 타이어에 반드시 고임목을 고이게 한다. 여덟째, 차량 아래에 들어갈 때는 안전한가를 확인하게 하고 운전대에 있는 사람에게도 미리 알려 주도록 한다. 아홉째, 기계를 조작할 때에는 그 기계의 소리와 냄새에 유의하도록 한다. 열 번째, 콤프레샤(압축기)는 압축공기 안전도내에서 작동한다. 열한번째, 공장 내 바닥에 유류를 흘리지 않게 하고 걸리는 물체가 없도록 한다.

② 공구사용 안전 : 공구 사용 간 안전사항은 다음과 같다. 첫째, 잘 모르는 공구나 기재는 절대로 손대지 않는다. 둘째, 재크는 물체의 중심되는 곳에 고이고 안전 재크를 같이 사용한다. 셋째, 공구 사용시는 과도한 힘을 가하지 않는다. 넷째, 공구는 필히 규격에 맞는 것을 사용한다. 다섯째, 해머 및 줄의 자루는 튼튼하게 하여 사용한다. 여섯째, 전공 플라이어(펜치)는 연한 철사를 절단시에만 사용한다. 일곱째, 렌치는 조이거나 풀 때를 막론하고 잡아당기는 식으로 사용한다. 여덟째, 용접시나 전해액을 다룰 때는 반드시 보호안경, 보호치마를 착용한다. 아홉째, 유리로 된 기재는 조심히 다룬다.

③ 동계정비 안전 : 동계 정비시에는 다음의 사전 준비사항을 필히 갖춘다. 첫째, 정비병의 방한피복 및 장갑을 충분히 준비하여 지급한다. 둘째, 난방장치를 운영한다. 셋째, 충분한 등화장비를 사용한다. 넷째, 기후에 맞는 각종 윤활유를 사용한다. 다섯째, 눈과 얼음 제거용 장비를 항상 휴대한다. 다음으로 정비에 알맞은 온도를 제공한

다.(정비고나 정비용 텐트가 없을 때는 차량호로나 방수포를 설치한다.) 그리고 혹한 기후하의 정비시 주의사항은 다음과 같다.

- 많은 정비시간이 소요되므로 정비인시를 2배 이상 적용한다.
- 동상 예방 조치가 필요하다.
- 미끄럼을 방지한다.
- 난방장치를 필히 갖춘다.

안전을 위해 주의력과 인내심이 요구되며 철저한 확인 감독을 한다.

2) 입고 정비

편성부대 장비가 결함이 발생하여 검사한 결과 부대 정비능력을 초과하거나 정비계단이 초과될 시 야전정비부대에 장비를 입고시켜 정비를 실시하는 방법으로 이동정비 또는 현장정비 불가시나 입고정비가 더 효율적이라고 판단될 때 실시하는 방법이다.

야전에서 시행중인 입고정비 절차는 다음과 같다.

① 입고의뢰 : 부대정비 능력을 초과한 장비는 사용부대에서 3근무일내 정비부대에 입고 의뢰한다. 입고대상 장비는 사전에 부대정비(세차, 주유, 손질, 탈거품 부착 등)를 완전히 실시한 후 입고 의뢰한다. 입고 의뢰시는 검사/작업지시서(육양 24군 1-05-13-1일) 2부를 작성하여 장비 종합 이력부(육양 24군 1-05-16-1비) 및 입고 의뢰할 장비와 함께 정비부대로 입고 의뢰한다.

② 입고(최초) 검사 : 사용부대로부터 장비가 입고 의뢰되면 정비 의뢰 서류(검사/작업지시서)와 대조하고, 부속품의 탈거 여부, 부대정비 상태를 확인한 다음 기술검사를 실시한다. 기술검사 결과는 입고의뢰 서류로서 제시된 검사/작업 지시서에 결함내용(부대정비 사항 제외)과 상태를 기록하고 부대정비 사항에 결함이 있을 시는 사용부대 관계관에게 통보하고, 기술지도와 필요한 조치를 취한다. 기술검사 결과에 의거해 지원 정비부대에서 정비 가능한 장비는 입고로 판정하고, 정비계단 및 능력 초과장비는 상급 정비부대로 후송 또는 재입고 조치한다. 입고가 결정된 장비는 정비작업을 위하여 공장 대기

장소에 위치 시키고 검사/작업지시서는 정비작업 등록을 위하여 지원통제소대(정비작업 통제부문)에 이송한다.

③ 입고의뢰서 등록 및 정비작업 지시 : 입고검사 결과 입고가 결정된 장비는 입고 의뢰부대 관계관(인감등록자)과 정비부대 기술검사관이 각각 검사/작업지시서의 작성자 및 검사관 기록 사항에 서명날인 후 지원통제소대 정비 통제반 또는 정비작업 통제부문에 접수시킨다. 정비작업 통제부문의 접수 및 등록 담당자는 접수된 검사/작업지시서에 작명번호를 부여한 다음, 1부는 입고 증빙서(미결)로 의뢰부대에 교부하고, 1부는 수리부속의 획득을 위하여 공장보급반으로 인계한다. 접수된 검사/작업지시서는 작명번호가 부여된 이후부터 작업지시 명령서로서 사용된다.

④ 입고장비 정비용 수리부속 획득 : 공장 보급반에서는 입고장비의 작업명령서(검사/작업지시서)에 의거 소요 수리부속을 파악하고, 보급반 창고 재고를 확인한 다음 추가 소요분은 지원부대로 청구 반영한다. 입고장비는 정비에 필요한 소요 수리부속의 75% 이상이 확보되면 이를 작업명령서와 함께 정비소대로 이송하고 잔여 수리부속은 조기 획득하여 불출할 수 있도록 한다.

⑤ 정비 : 입고장비의 해당 정비소대에서는 작업명령서(검사/작업지시서)에 의거 공장보급반에서 이송된 수리부속을 가지고 정비작업을 실시한다. 정비간 발견된 추가 결함사항은 추가 검사표를 작성하여 정비통제반에 통보하고 정비통제반에서는 공장보급반에 지시하여 소요 수리부속을 획득 불출토록 조치한다. 정비작업은 하급제대 정비수준을 망라하여 정비함으로써 출고 후 사용부대에서 불필요한 추가 정비작업을 실시하지 않도록 한다. 정비작업 간 발견된 추가 결함사항은 최초 검사관과 해 정비소대장의 확인을 받는다. 야전에서 적용되는 정비 체류기간은 다음과 같다.

구 분	궤도차량 건설장비	화 포 차 량 유 선	소중화기 사격기재 화학장비	특수무기 제 독 차 무 선	중계반송	기 타
근무일	17	7	5	10	15	1~10

⑥ 출고(최종)검사 : 입고장비의 정비작업이 완료되면 정비소대장은 지원통제소대장(정비통제부문의 장)에게 보고하고 출고검사를 요청한다. 출고검사는 사용부대 입회하에 실시한다.

출고검사는 최초 입고 검사시 발견된 결함사항의 시정 여부와 출고 후의 장비 성능 보장에 지장을 초래하는 추가 결함 유무를 확인하기 위하여 육안검사와 병행하여 교범 및 검사기구에 의한 성능시험을 실시하여야 하며 특히 운행시험(기동장비는 주행시험 및 매연측정)을 실시함으로써 출고 후의 장비성능 보장에 주력하여야 한다. 출고 검사시 결함사항 발견시는 해 정비소대에서 즉각 시정작업을 실시하고 그 내용을 지원통제소대장에게 통보하여야 한다.

출고검사 결과 이상이 없으면 해 정비소대에서는 작업명령서(검사/작업지시서) 조치 내용란에 조치사항을 기록하고 지원통제소대로 이송한다.

⑦ 입고서류 완결 및 출고 : 지원통제소대의 작명접수 및 등록 담당자는 정비소대로부터 이송된 작업 명령서(검사/작업지시서) 2부를 완결하고 장비종합이력부, 검사/작업지시서 1부(완결)와 장비를 인계한다. 정비대대(근무대) 정비장교는 종결된 검사/작업지시서 1부를 정비중대로부터 받아 터미널을 통해 전산 입력한 후 정비중대로 회송하고 정비중대는 이를 거래철에 철한다. 출고 검사관은 장비 출고시 해 장비에 대한 사용상 주의할 점에 대하여 사용부대에 기술조언을 실시한다.

3) 이동정비

이동정비는 연초 수립된 이동정비계획에 의해 정비능력을 갖춘 정비반이 피지원 부대를 순회하면서 정비 지원하는 계획정비 방법으로 주로 평시에 적용한다. 이동정비는 통상 아래와 같은 절차에 의거 수행된다.

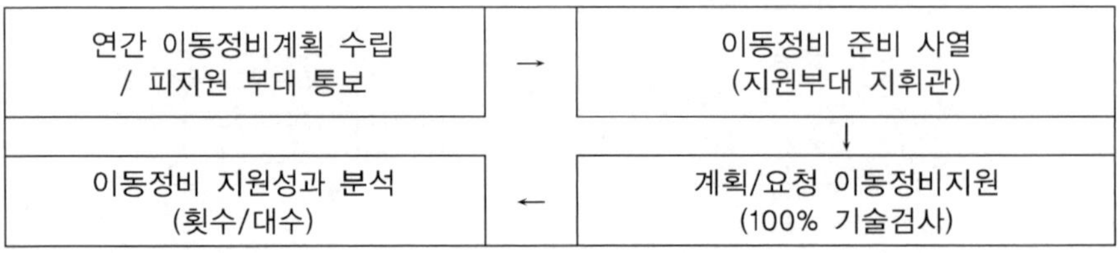

연간 이동정비계획 수립 / 피지원 부대 통보	→	이동정비 준비 사열 (지원부대 지휘관)
		↓
이동정비 지원성과 분석 (횟수/대수)	←	계획/요청 이동정비지원 (100% 기술검사)

가) 이동정비 계획 수립 : 이동정비를 실시하기 위해서 주기별로 사전에 이동정비계획을 수립한 후 이 계획에 따라 지원하게 된다. 이동정비 수립절차는 다음과 같다.

① 이동정비 방침 설정 : 야전에서 적용되는 이동정비 방침은 부대내규에 명시되어 있는 내용과 상급부대 방침을 고려하여 설정하며 주요내용은 다음과 같다. 첫째, 지원부대 능력 및 여건을 고려 기능별 이동정비 주기 결정(통상 분기 또는 반기단위 지원) 둘째, 이동정비와 병행 피지원 부대 보유 전투장비에 대한 100% 기술검사 실시 셋째, 이동정비간 피지원부대 규정휴대량 운영 및 청구반영 실태 확인/지도 넷째, 장비 정비요령 현장교육 및 기술지도 실시 등이다.

② 이동정비 일정 결정 : 계획 이동정비는 주기적으로 실시되는데 통상 반기 1회(기술검사시 병행) 실시되며 독립중대급 이상 편성부대를 대상으로 수립한다. 정비대대는 피지원부대와 협조하여 지원 가능 일정을 판단하여 분기말 15일전까지 부대별 일정을 수립, 해당 기능처에 보고하며 해당 기능처는 반기단위 계획을 수립하여 지원처로 통보한다. 계획작성시 고려사항으로는 첫째, 피지원대상부대와 사전협조하여 훈련/행사고려하여 정비일정 결정하고 둘째, 피지원부대 보유장비수와 기술검사/정비능력고려, 정비지원기간은 통상 부대별 1~5일대 지원한다.

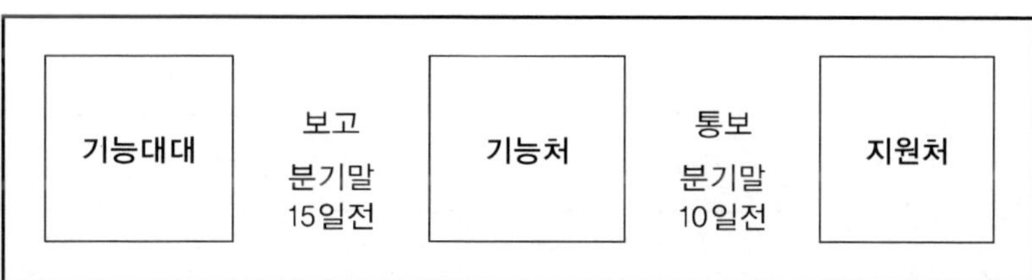

셋째, 악천후에 따른 계획일정 변경 발생 대비, 여유일정 포함토록 계획을 수립한다. 요청이동정비는 피지원부대에서 요청시 지원부대 임무를 고려하여 실시하는 정비로 대상장비는 특수무기, 작업장비에 투입중인 건설중기, 전자전 장비, 고정설치 되어 이

동이 불가한 주요장비, 신속정비가 요구되어 입고정비보다는 이동정비가 효과적인 주요 전투장비 등이 된다.

③ 이동정비반 편성 : 이동정비반은 소대단위 다기능 통합정비반과 건설중기반, 궤도반, 화포/기재반 등으로 융통성 있게 편성하며 인원 및 장비편성의 "예"는 아래와 같다.

구 분			인 원	차 량	공 구
G/S	궤도차량		5~8	2½샵	궤도차량, 야전공구셋, 보충1, 2호셋 공용공구셋, 발전기
	화포/사격기재		5~7	2½샵	화포 및 사격기재, 야전공구셋, 발전기, 보충1, 2호셋, 공용공구셋
D/S	총포		5	2½샵	소화기, 야전공구셋, 보충1, 2호셋, 발전기
	차량		5	2½샵	차량야전공구셋, 발전기, 공용공구셋, 테스타기
	일반장비	소형	3~4	2½샵	일반장비 야전 공구셋
		중기	5	2½샵	중기 야전공구셋
특무	발칸		4~5	1¼샵	발칸야전공구셋
	토우		5	2½샵	토우야전공구셋
통신	전 자 전		3~5	1¼샵	통신 / 전자전 야전공구셋
	통신		5	2½샵	통신야전공구셋, 테스터기
	라 지 트		3~5	1¼샵	라지트야전공구셋, 테스터기
의무			3~4	2½샵	일반정비용 공구셋

통합정비반 편성 "예"는 아래와 같다.

구 분		통 합 가 능 기 능
화력	궤 도 반	전차궤도, 장갑차, 자주포
	화 포	전차포탑, 화포, 대공화포
	사 격 기 재	전차, 화포, 야시장비
특 수 무 기		발칸, 토우, 오리콘
총 포		소중화기, 사격기재

기 동	일반 및 특수무기
일 반 장 비	중기, 화학장비
통 신	유/무선, 전자전, 라지트
의 무	X-선 장비, 치과 유니트, 중형 소독기

요청 정비시에는 정비소요와 정비기간을 고려 정비반 규모를 결정한다.

④ 이동정비 준비/실시 : 이동정비를 실시하기 전에 정비지원부대에서는 지휘관 주관으로 이동정비 준비상태를 확인하게 되는데 이를 준비사열이라고 한다. 이동정비 준비 사열 간 준비사항으로서는 먼저 이동정비용 샾차량은 차량정비/도색, 적재품 확보/손질, 각종 현황판/부착물 보완, 정비복/기술교범 손질 등을 실시하며 추가적으로 이동정비 지원절차/피지원부대 위치, 주요 도로망/지원대상 장비현황 등을 파악하고 있어야 한다. 이동정비를 나가기 전에 피지원부대와 아래 사항에 대해 사전 협조한다.

- D/L장비 품명 및 수량(수리부속 소요 포함)
- 장비집결 장소 및 예상 소요시간
- 중식을 포함한 식사 및 숙영
- 기타 필요한 사항

다음은 출발전 정신교육과 군장검사를 실시한다. 출발신고는 중대장 명령하달을 수령후 중대장에게 신고하며 정신교육을 겸하여 실시한다. 군장검사는 중대장이 실시하며 월 1회 대대장이 군장검사를 반드시 실시하여야 한다. 군장검사시 착안사항은 아래와 같다.

- 차량의 OVM 공구를 비롯한 방향등, 라이트, 브레이크, 고임목 등 차량 가동 상태
- 이동정비 요원의 임무 숙지 상태(선탑자 준수사항, 운전병 준수사항, 각종양식 기록요령)

- 교범, 공구, 수리부속, 정비용장비, 각종서류 준비상태
- 비상 연락 대책 숙지상태
- 정비요원의 군장, 복장 및 건강상태
- 피지원부대와의 사전 협조사항 준비 상태

피지원부대 도착후에는 도착보고 및 정비지원을 실시한다. 하계는 08:00, 동계는 08:30 이전에 부대를 출발하고 피지원부대에는 10:00이전에 도착하여 해당 지휘관에게 도착 및 정비계획을 보고한다. 정비계획 보고 후 기술검사와 이동정비를 실시한다.
1, 2계단 정비사항 : 피지원부대에 정비위임 및 정비교육 실시
3, 4계단 정비사항 : 현장정비를 원칙으로 하여 정비지원을 실시하며 현장정비
불가능시에는 정비중대에 입고 조치토록 한다.
정비가 완료되면 정비반장은 피지원부대장에게 정비지원 실적과 당일 미조치사항에 대한 조치 계획을 보고하며, 피지원부대장의 애로 및 건의사항을 접수한다. 부대에 복귀하면 복귀신고와 명일 출동준비를 한다.

4) 정비 대충장비(M/F) 운영

정비 대충장비(M/F : Maintenance Float)라 함은 정비지원시설에서 즉각적인 수리가 불가능하거나, 정비 기간동안 정비대상 장비를 장기간 운영치 못함으로서, 임무수행에 지장을 초래하는 것을 방지하기 위하여 정비대치장비를 정비지원부대에서 저장토록 인가한 완성장비 또는 장비구성품을 말한다. 정비대충장비를 운영하는 목적은 각급 정비부대에 입고율이 높은 주요장비 및 장비구성품에 대하여 입고정비 기간의 공백을 정비대충장비로 지원함으로써 전투력의 공백을 방지하는데 있다. 정비대충장비를 운영하는 부대는 직접지원정비부대와 일반지원정비부대, 창정비부대에서 운영한다. 야전정비부대의 입고 정비기간으로 인하여 초래되는 전투력 공백을 방지하기 위하여 정비 대충장비를 운영한다. 정비부대의 부품부족, 작업량 과다, 중정비 소요, 기타 등으로 제한된 정

비기간에 수리 반환이 불가능할 시 우선 확보된 대충장비를 1 : 1로 교환 불출한다. 정비 대충장비로 교환된 입고장비는 정비 후 대충장비로 확보시킨다. 단 장비의 특성에 따라 입고장비는 정비 완료 후 원소속부대로 원복시키고 대여된 대충장비는 정비시설로 회수한다.

정비 대충장비의 운영절차 발전 및 수정 건의에 대한 책임은 각 군사령관에게 있으며, 최종 승인은 참모총장(군수참모부장)이 한다. 장비선정은 임무수행상 긴요도, 장비인가량, 현 보유량 및 보급, 정비능력을 고려하여 선정한다. 정비대충장비는 운영유지 대충장비와 순환정비대충장비로 구분되며 장비별 소요량 산정 방식은 아래와 같다.

① 운영유지 대충장비(ORF) = 운영장비인가량×불가동률÷가동율

- 불가동률 = 100-가동율
- 가동율 = 총 가동시간(일)÷총 운용시간(일)×100
- 총 운용시간 = 365×장비수
- 총 가동시간 = 총 운용시간-(대당 평균 고장시간×장비수)
- 평균고장시간 : 야전정비대상으로 정비 입고일에서 정비 완료일까지의 평균시간
- 소요 판단 시 산출된 수치가 정수가 아닌 경우에는 소수점 이하를 절상하여 산정

② 순환정비 대충장비(RCF) = 운영장비인가량×연간정비수량×평균정비기간÷365

③ 불출한계 : 부대 임무상 긴급하고 지장을 초래하는 장비와 부대 임무수행에 직접적으로 영향을 주지는 않으나 10일 이상 정비기간이 예상되는 장비를 대상으로 불출한다. 전시(D-Ⅱ발령시) 정비 대충장비는 손실 보충장비로 전환하여 운용하며(구성품은 수리부속으로 전환) 사용권한은 군사령관, 수방사령관, 항작사령관에게 있다. 다만 사용현황을 정기 군수태세 보고서에 포포함하여 육본에 보고한다.

5) 순환정비

순환정비는 장비의 수명유지 및 성능 발휘 보장을 위하여 장비상태 검

사를 통하여 주기적으로 실시하는 계획정비로서 정비후 원소속 부대로 복귀시키는 것을 원칙으로 한다. 순환정비는 야전순환정비와 창 순환정비로 구분되며, 정비수행 부대의 정비능력과 동시 정비가능 대수, 장비상태, 기술지원 여건을 고려하여 정비계획을 수립 시행한다. 순환정비 대상 장비는 고도의 정비기술을 요하는 항공기, 궤도장비, 특수무기, 화포 등 주요 전투장비에 적용하며 군수참모부장이 선정한다.

장비별 순환정비 주기는 기술교범 또는 규격서에 설정된 주기를 고려하되 장비상태 검사를 통하여 결정한다. 야전 순환정비의 정비수준 및 범위는 IROAN 정비개념으로 실시함을 원칙으로 하며 장비별 검사결과 정비 우선순위는 군사령관이 결정한다.

6) 혼성장비 정비

혼성장비라 함은 독립적으로는 장비로 분류 될 수도 있는 여러 종류의 장비가 상호 연결 또는 결합되어 독자적인 장비명 및 제형을 가지고 기능을 발휘하는 복합체로써, 주 장비 부분과 보조장비 부분으로 구분되며, 장비의 수령, 저장 및 불출에 대한 군수책임이 1개 기능에 속하나 2개 이상의 군수관리 기능에 의해서 불출 및 정비되는 주요 부분품이나 주요 비품으로 구성된 장비이다. 사용부대는 주 장비와 보조장비로 구분하여 각각 지원정비 계통으로 일반장비와 동일한 방법으로 등록하여야 한다. 부대 정비계단을 초과한 고장장비는 주 장비 지원 정비시설에 입고시킨다. 그러나 보조장비만 고장이 발생하였을 때에는 보조장비 지원 정비시설에 직접 입고시킬 수도 있다.

야전정비를 위하여 입교된 혼성 장비 중 보조 장비는 주 장비 지원부대에서 보조장비 지원부대에 의뢰하여 실시한다. 보조장비는 정비 완료후 주 장비 정비시설에 반환한다. 그러나 직접 사용부대로부터 입고된 보조장비는 주 장비 정비시설에 반환하지 않고 직접 사용부대로 반환한다. 야전정비계단을 초과한 혼성장비는 후송 조치한다.

7) 외주정비

외주정비는 민간업체에 정비 의뢰해서 정비 지원하는 방법으로 주로 비

보급품 유지비로 정비 지원하는 장비를 대상으로 한다. 외주정비 대상 장비는 ① 군직 정비 능력초과 장비 ② 외주정비로 경제성/품질보장이 가능한 장비이며 기능별 대상 장비는 아래와 같다.

- 기동장비 : 상용차량, 특장부분(박스카, 정비샾, 급수차, 부식차, 방송차, 구급차, 통신가설차), 트레라, 정비용장비(시험기, 세척기)
- 일반장비 : 굴삭기, 도쟈, 구레이다, 크레인, 리본부교, 경문교, 도보교, 간편 조립교, 제설차, 항온 항습기, 체인톱, 예초기, 착암기, 자동주유기, 300㎾ 이상 발전기
- 통신장비 : FAX, 카메라, 시청각장비, 야전선공드럼

장비 고장발생의 불확실성과 정비 신속성, 경제성, 예산집행의 투명성을 고려하여, 현 육군규정대로 "사후원가검토 조건부계약" 및 "총액확정계약"을 실시하되, 장비특성과 예산규모에 따라 아래와 같이 적용기준을 정립하여 시행한다.

구분	적 용 기 준
사후원가검토 조건부 계약을 할 경우	•집행예산 3,000만원 이상 또는 신규정비 품목중 사전 원가계산이 불가능한 품목 •정비실적 있는 품목의 견적가가 물가지수를 고려하여 현저히 차액 발생품목
총액확정계약을 할 경우	•집행예산 3,000만원 이하 소액정비 품목중 사전 원가계산이 가능한 품목 •정비실적 있는 품목의 견적가가 물가지수를 고려하여 차이가 적은 품목

장비 고장시 외주정비 승인은 신속한 정비착수를 위하여 기술검사결과를 검토하여 승인하는 것을 원칙으로 한다. 고 단가 품목으로 경제성 검증이 필요한 장비는 군지사령관 및 정비창장이 판단하여 자체 심의후 승인한다. 외주정비 입고시 정비지연 방지를 위하여 통합 입고정비를 지양하고 고장발생 즉시 입고 또는 출장정비를 실시한다.

기술검사결과 「검사/ 작업지시서」 작성은 아래 절차에 의거 정비진행 단

계별 변경사항을 지속적으로 작성한다.

「검사/ 작업지시서」의 최종 정비상태는 교환 및 수리 명령이 구체적으로 표기되도록 작성하여 정비 원가정산시 활용한다. 외주정비간 기술검사 내용을 변경하고자 할때에는 정비기간 단축을 위하여 군지사(단)에 유선으로 보고하여 승인을 득하고 검작지 및 감독일지에 세부 근거를 기록후 계속 정비를 실시한다. 정비완료 후 납품조서 작성시 성능검사 결과를 첨부하고 필요시 중요장비는 운용 및 정비부대, 감찰, 정비업체 등이 참석하여 합동검사 또는 부착시험을 실시한다.

외주정비 장비의 품질보장을 위한 조치사항은 다음과 같다.

① 외주정비 의뢰/납품검사는 군 검사 기준표를 적용한다.

② 소요 수리부속 및 재료는 KS품을 사용하며 KS품 획득 불가시는 군 지정 기준품을 사용 한다.

③ 업체 정비간 군검사관은 공정과정을 확인 감독한다(정기 : 장비 입출고시, 수시 : 필요시).

④ 정비대대장은 공정 감독관에게 검수임무 수행토록 보장하고 검수요령 교육 및 필요시 현장 확인 지도를 병행한다.

⑤ 정비장비 납품시 감찰입회하 사령부에서 임명된 검사관이 실시하고 정비간 공정검수는 사령부 납품검사관에게 각종 검수일지, 사진첩, 성능검사 결과 등을 제시하고 필요시 정비 후 상태 등을 시험할 수 있도록 준비한다.

8) 동계 공병장비 정비

하절기에 집중적으로 운용하던 공사용장비(중기, 덤프차 등)에 대한 동계정비계획을 수립하여 시행하며, 정비지원 부대장은 정비 및 수리부품 지원계획을 수립하여 피지원부대에 통보하고 지원한다.

동계공병장비 정비방침은 다음과 같다.

① 일반 및 건설장비류를 100% 정비, 가동 상태를 유지한다.

② 동계 정비기간중 장비운행을 중지하고 전 장비는 정비에 임한다.

③ 제설작업, 작전, 공사 등 부득이 운행해야할 경우는 장성급 지휘관 통제를 받아 운행하고 타장비와 교대정비를 실시한다.

④ 야전정비 종결장비와 지역표준화 계획상 비표준장비는 과감히 후송하여 장비표준화 계획을 촉진한다.

⑤ 장비정비와 병행하여 보급 및 정비행정의 미결사항을 정리한다. 동계 공병장비 정비기간은 금년 12월 1일부터 익년 3월 31일까지이며 세부실시 일정은 아래와 같다.

구분	기간(월)					비고
	11	12	1	2	3	
100% 기술검사 및 정비	⟶	⟶	⟶	⟶		전부대
부속 청구 및 조치	⟶	⟶				전부대, 군수
정비능력 초과장비 입고 및 후송	⟶					전부대
정 비 실 시		⟶	⟶	⟶		전부대
확 인				⟶	⟶	군지사

대상 장비는 건설장비와 덤프차량 및 공사용 공구기재 등이다.

기술검사 지원계획은 전 장비를 대상으로 실시하며 수리부속은 소요실적 및 피지원부대 청구량을 고려, 재고고갈 방지를 위한 대책을 강구한다. 기술검사결과 소요수리부속 청구 및 조기 확보로 정비대기기간을 최소화시킨다. 정비는 피지원부대 운용을 고려 이동정비 및 입고정비로 구분 지원한다. 피지원부대 동계정비실태 확인은 정비처장 책임하에 실시하며 수리부속은 해당 기능처장의 책임하에 지원한다.

9) **기술원조/지역구난/지역정비**

기술원조는 사용부대로 하여금 원활한 보급 및 정비 업무를 수행하도록 각 정비부대에서 보급 및 정비사항에 대한 기술적 지도를 제공하는 업무이다. 따라서 정비부대는 사용부대가 능률적인 임무를 수행 할 수 있도록 기술 원조를 제공하여야 한다. 사용부대는 보급 및 정비 업무를 적절히 수행함으로써 장비의 수명이 보장되고 정비소요가 감소된다. 따라서 정비부대의 정비소요 감소와 원활한 수리부속 보급으로 지원업무를 효과적으로 수행 할 수 있다.

기술원조는 사용부대의 정비요원이 부족하거나 장비, 시설, 기술이 부족하여 정비업무수행이 곤란할 때 실시한다. 정비부대는 기술지원을 위한 요건을 결정하고 기술지원을 제공하기 위하여 사용부대의 기술지원 요청시 뿐만 아니라 사용부대를 수시로 방문한다. 기술원조를 위한 부대 방문은 가능한 한 자주 실시하여 사용부대의 보급 및 정비 운용능력을 향상시킬 수 있도록 지원하여야 한다.

지역 구난이라 함은 직접 및 일반지원 정비부대 책임 지역 내에서의 기동장비가 사고 또는 고장으로 불가동 상태에 있는 장비를 직접 및 일반지원 정비부대가 보유하고 있는 자대 구난장비로서 구난함을 말한다.

야전정비 지원부대는 책임 지역 내에서 사고 또는 고장으로 인한 불가동 장비(화력 및 기동)에 대해 자대 구난장비로써 구난할 책임이 있다. 구난은 요청이 있거나 또는 스스로 인지하였을 때 지체없이 구난지원을 하여야 한다. 지역 구난은 지역 내 통과하는 모든 장비(화력, 기동장비)에 적용한다. 사고로 인한 구난일 경우 인접 헌병대와 협조하여 헌병입회하에 구난한다.

지역정비라 함은 장비등록이 되지 않은 타 지역 기동장비가 지역내를 통과 중 고장으로 인하여 불가동 상태에 있을 때 야전정비 지원부대가 이에 대한 정비지원을 제공하는 것을 말한다. 야전정비 지원부대는 장비등록이 안된 타 지역 장비가 책임 지역 내를 통과 중 발생한 고장에 대한 정비지원 요청시 정비지원을 제공해야 한다. 정비 요청시 장비사용자는 지역 내 통과를 증명할 수 있는 근거(출장증 또는 운행증)를 제시하고 지원부대는 이를 확인하여 사본을 첨부, 작업명령서를 작성, 정비지원을 제공한다.

이때 작업 의뢰자는 선임자가 된다. 정비지원 부대장은 정비지원 결과를 해 정비지원 부대장에게 통보하여야 한다. 기술검사 결과 야전정비 능력 초과 또는 경제적 수리한계 초과장비로 판정되면 규정된 절차에 의거 기지 후송 조치한다.

10) 총기착색지원

군지사 일반지원 정비부대에는 지원대상부대의 소·중화기, 대검에 대한 착색을 지원한다.

총기착색지원반을 운용하고 있는 부대는 아래와 같다.

구 분	00군지사	00군지사	00군지사	00군사
부대	8×정비대대 8×4중대	8×정비대대 8×4중대	8×정비대대 8×4중대	종합정비창

착색대상장비는 아래와 같다.

구 분	소 화 기	중 화 기	기타
장 비	•K1/K-2 소총 •38 및 45권총, K-5권총 •K-3, K-6 기관총 •M16A1소총 •MG50 및 M60기관총	•60 및 81미리 박격포 •90미리 무반동총	•대검 •철재부품

11) 정밀 측정장비 교정

육군에서 보유하고 있는 정밀측정장비 교정업무는 3군 공통군수지원 규정에 의거 공군에서 전담 지원한다. 정밀측정장비란 장비 및 보급품이 제작기준 설계도와 규격에 명시된 기준에 적합한가를 측정, 시험, 검사, 분석 및 조정하는데 사용되는 장비를 말하며, 계량측정기라고도 한다. 정밀 측정장비 교정지원 방침은 다음과 같다.

첫째 육군 보유 정밀 측정장비 정비지원은 공군에서 전담한다.

둘째 정밀측정기관은 공군의 군 1급 정밀측정시험소 및 2급 정밀측정시험소로부터 교정검사 및 수리지원 업무를 수행하며 육군은 군 1급 시험소의 사전검토를 받은 후 참모총장의 인가를 받아 자대 교정부서를 설치할 수도 있다. 셋째 정밀측정장비의 교정검사 및 수리는 군 1급 및 2급 시험소 입고정비를 원칙으로 하며, 정밀측정장비의 교정검사 및 수리위한 입출고에 따른 수송 업무는 장비 사용부대에서 담당한다. 정밀측정장비의 교정검사 및 수리지원은 지원 대상부대와 장비분포에 따라 지역담당 정밀측정 시험소에서 지원한다.

정밀측정장비의 사용중 고장이 발생하거나 정확도에 신뢰성이 없다고 판단될 때는 교정주기에 관계없이 지원 정밀측정시험소에 입고하여 수리하고 교정검사를 실시해야 한다.

시 험 소	제1시험소	제2시험소	제3시험소	제5시험소	제6시험소	제7시험소
담당지역	전군 부산, 경남	경북,대구	서울,경인	강원	광주, 전남/북	충남/북

정밀 측정장비의 수리는 아래와 같이 구분한다.

수리 구분	정 비 내 용	정 비 책 임
부대 정비	장비의 외부손질, 램프 휴즈 교환 등 교정검사 가필요 없는 작업	장비 사용부대
야전 정비	장비의 내부손질 및 요수리 장비의 부품교환 등 수리 후 교정검사가 요구되는 작업	지역시험소 (군 2급)
창 정 비	군 2급 시험소 능력초과 정비작업	표준시험소 (군 1급)

정밀 측정 장비의 자산관리업무(장비 확보, 반납, 보충자산 계정 등)는 장비사용 부대에 담당한다. 정비 의뢰한 정밀 측정 장비 중 경제적 수리한계를 초과하는 장비는 1급 정밀 측정시험소에서 폐품으로 판정하며, 장비의 폐처리권은 지원군에 있다. 장비 사용부대는 지원군에서 송부된 폐품판정서를 근거로 자산 처리한다. 장비 사용부대의 취급부주의로 훼손, 망실 도는 도태계획에 위거 폐처리하여야 할 장비는 육규에 의거 처리한다.

12) 업체 A/S 지원

업체 A/S 지원은 신규전력화 장비의 품질보증 및 사후관리로 군정비 기반을 확보하고, 장비가동상태를 유지하기 위하여 실시되는 제도이다. 이와같은 제도의 목적은 장비인도 후 일정기간 동안 장비 가동상태를 보장하고 신규 전력화장비의 군정비 기반을 확보한다. 즉 군 정비요원 기술습득과 수리부속 수요형성으로 원활한 보급지원 소요 반영하는 것이다. 또 신 장비 정비이력 구축으로 각종 분석자료를 획득하는데 있다.

A/S지원이 필요한 장비 사용부대는 해 지원부대로 정비지원을 요청하고, 사용된 수리부속품은 수용반영을 위해 정비 즉시 해 정비부대로 문서로 통보하며, 보유한 규정휴대량(PL)을 사용한 경우에는 보충청구 조치한다. 또한 해 정비지원 부대장은 다음 업무를 수행한다. 첫째, 사용부대에서 정비지원 요청을 받으면 자체정비 가능여부를 판단하고, 정비지원 능력 제한시에만 업체 A/S를 요청한다. 둘째, 피지원 부대에 대한 A/S지원에 대한 통제책임을 지며, 합동정비지원을 한다. 셋째, A/S지원 실적유지와 사용부대 수리부속품 수요반영 등 후속조치에 대한 감독책임을 진다. 넷째, 장비 운용부대에서 통보된 수리부속품 사용실적을 통합하여 ZDM(수요철 신규수록 및 수정)프로그램의 구분 부호란에 “S"로 표기하여 월 1회(25일 기준)군지사 전산계통으로 통보하고, 정비계통으로는 분기 1회 서면보고(통보)한다.

이때 수요실적이 있는 품목(CSP 포함)은 보급 또는 청구 조치한다.

군지사(보급계통)는 정비지원 부대와 업체 A/S팀으로부터 보고(통보)받은 A/S 지원실적과 전산프로그램으로 집계된 소모실적결과를 대조하여 수요반영 여부를 검증한 후 군수사 전산계통으로 월 1회 통보한다. 또한 정비계통으로는 분기 익월에 군수사로 서면으로 통보하고, 반기 1회 A/S 지원에 대한 성과분석을 하여 필요한 조치를 취한다.

군수사는 군지사로부터 보고받은 A/S지원실적을 거래부대 수요철(CDRZ)과 비교하여 수리부속품 수요반영 여부를 확인조치하고, 익년도 예산편성시 A/S지원결과가 반영될 수 있도록 한다.

업체 A/S팀은 장비사용부대를 지원하는 정비지원부대장의 요청시에만 A/S지원을 하며, 분기 1회 해 지원부대와 군지사로 A/S 지원실적을 통보한다.

13) 장비 결함 보고

정비 후 보급된 결함 장비에 대한 보고는 장비의 품질보장과 6개월 이내의 결함발생을 억제함으로써 장비수명을 유지하고 장비에 대한 기술정보의 수집 및 개선책을 강구하려는데 있다. 정비 후 보급된 장비결함에 대한 조치는 다음과 같다.

① 장비의 품질 보장과 조기 결함장비에 대한 기술정보를 수집하여 개선책을 강구한다.

② 조기결함 발생장비에 대한 원인 규명과 필요한 조치를 취한다.

③ 결함이 경미하여 현지 시정 가능한 장비는 현지 지원부대장 책임하에 시정 후 사용한다.

④ 결함 원인이 창에 있고 현지 시정 북가능한 장비는 교체 보급한다.

보고대상 품목은 정비 후 보급된 전 장비 및 주요 결합체로 수령후 6개월 이내에 결함이 발생한 장비나 상태 불량품이며 사용자 및 조작자의 고의 또는 과실로 인한 결함은 보고에서 제외한다.

결함 발견 부대장(사용부대)은 결함 발견 즉시 정비지원부대에 검사 의뢰하여 정비지원 부대장과 합동으로 장비결함보고서를 작성하여 지휘계통으로 보고한다. 군사령관, 군수사령관 및 육직부대장은 이를 검토하여 보고서 2부를 첨부하여 10근무일내에 육본에 보고한다. 결함 발견 부대장은 지휘계통으로 보고책임이 있다. 정비지원부대장은 지원계통으로 보고함과 동시에 결함 장비에 대한 기술적인 검사 및 정비가능 여부를 판단한다. 현지 시정이 가능한 것은 정비 실시후 지원부대장의 책임하에 사용하고 현지 시정이 불가능한 것은 교체 보급한다. 그러나 교체 보급할 수 있는 재고가 없거나 통제품목은 필요한 조치를 취하고 차후에 우선 보급토록 한다.

정비창장은 정비과정의 공정 및 최종 검사를 강화하여 검사의 신뢰성을 보장한다. 그리고 장비의 결함 원인을 규명하고 개선대책을 강구하며, 최종 검사관은 장비의 품질에 대한 최종 책임이 있으며, 최종검사결과를 소정의 검사표에 명기하고 서명 날인하여 해당 장비를 불출할 때 동봉함으로써 훼손 방지책을 강구한다.

14) 예비군 장비 정비

예비군 장비를 정비하기 위한 정비 분류는 사용자 및 관리자의 책임 하에 실시하는 부대정비와 야전정비부대의 책임 하에 실시하는 야전정비 및 창 정비로 구분한다.

가) 부대정비 : 예비군 장비를 관리하는 관리자 또는 사용하는 자는 주기적인 예방정비를 실시하여야 하며 소속부대장은 이를 확인 감독하여야 한다. 정비점검 및 손질은 주 1회 이상 실시하여야 하며, 우천시는 점검 및 손질빈도를 증가시키고 사용 후에는 즉시 손질하여야 한다. 예방정비에 소요되는 수리부속은 군 지원계통으로 청구하여 수령 활용한다. 보유장비는 장비관리규정에 의하여 관리하여야 하며, 관리 소홀로 인한 파손 및 훼손을 방지하여야 한다. 창 후송 대상장비는 장비지원 계통으로 반납 및 후송하며 반납증표로써 완결한다.

나) 야전정비 : 정비지원부대는 사전 수립된 계획에 의거 지역별 예비군 단위부대별로 정기적인 순회정비를 제공하며 현지 수리(교환)를 위주로 한다. 이동정비시, 정비대상 품목은 장비관리 책임자 또는 장비관리 위임을 받은 관계관의 정비의뢰를 접수하고 정비한다. 창 정비 대상장비는 전량 회수하여 창으로 후송하고, 정비대충용 또는 군수사령부 가용물량에서 보충 보급한다.

다) 창정비 : 창 정비 대상으로 후송된 장비를 폐기시키는 현행 폐기절차에 의거 처리하며 예비군용으로 별도 등록 표시된 장비는 정비완료 후 원소속 부대로 재보급한다.

예비군 장비 정비지원은 시설부대에서 운영하는 이동정비반에 의한 현지 정비 또는 입고 정비함을 원칙으로 한다. 단, 오토바이 제외한다. 예비군 장비의 보유부대 및 기관은 이동정비 외에 필요시(교육훈련 및 작전 종료 후) 고장장비에 대한 이동정비를 요청 할 수 있다. 또 예비군 장비의 100% 기술검사는 군지원 계획에 의거 실시한다.

15) 군외정비

군외 정비지원은 정부단체에서 보유한 장비 중 군은 정비능력이 있으나 정부기관 또는 민간업체에는 정비능력이 없을 때 군에서 정비지원 하는 것으로 지원 방침으로는 먼저 교도소, 전경대, 기타 군외기관 보유장비 중 군 공통장비에 대한 정비지원 요청시 군 능력 범위 내에서 최대한 지원하며 정비예산은 관장하는 정부 부서에서 부담하고 연간 지원실적에 의거 연 1회 군수사와 행정자치부, 법무부간 정산을 실시한다.

아래 장비외 지원대상장비로 추가 시에는 국방부 승인 필요하다. 개인화기는 칼빈소총, M16소총, K-2소총, 구경45권총, K-5권총 등이 있고 공용화기는 구경 30기관총, M60기관총, K-3기관총 등이다. 정비지원 범위는 자체 정비 불가한 야전 및 창정비 소요에 대해 이동 및 입고정비 지원을 실시하고 야전정비 계단 초과장비는 해당기관에서 회수하여 정비창에 정비 의뢰토록 협조하여 주고, 폐처리 대상장비는 정비 의뢰기관으로 반환한다.

다. 창정비 지원

창 정비는 일반지원 정비부대의 능력이 초과되는 정비지원을 보강하기 위하여 고도의 전문기술요원과 현대화된 정비시설, 정비용 정밀장비 및 공구, 수리부속을 확보하여 야전에서 후송되는 장비를 분해, 수리, 재생 및 생산작업을 하며, 수정작업명령에 의거 수정작업을 한다. 또한 전시에는 창 근접정비반을 운영할 수 있으며, 경제적 수리한계 초과장비의 폐판정을 실시한다. 군수사 예하 창 정비지원부대는 야전정비지원부대에서 반납 및 후송하는 완제품 및 수리부속에 대한 기술검사를 실시하고 경제적 수리한계 범위 내에서 수리 및 재생하여 품질을 보장할 수 있는 품목은 재보급소요로 전환하거나 사용부대로 반환한다. 이러한 창 정비는 평시에는 「오바홀 정비개념」을 적용하고 전시에는 「아이론 정비개념」을 적용한다.

또한 3군 공통장비는 국방 공통장비 정비지원절차에 의거 계획정비로 지원하며, 군 정비지원부대의 기술부족으로 정비할 수 없는 장비와 군 정비지원부대에서 정비하는 것이 비경제적인 장비는 외주 및 해외정비를 실시한다. 연간 창 정비계획을 수립하기에 앞서 창 정비소요를 정확하게 판단해야 하며, 연간 창 정비소요는 과거 3~5년간의 창 정비 발생량을 기준으로 하여 장비의 형태별, 모델(형)별로 다음과 같은 공식에 의거 산정하되 소수점 이하 4계단까지 계산한다.

군수사 정비처의 각 기능과는 계획년도 정비소요를 판단하여 정비관리과에 제출하면 정비관리과는 이를 검토하고 종합하여 군수사령관의 승인을 받아 계획년도 16개월 전까지 육군본부 군수참모부에 보고한다.

$$\frac{3\sim5\text{년간 요수리 후송량}}{3\sim5(\text{년})} + \text{당해연도 요수리 누적량} - \text{폐기량}$$

육군본부 군수참모부는 군수사에서 보고한 정비소요를 검토하고 계획년도 8개월 전까지 사업규모와 정비 기본방침 및 지침을 하달한다. 정비계획 수립절차는 아래와 같다.

〈정비계획 수립절차〉

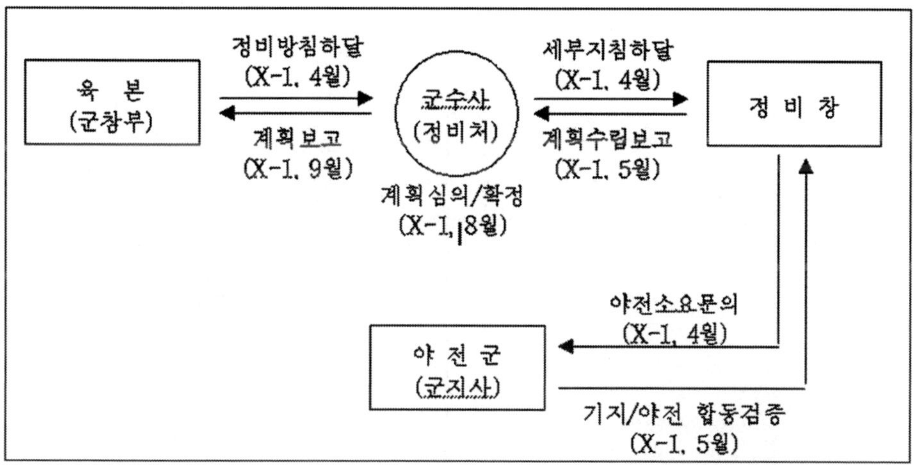

정비계획은 야전에서 후송되는 창 정비종결 장비 및 부품에 대하여 창정비능력 범위 내에서 전투력 유지 및 증강에 역점을 두고, 다음과 같은 우선순위를 고려하여 작성한다.

1) 전투긴요 장비 → 전투지원 장비 → 일반지원장비 → 기타장비

2) 당해연도 소요 → 전투 예비소요 → 장차 예비소요

   창정비는 야전에서 후송되는 창정비 종결장비에 대해 창 정비능력 범위 내 정비지원 하므로써 야전배치 운용 장비 전투력 발휘 보장에 있으며 정비지원별 정비개념은 다음과 같다.

   - 군직정비 : 주요전투장비 및 군 표준장비 체계결합위주 정비
   - 외주정비 : 첨단전자 정밀부품 위주 정비후 군에 납품(결합체 단위)
   - 해외정비 : 국내정비(군직, 외주) 불가한 최첨단 정밀부품 원생산국 정비

   가) 창 군직정비 : 창정비 업무 중 군직정비 업무를 수행하는 중점은 다음과 같다. 첫째 전투 긴요장비 및 첨단 전자/정밀장비 위주 정비지원 둘째 정비시기 도래된 신형장비 정비지원 능력확보 셋째 기지 순환정비는 능력 범위 내에서 야전 요구량 최대 정비지원 넷째 기본 계획 정비외 우발적인 작전, 재해로 창정비 소요발생시 긴급 우선 정비 지원 등이다. 야전에서 발생된 창 정비 대상장비는 아래와 같은 절차에 의해 야전에서 정비창으로 후송된다.

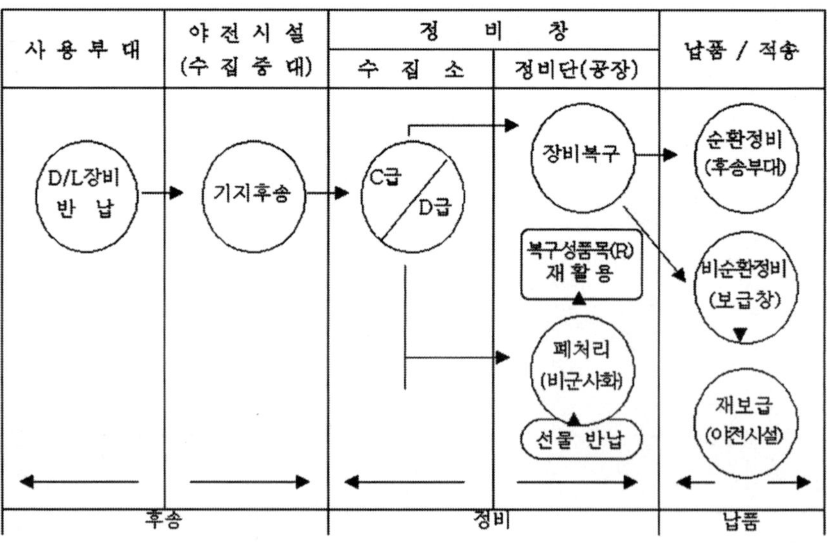

정비창으로 후송된 정비 대상 장비는 다음과 같은 절차에 의해 처리된다. 첫 번째는 후송/최초검사로 야전에서 정비창으로 후송된 D/L장비를 수집소에 저장하고 육안으로 최초상태를 검사하여 장비 및 결합체의 상태를 분류(C, D급)한다. 두 번째는 정비입고/해체 검사 후 검사 기준표에 의한 부품 상태를 분류 한후 소요 수리부속을 청구한다. 이때 발생된 폐품은 수집소로 반납된다. 세 번째는 수리/조립/공정검사 단계이다. 이 단계에서는 세부 소요부속 확보/수리와 결합체 정비 및 조립/정비 완료 후 분야별 정비내용 공정검사(각 정비관 책임제)가 이루어진다. 네 번째는 기능검사/최종검사 단계다. 이 단계에서는 분야별 정비결과 기능/성능시험(영내, 외 기능시험, 도색/포장상태)과 차체분야 주행시험(품질검사/창정비 작업기준서 적용)을 실시하며 이상 없을 경우 포장검사 후 출고(정비창 → 보급창 → 사용부대)하게 된다.

나) 창 외주정비 : 창 외주정비는 군직정비능력 초과량 및 군정비기술 미보유 품목에 대해 외부 업체에 정비를 의뢰해서 정비하는 업무이다. 외주정비계획은 편성예산 범위내 우선순위 고려 전투긴요장비 → 군직정비용 결합 부품 → 기타 주요품목 순으로 수립한다. 창에서 실시하는 외주정비 절차는 아래와 같다.

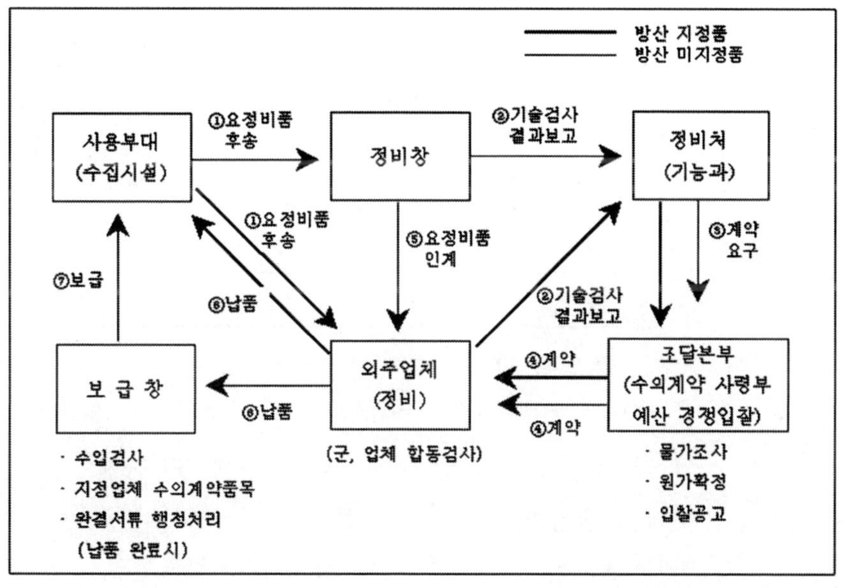

다) 해외정비 : 해외정비는 국내 정비가 불가한 첨단 정밀 전자전 부품류나 국외도입장비 및 부품을 해외업체에 정비의뢰 하여 정비하는 업무이다. 주요 대상장비는 미스트랄, AN-1S, CH-47, UH-60, UAV부품, MLRS 등이 있다. 해외정비 절차는 아래와 같다.

① 해외정비발주 : 해외정비 발주는 확정된 정비계획에 의거 FMS, 상업정비로 구분 조달본부 발주의뢰하며, 지원국의 정비검토 계약서를 조달본부로부터 접수하여 오파검토결과 수락/취소 여부 결정한 후 조달본부에 통보한다. 그리고 정비수락 계약서 접수 후 요수리품 적송준비 후 지원국의 시행계약서 접수 후 요수리품을 적송한다.

② 후송/복귀 : 해외정비 대상 장비 후송 및 복귀절차는 먼저 정비대상 품목 불출 및 해외 후송 지시에 따라 해외업체로 후송 후 정비 중 품목에 대한 지속적인 정비 진행상태 확인하며 정비 복귀품목에 대한 인수 검증 및 불출조치를 취함으로써 모든 정비절차가 종결된다.

③ 주요 해외정비업체는 아래와 같다.

구 분	업 체 명	주요 정비품
특 무	○ 미스트라사(프랑스)	미스트랄 구성품
항 공	○ 보잉사(미국) ○ HIS사(미국) ○ 벨 사(미국) ○ IAI사(이스라엘) ○ 에로메탈사(미국) ○ DTS사(미국)	CH-47D 구성품 UH-60 구성품 AH-1S 구성품 UAV 구성품 무장 부품 무전기
통 신	○ IAI사 (이스라엘)	UAV 지상장비 구성품

라) 3군 공통품목 정비 : 정비창에서의 3군 공통품목에 대한 정비방침은 다음과 같다. 첫째, 정비 목적상 각 군 보유 장비를 군 고유장비와 국방공통장비로 분류하여 정비 지원한다. 둘째, 국방공통장비 정비에 소요되는 수리부속은 전담 지원군에서 피지원군 소요를 포함하여 반영 및 획득하여 정비 지원한다. 셋째, 단, 1개군만 운영하는

고유장비라도 타군과 정비지원/피지원 거래선을 유지하는 장비는 국방 공통장비 정비지원절차에 준하여 정비를 수행하며, 정비소요 수리부속은 공동장비와 같이 전담지원군에서 지원하되 정비전담군이 확보하기 어려운 피지원군(장비보유군)고유 수리부속은 피지원군이 확보 지원한다.

① 장비별 지원책임은 아래와 같다.

구분	육 군 (지상 공통 장비)	해 군 (해상 공통 장비)	공 군 (공중 공통 장비)
정비지원 대상장비	○ 화력/기동 장비 ○ 통신/전자 장비 ○ 일반 장비 ○ 경 항공기 ○ 특수무기(발칸, 토우, 재브린) ○ 의무장비	○ 함정 / 선박 ○ 해안 화력장비 (3″, 40mm)	○ 정밀측정 장비 ○ 오일 분광분석 ○ 낙하산 ○ 기상관측 장비 ○ 공지작전 무전기 ○ 방공포 지원장비

마) 부품 제작 및 지원 : 해외 생산중단 및 국내 획득불가품목과 소량, 소액, 희소 부품 등을 적기에 제작지원함으로써 장비의 정비기간을 최대한 단축하고 소요부속의 재고 고갈을 방지함에 있다. 부품 제작 및 지원방침은 첫째, 정비창 제작 능력을 100% 활용하며, 최초 계획사업작성시 능력 70% 범위 내에서 계획하고, 잔여능력은 사업수행중 추가 수시사업에 활용토록 계획운용한다. 둘째, 부품제작 사업은 군수사령부에서 일괄통제하며, 직접 창간(대외포함)제작 지원을 불허한다. 셋째, 야전 및 창정비 애로부속을 제작 지원한다. 넷째, 조달 획득불가품은 제작원가가 고가라도 제작 지원한다. 다섯째, 조달 획득 가능 품목중 창 제작이 조달보다 경제적인 품목은 제작 지원 할 수 있다 등이다.

① 제작대상 품목은 해외 생산중단 및 생산중단 예상품목, 국내 조달품중 장기 고갈품목(재고고갈 및 고갈예상), 소량/소액/희소 부품(창정비시 애로부품 포함), 창 개발 및 제작가능 품목 중 정밀성, 특수기술을 요하는 기능 품목이라도 창제작이 가능한 품목과 기타 정비 긴요품목 및 임무수행 필수 품목 등이 있다.

② 소요제기 및 계획수립 절차 : 먼저 계획 제작은 연간 제작소요를 군수사 정비처에서 전군 소요를 판단한 후(X-1년, 8월) 가용예산, 창 지원능력 및 제작 타당성 검토 후 연 사업계획에 반영하여 제작, 지원한다. 또한 수시제작은 기본계획에 포함되지 않은 제작사업은 소요부대 요구에 의거 군수사에서 타당성 검토 후 제작, 지원한다.

제작지원계통은 아래와 같다.

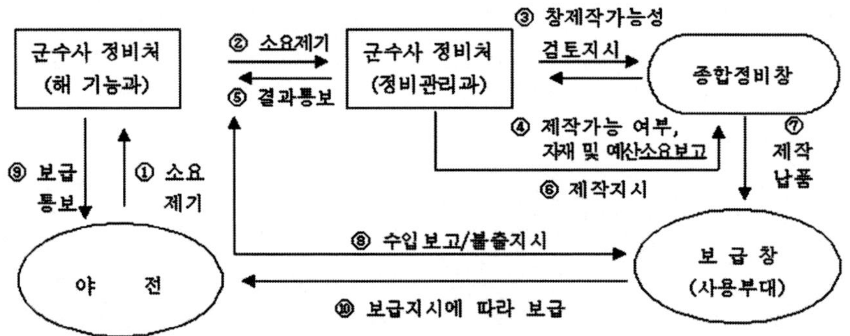

3) 후송장비 정비복구기간

군수사는 후송된 야전장비의 공백기간을 최소화하기 위하여 정비복구기간을 설정하여 정비하여야 한다. 정비복구기간은 행정소요기간, 수송기간, 실정비기간 및 지체시간 등을 포함하여 설정한다. 정비창 순환정비 대상 장비는 운영부대 후송일로부터 정비창 정비 후 운영부대 복귀시까지의 총일수를 평상일수로 설정 운영한다. 소형장비 및 보급창 반환 대상장비는 공장 입고일로부터 최종검사일까지 정비기간을 설정하여 운영한다. 정비창에서 적용하고 있는 정비체류기간은 아래와 같다.

단위 : 일

기 능	장 비 명		계	부대 → 창	창 체류기간	창 → 부대
화 력	전 차	K계열	114	9	98	7
		M계열	73	9	57	7
	장갑차	K계열	60	9	49	2
		M계열	66	9	55	2

	자주포	K계열	68	9	57	2
		M계열	73	9	62	2
	화 포		64	9	51	4
	대 공 포		63	9	50	4
특 수 무 기	발 칸		69	9	56	4
	다 련 장		72	9	59	4
	오 리 콘		90	1	88	1
기 동	5톤 구난차		75	15	58	2
	5톤 카 고		62	15	45	2
일 반 장 비	장갑전투도자		74	10	55	9
	다목적굴착기		66	10	54	2
	유압크레인(5톤)		57	10	45	2
	정수기구셋		59	10	47	2
	교량가설단정		58	10	46	2

3. 정비예산

육군 5개년 계획상의 재원을 기초로 전군 군수지원을 위한 예산편성과 배정예산에 대한 효율적/합리적 집행을 위한 사업별/기능별/사용시기별 부대별로 배분계획을 수립, 사업목표 달성하는데 있다. 야전 정비예산의 효율적 집행으로 장비의 수명보장과 항상 가동상태를 유지하여 전투준비태세 완비에 기여한다.

가. 정비예산 편성 절차

① 육군에서 운영 중인 전투장비의 정비를 위한 예산은 아래와 같이 X-2년 12월에 육군/국방 중기계획을 적용하여 군수사에서 편성 후 육본으로 보고하도록 되어 있다.

구분	평시	전시
편성시기	•X-2년 12월	•X-1년 10월
대상품목	•전 취급 품목(16만여 항목)	•전시 기본품목(8천여 품목)
적용제원	•육군/국방 중기계획	•국방 전시지원 소요능력판단서
소요기준	•연간유지 소요 •보급수준 소요 •계획 소요	•인가 소요 •보충 소요
편성기준	•7개 세항(전력단위 부대별) •1년간 소요	•단일 세항 •1, 2단계별(30일/365일)
편성근거	•예산회계법 25조 •예산편성 지침	•국방 전시지원 능력판단서 •산업동원 소요계획서

② 육본 군참부 소요관리처에서는 F년 10월에 사업계획 수행을 위한 다음과 같은 예산편성 지침을 하달한다.

> **<u>ㅇㅇ년도 예산편성안</u>**
>
> 1. 국방예산편성 기본지침
>   가. 경제적 군 운영으로 국방비의 효율적 제고

그 다음 군수사령관은 육본으로부터 위임된 사업(부속 및 외주정비소요, 창 및 야전정비소요)에 대한 군수예산을 편성하되 주요 사업에 대하여도 사전분석서를 붙임 군수참모부장에게 제출하며 군수참모부장은 이를 심의/조정통제한 후 군수예산을 편성하여 기획관리참모부장에게 통보한다(F+1년, 1월 4일~2월 5일).

③ 기획관리참모부장은 각 부 · 감 · 실의 예산요구에 관하여 우선순위를 감안하여 자원의 합리적 배분이 될 수 있도록 실무심의, 예산심의위원회 심의 및 정책회의에 회부하여 심의, 조정, 종합 편성하며 총장의 결재를 득하여 국방부 사업조정관실에 제출한다(F+1년 2월 11일~2월 20일).

④ 국방부본부 예산편성관은 육 · 해 · 공군본부와 국방부 직할기관의 예산요구서를 국방부본부와 합참 및 정보본부의 각 분야별 소관부서와 평가분석관에게 통보하며 각 소관부서는 예산의 적절성을 검토 분석하고 평

가분석관(국본)은 주요 예산에 대한 타당성 및 효율성을 평가 분석하여 그 결과를 F+1년 4월까지 국방부본부 예산편성관에게 통보한다. 또한 국방부본부 예산편성관은 각 부서의 평가결과와 정부예산 편성지침에 의거 수립된 국방예산요구안을 국장급 조정회의와 정책회의를 거쳐 심의 조정하고 연도 국방예산요구서를 작성하여 장관의 결재를 받아 F+1년 5월까지 재정경제원에 제출한다. 국회의 예산심의를 거쳐 확정된 국방예산은 군 및 관련부서에 F+1년 12월중에 하달한다. 국방예산편성 절차는 아래와 같다.

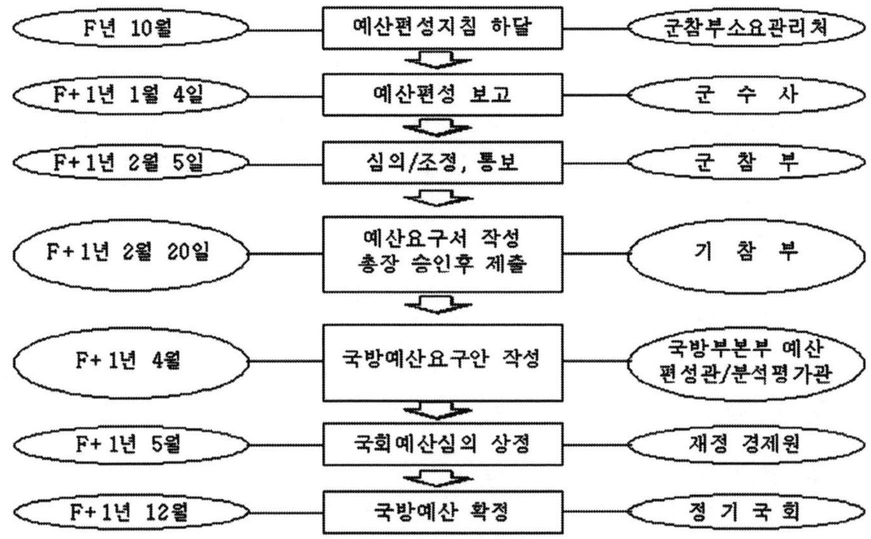

나. 야전정비예산 집행절차

야전에 배정되어 운영되고 있는 정비예산과 집행부대는 아래와 같다.

구 분		용 도	집 행 부 대
장 비 유지비	화력장비	부대정비용 부품 구매비	장비운용부대
	특수무기	부대정비용 부품 구매비	장비운용부대
	기동장비	외주정비품을 부품구매 군직정비비	군지사 직접지원정비부대

	통신장비	부대정비용 부품 구매비	사단/군지사 정비부대
	일반장비	외주정비품을 부품구매 군직정비비	군지사 직접지원정비부대
야전 정비비	정비장비수리비	정비장비 수리용 부품구매비	사단/군지사 정비부대
	민수차량유지비	부대보유 민수차량 정비비	장비운용부대
	정비 부재료비	정비용 부재료 구매비	사단/군지사 정비부대
	여비	이동정비/기술검사, 외주정비 감독비	사단/군지사 정비부대
외주정비비		외주정비용 예산	군지사 통합집행

정비예산을 집행 및 사용함에 있어 공통적으로 적용해야할 사항은 다음과 같다. 첫째, 불출예정(D/O) 설정된 품목을 구매 사용할 때는 지원시설에 불출예정(D/O)품목 취소 조치해야 한다. 둘째, 대상장비 유지비 소요가 장비도태, 외주정비 등으로 소명시 예산은 반납한다. 셋째, 수리부속은 KS 순정부품/군 규격품 구매 사용한다. 넷째, 장비유지비로 구입한 수리부속 계정은 현행 편성 및 시설부대 보급규정에 의거 정상 보급부속과 동일하게 계정한다. 다섯째, 부대간 장비 관리전환 및 장기간(1분기 이상) 장비대여시는 유지비도 동시에 전환 조치해야 한다.

정비예산별 사용지침은 다음과 같다.

① 정비장비 수리비(야전정비) : 정비장비 수리비의 용도는 야전 정비부대가 정비장비 정비시 소요되는 수리부속, 정비재료, 정비비로 사용토록 되어 있으며 위 자금을 사용하는 부대는 주로 정비부대로서 군지사(단) 정비대대, 사(여)단 정비대대, 항정대대 등이 되며 필요시 학교(종군교)도 배정이 가능하다. 집행 가능한 품목은 정비장비 정비용 수리부속 및 정비재료비와 군직정비가 불가 할 경우 정비비(외주정비비)로 사용할 수 있다.

② 정비재료비(야전정비) : 정비재료비의 용도는 야전 정비부대가 이동정비 및 입고정비시 소요되는 소모성 정비재료를 구매하는데 사용토록 되어 있으며 사용부대는 군지사(단) 정비대대, 사(여)단 정비대대, 항정대대 등 정비부대에서만 사용된다. 이 자금으로 집행 가능한 품목은 정비활동시 소요되는 소모성 정비재료 구매(단, 보급대상품목으로 장

기간 보급되지 않아 장비운용에 제한을 초래할 경우 수리부속 구매가능)와 정비활동시 소요되는 일반 정비재료 구매시 집중 사용하고, 부대운영비 성격의 행정비로 사용하면 안된다.

③ 민수차량 유지비(야전정비) : 민수차량 유지비의 용도는 장비운용부대에서 민수차량 정비시 소요되는 수리부속 및 정비비(단순 외주정비 성격의 정비비)로 사용토록 되어 있으며 이 자금의 사용부대는 장비보유부대(편성부대)가 된다. 집행 가능한 품목으로서는 민수차량 유지시 소요되는 수리부속(타이어, 축전지 포함)과 차량관리에 소요되는 소모성 품목(씨트, 방석, 세척제, 융 보루) 등이며 공기청정기나 방향제 등과 같은 사치성 품목은 사용할 수 없다. 특히 사고차량은 관련규정에 의거 손망실 처리후 배정된 민수차량 유지비 범위내에서 장관급부대 지휘관 승인후 상호조정 사용한다.

④ 비보급품 유지비(수리부속) : 비보급품 유지비의 용도는 장비운용부대가 정비시 소요되는 수리부속 구매 및 정비비로 사용토록 되어 있으며 사용부대는 장비보유부대(편성부대)가 된다. 집행 가능 품목은 보급계통으로 보급되지 않는 수리부속 구매와 표준 장비의 경우 정비재료 구매시 사용한다. 단, 보급대상품목을 비보급품 유지비로 구매할 경우에는 시설부대에 향후 보급전망을 문의 후 장기간 보급되지 않아 장비운용에 제한을 초래하여 부대 임무수행 불가시 사용가능(D/O기간, 청구횟수 미고려)

⑤ 야전정비 사업에 반영된 정비재료비와 수리부속 사업의 비보급품 유지비는 아래와 같이 구분 사용한다.

구 분	사업명	사용부대	편성 기준	집 행 품 목
비보급품 유지비	수리부속	장비운용부대 (편성부대)	장비별로 편성	수리부속, 정비재료 구매 상용장비 : 정비비 포함
정비 재료비	야전정비	정비부대	부대별로 편성	소모성품목,수리부속 구매 (정비비로 사용불가)

다음은 정비예산 집행절차에 대해 알아보자.

① 시장조사 실시 후 필요한 서류를 구비하고, 집행(구매)계획서를 작성 지휘관에게 보고 및 결재를 득한다. 시장조사시 2개 업체 이상의 견적서를 받아서 싼 가격으로 결정하며 업체에서 사용하는 통장사본을 받는다.

② 부대통장에 자금이 입금되면 경리실무자는 금액 이상 유무 확인한 후 견적서에 의거 해당업체 통장으로 입금(경리실무자)하면 사용부대에서 표준 세금계산서와 함께 물품 인수한다.

③ 물품 구매 후에는 구매 결과보고서 및 표준 세금계산서는 지휘관 결재를 득하여 경리실무자에게 제출하며 업체에서 인수한 물품은 지휘관(대대장)이 일일명령으로 임명한 검수관에 의해 검수(필요시 사진 촬영)하여 이상 유무를 확인한다. 이상이 없을 경우 구매 물품을 보급거래 기록대장과 재산대장에 재산으로 등재하고 구매품을 정비하는데 사용한다. 사용 후에는 재산대장에서 소모처리 한다.

4. 정비기록관리 및 분석

가. 정비기록관리

정비기록관리 제도는 장비를 경제적이고 효율적으로 관리하기 위하여 부대배치시부터 폐기시까지 이력, 운용, 정비제원을 기록 유지함으로써 장비별로 획득된 데이터를 종합, 분석, 활용하는 제도이다. 정비기록 관리를 시행하는 것은 육군의 정비목표를 효율적으로 달성하기 위한 것으로서, 장비이력, 운용, 정비실적을 기록 및 보고하여 각종 장비 자료철을 구축하게 된다. 또한 장비관리를 정보화하여 종합군수지원의 기초자료를 제공하고 무기체계 개발 및 예산편성과, 장비유지비 및 수명판단, 경제적 수리한계설정, 수리부속 소요판단, 정비지원 능력판단 등 각종 정비제원을 산출하는데 적용함으로써 경제적 군 운영을 도모하는데 있다. 정비기록관리 제도의 적용은 육 · 해 · 공군이 보유하고 있는 지상공통장비에 적용하며 단, 시험장비 및 미 분류장비와 예산으로 구입되지 않은 장비는 제외한다.

각종 정비기록관리 유지를 위하여 사용하는 양식과 기록 내용은 다음 도표와 같다.

양 식 명	주 요 내 용	비 고
월 장 비 운 행 증	• 장비당 월 1매 작성 · 기동장비 : 운행거리(km), 유류소모량 · 일반/통신/의무 : 운용시간, 유류소모량 • 전차/자주포와 같은 기동/화력장비인 경우 운행제원만 기록하고, 발사탄수는 탄약보급/소모거래문서에 기록	장비운용관리를 위한 전산원천 문서
검사 및 작업 지 시 서	• 전 장비에 대하여 수리부속 소요파악, 정비의뢰 기술검 사표, 작업명령서로 사용하며 1회 정비시마다 작성	장비 정비관리 전산원천 문서
부대장비운용 기 록 부	• 월장비 운행증 전산입력으로 전산기내 자동 집계되므로 수작업 중지	수작업 중지
장비정비기록부	• 검작지와 월장비 운행증 전산입력으로 월단위 자동집계	양식사용 중지
장 비 종 합 이 력 부	• 등록장비당 1매씩 유지 • 4면의 연단위 종합제원 전산기내 자동 집계	양식 유지하되 수작업 중지
포 이력부	• 화포/전차의 사격발수 기록용(장비당 1권)	양식 사용
예방정비기록부	• 연간 예방정비계획 실적 기록	양식 사용

장비별 양식 사용기준은 먼저 기동장비에 한해서만 사용하던 월장비운행증에 일반/통신/의무장비의 운용제원도 병행하여 기록한다. 또한 화력장비인 경우의 운용제원인 발사탄수는 탄약보급/소모거래문서로 작성하여 전산입력 한다.

양 식 / 장 비 명	장비종합 이 력 부	월 장 비 운 행 증	검 사/ 작업지시서	포 이력부	탄약보급 및 소모 거래문서	장비정비 기 록 부
기동/건설/발전장비	○	○	○			×
소화기류(권총, 소총류, 기관총)			○		○	×

박격포류, 무반동총류			○	○	○	×
화포(곡사포)	○		○	○	○	×
전차/자주포	○	○	○	○	○	×
특수무기(토우/발칸)	○	○	○	○	○	×
통 신 장 비	○	○	○			×
의 무 장 비	○	○	○			×

장비와 관련하여 최초 부대 배치시부터 폐기시까지의 현황관리, 정비분석 자료, 운용실적/비용분석을 위한 각종 기록은 일일 기록사항인 검사작업지 시서와 월장비 운행증을 전산 입력함으로써 월 집계제원인 장비정비기록부로 전환하였고, 연말 제원인 장비종합이력부 4면의 기록내용도 전산화 되었다. 따라서 모든 양식은 필요시 전산으로 출력하여 활용하면 된다. 특히 원천문서인 검사작업지시서의 내용을 정확하게 기록하는 것이 중요하다.

다음은 장비이력기록에 대해 알아보자. 장비이력기록를 위한 양식은 장비종합이력부(육양 24군1-05-16-1비), (UA7P11)와 포 이력부(육양 24군 1-05-18-1비) 등 2종이 있다.

① 장비종합이력부 : 장비종합이력부의 용도는 장비등록, 이력, 연간장비 운용실적을 기록하여 장비의 수명 및 유지비 판단을 위한 자료 제공하는데 활용된다. 작성책임은 등록에 관련된 내용은 정비지원부대장에게 있고 기타 내용에 대한 기록 및 유지 책임은 사용부대 정비관리관에게 있으며 선정 장비당 1매씩 바인더에 보관 관리하고, 장비 폐기시까지 영구 보관하여야 한다. 장비종합이력부를 유지해야 하는 대상장비로는 차량, 화포, 전차, 건설장비, 발전장비(60kw), 특수무기, 통신셋장비, 의무장비 등이다. 기록시기는 장비등록 내용은 장비수령시 기록하고 이력/정비내용은 정비 발생시 원천문서인 검사작업지시서의 전산입력으로 전산기내 자동생성 되도록 되어 있다. 연간장비 운용실적은 매 연도말 전산기에 의거 종합 집계된다.

② 포 이력부 : 포 이력부의 용도는 화포, 전차의 사격발수 기록용이며, 포

신 잔여수명 판단을 위한 자료를제공하는데 있다. 기록 책임은 사용부대의 장비관리관이며 장비당 1매로 바인더에 보관하여 장비 폐기시까지 영구 보관해야 한다. 특히 전차포의 포 이력부는 전차의 종합이력부와 동시 보관한다. 포 이력부 작성 대상장비는 박격포, 곡사포, 자주포, 전차포 등이며 기록시기는 대상장비별 사격후가 된다. 주요기록내용은 아래와 같다.

주 요 사 항	기 록 내 용	예
탄 종	고폭탄 및 화학탄	HE
장 약 수	사격간 사용된 장약	7호
주퇴운용	주퇴복좌기의 정상작동 여부	주퇴 운용 여부
게이지, 초속측정	포구 측정결과	4,265

다음은 장비운용기록에 대해 알아보자.

장비운용기록 양식은 월 장비운행증(육양 24군1-05-14-1일), 운행증 입력현황(UP3P03)과 전산기내 자동집계(UM3P04)되는 부대장비운용기록부 등 3종이 있다.

① 월장비운행증 : 월장비운행증은 기동, 일반, 통신, 의무장비를 포함한 부대의 전 장비에 대한 장비당 월간 운영내용을 1개월 연속 기록하는 문서로서 장비운행 통제와 연료 소모실적 자료 제공(단, 모듬관리 장비는 제외)하는 문서이다. 작성책임에 대해 알아보면 휴대 및 기록은 장비운용자가 하도록 되어 있으며 관리 및 보관은 장비관리관에게 책임이 있으며 장비당 월 1매 유지, 1년 보관 후 파기토록 되어 있다. 월장비운행증 기록내용 확인은 장비사용관(기동장비 : 선임탑승자)이 하도록 되어 있다. 작성대상장비 및 기록제원은 아래와 같다.

대 상	기 동 장 비	일 반 장 비	통신 / 의무장비
기록제원	• 운행거리(km) • 유류사용량(ℓ)	• 운용시간 • 유류사용량(ℓ)	• 운용시간

화력장비는 포 이력부에 발사탄수를 기록하고, 전차/자주포 등 화력 및 기동장다음은 장비정비기록에 대해 알아보자. 장비정비기록을 위한 양식

은 예방정비기록표(육양 24군1-05-19-1일), 예방정비 계획현황(UA7P01)과 검사/작업지시서(육양 24군1-05- 13-1일) 등 3종이 있다.

② 예방정비기록표 : 예방정비기록표의 용도는 장비별 정비 주기인 주간, 월간, 분기, 반년정비 계획과 실적을 기록하여 장비가동률 판단과 정비 대충장비소요 산출자료를 제공하는데 활용된다. 작성책임은 장비관리관에게 있으며 대상 장비는 소·중화기 등 모듬 처리 장비를 제외한 전 장비가 된다. 기록은 정비 작업 후 검작지 내용을 전산 입력하면 자동 집계되도록 되어 있고 1년간 보관 후 파기한다. 주요 기록내용은 아래와 같다.

주 요 사 항	기 록 내 용	예
불 가 동 장 비	자대 불가동장비	부속대기 : S, 정비대기 : M
	정비지원부대 불가동장비	SM
주 파 계(km)	월간 주파거리	1,600
연 료 계(ℓ)	월간 연료소모 실적	280

③ 검사/작업지시서 : 검사/작업지시서의 용도는 정비기록관리의 원천문서로써 정비개소 및 수리부속 소요 파악, 예방정비, 기술검사, 작업지시서로 사용되며 정비관리 분석의 근거자료로 활용된다. 작성책임에 대해 알아보면 자대정비 및 정비 의뢰시에는 사용부대 장비관리관이 작성하고 지원정비부대 정비실적은 지원부대 지원통제반장이 입력하며 반납검사결과는 지원정비부대 장비반납관이 각각 작성토록 되어 있다. 검사/작업지시서는 모든 장비에 적용되는 정비기록 문서이다.

나. 정비관리분석

정비관리 분석이란 일정기간 및 시험을 기준으로 하여 정비관리 활동의 결과를 분석하고, 관리정보를 도출하여 활용하는 과정으로서 계획·실시·분석의 관리활동 중 마지막 단계의 활동이다. 정비관리 분석은 정비관리활동 전반에 대하여 효과성, 경제성 및 능률성을 과학적으로 분석하며, 제대별로 실시한다. 정비관리 분석의 목적 일정 시점의 지원능력을 명확하게 하고, 일정기간의 지원성과를 측정하여 차기의 장비관리 및 정비관리를 향상시키는데 목적이 있다.

1) 정비관리 분석 체계

정비관리 분석 업무는 자료의 수집 및 유지, 분석, 활용의 순으로 이루어진다. 먼저 자료의 수집 및 유지업무에 있어서 정비관리 분석 자료는 정비기록관리제도의 기록을 주축으로 일상적인 장비관리 및 정비관리 업무 수행중 제대별로 수집하여 보고 및 상호유통시킴으로써 최소의 노력으로 수집하며, 제대별 분류 및 정리하여 필요한 범위 내에서 유지한다. 자료의 수집체계는 가능한 한 정비기록관리제도에 포함하고, 불가피한 경우에만 기타의 업무체계로부터 수집한다. 또한 수리부속, 정비자재 및 공구의 보급상황에 의하여 정비관리가 영향을 받을 경우나 유류를 비롯한 장비운용에 사용되는 보급품이 보급상황에 의하여 장비운용이 영향을 받을 경우에는 보급관리정보를 활용한다.

분석업무는 가능한 한 계량화된 기법에 의하여 원인분석 위주로 실시하며, 불가피한 경우에 한하여 정성적으로 분석한다. 분석결과 도출된 관리정보는 제대별 장비관리 및 정비관리에 활용하며 이를 위하여 제대별로 도출한 관리정보를 상 · 하급 제대 및 유사부대로 유통시킨다. 관리정보의 활용은 조직적으로 실시되어야 하기 때문에 체계화 또는 규정화하여야 한다. 정비관리 분석을 실시하는 부대는 모든 시설부대와 편성부대이다. 제대별 참모부서는 종합 및 분석정보의 전파, 방침 및 제도의 개선 등을 조치한다.

정비관리 분석을 실시하는 주기는 통상 분기이며, 반년 및 연도 말에는 종합분석을 실시한다. 부분적인 사항은 수시로 분석하며, 분기 등 정기 분석시에는 체계적인 분석을 실시한다.

(2) 정비관리 분석 대상

주요 분석 대상은 다음과 같으며, 가능한 한 목표지수를 설정한다.

① 신뢰성(Reliablility) : 신뢰성이란 어떤 무기체계가 주어진 조건하에서 일정기간 동안 고장없이 의도된 기능을 수행할 수 있는 정도(확률)를 뜻하며, 고장빈도와 관계되는 요소이다. 신뢰성 분석은 무기체계 개발시에 설계된 신뢰도와의 비교, 정비업무의 질적 수준 분석 등에 활용한다.

② 정비성(Maintainablity) : 정비성이란 규정된 정비여건이 갖추어진 상태하에서 정비를 실시할 경우에 지정된 기간 내에 어떠한 무기체계가 규정

된 상태로 복구될 수 있는 정도(확률)를 뜻하는 것으로 정비의 용이성, 즉 정비업무량과 관계되는 요소이다. 정비성 분석은 무기체계 개발시에 설계된 정비도와의 비교, 정비금무인력의 과부족 및 정비능력 등의 분석에 활용한다.

③ 가용성(Avaliablity) : 가용성이란 어떤 무기체계가 고장과 수리를 거쳐 임의의 시점에서 가동상태에 있을 확률을 뜻하며, 신뢰성과 정비성에 의해 결정되고 전투준비태세 측정치로 사용되며, 무기체계 설계시 측정지표로 활용하는 고유가용도 및 달성 가용도와 무기체계 운용시 측정지표로 활용하는 운용 가용도가 있다.

1) 고유 가용도(Initial Avaliability) : 고유 가용도란 계획정비 없이 규정된 조건하에서 가동상태에 있을 확률로서 무기체계 자체의 요인 즉 고장으로 인한 불가동 시간만을 반영한 값이다. 고유가용도는 초기단계에서 무기체계의 설계개념을 설정할 때 이용된다.

2) 달성 가용도(Achieved Availability) : 달성 가용도는 고유 가용도에 계획정비 시간을 추가로 고려한 것으로 무기체계 자체의 직접적인 원인이 아닌 불가동 시간을 제외한 값이다. 달성 가용도는 무기체계 개발이 활발히 수행되는 선행개발 단계로부터 최초 운용능력 확인 단계까지 적용한다.

3) 운용 가용도(Operational Availability) : 무기체계를 운용하는 경우에는 체계 자체의 직접적인 원인에 의한 불가동시간이 아닌 간접적인 원인에 의한 불가동 시간을 무시할 수 없다. 따라서 운용 가용도는 현실적으로 발생할 수 있는 모든 불가동시간을 고려한 값으로 무기체계 운용시에 적용된다.

④ 장비 운용량 : 장비임무별 평균·누적 운용량을 비교하여 장비수명의 균형유지를 위한 장비 임무의 교체 및 부대별 장비교체 등을 결정하는 자료로 활용한다.

⑤ 수명주기 세부단계별 비용 : 장비의 수명을 세부 단계별로 구분하여 계산한 운영유지비용을 장비임무별, 부대별로 비교함으로써 장비운영유지의 효율성을 분석할 수 있다. 장비의 운영 유지비는 정비비와 운용비로

구분할 수 있으며, 직접재료비와 간접재료비, 3계단 이상의 정비지원비, 인건비 등을 용도에 따라 구분 또는 합산하여 계산하며, 장비 운용량 단위당 비용과, 누적비용으로 계산함으로써 장비의 경제성, 장비도태시기 결정 등의 자료로 활용할 수 있다.

⑥ 수명주기 세부단계별 정비의 효율성 : 정비의 효율성은 정비인시, 정비량 등으로 측정이 가능하다. 수명주기 세부단계별 및 정비계단별 소요 정비인시, 정비량을 비교 분석하여 예방정비 및 계획정비 주기의 적절성 분석 및 조정에 활용한다.

⑦ 기타 장비수명 주기관리 및 정비관리에 필요한 사항 : 기타 정비관리분석의 대상으로는 외주정비의 경제성 및 효율성, 특정부품에 대한 정비계단의 적절성, 경제적 수리한계의 적절성 등 장비수명 주기관리 및 정비관리 의사결정에 필요한 모든 사항을 주기적으로 또는 수시로 분석하여 활용하여야 한다.

⑧ 분야별 정비관리 분석 포함내용

구 분	세 부 내 용
입고정비	• 기능별/장비별 정비지원실적 • 정비체류기간 분석
이동정비	• 기능별/장비별 정비지원 실적 – 지원부대/횟수, 정비계단별 실적 – 계획/요청 정비 실적, 입고대 이동정비 지원 비율
순환정비	• 계획 대 실적 분석 – 미실시 또는 추진진도 저조원인 – 창순환정비 복귀여부/예정일 – 주요 수리부속 부속대기 현황(야전순환)
외주정비	• 지원 실적 / 미지원 장비 분석, 미지원 장비 지원 전망 확인
경제적 정비활동	• 연초 계획 대 추진실적 분석 • 직교품 재생 실적, 폐장비 사용가 부품 활용 실적, 기타 수리 실적
특정분석	• 주요 전투장비 정비지원 제한사항/대책 • 기간중 정비분야 주요 추진사항 • 정비인력 운영 제한사항
차후 추진계획	• 차분기 예정사항 위주 기록

제5장 종합군수지원

제1절 종합군수지원 업무체계

1. 종합군수지원 개념

가. 개요

60년대 초에 미국은 핵 위주의 전략에서 탈피하여 재래식 무기의 전략적, 전술적 가치를 재평가하게 되었으며, 이에 따라 재래식 정밀무기 개발에 박차를 가하기 시작하였다. 그러나 세계를 상대로 한 방대한 장비소요와 투자비 증대, 고도의 과학기술 응용에 따른 장비의 정밀성과 복잡성으로 더 이상 주장비 위주의 개발만을 추구할 수 없게 되었다. 따라서 무기체계 개발의 종합적 관리가 강조되었으며, 특히 성능의 지속적 보장, 연구개발 투자비의 효율성 증대, 군수지원 요소의 적시, 적절한 개발 및 배치를 위하여 1964년부터 미 국방성에서 종합군수지원제도를 적용하기 시작하였다.

우리 군의 종합군수지원제도 도입배경은 미국의 경우와 맥락을 같이 한다. 과거 군원시대, 외국으로부터의 장비획득 혹은 단순병기의 모방개발 수준에서 70년대 말에는 정밀유도병기의 자체 연구개발 소요가 증가함에 따라 종합군수지원 제도의 필요성이 대두되었다. 즉, 외국에서 개발되었거나 운용중인 장비를 패키지(Package) 단위로 획득, 운용함으로써 단지 장비의 운용유지에 따른 문제점만을 고려하였던 과거와는 달리, 독자적인 연구개발을 추구함에 있어서는 개발초기 단계에서부터 군수지원 요소의 식별, 군수지원의 용이성과 지원요소를 최소화하기 위한 주장비 설계, 주장비와 동시적인 군수지원 요소의 개발, 생산, 배치 그리고 배치후의 정비, 보급 문제 등 과거에는 볼 수 없었던 수많은 난제들에 부딪히게 되었다.
우리 군의 직접적인 출현 배경과 발전과정을 살펴보면, 1978년에 국산장비의 야전운용 실태조사를 근거로 한 육군 방위력개선 사업실적 분석과정에서 수많은 군수지원 문제가 제기되었으며, 이에 따라 막대한 국방예산의 낭비를 초래하고 있다는 사실을 확인하고, 1980년대 초에 연구 및 토의를 거쳐 종합군수지원 관련 규정을 제정하고, 기구 및 조직을 편성하였다. 그러나 현재까지 그 중요성에 대해서는 공통적으로 인식하면서도 완전히 정착시키지 못하고 있는 실정이다.
종합군수지원의 필요성은 무기체계 획득실태와 종합군수지원이 지니는 기능면에서 각각 파악할 수 있다.

1) 무기체계 획득실태면

우리 군은 1970년대 초에 자주국방 체제로 전환하면서 군사력 건설의 일환으로 방위산업의 발전을 통한 독자적인 무기체계 개발을 위해 많은 노력을 투입해왔다.

〈방위산업의 발전과정〉

구분	내용
60 년대	• 소총류 재생 자급 (M-1, 칼빈, 소화기탄)
70 년대	• M-16, M60 박격포, 무반동총 • 곡사포, 전차(M48A3, A5) 및 장갑차 개조 • 유무선 장비, 지대지 유도탄(장거리, 중거리) ※ 기본병기 양산체제 구축/정밀무기 생산기반 조성
80 년대	• 지대지/지대공 유도탄 • K-1 전차 개발, F5F 전투기 조립생산 ※ 고도 정밀무기 국산화 및 독자개발 기반구축
90 년대	• 전차, 장갑차, 자주포 양산체제 구축 • 전투함, 중•장거리 미사일 개발 ※ 첨단 정밀무기체계 개발/기반 구축
현재	• 차세대 전차, 자주포, 다련장, 장갑차 개발 • 전투기, 전투함, 미사일 등 첨단 무기체계 개발

그러나 이러한 무기체계 획득과정에서 주장비 위주의 획득관리를 추구함으로써 획득 장비의 운용시 군수지원상에 많은 문제를 야기 시켰다. 즉, 고장빈도가 높고, 고장발생시 정비 업무량이 과다하게 소요되는 등 불가동시간이 장기화됨으로서 장비의 가동률이 낮아지고, 경상운영비가 과다하게 소요되었다. 1980년대 중반에 야전 배치된 한국형 전차의 획득과정에서 군수지원 문제가 완벽하게 고려되지 않았던 사례가 많이 있었다.

2) 종합군수지원의 기능면

현대 무기체계의 특성은 체계성, 복잡성, 고가성 등을 들 수 있으며 이러한 무기체계의 특성으로 인해 군수지원 업무는 고도로 복잡화, 전문화되어 가고 있다. 종합군수지원은 이와 같이 난해한 군수지원 업무를 체계적이고, 과학적으로 수행할 수 있게 한다.

가) 체계성

무기체계는 하나의 무기나 장비가 주어진 목적을 달성할 수 있도록 운영, 유지하는데 소요되는 제반시설, 지원 장비, 보급물자 그리고 일정수준의 기술을 가지고 조작 운영하는 인적자원 전부를 망라한 총합체로서, 이중 어느 하나가 결여되어도 부여된 임무를 원활히 수행할 수 없다. 예를 들면, 전차라는 무기체계는 전차 자체뿐만 아니라 제반시설, 연료, 탄약, 통신장비, 승무원, 정비병, 기술제원, 수리부속품, 공구, 시험장비 등이 종합된 하나의 체계로서 운용할 경우에 기대하는 기능을 발휘하게 된다. 이와 같이 현대 무기체계는 주장비와 확대된 전력화지원 요소가 총합하여 하나의 체계성을 지니게 됨으로써 무기체계상에서 군수지원의 중요성은 점점 증가하고 있다. 따라서 무기체계 획득 시에 군수지원 문제는 주 장비 못지않은 관리노력으로 해결하지 않으면 안 될 중요한 과제로 대두되고 있다.

나) 복잡성

과학기술의 발전은 무기체계의 성능과 형태에 급진적인 변혁을 초래하고 있다. 특히 사거리, 정확도, 파괴력 등의 발전적 추세와 이에 대한 대응 무기체계의 경쟁적 발전관계는 계속적인 추가장치를 부가

시킴으로써 복잡성을 가일층 야기 시키고 있으며, 최근 통신전자 기술의 비약적인 발전은 무기체계의 복잡성을 더욱 촉진시키고 있다. 이에 따라 주장비에 수반되는 지원 및 시험장비, 보급 및 정비지원 체계 등의 군수지원 체계도 크게 변화하여 복잡화됨으로써 다음과 같은 군수지원 문제가 야기되고 있다.

① 정비의 곤란성과 정비요원의 전문화 요구

② 군수요원의 소요 증가

③ 군수요원의 교육훈련 소요 증가

④ 군수분야 인력소요의 상대적 증가

이와 같은 군수지원상의 문제들을 해결하거나 감소시킬 수 있는 기능을 지닌 것이 종합군수지원이다.

다) 고가성

현대 무기체계는 정밀화와 복잡화로 인하여 무기체계 획득비용과 경상운영비를 급격히 증가시키고 있다. 특히 경상운영비는 전투준비태세 유지성(Susta inabi lity)을 제고시키기 위한 수명주기 비용의 중요 비용 항목이 되고 있으며, 때에 따라서는 경상운영비가 무기체계 획득 비용의 수십배를 능가할 경우도 있다. 또한 정비에 필요한 공구, 시험장비, 교범 및 시설 등을 획득하는데 소요되는 비용이 무기자체 획득가격의 85%에 이르고 있으며, 100%를 초과하는 경우도 있다. 이러한 무기체계의 특성으로 인하여 급격히 증가하는 수명주기 비용, 특히 경상운영비를 최소화하여 경제성을 제고하는 것은 중요한 과제이며, 이를 실현시키는 활동이 종합군수지원이다.

라) 수명주기 비용의 조기확정

무기체계 수명주기 비용의 2/3 이상이 획득초기인 체계개발 단계 초에 확정된다는 것이 일반적인 견해이며 아래 그림은 무기체계 획득단계별 수명주기 비용의 확정범위를 도식한 것이다. 표에서 보는 바와 같이 개발단계 초에서 체계개발 단계말로 이행되면 수명주기 비용이 거의 확정되므로 이후에 비용을 변경할 수 있는 융통성은 거의 없다.

〈무기체계 수명주기비용 확정시기〉

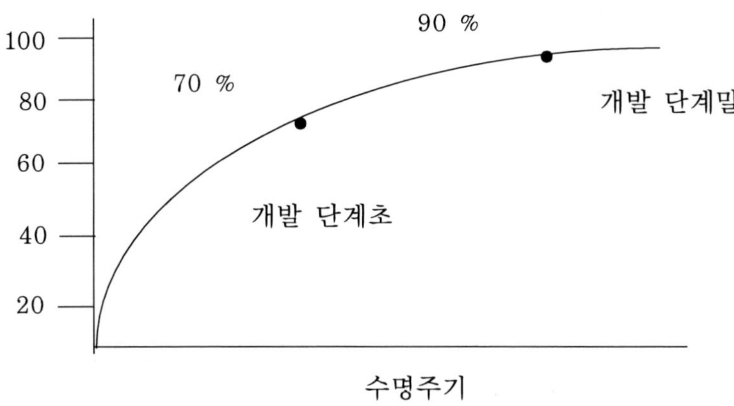

그러므로 수명주기 비용이 확정되기 전에 비용을 예측하고, 비용이 최소화되도록 노력해야 한다. 이와 같은 비용의 조기예측 및 최소화 노력 등의 난해한 업무를 수행하는 것이 종합군수지원이다.

나. 정의

종합군수지원(ILS : Integrated Logistic Support)은 무기체계의 성능을 유지하고 경제적인 군수지원을 보장할 수 있도록 소요제기시 부터 폐기시까지 제반 군수지원 사항을 종합 관리하는 활동이다. 이를 구체적으로 설명하면 다음과 같다.

1) 성능 유지(군수지원의 효과성 보장)

무기체계에 부여된 성능을 지속적으로 실현할 수 있도록 보장하는 것으로, 이를 위해서는 장비의 불가동 시간을 감소하여 가동시간을 증가(가동률 향상)시켜야 한다.

가) 주장비 획득(개발)시에 고장빈도, 정비시간 최소화 반영

나) 장비 유지에 필요한 군수지원 소요의 확충

2) 경제적 군수지원(군수지원의 경제성 보장)

수명주기 비용 특히, 경상운영비를 최소화하여야 한다.

가) 주장비 획득(설계)시 군수지원 소요의 최소화 반영

나) 장비 운용시 군수지원 요소(자원)의 최소 유지

3) 종합군수지원 원칙

무기체계 획득시 경제적이고 효과적으로 획득하기 위하여 다음과 같은 종합군수지원 원칙을 적용하여야 한다.

첫째, 주장비 성능과 군수지원성의 보완적 발전이 필요하다. 무기체계 획득(설계)시 주장비 성능과 군수지원성을 상호 보완적 입장에서 발전시켜야 한다. 주장비 제작시 결정된 모든 설계사항은 군수지원은 물론, 성능 실현에까지 중대한 영향을 미친다. 예를 들면, 특수하고 복잡한 설계는 성능을 향상시킬 수는 있으나, 고장빈도가 높고 수리에 많은 시간과 비용이 소요되어 결과적으로 전체적인 사용효과는 낮아지고 경상운영비가 증가된다. 따라서 주장비 설계 및 제작시에 군은 군수지원이 용이하고, 경상운영비가 최소화되도록 요구해야 하며, 설계자들은 그들의 설계 결정이 군수지원에 중대한 영향을 미친다는 사실을 명심해야 한다.

이러한 주장비 성능과 군수지원성의 보완적 발전을 실현하기 위해서는 전투개발자의 군수지원에 관한 인식이 제고되어야 하고, 주장비 설계영향에 관한 교리가 개발되어야 하며, 전투개발자와 종합군수지원 요원간의 업무협조 체제가 확립되어야 한다.

둘째, 군수지원요소 상호간의 유기적 통합이다. 군수지원요소는 그 대상이 무수히 많을 뿐만 아니라 상호 연관성을 지니고 있다. 그러므로 군수지원 요소의 획득(개발)시에는 이들 상호간의 연관성을 고려하여 균형과 조화를 이룰 수 있는 최선의 대안을 선정하여야 한다. 예를 들면, 고도로 숙달된 정비요원 육성이 곤란할 경우에는 미숙한 정비요원이 다루기 쉬운 지원 장비를 요구하거나, 수리대신 비 수리체계를 확대하여 고장을 배제하게 된다. 이와 같이 인원 및 훈련, 지원 및 시험장비, 정비지원, 기술제원, 보급지원 등의 군수지원 요소들이 상호 균형과 조화를 이룰 수 있도록 관리하여야 한다.

이를 실현하기 위해서는 군수지원요소 획득(개발)요원들의 전문인력이 확충되어야 하고, 군수지원 요소 개발기법이 실용화되어야 하며, 특히 군수기능 부서간의 업무 협조체계가 확립되어야 한다.

셋째, 군수지원요소 획득, 배치업무의 동시적 수행이다. 군수지원 요소의 개발, 생산, 배치 등 일련의 업무를 주장비 획득업무와 동시적으로 수행하여야 한다. 무기체계 획득과정 중의 주요 의사결정시에 군수지원성을 반영하고 전력화 일정계획을 준수하며, 적기에 소요예산을 판단하여 중, 장기 계획에 반영하기 위해 종합군수지원 업무는 반드시 주장비 획득업무와 병행하여 수행하여야 한다. 이를 실현하기 위해서는 종합군수지원 업무의 진도 관리체계가 개발되어야 하고, 관리기관 특히, 조정 및 통제기관의 능력이 확충되어야 하며, 종합군수지원 요소 개발능력이 확보되어야 한다.

넷째, 군수지원요소 획득과 운용의 순환체계 유지이다. 군수지원 요소를 획득하여 배치한 후에 운용과정에서 경험제원을 수집, 분석, 평가하며, 분석평가 결과에 따라 부적합한 군수지원 요소에 대한 수정제기는 물론, 이들 경험제원을 축적하여 차후 유사 무기체계 획득(개발)시에 한국적 군수지원 기준으로 활용할 수 있도록 관리하여야 한다. 이를 실현하기 위해서는 군수지원 요소 획득과 운용의 연결고리 역할을 할 수 있는 종합군수지원 조직이 있어야 하고, 운용단계의 종합군수지원 관련교리가 보완되어야 하며, 특히 야전운영 경험자료 수집체계가 확립되어야 한다.

현행 군수지원과의 개념상 차이점을 살펴보자.

가) 수명주기상의 적용범위 : 종합군수지원 측면에서는 전 수명기간(획득단계로부터 운영단계)을 적용범위로 보는 반면 군수지원측면에서는 운영단계만을 수명주기로 보고 있다.

나) 업무중점 : 종합군수지원 분야에서는 군수지원 소요의 근원적 감소와 적시 적절한 군수지원요소의 획득에 중점을 두고 있는 반면에, 군수지원 분야에서는 획득된 군수지원 요소의 효율적 운용에 중점을 두고 있다.

다. 종합군수지원의 목적 및 목표

종합군수지원의 적용목적은 무기체계의 수명 주 기간에 필요로 하는 제반 군수지원 요소를 적시에, 적절하게 획득하고 유지하여 장비 전투준비태세를 최대화하고, 수명주기 비용을 최소화하는데 있다. 장비 전투준비태세를 최대화하기 위해서는 비용 구성 항목인 획득비(연구개발비+투자비)와 경상운영비 중에서 특히 경상운영비를 감소시킬 수 있도록 노력해야 하며, 이는 군수지원의 질적, 양적소요와 정비업무량을 최소화 시켜야 한다.

종합군수지원 업무의 관리목표에 대해 알아보자. 무기체계에 대한 군수지원은 소요를 효율적이고 경제적으로 개발, 시험, 획득, 야전배치 시까지 종합적으로 관리해야 하며 관리목표는 다음과 같다.

1) 무기체계의 작전운용성능(ROC)을 충족하면서 군수지원 요소를 최소화할 수 있도록 주장비 설계에 군수지원성을 반영
2) 주장비에 대한 정비 및 지원개념을 설정하고 세부 지원 요소를 조기에 판단,
3) 설정된 종합군수지원 요소들이 주장비와 동시에 계획, 개발, 시험평가, 획득 배치되도록 보장하고 창정비 요소 개발은 개발간 창정비 계획수립, 창정비요원 산정 초도배치간 확정하여 양산간 개발토록 반영
4) 비용대 효과 분석, 군수지원 분석 등을 통한 최적의 지원 소요산출
5) 무기체계에 대한 표준화, 호환성 유지 및 개선
6) 종합군수지원 요소를 통합하여 획득하기 위한 절차 제공 등이다.

종합군수지원 업무 수행시 고려사항은

1) 한국적 기후, 지형, 전투 환경에서 군수지원의 용이성
2) 적정 정비계단 조정
3) 기동화 된 현장 및 근접정비 지원체제에 부합
4) 직송 및 추진보급에 적합

5) 기동부대에 종심 깊은 전투근무지원

6) 주장비 배치이전에 편성, 훈련, 보급지원 등 군수지원체제 준비 등 6가지이다.

라. 종합군수지원의 역할

종합군수지원의 역할은 주장비 설계(획득)시에 군수지원이 용이하도록 영향을 미치고, 종합군수지원 요소를 개발(획득)하는 것이다.

연구개발 사업의 경우, 주장비 설계에 영향을 최대로 미쳐야 하는 시기는 탐색개발 단계 말에서 체계개발 단계초이다. 이 시기에 사용군과 개발기관은 연구개발동의서와 개발계획서를 작성하고, 시제품을 초기설계 및 제작하는 과정에서 가장 많은 영향을 미쳐야 한다. 만약 체계개발 단계말과 양산기간 중에 주장비 설계를 변경하고자 할 경우에는 많은 노력과 비용이 소요되므로 사실상 어렵다. 왜냐하면, 기술시험평가 완료된 후에는 설계가 거의 확정되기 때문이다. 설계영향 업무는 사용 군과 개발기관이 긴밀한 협조 하에 수행해야 하며 사용군은 신장비의 군수지원 기준을 설정, 제시하여 설계 제한사항으로 활용하고, 운용시험 결과를 부분적인 설계변경에 반영해야 한다. 개발기관은 전문가의 입장에서 설계도면을 분석하여 군수지원의 용이성을 반영하고, 기술시험 결과를 반영하여 설계개선 노력을 하여야 한다. 기술도입생산과 직구매 사업의 경우는 협상 및 기종결정 단계에서 각각 군수지원이 용이한 기종을 결정하도록 영향을 미쳐야 한다. 종합군수지원 요소는 체계개발 단계부터 실질적인 개발을 시작하여 주장비 배치이전에 획득이 완료되어야 하며, 장비운용 중에도 불합리한 군수지원 요소의 수정, 보완 등 부분적인 추가개발이 이루어진다. 종합군수지원 요소 개발은 적시성과 적절성이 보장되어야 한다. 적시성은 주장비와 병행 개발을, 적절성은 여러 가지 군수지원 대안을 준비하여 비용 대 효과 면에서 분석한 후 군수지원 요소 상호간의 관계를 고려하여 최선의 대안을 선정해야 함을 말한다.

마. 무기체계와의 관계

〈총합체계관리〉

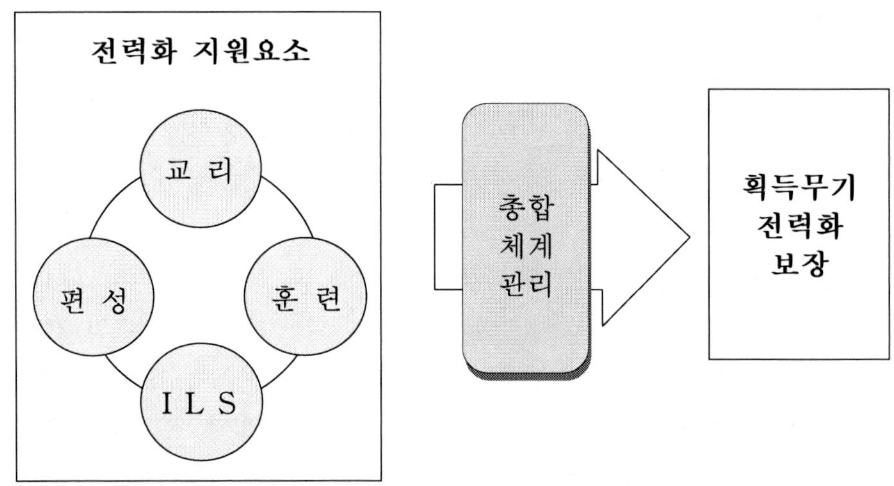

총합체계관리(Total System Management)는 무기체계 획득시에 주장비와 전력화지원 요소인 교리, 편성, 교육훈련, 군수지원의 제요소를 유기적으로 동시에 발전시키기 위해 이들과 관련되는 모든 사항을 종합적으로 관리하는 활동이다.

현대 무기체계는 질 우선의 자본 집약형으로 발전됨에 따라 가일층 복잡 다양해지고 있으며, 이러한 무기체계의 발전추세에 따라 전력화지원 요소의 비중은 물량(금액)면에서나 사용 효과 면에서 상대적으로 점증되어 가고 있다. 따라서 무기체계 획득시에는 전력화를 보장해 주는 필수적인 요소인 교리(교범), 편성(인원편성/부대편제), 교육훈련(운용/정비요원 양성), 군수지원(보조 장비, 수리부속, 공구, 정비계획, 시설, 기술교범 등)의 제반 요소가 빠짐없이, 적절히 획득되어 주장비와 동시에 야전에 제공될 수 있도록 관리하여야 한다.

우리 군의 무기체계 획득은 80년대까지 주장비 중심으로 관리되어 왔다. 국내개발 시에는 주장비 성능위주로 개발되었고, 해외구매의 경우도 주장비의 성능과 획득가격을 주요 대안 결정 요소로 사용하여 기종을 결정, 구매하여온 것이 사실이다. 이와 같이 무기체계 획득과정에서 전력화 지원요소가 상대적으로 소홀히 취급됨으로써 획득된 무기체계의 운영 유지시에 전력화지원 요소와 관련된 문제점들이 많이 발생하였으며, 결과적으로 무기체계의 사용효과가 저하되고, 경상운영비가 과다하게 소요되는 경우가 허다하였다. 이러한 문제점을 해소하기 위하여 주장비와 전력화 지원요소를 균형 있게 발전시켜 획득 장비의 즉각적인 전력화를 보장하는 총합체계관리 개념이 무기체계 획득관리에 적용된 것이다.

종합군수지원의 업무대상은 전력화지원 요소 중의 종합군수지원요소이며 군수지원 요소를 획득하기 위한 업무체제가 종합군수지원이다. 그러나 적시에 최적의 군수지원 요소를 획득(개발)하기 위해 전투발전 요소(교리, 편성, 교육훈련)와의 통합, 그리고 주장비와의 보완적 문제까지 업무영역이 확대된다. 현대 무기체계에서 전력화지원 요소는 주장비와 대등한 관리노력을 필요로 할 만큼 중요한 사항이며, 이중에서도 군수지원 요소는 수명주기 비용의 점유비중, 업무량, 무기체계 사용효과의 달성기여도 등에서 다른 전력화 지원요소에 비해 그 중요성이 더욱 높이 인식된다. 따라서 군수지원 요소를 획득하는 종합군수지원 활동은 무기체계 획득관리 과정에서 반드시 완벽하게 적용되어야 한다.

일반적으로 무기체계 획득 시에 고려되는 중요한 네 가지 요소는 성능(Perfor mance), 비용(Cost), 일정계획(Schedule), 군수지원성(Logistics Supportability)이다.

종합군수지원은 군수지원 요소의 유용성과 적절성을 높여서 무기체계의 성능을 보장하며, 수명주기 비용 중에서 50% 이상을 점유하는 군수지원 비용의 최소화 노력으로 수명주기 비용 절감에 중요한 몫을 담당한다. 또한 종합군수지원은 업무량의 과다로 전력화 일정계획에 영향을 미치며, 고장빈도와 정비 소요시간 최소화, 군수지원 요소의 호환성 향상 등을 통해 군수지원성에 영향을 미친다.

2. 기구편성 및 업무분담

가. 기구편성

종합군수지원 업무는 육본 기획관리 참모부 및 전력개발 관리단, 교육사, 합참 전략기획 참모부, 국방부 획득 실이 주관하여 수행한다. 책임기관인 교육사는 군수전문기관인 군수사와 연구개발 전문기관인 국과연의 지원 하에 종합군수지원 산물을 창출하여 육본으로 제출하고, 육본의 기획관리참모부 및 육군 전력 개발단은 군수참모부와 관련부서 및 감실의 검토 의견을 종합, 합참 및 국방부(획득실)로 제출한다.

합참은 무기체계 소요를 결정하고, 운용시험평가 결과를 확정하여 획득실로 통보한다.

〈ILS 기구 편성〉

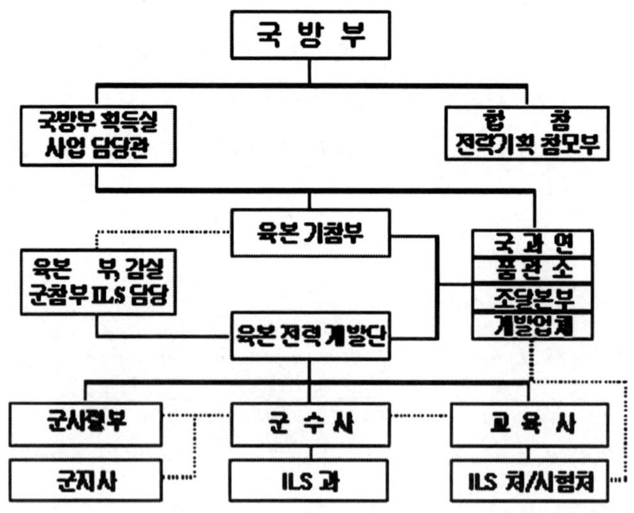

나. ILS업무 수행기관 분류

육본(기참부)는 ILS 업무에 대한 방침/제도/규정 발전 및 체계관리 업무를 수행한다. ILS 업무를 계획/시행하고 ILS요소 개발을 구체화하는 기관으로서 육본(기참부, 군참부, 전력단), 각 야전군, 군수사, 교육사, 국과연, 업체 등이 이에 해당한다. ILS 업무수행 관련부서인 육본 각 부·감실과 원활한 ILS 업무수행을 위해 ILS 소요판단, 개발계획, 생산계획, 구매계획을 수립·시행하는 국과연, 조달본부, 품관소, 각 업체 등이 이에 해당한다.

다. 업무분담

1) 육군본부

육본의 ILS업무는 각 참모부별로 분담되어 있는데 세부내용은 다음과 같다.

가) 기참부

종합군수지원(ILS)업무 체계관리 업무를 수행하고 있다. 획득장비 관련 ILS규정 및 제도, 방침 발전과 소요제기(안)중 전력화지원요소 분야를 검토 및 작성하며, ILS 시험평가 계획과 결과를 검토, 종합, 참관 및 의견을 제시한다. 또 ILS업무를 조정·통제(위임/주요사안 발생시)한다.

나) 인참부

신규 획득장비 운영에 따른 군사 주특기 적합성 검토와 신규 주특기 소요시 인가 및 편제된 인원 획득·보충업무를 수행한다.

다) 정작참모부

운용 및 기술인력 증감/신설에 따른 편제반영 및 부대계획 반영과 신규 개발장비, 지원/시험장비 편제반영 및 관련부서 의견을 수렴하며, 교육훈련용 장비/교보재 필요성 검토, 소요판단, 개발 및 보급까지 전 단계 확인, 통제하는 업무를 수행한다.

라) 군참부

① 소요제기서/체계개발동의서(LOA) 작성시 ILS분야 검토 및 결과를 통보

② ILS-P 작성단계별 내용 검토 및 의견 반영

③ 집행단계 ILS 획득소요를 검토 후 의견 제시,

④ 현용장비에 대한 정비/보급 관리 야전운용 실적 유지 및 개발 간 의견 제시

⑤ 군수부대 편성 및 기술인력 편제시안을 검토, 부대계획에 반영되도록 협조,

⑥ 정비/보급시설 설계 요구조건에 대한 의견반영과 자료 제공,

⑦ 전력화장비 창정비 계획을 포함한 정비계획을 수립 하달하고, 동시조달 수리부속(CSP) 제도발전 및 보급/ 분석업무를 수행,

⑧ 후속 전력화장비 야전 불만사항 조치(장비 개조/개량 제외),

⑨ 신규 개발 장비 정비지원용 일반/특수공구 및 시험장비 부대별 인가 반영과 무기체계 획득관련 BDAR 대상 장비에 대한 기술검토/의견제시,

⑩ 신 장비 전력화에 따른 구형장비 운영유지, 조정 검토 및 도태시행, 전력화 이후 ILS제도, 규정 발전업무, 창 정비 방침 결정 등의 업무를 수행한다.

마) 전력단

종합군수지원(ILS) 사업관리 업무를 수행한다. 주요 수행업무로는

① 신규 소요제기 ILS 개발(획득) 요구조건 검토

② 군수지원분석(LSA)자료 검토 및 개발기관 제공

③ 동시조달 수리부속(CSP) 산출결과 검토 및 확정

④ 체계개발 동의서(LOA)/종합군수지원 계획서(ILS-P) 확정, 발간/배포

⑤ 중기계획요구서 ILS분야 종합 및 검토

⑥ 연도 ILS분야 예산요구서 종합 및 검토

⑦ ILS 소요제기 및 ILS 운용성능 수정시 의견제시

⑧ ILS 시험 평가시 자료 및 기술지원과 결과에 대한 후속조치, 기술시험 평가는 조정·통제

⑨ 창 정비요소 개발 관리

⑩ 계약 이후 ILS요소에 대한 전력화계획 작성 및 하달 등이다.

바) 분평실

① 전력화 평가 및 조정·통제

② ILS 개발/획득사업에 대한 비용대 효과분석 업무를 수행한다.

사) 공병감실

① 방위력 개선사업에 대한 시설검토, 소요제기

② 시설소요 예산을 판단하여 종합군수지원 계획서에 통합되도록 기참부에 통보

③ 정비시설 설계 요구조건에 전력단 의견 반영

④ 장비 야전배치시기 고려, 시설 설계 및 건설 등의 업무를 수행한다.

아) 관련 부 · 감실

① 신규장비 획득에 관련된 ILS 사항 협조

② 관련부서 요청시 실무조정회의 참여하여 의견을 제시한다.

2) 야전군 및 시험부대

야전군 및 시험부대의 수행업무는 아래와 같다.

가) 각 군/군단/군지사

① 전력화 계획(장비, ILS요소) 이행

② ILS요소 개발시 야전경험요소 반영

③ 야전정비부대 편성 및 시설소요 의견제시

④ 교육사 요구에 의거 시험평가 참여 야전의견제시

⑤ 정밀측정 장비 등록 및 검 교정 등의 업무를 수행한다.

나) 지정된 시험 지원부대

지정된 시험 지원부대는 교육사(시험평가단) 통제 하에 시험평가에 참여하고 시험 종료 후 1주일 이내에 “시험지원부대장 의견서(필요

시)"를 교육사(시험평가단)에 제출한다.

다) 군수사령부

① 창정비 요소개발 및 시험평가 주관

② 군수지원분석(LSA)에 필요한 자료작성 및 지원(보급/정비 분야)

③ 신규 무기체계 개발시 종합군수지원 업무수행(보급/정비 분야)

④ 교육사에서 산출한 초도배치 장비의 동시조달 수리부속(CSP) 산출결과 검토 및 국외도입 장비에 대한 CSP 산출 및 국내개발 장비의 초도 배치 이후 후속 전력화 장비에 대한 CSP 산출, 3년간 CSP 운영결과 분석 및 의견 제시

⑤ 국방투자사업 집행시 ILS분야 검토 및 의견 제시

⑥ 초도배치 및 최초운영능력 확인시 참여 및 후속조치

⑦ 창정비 요소 개발 소요제기

⑧ BDAR 킷트 목록 검토 및 의견제시

⑨ 정밀측정 대상 장비 기술검토 의뢰 및 등록 등의 업무를 수행한다.

라) 교육사령부

무기체계 획득단계별 ILS 분야 업무수행으로

① 신규 중 · 장기전력 소요제기서 작성

② 체계개발동의서 ILS분야중 교육사 해당분야 작성(전력단 요구시)

③ ILS시험평가 업무수행(시평단)

④ ILS-MT참석 및 의견제시

⑤ 종합군수지원 계획서(ILS-P) 검토

⑥ 군수지원분석(LSA) 지원

⑦ 국내개발 초도배치 장비에 대한 동시조달 수리부속(CSP) 산출

⑧ 전자식 기술교범(IETM) S/W 운영 관리

⑨ 연도 전력화 지원요소(기술교범, ILS 시험 평가비, 교육훈련 및 교보재) 예산요구서 작성

⑩ 초도배치 확인방문 및 전력화 평가 참여

⑪ 교보재 개발 및 획득소요 종합 반영

⑫ 육본(기참부/군참부 등), 군수사, 개발기관(국 과연, 업체)과 협조 체제 유지 등의 업무를 수행한다.

마) 병과학교

전력화 지원요소 개발 검토 및 의견제시와 학교 교육용 교보재 개발 소요제기 및 주특기 소요제기 등의 업무를 수행한다.

3) 대외 협조기관 종합군수지원 업무

대외협조기관의 수행업무는 아래와 같다.

가) 국과연

① 정부주도 연구개발시 ILS요소 개발

② 탐색개발 계획서 및 연구결과 보고서 작성(ILS분야 포함)

③ 체계개발 동의서 작성 지원(ILS분야 포함)

④ 정부주도 연구개발장비의 종합군수지원 계획서(ILS-P)작성

⑤ 정부주도 연구개발사업의 ILS분야 기술시험평가 주관

⑥ 연구개발 분야의 군수지원분석(LSA) 및 램(RAM) 기법 연구 및 전산화모델 개발 지원

⑦ ILS운용성능 정량화 지원

⑧ ILS기술자료 획득 및 관리

⑨ 정부주도 및 국과연 관리 업체주도 연구개발 사업의 규격서 및 기술교범(초안) 작성 및 검토

⑩ 전력화평가 참여 및 후속조치

⑪ ILS개발 관련 기술지원 등의 업무를 수행한다.

나) 조달본부

규격 및 목록에 관한 업무와 국외도입 무기체계의 ILS 관련자료 획득 및 지원 등의 업무를 수행한다.

다) 품관소

초도 및 양산기간 중 형상관리 업무수행 및 육군 요구시 협조하고, ILS분야 야전 불만사항 육군에 통보 및 조치하며, ILS 개발사업에 대한 기술지원 및 품질보증 활동과 전력화평가 참여 및 기술지원 등

의 업무를 수행한다.

라) 국방연

소요기획 및 획득단계에서 비용대 효과분석과 무기체계 수명 주 기간 운용유지비 분석, 창 정비 요소 개발에 대한 비용대 효과분석 지원 등의 업무를 수행한다.

마) 개발업체(주 계약업체)

① 군수지원분석 입력제원 작성(군에 요청 및 실시후 결과 통보)

② 종합군수지원 계획서(ILS-P) 작성(기술도입 생산, 군 관리 업체 주도 연구개발)

③ ILS 요소개발/납품 관련 계약 이행, 4) ILS 업무 발전과 적정 ILS요소 야전배치 위한 업무협조 노력 등의 업무를 수행한다.

바) 방위산업 진흥회

국방부와 방위산업체간 관련사항 협조하고, 방위산업체의 국방부 건의사항 종합 건의하며, 방위산업체 현황 정보관리 업무를 수행한다.

라. 실무조정회의(ILS-MT) 운영

무기체계 획득업무 수행 중 종합군수지원 업무의 체계적인 관리와 신속한 업무처리를 위해 실무조정회의를 운영한다. 회의 주관은 사안이 발생한 기관에서 하며, 참가대상은 군에서는 육본, 교육사, 군수사, 군지사, 정비창, 해당병과 학교 실무자 등이고, 대외기관은 국 과연, 품관소, 조달본부 담당자 등이 되며, 기타 업체 관련요원이 참석하게 된다. 운영 시기는 정기와 수시로 구분할 수 있다. 먼저 정기회의는 첫 번째는 군수지원분석 시 최초로 입력 제원을 작성할 때 두 번째는 국외도입 무기체계의 시험평가를 위한 예비 제안요구서 작성, 제안요구서 작성, 시험평가 계획 작성 시, 셋째는 무기체계 연구개발 시로 국방부의 체계개발사업 승인 통보후 30근무일 이내 체계개발 단계에서 지원 및 부수장비, 특수공구 및 시험장비 개발여부를 결정하고 군수지원분석 결과, 설계도면 완성 후 군수제원결정시 또는 운용 시험평가 계획 작성 시, 그리고 체계개발동의서 작성 시 등이다. 네 번째는 종합군수지원 계획서(ILS-P)를 개발기관이 작성 후 다섯 번째는 창정비 요소 개발 승인 후 30근무일 이내 여섯 번째는 초도배치 확인방문 및 전력화 평가 확인 전·후에 개최하게 된다. 수시회의는 사안 발생 또는 필요시 개최하게 된다. 회의내용은

1) 종합군수지원 요소 개발/발전 간 관련기관의 협조
2) 주 장비 개발과 종합군수지원 개발을 일치시키기 위한 협조
3) 무기체계 개발 및 획득단계별 관계기관의 의견 수렴/반영
4) 종합군수지원 요소 개발에 대한 향후 추진계획 협조 등 이다. 회의결과 후속조치 사항으로서는 회의결과를 실무조정회의 주관기관에서 종합, 작성하여 10근무일 이내에 관련기관에 지시 및 통보하도록 되어 있다.

3. 종합군수지원 요소

가. 정의

종합군수지원 요소(ILS Elements)는 무기체계의 수명주기 간에 주 장비를 효과적, 경제적으로 운용유지 할 수 있도록 군수지원을 보장해 주는 제반사항이다. 따라서 종합군수지원 요소는 무기체계 획득의 전 단계에서 종합되어야 하는 한 부분으로 주장비와 병행하여 개발되어야 하며, 여기에는 유형적인 요소뿐만 아니라 계획, 분석, 판단 등과 같은 활동과 제원도 포함된다.

나. 요소 설정

우리군의 종합군수지원 요소는 미 육군의 종합군수지원 요소를 기초로 하여 연구, 1983년 12월에 군수학교에서 세미나를 통해 9개 요소를 설정한 이래, 1992년에 1차 수정을 거쳐 1998년 육군규정 개정시 아래와 같이 조정하였다.

〈종합군수지원 요소〉

구분	국방훈령	육군규정
1	연구 및 설계 반영	연구 및 설계 반영
2	표준화 및 호환성	표준화 및 호환성
3	정비지원	정비지원
4	지원장비	지원 및 시험장비
5	보급지원	보급지원
6	인력운용	인력 및 인사
7	교육훈련 및 교보재	교육훈련 및 교보재
8	기술자료	기술자료
9	포장/취급/저장 및 수송	포장/취급/저장 및 수송
10	시설	시설
11	군수관리 전산자료 지원	군수관리 전산자료 지원

종합군수지원요소는 종합군수지원을 적용하여 발전시키거나 획득하려고 하는 주요대상이자 업무중점을 나타내는 것이므로 국가간, 군간에 서로 상이하게 적용할 수 있다. 따라서 종합군수지원요소가 서로 상이한 것은 별로 중요하지 않으며, 단지 업무수행 과정에서 어떤 분야에 비중을 두느냐 하는데 그 의미가 있으므로 사업의 종류에 따라 융통성 있게 적용할 수 있다. 이외에도 오리콘, 발칸포, 다련장 로켓, 한국형 장갑차, 155밀리 자주포 등 70 년대 이후 우리 군이 획득한 모든 무기체계의 운용과정 과정에서 많은 군수지원상의 문제점을 야기 시켰다. 종합군수지원은 이와 같은 무기체계의 운용과정에서 발생될 수 있는 군수지원상의 시행착오를 예방할 수 있도록 획득단계에서 최적의 군수지원요소를 적시에 빠짐없이 획득하기 위해 적용된 제도이다.

다. 요소별 업무내용

1) 연구 및 설계 반영

"연구"는 무기체계에 대한 최적의 종합군수지원 개념을 형성하고 구체화하기 위하여 사전에 관련자료 및 현상을 검토·확인하는 활동을 말한다. 세부적으로 설명하면 개발 및 획득 무기체계에 대한 군수지원 개념 설정, 정비기술 획득 소요판단, 장비 원생산국의 관리유지 실태를 확인하기 위하여 관련기관(예 : 국내 전문 업체, 무역대리점협회, 해외무관 등)을 통하거나, 해외업체 및 기관을 직접 방문하여 ILS자료를 수집 및 획득하는 활동이다. 또한 군이 보유할 핵심기술을 최단기간에 획득, 고도의 관리유지를 위한 기술적 기반을 조기에 구축하는데 목표를 둔다.
대상 무기체계에 대한 최적의 군수지원체제를 구축하기 위하여 탐색 및 연구를 실시하며, 무기체계 개발단계 마다 결과를 적절히 반영한다. 또한 장기적인 군수지원발전 목표에 중점을 두고, 개념적인 연구를 완료하여 전력화 후 ILS관련 문제를 최소화해야 한다.
"설계반영" 이란 무기체계의 전 개발단계에서 ILS에 관련된 모든 요구사항을 주 장비 설계에 반영하는 활동을 말한다.

2) "표준화 및 호환성"

무기체계 개발 및 획득 시 소요되는 재료, 구성품, 소모품등을 최대한 공통성을 유지시켜 장비간의 군수지원이 용이하도록 군수지원요소를 단순화하는 과정이다.

3) 정비지원

"정비지원"은 무기체계 개발 전 기간동안 군수지원분석(LSA), 경험 제원 등을 반영하여 신규무기체계 전력화시 정비지원의 용이성, 효율성을 보장하기 위한 고려요소이다.

4) 지원 및 시험장비

"지원 및 시험장비"란 주장비의 운용, 유지에 필요한 모든 부수장비를 말하며 고장 및 예방정비 활동을 위한 공구, 계측기, 교정 장비, 성능측정 및 검사장비 등이 있으며 정비활동에 소요되는 취급 장비와 주 장비 임무수행을 위한 장비를 포함한다. 지원 및 시험장비는 가능한 현존 지원 및 시험 장비를 사용할 수 있도록 무기체계 개발 전 단계에 반영해야한다.

5) 보급지원

“보급지원”은 주장비와 동시에 획득·보급되어야 할 초도보급 소요와 운영유지를 위한 물자 및 관련제원 등 이와 관련된 사항을 포함한다. 초도보급은 신 장비 개발, 획득시 고려되어야 할 중 사항으로 주 장비 배치 후 사용부대 및 야전정비부대에서 필요한 지원 품목의 범위와 소요량을 군수지원분석을 통하여 결정하고, 이를 획득하여 관리하는 과정이다.

6) 인력 및 인사

인력 및 인사는 무기체계 운영유지에 소요되는 운용요원, 정비요원, 보급요원 등에 대한 주특기 신설, 주특기별 인원소요, 소요인원이 충원되도록 편제반영 등에 대한 활동이다.

7) 교육훈련 및 교보재

“교육훈련 및 교보재”는 새로운 무기체계의 전력화후 효율적인 군수지원을 위하여 운용 및 정비요원(부대/야전)에 대한 교육훈련 계획수립 및 실시, 그리고 주 장비 개발시 Package화 하여 교육훈련장비 및 교육 보조 재료를 개발·획득하는 활동이다. 정비요원에 대한 교육훈련은 신규 무기체계를 운용하기 위한 초도배치 전 교육과 전력화 이후 손실인원을 충당하기 위한 양성교육으로 이루어지며 전력화요소의 교육훈련과 연계하여 발전시켜야 한다.

8) 기술제원

“기술제원”은 무기체계 개발 및 운용유지에 필요한 제반 문서와 자료를 말하며 여기에는 주 장비, 지원 장비, 훈련장비, 수송 및 취급 장비, 시설 등의 개발문서와 생산, 시험, 운용, 정비, 비군사화 등에 사용되는 기술자료 등이다.

기술제원은 주 장비 설계변경, 장비방침의 개정, 군수지원 요소의 변경에 따라 갱신되어 주 장비 야전배치와 동시에 소요되는 기술 자료로 보급되어야 하며 그 세부내용은 아래와 같다.

가) 기술자료 묶음(TDP : Technical Data Package)

① 규격서, 도면, 수정작업명령서(MWO), 주유명령서(LO)

② 검사/시험/교정 절차서, 설치지시서, 장비운용 지침서, 점검표

나) 기술교범(TM)

① 정비교범(기본형, 통합형), 보급교범

② 전자식 기술교범(IETM), 창정비 작업요구서(DMWR), 창정비 검사기준서(PSA: Preshop Analysis) 등)

9) 포장, 취급, 저장 및 수송

무기체계의 포장, 취급, 저장 및 수송에 필요한 특성, 요구사항, 제한사항(안전규정) 등은 주장비, 부수 및 지원장비, 시험계기 등의 요소가 안전하고, 경제적으로 취급, 저장 및 수송 될 수 있도록 설계하고 개발하여 획득해야 한다.

10) 시설

무기체계를 훈련, 운용, 정비, 보급하는데 필요한 모든 부동산과 관련 설비 및 장비를 포함하여 무기체계의 설계가 변경됨에 따라 설계기준도 변경되어야 한다. 무기체계 배치 2년 전부터 토지매입 및 시설 건설이 시작되어 무기체계 배치 전까지 완료해야 한다. 무기체계를 위한 설계 요구조건을 작성 공병감실에 설계 및 공사(예산포함)에 반영토록 활동해야 하며, 그 세부내용은 다음과 같다.

11) 군수관리 전산자료 지원

"군수 관리 전산자료 지원"이란 무기체계의 수명주기(소요결정, 연구개발, 획득, 운영유지)를 통하여 관련부서(기관)의 관리자가 의사결정에 필요한 군수 관리 정보를 제공하는데 요구되는 전산장비 및 제반 프로그램 개발, 운용인력 및 체제구성, 관련된 각종 문서 등의 지원활동으로서, 무기체계개발 및 운영유지과정을 통하여 ILS개발자, 관리자에 의해 종합군수지원요소별, 기능별로 신빙성 있는 제원으로 최신화 하여 사용할 수 있도록 한다.

제2절 램(RAM) 분석

1. 개요

가. 개념

램(RAM)분석은 램(RAM) 요소별 예측 및 분석활동을 통하여 설계지원 및 평가, 설계개선 및 대안도출, 군수지원분석 등을 지원하는 업무로서 신뢰도(Reliability), 가용도(Av ailability), 정비도(Maintainability)의 영문 머릿문자를 조합한 약어이며, 어떤 체계의 고장빈도, 정비업무량 및 전투준비태세 등을 측정하는(나타내는) 척도로 활용한다.

신뢰도(Reliability)란 어떤 체계가 주어진 조건하에서 일정기간 동안 고장없이 의도된 기능을 수행할 수 있는 정도(확률)를 뜻하며, 고장빈도와 관계되는 요소이다. 신뢰도는 다음과 같이 표시된다.

$$\text{신뢰도}(Rt) = \frac{\text{일정기간 동안 운용결과 무고장 대수}(n)}{\text{총 운용 대수}(N)}$$

가용도(Availability)란 어떤 체계가 고장과 수리를 거쳐 임의의 시점에서 가동상태에 있을 확률을 뜻하며, 신뢰도와 정비도에 의해 결정된다. 가용도는 어떤 체계가 불시에 임무를 부여받았을 때 가용될 수 있는 정도를 나타내는 것으로 무기체계의 경우에는 전투준비태세 측정치로 사용되며 운용환경에 따라 고유가용도, 달성(성취)가용도, 운용가용도로 분류된다.

가용도(At) = f{신뢰도(Rt) 정비도(Mt)}

1) 고유가용도(Ai)

고유가용도란 계획정비 없이 규정된 조건하에서 가동상태에 있을 확률로서 체계 자체의 요인 즉, 고장으로 인한 불 가동 시간만을 반영한 값이다.

2) 달성(성취)가용도(Aa)

달성 가용도는 고유가용도에 계획정비 시간을 추가로 고려한 것으로 체계 자체의 직접적인 원인 즉, 정비(고장, 예방)와 관련되지 않는 불 가동시간을 제외한 값이다.

3) 운용가용도(Ao)

체계를 운용하는 경우에는 체계자체의 직접적인 원인에 의한 불가동시간이 아닌 간접적인 원인에 의한 불 가동시간을 무시할 수 없다. 따라서 운용 가용도는 현실적으로 발생할 수 있는 모든 불 가동 시간을 고려한 값으로 체계 운용 시에 적용된다. 또한 운용 가용도는 체계나 장비가 실제의 운용환경과 규정된 조건하에서 사용될 때 임의의 시점에서 만족스럽게 작동할 확률이며 체계가 만족해야할 운용 가용도는 체계의 운용형태 종합 및 임무유형(OMS/MP) 또는 전투준비태세로부터 산출하고 운용 가용도를 만족하는 운용평균 고장 간 시간(MTBF)을 구하는 것이며 전투준비태세 수준으로부터 운용 가용도를 결정하는 기본적인 개념은 체계가 1년 또는 어떤 주어진 시간 중 얼마동안 작전 가능한 상태에 있어야 하느냐 하는 요구조건을 설정하는 것으로 체계의 종류, 전투준비태세의 요구조건에 따라 달라진다.

정비도(Maintainability)란 규정된 정비여건이 갖추어진 상태 하에서 정비를 실시할 경우에 지정된 기간 내에 어떠한 체계가 규정된 사태로 복구될 수 있는 정도(확률)를 뜻하는 것으로 정비의 용이성, 즉 정비업무량과 관계되는 요소이다. 정비도는 일반적으로 다음과 같이 표시한다.

$$\text{정비도} = \frac{\text{부여된 기간 내 정비 완료된 대수}(n)}{\text{정비시도 대수}(N)}$$

이상에서는 램(RAM)에 대한 이해를 용이하게 하기 위해 그 정의를 요약하여 설명하였으나, 램(RAM)은 응용하는 사람에 따라 서로 다른 의미를 부여하는 광범위한 뜻을 지니고 있다. 즉 체계를 설계하는 설계자에게는 무기체계 및 물자의 품질, 설계형상, 기술 및 공학적 관리와 관련된 기술적 문제로서 설계기준으로 활용되며, 군수 운용자는 인력, 수리부속, 지원 장비 등의 군수자원과 지원업무를 배분하는 도구로 활용할 수 있다. 또한 획득단계에서의 군수요원은 램(RAM)을 활용하여 군수지원 요소별 소요를 판단하고 나아가서는 운영유지비를 예측할 수 있다.
다음은 램(RAM) 적용의 목적에 대해 알아보자. 램(RAM)은 응용하기에 따라 그 의미가 서로 상이하며 광범위한 뜻을 지니고 있다. 즉 장비를 설계하는 설계자에게는 무기체계 및 물자의 품질, 설계형상, 기술 및 공학적 관리와 관련된 기술적 문제로서 설계기준으로 활용되며, 군수운용자는 인력, 수리부속, 지원 장비 등의 군수지원과 지원업무를 배분하는 도구로 활용할 수 있다. 또한 획득 단계에서의 군수요원은 램(RAM)을 활용하여 군수지원 요소별 소요를 판단하고 나아가서는 운용유지비용을 예측할 수 있다.

램(RAM) 기법 적용의 필요성은 다음과 같다. 첫째, 수명주기 비용절감이다. 램(RAM) 기법을 적용하게 되면 장비의 설계 및 시험비용은 더 많이 요구되지만 램(RAM)분석을 통한 군수지원의 향상 효과를 가져와 장비의 운용 및 지원비용을 줄일 수 있으므로 장비의 수명주기 비용면에서 실질적인 절감효과를 기대할 수 있다. 둘째, 장비성능 향상 및 인명 피해 방지이다. 장비의 효율성을 높임과 동시에 고장을 미연에 방지할 수 있으므로 장비의 성능을 향상시키고 안전면에서도 예방정비를 통하여 각종 사고가 예방된다. 셋째, 원활한 군수지원이다. 정비단계별로 램(RAM)요소 값의 정확한 산출을 통하여 예비부품, 수리부속품 등의 정비계획 및 보급지원에 즉각적인 대처가 가능하다. 넷째, 의사결정을 위한 대안설정 및 각 안별로 램(RAM) 비교를 통하여 맹목적이 아닌 계량적 근거에 의한 중요 의사결심 자료의 제공이 가능하다.

나. 정량적 계산방법

신뢰도는 수요군의 장비요구 성능, 계약요구 규격, 시험지침, 성능평가를 나타내기 위하여 산출되고 산출된 신뢰도 값은 임무달성의 평가요소로 작용한다. 신뢰도와 관련된 용어와 개념은 다음과 같다.

항목	설명
고장 간 평균 운용시간 (MTBF : Mean Time Between Failure)	총 운용시간(또는 주행거리, 사격발수)을 총 고장횟수로 나눈 값으로 정의
고장 간 평균 주행거리 (MKBF : Mean Killometer Between Failure)	
고장 간 평균 사격발수(MRBF : Mean Round Between Failure)	
고장률(λ : Failure Rate)	단위시간(또는 운행거리, 사격발수) 동안의 고장 발생 수 즉 MTBF(MKBF, MRBF)의 역수
시스템 신뢰도(System Reliability)	규정된 조건하에서 성능 상 고장이 없을 확률 또는 사용기간
임무 신뢰도(Mission Failure)	규정된 임의 기간동안 요구된 기능을 수행할 확률 또는 사용기간

시스템 신뢰도는 그 시스템의 어떤 신뢰도 모델을 구성하고 있느냐에 따라 달리 계산된다.

- 평균 고장간 시간(MTBF) = 총 운용시간 ÷ 총 고장횟수
- 평균 고장간 거리(MKBF) = 총 운용거리 ÷ 총 고장횟수
- 평균 고장간 발수(MRBF) = 총 발사탄수 ÷ 총 고장횟수

• 고장률(λ)(총 고장횟수 ÷ 총 운용시간) = 1 ÷ MTBF

정비도는 신뢰도와 함께 가용도를 산출하는데 필요한 요소이며 그 평가를 위하여 평균 수리시간(MTTR), 정비율, 정비활동간 평균시간 등을 산출하며 관련용어 개념은 다음과 같다. 먼저 수리시간을 계산하기 위한 소요는 아래와 같다.

1) 평균 고장정비시간(Mct, MTTR)

어떤 체계가 고장이 났을 때 수리하고, 복구하기 위해서는 일련의 과정이 필요하다. 일련의 과정 동안 걸리는 시간들을 평균한 것이 평균고장정비시간이다. 이를 수식으로 표현하면 다음과 같다.

$$Mct = \frac{\sum_{i=1}^{N} Mcti}{N} \frac{\sum (\lambda)(Mcti)}{\sum \lambda i} = \frac{\text{총 고장 정비시간}}{\text{고장정비 횟수}}$$

여기서, Mct = 예방정비 활동 빈도수, N = i 번째 정비 평균 소요시간,

λi = 개별 품목의 고장률

2) 평균 예방 정비시간($\overline{M}pt$: Mean Preventive Time)

예방정비는 장비 및 물자를 항시 사용가능 상태로 유지하고 조기에 결함을 발견하여 이를 시정하기 위한 주기적인 검사. 손질, 계획에 의한 주요 품목의 교체, 조정, 완전분해 등과 같은 활동이다.

이를 수식으로 표현하면 다음과 같다.

$$\overline{M}pt = \frac{\sum (fpti)(\overline{M}pti)}{fpti} = \frac{\text{총 예방 정비시간}}{\text{예방정비 활동 빈도수}}$$

여기서, fpti = 예방정비활동 빈도수, $\overline{M}pti$ = i 번째 정비 평균 소요시간

3) 평균 실정비 시간($\overline{M}$)

평균 실정비 시간은 예방 및 고장정비를 실시하는데 소요되는 평균 시간으로 다음과 같이 표현된다.

$$\overline{M} = \frac{\sum(\lambda)(\overline{M}\,pt) + (fpt)(\overline{M}\,pt)}{\lambda + fpti} = \frac{\text{총정비시간}}{\text{총정비횟수}}$$

여기서, λ = 고장률, ftp = 예방정비율 = $\frac{\text{예방정비횟수}}{\text{총 운용시간}}$

4) 평균 불 가동 시간($\overline{M}DT$)

평균 불 가동 시간($\overline{M}DT$)= 평균 실정비시간($\overline{M}$) + 지연시간(군수지연 + 행정지연)

다음은 정비인시를 정량화해 보자. 정비도의 정량화를 고려할 때 평균 고장정비시간 및 불 가동시간 등을 도출하는 것도 중요하지만 정비인시를 고려하는 것도 중요하다. 정비인시는 정비공 1명이 1시간 동안 작업할 수 있는 작업량으로 표시한다. 정비공은 숙련도에 따라 숙련공과 준숙련공, 미숙련공으로 구분된다. 무기체계 개발 시 국과연과 생산업체는 숙련공에 기초를 두고 정비인시를 산출하여 교육사에 통보하고, 교육사는 이것을 기초로 정비공 주특기별 소요인원을 정비공 능력 구분별로 판단하여야 한다.

다음은 정비빈도를 정량화하면 다음과 같다.

① 평균 정비간 시간(MTBM)

$$MTBM = \frac{1}{1/MTBMc + 1/MTBMp} = \frac{\text{총운용시간}}{\text{총정비횟수}}$$

여기서, MTBMc = 평균 고장정비간 시간(= $\frac{1}{\lambda}$)

MTBMp = 평균 예방정비간 시간(= $\frac{1}{fpt}$)

② 평균 교체간 시간(MTBR)

MTBR = 총 운용시간 ÷ 교체 횟수

다음은 정비비용을 산출에 대해 알아보자.
무기 또는 장비 운용시 정비비용은 무기체계 개발초기 단계의 설계과정에 따라 크게 영향을 받게 된다. 따라서 특별히 관심을 가져야 할 사항은 정비행위 간 경제성을 고려하는 것이다. 다시 말해서 정비도는 최소의 비용으로 정비할 수 있는 무기체계 설계의 특징과 직접 관련된다. 무기체계 설계 시 정비비용을 산출할 때는 다음 사항을 고려한다.

- 매 정비시 정비비용(Cost/MA)
- 무기체계 운용시간당 정비비용(Cost/OH)
- 월간 정비비용(Cost/Month)
- 정비비용 대 수명주기 비용 비율

가용도에는 고유가용도와 성취(달성) 가용도, 운용가용도가 있으며 세부내용은 아래와 같다.

① 고유가용도(Ai)

고유가용도란 계획정비 없이 규정된 조건하에서 가동상태에 있을 확률로서 체계 자체의 요인 즉, 고장으로 인한 불 가동 시간만을 반영한 값이다.

$$Ai = \frac{MTBF}{MTBF + MTTR}$$

혹은

$$= \frac{\text{총 운용시간}}{\text{총 운용시간} + \text{총 고장정비시간}}$$

② 성취(달성)가용도(Aa)

달성가용도는 고유가용도에 계획정비 시간을 추가로 고려한 것으로 체계 자체의 직접적인 원인 즉, 정비(고장, 예방)와 관련되지 않는 불 가동 제외한 값이다. 달성가용도는 체계개발이 활발히 수행되는 체계개발 단계로부터 전력화 평가 확인 단계까지 적용된다.

$$Aa = \frac{MTBM}{MTBM + M}$$

혹은

$$= \frac{\text{총 운용시간}}{\text{총 운용시간} + \text{총 고장정비시간} + \text{총 예방정비시간}}$$

③ 운용가용도(Ao)

체계를 운용하는 경우에는 체계 자체의 직접적인 원인에 의한 불가동시간이 아닌 간접적인 원인에 의한 불 가동 시간을 무시할 수 없다. 따라서 운용가용도는 현실적으로 발생할 수 있는 모든 불가동시간을 고려한 값으로 체계 운용 시에 적용된다.

$$Ao = \frac{MTBM}{MTBM + MDT}$$

혹은

$$= \frac{\text{총 운용시간}}{\text{총 운용시간} + \text{총 고장정비시간} + \text{총 예방정비시간} + \text{총 지연시간}}$$

따라서 운용가용도는 체계나 장비가 실제의 운용환경과 규정된 조건하에서 사용될 때 임의의 시점에서 만족스럽게 작동할 확률이며 체계가 만족해야할 운용가용도는 체계의 작전운용형태 및 임무유형(OMS/MP) 또는 전투준비태세로부터 산출하고 운용가용도를 만족하는 운용 MTBF를 구하는 것이며 전투준비태세 수준으로부터 운용가용도를 결정하는 기본적인 개념은 체계가 1년 또는 어떤 주어진 시간 중 얼마동안 작전 가능한 상태에 있어야 하느냐 하는 요구조건을 설정하는 것으로 체계의 종류, 전투준비태세의 요구조건에 따라 달라진다.

2. 램(RAM) 기초이론

가. 신뢰성 공학

신뢰성 이론의 발달 초기에는 어떻게 하면 고장을 적게 하느냐 하는 문제에 착안하고 있었다. 그러나 1950년대에 들어서 Agree가 신뢰성에 관한 체계화를 이룩하고 신뢰성이 무엇인가 명확히 정의를 내리면서부터 신뢰성 이론은 점차 그 틀이 짜여 지게 되었다.

신뢰성 이론의 발생계기에 대해 알아보면 1949년 ATT(미국 전신전화회사)에서 보전요원이 2주간에 걸친 대규모 파업을 했을 때 실제 전화 통신시스템의 고장빈도는 사상 최저를 기록했다고 한다. 또한 한국 전쟁시 당시 전황이 불리해 졌던 미 공군이 오버홀(OVER HAUL)해야 할 전투기를 오버홀을 생략하고 작전에 사용했는데도 불구하고 오버홀을 실시한 비행기보다 고장이 더 적었다는 것 등은 당시로서는 상식밖에 일이었다. 이러한 이유는 수리를 한다든지 오버홀을 실시하면 그 직후에는 소위 초기 고장이 발생하기 때문이라는 것을 지금 말한다면 아마도 당연한 일이겠지만 아무튼 이와 같은 문제가 배경이 되어 신뢰성에 관한 이론 연구는 1960년대에 급속히 가속화 되었다.

1950년 전후까지는 전자공업계에서 신뢰성 모델에 관한 수학적 연구가 이루어지고 있었다. 1955년에 이르러 엡스타인(B. Epstein)은 지수분포가 수명 분포로서 유용하다는 데 착안하고 지수분포에 관하여 그 의미를 검토하기에 이르렀다. 더욱이 1957년에 드레닉(R. F. Drenick)은 비교적 많은 부품으로 이루어진 시스템은 고장발생이 필연적으로 우발형 이라는 것을 증명 했다. 이때부터 지수분포의 평균인 MTBF나 그 역수인 고장률이 신뢰성의 척도로써 사용하게 되었다. 또한 미국에서는 얼마 지나지 않아 DDD H 108에 의하여 지수 분포에 기초하여 수명을 보증하는 샘플링 검사방식을 제정하였다.

Weibull 분포는 와이블(B. Weibull)에 의해 1950년 전후에 제창된 것인데 이것이 실용적으로 의미가 있는 것으로 평가되어 점차로 수명분포 분석에 사용되게 되었다. 이와 아울러 1960년 이후에는 이 분포에 관한 통계적인 연구기 많이 실시되었다. 이 와이블 분포에 관한 연구가 열심히 진행되고 있을 때 한편에서는 FMEA나 FTA가 신뢰성 공학의 실제적인 기법으로서 활용될 수 있게 되었다.

1960년 전반에는 신뢰성 이론뿐만 아니라 공학적 수법도 체계화가 이루어졌다. 또한 와이블 분포의 확률논적 연구나 이 분포에 기인한 통계적 수법의 연구가 점차로 성행했고 미국의 Technometrics나 JASA(미국 통계학회지), JORSA(미국 OR 학회지) 및 일본의 품질관리 OR 관계지에도 그러한 연구를 찾아볼 수 있게 되었다. 이와 같은 신뢰성이론에 관한 연구와 함께 FMEA, FTA 및 고장해석 등 실질적인 기법 또한 넓게 적용되어 이론과 실질 면에서 많은 성과를 거두었다. 1960년대에 들어와서 어느 정도 체계가 확립된 신뢰성 이론은 발로 (R.E.Balow) 등에 의하여 Mathemetical Theory of Reliability로 집대성 되었고 통계적 방법을 주체로 한 부분은 1974년 맨(N.R.Mann)등의 Methods for Statistical Analysis of Reliability Life Data에 상세히 전개되기에 이르렀다. 신뢰성 이론은 이와 같이 1960년 이후에 크게 발전하게 되었는데 유감스럽게도 이론적인 면과 실제적인 면 사이에는 1970년경부터 괴리가 생기기 시작했다는 것을 부인할 수 없다.

나. 신뢰성의 의미

신뢰성은 내구도와 고장 간 평균시간, 정비도, 가용도에 의해 결정되는데 요소별 세부내용은 아래와 같다.

1) MTTF(Mean Time To Failure)

신뢰성에서 가장 중요한 것은 내구도 일 것이다. 왜냐하면 어디에서나 쉽게 사용할 수 있고 기능이 좋은 제품이라고 하더라도 장기간 사용하지 못한다면 제품의 기본적인 목적을 달성할 수 없기 때문이다. 그러나 여기서 장기간 사용한다고 하는 것은 단순히 오래 간다는 것을 의미하지 않고 요구되는 사용 기간동안 충분히 기능을 발휘하면서 오래 사용할 수 있음을 의미한다. 좋은 예로 흔히 마법의 3륜차 가 인용되는데, 이것은 마차의 사용 기간이 3년이라면 정확히 3년 동안은 무사고로 그리고 3년이 경과하면 마차는 저절로 분해 되어 없어져 버리는 것을 말한다. 이런 경우 마차의 신뢰도는 100%라고 할 수 있다.

이와 같이 신뢰도가 일반적으로 폭넓게 산업계에 보급되어 가면서 일반 내구 소비재의 내구도를 MTTF(Mean Time To Failure, 고장까지의 평균시간, 평균수명 또는 평균고장 수명)로 쉽게 표현하기도 한다.

2) MTBF(Mean Time Between Failure)

고장간 평균시간 또는 평균수명 또는 이의 역수인 고장률(Failure Rate)이 사용된다. MTBF는 오래 전부터 광범위하게 사용되어 왔다. MTBF에 대하여 다음과 같이 생각할 수도 있다. 일반적으로 많은 제품들로 구성된 시스템은 보통 일반적인 조건 하에서 지수분포에 근사한 수명분포를 따른다는 것이 이미 알려져 있다(Drenick의 정리). 즉 많은 시스템은 우발고장이 일어난다고 할 수 있다. 이때 지수분포의 평균치가 곧 MTBF가 된다. 이상을 총괄하여 정리하면 내구도는

- 오래간다는 의미에서의 내구도 - 신뢰도, MTTF
- 고장이 적다는 의미에서의 내구도 - 고장률 , MTBF로 표현될 수 있다.

이상과 같은 개념을 토대로 하여 일반적으로 평균수명(MTTF)을 불수리 품목에서의 수명의 평균치, 고장간 평균시간(MTBF)을 수리 품목에서의 근접한 고장간격의 평균치라고 할 수 있다. 고장간격이 지수분포를 따를 경우 어느 기간에도 고장은 일정하므로 MTBF는 곧 고장률의 역수가 된다.

MTTF는 불수리 품목에 고장나서 새로 교환될 때까지의 평균시간을 말하므로 문자 그대로 평균수명이라고 할 수 있다. 한편, MTBF는 복

잡한 시스템이 수리품목이고 전술한 Drenick 정리에 의하여 시스템의 고장간격 시간이 지수분포(즉, 우발고장 패턴) 일 때 많이 사용된다.

3) 정비도(Maintainability)

시스템이나 제품(일반 내구 소비재)에서 단순히 내구도를 추구하는 것은 비용측면에서 볼 때 무의미한 경우가 많다. 한 예로 수명이 짧고 고장이 일어나기 쉬워도 그 고장이 시스템에 대하여 치명적이 아니고 즉시 다시 수리할 수 있는 고장이라면 시스템을 사용하는데 그다지 큰 장애가 된다고 할 수 없다. 결국 내구도가 적더라도 빨리 고칠 수 있다면 사용하는 데는 문제가 없다. 이와 같은 관점에서 볼 때 신뢰성의 제 2의 의미로 정비도(Maintainbility)를 고려하여야 한다.

정비도의 한 척도로서의 정비도를 품목이 유지되어질 수 있다는 조건하에서 규정기간 내에 보전이 종료될 확률이라고 정의하고 있다. 그러나 고장이 난 후 빨리 고칠 수 있다는 것만으로는 소비자가 충분히 만족을 얻지 못하는 경우가 많다. 그 이유는 사용 중의 고장이 소비자에게 치명적인 피해를 줄 수 있기 때문이다. 예를 들어 항공기의 엔진 고장이나 중요설비의 돌발고장 등이 이런 경우이다. 따라서 고장이 일어나지 않도록 사전에 일상정비 및 점검을 해야 하고 경우에 따라서는 사전 교체나 예방 보전을 합리적으로 하여야 한다.

지금까지 설명한 정비도는 다음과 같이 정리할 수 있다.

- 수리하기 쉽고 수리시간이 짧다는 의미에서의 정비도
- MTTR(Mean Time To Repair, 평균수리시간), 접근성, 교환성
- 고장을 사전에 억제한다는 의미에서의 정비도 : 예방정비, 고장예지, 개량보전

4) 가용도(Availability)

마지막으로 신뢰도와 정비도를 종합한 중요한 척도에 대하여 알아보고자 한다. ③항 두 번째 의미의 신뢰도와 정비도를 합한 척도로서 가용도(Avail ability)를 많이 사용한다. 여기서,

A = 가용도 U = 동작가능 시간 D = 동작 불가능 시간

가용도는 시스템이 어느 정도 유효하게 가동하는가를 나타내는 척도이므로 보통 유효율 또는 가동률이라고 부른다. 가용도는 MTBF가 큰 경우 100%에 가깝지만 MTBF가 작더라도 MTTR이 아주 작다면 100%에 근접하게 된다. 따라서 내구도와 정비도의 경제적인 균형을 잘 고려하여 가용도를 결정하여야 한다.

3. 램(RAM) 업무 수행 절차

가. 개요

RAM 분석자는 무기체계 획득주기와 밀접한 관련을 가지고 주요 업무를 추진하게 되며, 운용개념 분석에서부터 야전자료 수집/관리까지의 일련의 과정을 거치게 된다. 이러한 RAM 업무는 무기체계 획득주기와 밀접하게 관련이 있는데 무기체계 개발단계는 아래와 같다.

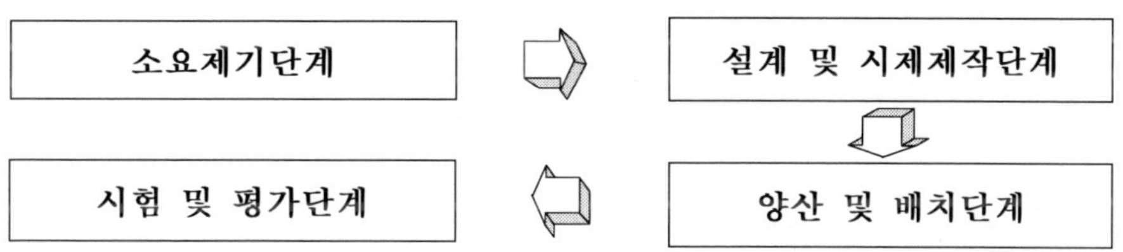

RAM분석자는 무기체계 개발과정에서 개발될 무기체계의 운용형태 및 임무를 분석하여 RAM 요소 목표치 (MTBF, MRBF, MTTR, MR, 가용도 등)에 대한 요구사항을 도출하고 또한 공학적 기법 혹은 수학적 모델을 사용하여 RAM 요소 목표치를 예측함으로써, 이 예측 값이 체계의 설계지원이나 군

수지원 분석의 기초 자료가 되도록 해야 한다. 또한, 무기체계의 신뢰도 시험을 위한 시험의 계획 및 신뢰도 성장을 입증하도록 하고, 무기체계 야전에 배치되면 야전 데이터를 수집, 분석함으로써 RAM 활동에 필요한 자료를 활용될 수 있도록 해야 한다.

이상에서 언급한 바와 같이 RAM 활동은 무기체계 개발 단계와 유기적으로 결부된 업무단계를 거치게 되는데 장비의 전 개발 단계별 RAM 업무를 간략화 하면 아래와 같다.

〈단계별 RAM 업무절차〉

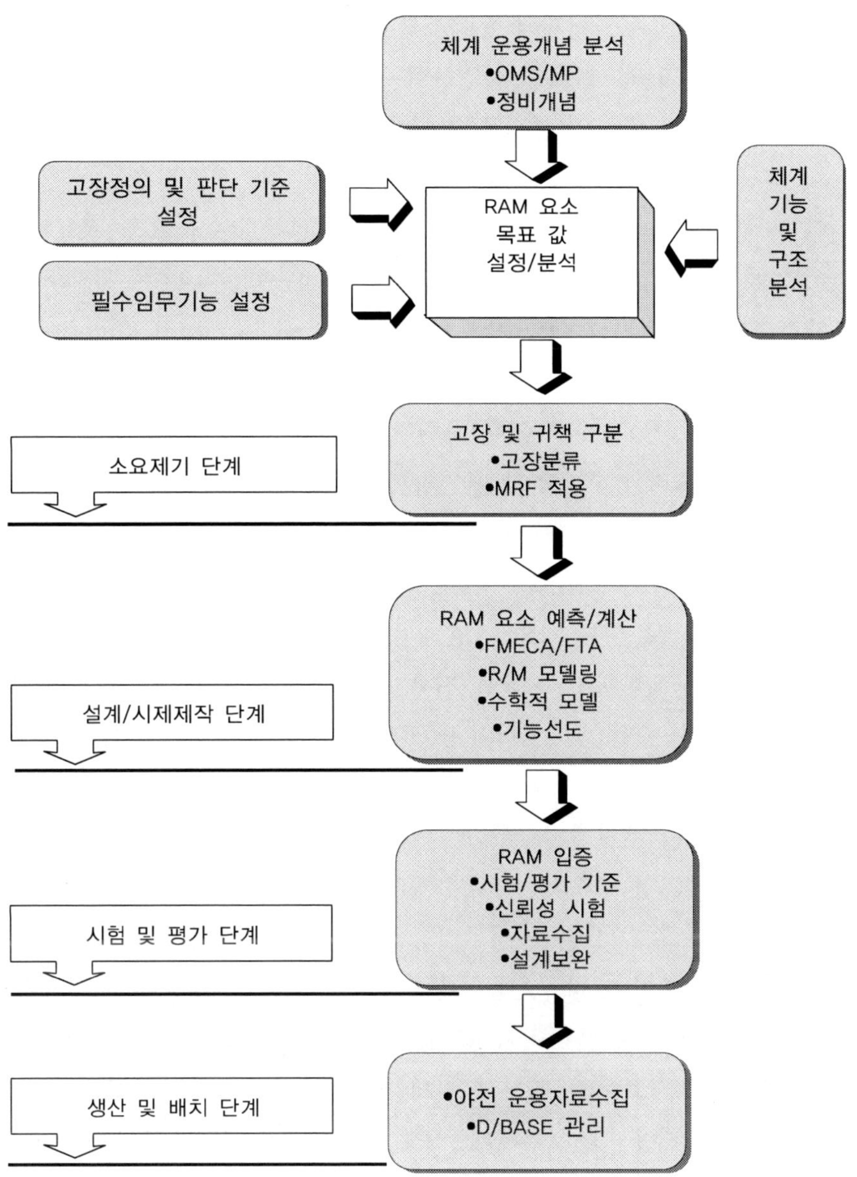
체계 운용개념 분석
•OMS/MP
•정비개념
고장정의 및 판단 기준 설정
필수임무기능 설정
RAM 요소 목표 값 설정/분석
체계 기능 및 구조 분석
소요제기 단계
고장 및 귀책 구분
•고장분류
•MRF 적용
RAM 요소 예측/계산
•FMECA/FTA
•R/M 모델링
•수학적 모델
•기능선도
설계/시제제작 단계
RAM 입증
•시험/평가 기준
•신뢰성 시험
•자료수집
•설계보완
시험 및 평가 단계
생산 및 배치 단계
•야전 운용자료수집
•D/BASE 관리

나. 소요제기

본 단계에서는 무기체계의 운용개념과 운용환경을 고려하여 개발할 무기체계에 적합한 RAM 요소를 선정하여 목표치를 설정하는 것으로 체계 정비개념과 체계기능 및 구조분석을 거쳐 RAM 전투개발자가 장비 개발자와의 상호 의견 조정으로 RAM 목표치를 잠정적이나마 정량적으로 결정하여 이를 연구개발 동의서에 반영하며 고장을 정의한다. RAM 요소 목표치 설정 및 예측과 시험/평가 과정에서 일관성 있게 적용할 수 있는 개발(체계)장비의 고장정의/판단절차를 필수 임무기능(Miss ion Essential Function), 운용임무고장(Operational Miss ion Failure), 고장분류(Classification)/고장귀책(Chargeabil ity)을 고려하여 수립한다. 특히 RAM 요소 선정은 장비(체계)의 특성을 고려하여 수리가 불가능한 장비(예>탄약, 미사일)는 신뢰도 요소만 선정하고 수리가 가능한 장비(예>기동장비, 통신장비, 사통장비)는 신뢰도 요소와 정비도 요소 또는 신뢰도 요소와 가용도 요소를 선정한다.

체계 운용개념은 사용자의 운용개념을 의미하는 것으로 이는 무기체계 소요를 보다 구체화하기 위하여 전투 개발자는 무기체계의 운용 및 조직계획과 운용형태 종합 및 임무유형(OMS/MP)를 수립하게 되는데 이는 군이 "미래의 전장 환경에서 어떻게 싸울 것인가?"하는 작전개념과 교리에서 출발하여 새로이 개발될 체계에 대한 체계 소요의 근간이 된다.

무기체계의 운용형태종합/임무유형(OMS/MP)은 사용자 요구에 의해서 개발되는 무기체계의 필수 임무기능을 표시하는 방법이며 요구되는 임무를 평가하는 기준이 된다. 운용형태종합/임무유형(OMS/MP)는 사용자의 요구를 충족시키기 위한 장비의 필수기능에 대한 기술과 무기체계 설계과정에 중요한 입력 자료로서 또는 무기체계 시험평가의 기준 설정, RAM 목표 값 산출시 자료제공 등 무기체계 개발에 있어서 가장 핵심이 되는 부분이다. 따라서 전투개발자는 과거의 전투사항, 군 정보계통 및 전투시나리오 등 모든 자료와 사용자의 요구사항을 종합하여 최적의 무기체계 운용형태종합/임무유형(OMS/MP)을 설계해야 한다.

운용형태종합/임무유형(OMS/MP)는 소요제기시 개념발전 단계에서 작성하여 완성하며 예상되는 전투시나리오 즉, OMS/MP는 소요군이 작성하고 무기체계의 기준과 방향을 제시하는 것으로 개념적 서술부분과 정량적 서술부분이 있다.

임무유형(MP)은 여러 전투수준을 참고하여 추정함으로서 이루어지며 전투상황의 수준은 상대적인 값이다. 미 육군은 "사단 '85 연구계획 : 군수지원계획 요소(Divi sion '85 Study Plan : logistic Planning Factors)"에서 전투상황의 수준을 지원전투, 치열전투, 격렬전투 등의 세가지로 분류하고 있다.

임무유형(MP)은 어떤 군사장비가 임무의 시작에서부터 끝날 때 까지 수행해야할 직무로서 시간적으로 표현하며 다중기능 임무와 단일 연속기능 임무, 단일 주기기능 임무로 분류된다. 전투발전자는 과거의 전투사항, 군 정보기관 및 전투 시나리오로부터 입수가 가능한 모든 자료와 사용자의 요구사항을 종합하여 전시 및 평시에 사용되어지는 조건들을 설정하고 무기체계에 대한 전형적인 시나리오를 작성하여 필수 임무기능의 사용비율을 결정한다.

개발 시제품에 대한 시험평가는 OMS의 전시임무와 MP의 상세임무를 기준으로 이루어지므로 MP는 명확하고 평가가 가능하도록 작성되어야 한다. MP는 무기체계가 미래 적의 위협에 대처할 수 있도록 미래 전장 환경의 전술과 교리에 적합해야 하며 필수임무기능(운용시간, 사격발수, 주행거리 등)이 구체적으로 작성되어야 한다.

다음은 운용형태종합(OMS : Operational Mode Summary)에 대해 구체적으로 알아보자. OMS는 세계의 전투상황별 수준을 가중 산술평균값으로 총체적인 임무량을 전시와 평시로 표시한 것이며 어떤 무기체계가 작전임무를 수행하는데 있어서 사용되리라 예측되는 여러 가지 방식에 대하여 기술해 놓은 것이다. OMS에는 각 사용방식에 대한 예상 사용비율, 사용 수명시간 동안 여러 환경조건에 놓이게 될 시간비율이 포함되어 있다. 그러므로 OMS에는 전장에서 무기체계가 수행하게 될 임무에 대하여 종합적으로 기술되어 있으며 임무유형(MP)은 OMS에 있는 각각의 임무를 달성하기 위하여 장비가 수행 해야 할 운용직무를 구체적으로 서술하고 있다.

OMS는 전시와 평시운용이 구분되며 임무를 수행하게 될 조건들이 포함되고 임무가 시작되어 완료 될 때까지의 기간과 각각의 임무 발생횟수가 나타나 있다. OMS에는 작전시간과 경계시간이 포함되어 있으며 이중 경계시간은 무기체계가 가동되어질 수 있도록 대기하고 있는 시간이지 운용되고 있는 시간은 아니다. 전투발전자는 무기체계의 주요 임무와 각 각의 임무를 수행할 기간, 그리고 임무가 수행되는 조건들에 관하여 결정해야 하며 이와 같은 결정사항을 토대로 무기체계 개발자는 모든 조건 하에서 운용될 수 있도록 개발계획을 수립하고 추진한다. OMS를 개발하는데 있어 어떤 군사장비에 적용되어질 수 있는 표준 임무기준은 없으며 운용 요구사항, 작전 시나리오 및 예상운용 환경조건 등을 고려하여 개발되어야 한다. 예를 들어 어떤 무기체계가 기본전투를 위한 것이라면 그 임무는 작전시나리오와 워게임 결과의 분석을 기초로 작성 되어져야 한다.

다음은 임무유형(MP : Mission Profile)에 대하여 구체적으로 알아보자. 임무유형(MP)이란 어떤 무기체계가 특정 임무수행(공격, 방어, 후방지역작전 등)을 위해 발휘해야할 동작 요구시간을 말한다(예 공격시 전차운용 : 기동, 통신, 탐지, 사격 등). 즉, 여러 전투상황의 수준에서 무기체계가 수행 하여야할 모든 운용 임무형태별 필수임무기능(사격발수, 주행거리, 통신량, 운용시간)의 구체적인 운용량을 기술한 것이다. 무기체계가 미래의 적의 위협에 대처할 수 있도록 미래 전장의 전술과 교리에 적합해야 할 임무유형도 전시와 평시운용으로 구분되고 전시에는 전투시나리오에 의해 작성되며 작전 지속일간 수행될 장비 운용 임무의 각 형태별 필수 임무기능 규정 및 운용량을 기술하며 평시에는 연간 교육훈련 및 장비 정비계획에 의해 1년 동안 수행될 장비 운용임무의 각 형태별 필수임무기능 규정 및 운용량을 기술한다.

다음은 역할 수행주기와 운용환경에 대해 알아보자. 역할 수행주기는 체계의 운용형태와 운용기간 동안에 부여된 임무를 달성하는데 겪게 될 체계 기능의 연속적인 과정을 나타내는 것으로 장비의 운용조건을 감안하여 수행주기를 결정해야 한다. 또한 역할 수행주기는 더욱 세부적으로 나타내기 위하여 기능을 사건(event) 혹은 과업(task)으로 세분화시켜 나타낼 수 있으며 이는 체계의 임무수행과정을 보여주기 때문에 군수 모델링(Logistic Modeling)시 필요한 사건을 식별하고 정의 하는데 도움이 된다.

또한 체계 운용환경은 운용형태에 따른 임무 수행 시 전장 환경에 대한 조건으로 기후, 지형, 날씨형태 등 자연적, 물리적 환경을 나타내며 또한 날씨형태는 냉대지역, 온대지역, 한대지역 등으로 구분하고 기후와 지형조건은 체계의 운용적 특성의 잠재적인 한계 또는 체계의 양지 기동의 환경적 요소로 구분하여 나타낸다.

무기체계의 정비개념은 체계의 운용개념을 기초로 거의 동시에 수립하는데 여기에는 무기체계의 수, 정비지원 수준, 수리방침, 정비계단별 주요기능 및 책임, 계단별 정비 허용시간, 정비환경 등을 포함하며, 이러한 정비개념은 무기체계 및 장비 설계시에 군수지원 가능성을 판단하는 기초를 제공할 뿐 아니라, 군수지원(시험 및 지원 장비, 대규모 시설 등)의 주요소에 대한 설계기준을 제공한다.

체계의 기능은 운용형태종합과 임무유형에 따라 각 임무를 달성하기 위하여 임무시작부터 완료까지 수반되는 제반적인 활동으로서 체계의 구성품과 직접 연계되며 또한 체계기능에서 체계가 임무를 성공적으로 완결하는 과정에서 수행되는 최소한의 기능을 필수 임무기능이라 한다. 체계 기능은 분석대상 체계에 따라서, 그리고 분석자 및 분석 자료의 활용대상에 따라 여러 가지로 분류할 수 있으며 체계기능과 구조분석을 통하여 체계의 임무수행과 관련한 기능과 체계구조간의 연관관계를 설정하면 RAM 요소 목표치에 대한 분석 틀을 만들 수 있다. 다음은 고장정의 및 판단기준에 대해 알아보자. 고장정의 및 판단기준은 램(RAM) 요구 수준을 설정, 제기할 때 중요한 의미를 지닌다. 왜냐하면, 체계결함 중에서 어디까지를 고장으로 보느냐에 따라 신뢰도는 크게 달라지기 때문이다. 고장정의 및 판단기준의 설정과정은 먼저 체계의 모든 결함을 식별한 후 이들 결함 중에서 고장기준을 결정하게 된다. 고장은 통상 필수임무기능(Mission Essential Fun ction) 수행을 불가능하게 하거나, 인원 및 장비에 치명적 또는 중대한 위험을 초래하는 것으로, 발생 즉시 정비를 요하는 결함을 기준으로 결정한다.

다. 설계 및 시제제작 단계

설계 및 시제제작 단계에서는 연구개발 동의서에 반영된 RAM 요소의 정량적 달성 가능성을 검토하고 확정하기 위하여 기능 블록 다이아그램을 작성하고 RAM 목표치를 예측하며, 무기체계의 신뢰도 및 정비도를 향상시키기 위하여 개발 단계부터 폐기시 까지 무기체계에 대한 고장형태 및 영향분석을 지속적으로 실시하여 분석결과에 따라서 설계보완 대책을 강구한다.
또한 무기체계의 설계가 진행됨에 따라 RAM 요소의 요구수준을 달성할 수 있는가를 정량적으로 판단하기 위하여 첫째, 체계의 기능분석, 둘째, 신뢰도 및 정비도 예측방법 설정(신뢰도 모델링, 정비도 모델링 등), 셋째, 신뢰도 및 정비도 수학적 모델설정, 넷째, 부품 및 하부체계의 고장률 및 정비시간 자료수집, 다섯째, RAM 요소 계산의 활동이 수행된다.
상술한 내용들을 요약하면 다음과 같다.

1) 고장유형 및 영향 분석(FMEA)

장비의 신뢰도 및 정비도를 향상시키기 위하여 개발 초기부터 개발이 완료될 때까지 시스템에 대한 고장형태 및 영향분석이 끊임없이 이루어져야 하며, 분석결과에 따라서 설계 보완 대책을 강구해야 한다. 설계된 시스템이나 기기의 자체적인 고장모드를 찾아내고 시스템 가동 중에 이와 같은 고장이 발생하였을 경우 임무달성에 미치는 영향을 검토하여 평가함으로써 보다 높은 수준의 장비를 개발하기 위하여 노력하여야 한다.

2) RAM 요소 예측

장비 설계가 진행됨에 따라서 RAM 요소의 요구 수준을 달성할 수 있는가를 정량적으로 판단하기 위한 활동으로서 다음과 같은 업무를 수행한다. 첫째 신뢰도 및 정비도 예측방법 설정, 둘째 신뢰도 및 정비도 수학적 모델 설정, 셋째 부품 또는 하부체계의 고장률 및 정비시간 자료 수집, 넷째 RAM 요소의 계산이다.

라. 시험 및 평가단계

시험 및 평가 단계에서는 개발된 무기체계의 RAM 수준 달성여부를 확인하는 활동으로써 신뢰도 및 정비도 평가를 위한 고장분류 방법/고장정의를 규정하고, 시험 종류 및 시험대수, 시험 환경조건, 시험시간(사격발수, 주행거리), 평가기준, 시험자료 수집방법, 시험방법, 평가방법 등을 정한다.

시험의 종류는 신뢰도 개발시험, 신뢰도 보증시험, 양산품 신뢰도 수락시험, 정비도 입증시험이 있으며, 또한 RAM 요소 예측과 RAM 요소 시험평가 결과가 RAM 측면에서 체계의 취약점이 발견될 때에는 중복설계, 정격감소(Derating), 확률적 방법에 의한 기계 부품의 설계, 부품의 재선정, 형상변경 등과 같은 방법을 이용하여 보완하며 개발과정에서 수집되는 무기체계, 하부체계, 구성품, 부품 등의 고장자료와 정비자료는 데이터베이스에 입력하여 관리한다.

마. 양산 및 배치 단계

현대 무기체계는 고도로 정밀하고 복합적인 임무수행 능력을 가지는 추세로 발전함에 따라 무기체계의 획득/개발비뿐만 아니라 장비의 운영유지비도 점차 증가하여 왔다.

그 결과 장비 개발초기부터 야전 운용성 및 지원성을 고려한 설계 및 개발이 중요한 사안으로 대두되었고 이를 위해 개발단계에서의 체계적인 군수지원 분석기법의 적용을 통한 최적화된 종합 군수지원 요소의 개발과 배치/운용 단계에서의 RAM(Reliability, Availabil ity & Maintainability) 분석을 통한 야전운용 결과의 반영 활동이 점차 활성화되고 있다.

일반적으로 군수지원 분석과 RAM 분석은 무기체계 하드웨어의 설계 특성으로부터 기초 자료를 획득함으로써 기본적인 분석은 가능하지만 이는 실제 야전운용 상황과는 많은 차이가 있으며, 보다 정확하고 실질적인 운용현황을 얻기 위해서는 야전에서의 설제 운용 자료에 대한 기록/관리/분석절차가 필요하다. 야전운용 자료는 무기체계가 실제로 운용되는 환경에서 발생/수집되는 소중한 경험제원으로 무기 체계의 RAM 수준 및 군수지원의 문제점을 정확하게 분석/평가할 수 있는 중요한 기초 자료가 되어 배치장비에 대한 RAM

특성 및 군수지원성을 향상시킴으로써 군 전투력 증강에 기여하고 향후 유사 신규 무기체계 개발 시 야전 경험 제원으로 유용하게 활용될 수 있다. 배치 장비에 대한 주기적인 현황파악 및 자료 수집을 수행함으로써 개발업체에 대하여 고장 발생내용 및 정비내용의 환류(feedback) 체계를 구성하고, 수집 자료의 분석결과에 따른 운용/정비부대 요원 교육수행 및 장비개선을 통하여 보다 효율적인 장비 유지에 기여하고, 장비 운용유지 비용 측면의 비효율성을 파악하여 주 장비 및 지원 장비에 대한 보완사항을 제시하고 운용유지비용 절감에 기여한다.

4. 비용 대 효과분석

가. 개요

비용대 효과분석은 어떤 목표를 달성할 수 있는 여러 가지 대안 중에서 최적의 대안을 선택하기 위해, 투입될 비용과 획득 효과를 배비하는 분석기법이다. 비용대 효과분석의 기본요소는 목표, 대체수단, 비용(소요자원)의 수학적 논리적 분석 모델 및 선택기준으로 구성된다. 국방훈령에 의하면 무기체계 획득관리시 관련기관에서는 다음과 같이 비용대 효과분석을 실시하도록 규정하고 있다.

부서	내용	시기
군	•비용 대 효과	•무기체계 소요 제기시 •무기체계 소요 수정시 •관리단계 전환시
개발기관	•투자비 적절성	•관리단계 전환 시
합참	•비용 대 효과	•무기체계 소요 결정시
국방부	•비용대 효과 (사업진행 여부 검토)	•대상과제, 기종결정시 •관리단계 전환 시

따라서 교육사는 소요제기 시부터 주요 관리단계 전환 시마다 비용대 효과분석을 실시하여 최적의 대안을 선정하여야 한다. 비용대 효과분석의 주관부서는 교육사 운영분석처 및 종합군수 지원처이며, 협조부서는 육본 기획관리, 인사, 정보/작전, 군수참모부 및 기타 관련부서이다. 교육사 운영 분석처는 육본 기획관리참모부와 국방과학연구소의 협조 하에 사용자의 입장에서 비용 대 효과분석을 실시할 수 있는 구체적인 방안을 제시하여야 한다.

비용 대 효과는 임무달성(무기체계 효과)과 총 수명주기간 비용에 의한 무기체계의 측정기준과 관계가 있다. 비용대 효과는 특정임무 또는 측정할 무기체계의 매개변수에 따라 다양하게 표시될 수 있으며, 실제적으로 정확하게 정량화 될 수 없다. 예를 들면, 타 무기체계 운용에 따른 무기체계의 상호작용, 정치적인 관계, 환경요소 등 무기체계의 지원 및 운용에 영향을 주는 많은 요소들이 있기 때문이다. 따라서 다음과 같은 비용 대 효과 측정방안을 일반적으로 사용한다.

- 비용대 효과 측정기준(1안) = 무기체계 효과 ÷ 수명주기 비용
- 비용대 효과 측정기준(2안) = 정비 간 평균시간 ÷ 수명주기비용

나. 비용 예측 이론

무기체계 획득시의 비용분석은 획득방법인 연구개발, 기술도입생산, 해외구매 중에 한 가지 방안을 선택하거나, 결정된 방안에 따라 무기체계를 획득하는 기간 중에 일어나는 여러 가지 문제점을 해결하기 위해 사용된다. 무기체계 획득비용 분석은 정확한 비용을 산정하는 것이 궁극적인 목적이 아니고, 비용 대 효과분석 구조의 한 부분으로서 다른 한 부분인 효과분석에 대응하여 여러가지 대체적 획득방법의 상대적 가치를 비교 평가하여 최적의 대안을 선택하는 것이 목적이다.

무기체계 획득비용은 계획수립과 의사결정 싯 점을 기준으로 하여 과거지사는 과거의 의사결정에 의한 매몰비용(Sunk cost)이므로 현재의 의사결정에 영향을 줄 수 없으며, 오직 미래에 추가적으로 발생할 증분비용(Incremental cost)만이 적절한 비용(Relevant co st)으로 현재의 의사결정에 반영된다.

무기체계 획득비용은 대안결정을 위한 의사결정 비용이다.

따라서 대안을 전제로 한 대체적 비용(Alternative Cost)이며, 기회비용(Opportun ity Cost)이다. 무기체계 획득비용은 각 대안의 획득과정에서 소요되는 모든 물자, 기계, 시설, 용역 들을 총체적으로 망라하며, 장차 5년 내지 10년 후의 비용을 예측하는 것이므로 불확실성이 내포된다. 왜냐하면 장기적 분석시계(Time Horizon)를 사용하기 때문이다.

무기체계 개발 시 소요예산을 판단할 때 정확한 소요예산의 산출은 매우 어려운 일이다. 충분한 자료가 없고, 우리 여건에 적합한 비용예측 방법이 개발되어 있지 않는 현시점에서 정확한 소요예산 판단을 요구하고, 소요예산 보다 비용이 많이 발생해서는 안 된다는 사실을 고집한다면 최상의 무기체계 획득은 어렵게 될 것이다. 따라서 소요예산을 집행하면서 최초 추정한 비용자료와 실제 발생되는 비용을 비교하여 추정한 비용보다 많이 발생시 원인을 분석하고 타당할 때에는 예산이 추가로 지원될 수 있는 융통성이 갖추어야 한다.

비용 예측을 위한 일반적인 원칙은 다음과 같다.

1) 무기체계의 획득과정 설정이다.
2) 획득과정 추정의 비용화이다.
3) 할인율(d)과 물가상승률(i) 적용이다. 여기에서 할인율이란 미래의 기대수입과 현재의 수입사이의 중요성이나, 시간적 선호(Time Preference)의 차이를 측정하기 위한 특정의 이자율(Interest Rate)을 말한다. 화폐의 시간적 개념에 의한 현재의 화폐가치는 미래의 화폐가치 보다 크다. 따라서 어떤 적정수준의 이자율을 사용하여 미래의 화폐가치를 할인하여야 하며, 이때 물가상승률도 고려하여야 한다. 연도별로 발생하는 비용에 할인율과 물가상승률을 고려한 조정률(AF)을 아래와 같이 계산하여 사용한다.

$$AF = \left(\frac{1+i}{1+d}\right)^n$$

여기서, n년 = (1, 2, 3, 4, …), i = 물가상승률, d = 할인율

4) 가능한 한 비용예측의 불확실성 감소이다.
5) 생산량을 고려한 단위당 비용 예측이다. 무기체계 획득단가는 획득량이 증가할수록 감소하는 경향이 있으므로 이를 적용해야 한다. 연구개발이나 기술도입생산의 경우에는 일반적으로 무기 또는 장비의 생산비용은 생산량이 증가할수록 점차로 감소한다. 이 관계를 수식으로 표현한 것이 비용-수량관계식이며, 학습곡선(Learning Curve)이다.
6) 동일시계 사용이다. 비용분석을 위하여 동일한 시계(Time Hori zon)를 설정해야 한다. 무기체계 획득 대안을 논리적으로, 모순 없이 분석하려면 각 대안에 공동적으로 동일한 시계가 필요하다. 즉, 어떤 대안은 5년 시계로 비용을 계산하고 다른 대안은 7년 시계로 비용을 계산한다면 비교의 일관성이 없으므로 대안의 비교가 무의미하게 된다.
   비용예측 방법에는 5가지가 있다. 첫째, 출판물 이용 둘째, 유사체계와 비교 셋째, 전문가의 의견 넷째, 통계적 접근방법 다섯째, 산업공학적 방법 등이다.

다. 무기체계 효과 측정

무기체계 획득효과란 무기체계 획득에 수반되어 발생되는 총체적 가치(Total Value)를 말한다. 무기체계 획득효과는 총체적 시스템 차원에서 분석하여야 하기 때문에 전체 효과에 기여할 수 있는 관련효과 요소를 명확히, 중복됨이 없이 식별하는 것이 매우 중요하다. 그러나 이러한 모든 효과 요소를 어떤 단순한 수학적 공식으로 산출할 수는 없다. 따라서 효과 요소 중에서 정량적(Quantitative)요소는 해석적으로 연구하여 정량화하고, 정성적(Qualitative) 요소는 전문가의 의견을 수렴하여 가능한 한 정량화하여야 한다.

무기체계 획득에 따른 무기체계의 직접효과는 무기체계의 군사적 특성이며, 간접 파급효과는 군사적 목적을 위해 획득한 무기체계로 인해 발생되는 파생적 효과로, 정성적 요소이므로 계량화가 어렵다. 효과분석은 대안비교가 핵심이므로 정성적요소의 차이점이 없을 경우 굳이 정량화할 필요 없이 같은 척도를 부여하면 된다.

무기체계의 효과를 분석하는 방법은 정량화방법과 접근방법이 있다.

1) 정량화 방법

정량적 요소와 정성적 요소로 구분된다.

2) 접근방법

단순가중치법을 적용한 분석과 델파이법을 이용한 분석이 있다.

가) 단순가중치법을 적용한 분석

정량적 요소와 정성적 요소를 재래식 무기체계를 중심으로 총체적 차원에서 효과화 하고 효과내용의 핵심적 기준을 확실히 구분한 다음, 군 소요의 충족도를 효과의 핵심과제로 하여 무기체계의 획득에 따른 파급효과를 총망라한다. 대안비교가 가능한 점수 및 지수를 산출하며 다음과 같은 정성적 요소와 정량적 요소를 혼합하는 단순가중치법(Simple Weighting)을 이용, 각 효과요소의 점수(Xi, Yi, Zi)와 효과요소의 중요도(Wi)를 가중시켜 합산, 총체적 효과를 산출한다.

구분	국내 개발	기술도입생산	직구매
정성적요소 A(W1) B(W2)	X1 X2	Y1 Y2	Z1 Z2
정량적요소 A(W1) B(W2)	X3 X4	Y3 Y4	Z3 Z4
총체적 획득효과	ΣWiXi	ΣWiYi	ΣWiZi

나) 델파이법을 이용한 분석

정성적 요소를 정량화하기 위하여 랜드(RAND) 연구소의 델키(Dalky)가 개발한 델파이법(Delphi Method)을 사용하여 정성적 요소를 정량적 요소로 효과화 하는 절차는 다음과 같다.

① 단계 1 : 관련분야의 전문가 선정

ⓐ 해당분야에 전문적 지식보유자

ⓑ 공정하고 치밀한 성격의 보유자

ⓒ 신뢰성과 책임성 보유자

ⓓ 분석에 대한 경험과 능력 보유자

② 단계 2 : 효과요소의 식별, 결정

③ 단계 3 : 획득효과 요소간의 상대적 중요도를 델파이법 사용, 결정

ⓐ 전문가들간의 자유토론으로 문제의 개념/내용 확인

ⓑ 전문가들에게 설문서를 전달, 중요도로 평점을 수집한 후 통계적 분포획득

ⓒ 극단치 발견시 평점자에게 확인 후 수용여부 결정

ⓓ 상기과정의 반복으로 예민한 중앙치 경향(Central Tendency)의 분포를 획득 중요도(Weight) 결정

④ 단계 4 : 평가요소의 효과가치를 평가한다. 각 효과요소별로 무기체계 획득 방안에 따른 가치를 평가한다. 평가척도(Scale)를 결정하는 방법에는 무기체계의 유형, 대안의 수, 요소의 성격 등에 따라 여러 가지 방법이 있을 수 있다.

⑤ 단계 5 : 기준대안을 기준으로 효과지수를 산출한다. 국내연구개발 대안을 기준(효과지수 1)으로 각 대안의 효과지수를 상대적으로 비교 결정한다.

⑥ 단계 6 : 대안별 총 효과를 계산한다. 효과 요소별로 부여된 점수/지수에 중요도를 곱하고, 이를 전체적으로 합산하여 각 대안별 전체 총 효과를 계산하며 이 총 효과를 비용과 비교, 최적대안을 선정한다.

다음은 무기체계 획득 절차상의 문제에 대해 알아보자. 무기체계의 선정은 군의 무기체계 소요에 대하여 군사전략 목표를 달성할 수 있도록 소요를 결정하는 것으로서 운용개념, 요구 성능, 소요량, 소요시기 및 획득 우선순위를 포함한 무기체계의 류나 급으로 표시된다. 또한 무기체계의 기종결정은 연구개발 대상과제 선정에서 이루어진다. 일반적으로 무기체계 선정단계의 비용대 효과분석 과정에서 무기체계 획득의 직접효과 중 무기체계 고유의 1차적 효과를 제외한 나머지 효과 요소는 현실적으로 적용이 불가능하다. 따라서 획득대안 분석시는

무기체계의 제1차적 효과만을 고려하여도 무방하다고 볼 수 있다.

다음은 소구경 화기의 획득효과를 산정한 예이다. 모든 자료는 가상의 자료이다.

대안은 국내개발, 기술도입생산, 직구매의 3가지 안으로 하였다.

① 가용성 효과산정

구분	국내개발	기술도입생산	직구매
평균 고장 간 시간(월)	6개월	10 개월	10 개월
평균수리시간(월)	1개월	3 개월	2 개월
가용성	0.86	0.77	0.83

가용성, 신뢰성, 임무수행 능력의 상대적 중요도가 각 0.3, 0.2, 0.5라면, 먼저 국내개발에 대한 비교 가용성을 지수화하면 다음과 같다.

구분	국내개발	기술도입생산	직구매
효과 지수	1.00	0.90	0.97
가중치 수	1.00 x 0.3=0.3	0.9 x 0.3=0.27	0.97 x 0.3=0.29

② 신뢰성 효과산출

무기체계의 평균 임무수행 시간을 0.5 개월로 할 때에 국내개발의 경우, 신뢰성 효과는 다음과 같다.

$$D=\frac{1.00}{1.0+0.17}=\frac{0.17}{1.0+0.17}\ e^{-(1.0+0.17)*0.5}$$

구분	국내개발	기술도입생산	직구매
고장률(λ)	0.17	0.10	0.10
수리율(μ)	1.00	0.33	0.50
신뢰성(D)	0.94	0.95	0.96

③ 임무수행 능력

소화기의 작전능력은 통상 발사화력, 사거리, 휴대의 용이성, 은 폐성, 융통성에 따라 결정된다. 사거리를 예로 들어 효과점수를 산출해 보면, 사거리의 효과는 최대 유효사정(MR)과 탄환의 총구 발사 에너지(ME)에 각각 비례한다. 먼저 유효사정의 효과점수를 얻기 위해 각 대안의 자료를 예측하고 아래와 같은 효과척도(±3)를 기준, 점수화 한다.

유효사거리(m)	평가척도
0~50	−3~−2
50~150	−2~−1
150~250	−1~0
250~350	0~1
350~450	+1~+2
450~650	+2~+3

구분	국내개발	기술도입생산	직구매
유효사거리	300	500	450
효과점수	0.5	+2.5	+2.0
가중 점수(0.5)	0.25	+1.25	+1.00

다음 총구 에너지(ME)도 평가척도를 고려해서 점수로 환원하여 유효 사정거리와 곱하면 사거리에 관한 효과 점수를 얻게 된다.

총구 에너지(psi)	평가척도
13,000	+3
11,000	+2
9,000	+1
7,000	0
5,000	−1
3,000	−2
2,000	−3

구분	국내개발	기술도입생산	직구매
총구 에너지	6,000	10,000	8,000
효 과 점 수	− 05	+ 1.5	+ 0.5
가중점수(0.5)	− 0.25	+ 0.75	+ 0.25

사거리 효과가 R = C1×MR+C2×ME와 같이 표현된다면 사거리 효과(R)는 다음과 같다.

구분	국내개발	기술도입생산	직구매
유효사거리	+0.25	+1.25	+1.00
총구에너지	−0.25	+0.75	+0.25
사거리효과	0.00	+2.00	+1.25

발사화력의 크기(VF), 휴대의 용이성(P), 은폐가능성(C), 융통성(V)을 구하고 각 요소의 상대적 중요도를 결정하여 총체적 작전 능력 효과지수를 산출한다. 이때 정량적 요소는 지수화가 비교적 용이한 데에 비해 융통성과 같은 정성적 요소는 곤란하다. 따라서 평가기준을 설정한 다음, 효과정도에 비례해서 평가척도를 세우고 효과점수를 부여하여 정량화한 다음 이 점수를 기준대안과 비교하여 지수화 한다.

제3절 수명주기 단계별 업무

1. 종합군수지원 소요반영

가. 개요

연구개발 장비의 수명주기는 소요제기, 개념연구, 탐색개발, 체계개발, 생산/ 배치 및 운영과정을 거치며, 국외도입 장비는 소요제기, 시험평가 및 협상, 기종결정, 생산 또는 구매/배치 및 운영과정을 거쳐 종료된다. 소요제기 단계는 무기체계의 전력소요 제기서에 종합군수지원 소요를 설정하여 통합하고, 개략적인 종합군수지원 계획을 작성하여 국방 획득개발 계획에 반영하며, 종합군수지원 소요를 구현하는데 필요한 투자비를 판단하여 국방중기계획에 반영하여야 한다. 소요제기 단계의 종합군수지원 업무 흐름을 요약, 제시하면 아래와 같다.

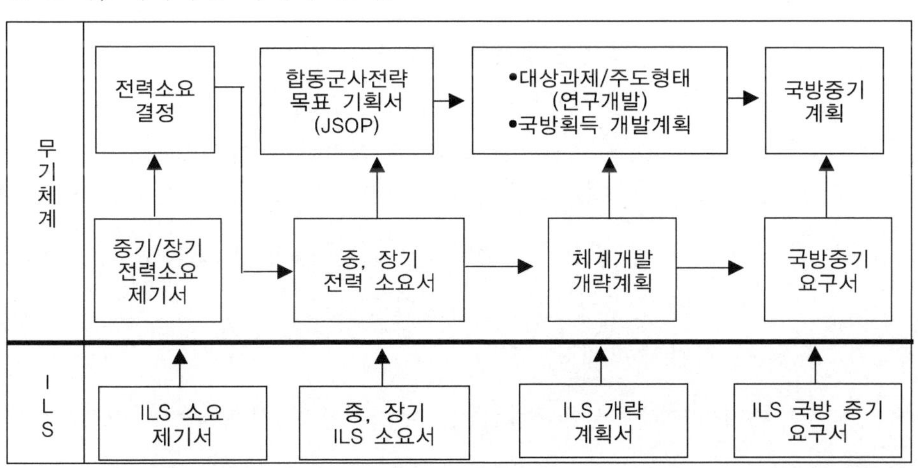

나. 소요제기

1) 중·장기 전력소요제기 문서

소요제기문서는 장기신규전력 소요제기서와 중기전력 소요제기서, 육군 전력소요서 로 구분한다.

가) 장기 신규전력 소요제기서

장기신규전력 소요제기서는 교육사에서 연중 수시로 장기 전력소요(F+ 8F+17년)를 최초로 제기하는 문서로 육본(기참부)에서 종합 검토하여 소요제기하고 합참에서 소요를 결정하며, 개념연구 및 탐색개발의 근거를 제공한다.

나) 중기 전력소요서

중기전력 소요제기서는 육본(현존전력)/교육사(미래전력)가 연중 수시로 제기하는 중기전력소요(F+3~F+7) 문서로 장기에서 중기로 전환되는 전력소요(F+7), 중기 대상기간 중에 긴급소요로 반영하기 위한 신규 중기전력소요(F+3~F+7), 그리고 기 결정된 중기전력소요의 기획소요/증강목표 조정소요가 포함되며, 육본(기참부)에서 종합 검토 후 소요제기 하여, 합참에서 소요를 결정한다. 이는 체계개발의 근거를 제공한다.

다) 육군 전력소요서

육군 전력소요서는 육본(기참부)이 7월말까지 결정된 신규소요와 기존소요를 포함하여 매년 8월말까지 제출하는 소요 종합문서로서, 장기전력 소요는 기존소요와 신규 결정된 장기소요가 포함되며, 중기전력 소요는 기존소요와 신규 결정된 중기소요, 그리고 기획소요/증강목표 조정 소요가 포함된다. 이는 중·장기 합동군사전략목표기획서(JSOP) 작성의 근거를 제공한다.

2) 종합군수지원 소요제기

소요제기 단계는 신규 획득대상 무기체계의 군수지원 소요를 개략적으로 판단하여 중 · 장기계획에 반영하는 과정이다.

육군의 종합군수지원 담당관은 관련기관 및 부서의 협조 하에 무기체계의 전력 소요제기 절차에 따라 주장비의 운영개념과 소요에 적합한 종합군수지원 소요를 결정하여 무기체계 전력 소요서에 통합되어야 한다.

교육사의 종합군수지원 담당관은 군수사(군지사)와 국과연(품관소)의 협조하에 종합군수지원 소요를 설정, 무기체계 소요제안서에 통합하여 ① 교육사는 ILS 관련사항 작성시 주장비 작전운용성능에 기술된 내용과 현행 군수지원체제 등을 고려하여 소요제기서를 작성한다. ② 신규전력 소요제기시에는 주장비와 기본 부수장비, 구성장비, 소프트웨어 장비 및 훈련장비, 사용탄약 등을 일괄 포함함을 원칙으로 한다. ③ 교육사는 전력 소요제기(안) 작성시 국과연, 품관소, 군수사, 야전부대 등 관련부대(기관)와 협조한다.

교육사에서 장기 신규소요 또는 중기전력 소요제기(안) 작성시 운용 및 정비소요 도출은 관련부서/부대/기관과 협조 및 의뢰하여 작성할 수 있으며, 보급·정비 분야에 대한 작성은 군수사에 의뢰할 수 있다.

군수사는 교육사에서 보급·정비 분야의 소요제기(안) 작성을 의뢰하면 이를 작성하여 교육사에 통보한다. 교육사는 군수사로부터 통보된 보급·정비분야를 포함, 종합군수지원 분야의 소요제기(안)을 완성하여 육본(기참부)과 실무 협조 후 주장비 소요제기(안)에 합철되도록 한다.

또한 교육사는 소요제기(안)을 작성후 육본 관련 부감실에 보고한다.

소요제기 이후 ILS요소에 대한 추가/수정 및 보완소요가 발생할 경우에는 교육사(전력부)에서 수정 건의를 육본(기참부 전략기획처, 전력단, 군참부)에 제기할 수 있으며, 제기내용 중 주요 ILS요소(기술적·부수적 성능 포함사항)는 기참부 주관하에 수행하고, 단순 수정사항은 전력단 주관하에 실무조정회의를 통하여 반영한다.

중기 소요제기서의 항목별 소요 설정내용은 다음과 같다

가) 목표 운용가용도

군수지원의 효과성 척도로서 개발과정 중의 대안분석 기준으로 활용되며, 소요제기서에 반영, 제기하여 개발과정 중에 최신화/확정한다.

- 설정방법 (운영 경험자료 활용)

$$\frac{\text{운영시간} + \text{사용통제대기시간} + \text{비운영시간}}{\text{활성시간}}$$

- 설정절차 : 유사체계의 가동률 자료를 기초로 산출하여 대상 무기체계의 특성과 요망 전투준비태세를 고려하여 설정한다.
  - 장비특성 : 기계식, 전자식 복합 정도 등
  - 장비임무 유형 : 전투/전투지원, 임무의 긴요도 및 가혹도
  - 전술개념 : 편제부대의 작전계획(평균 1일 운영시간, 기동거리, 발사탄 수 등)
  - 대응 무기체계의 가동률(가능시)
  - 교육사의 ILS 처가 군수사와 국과연, 전투발전부서의 지원하에 설정

나) 정비환경 설정

전력화시에 갖추어야 할 특수한 정비여건을 규정하고 개발기관이 대책을 강구할 수 있는 범위/수준으로 제시하며, ILS 요소별 질적소요와 상충, 중복되지 않도록 한다. 반영대상은 아래와 같다.

- 기후적 극복방안 강구 : 온도, 습도, 강우/폭설하의 현장 정비대책
- 지형적 극복 방안 강구(예 : 구난전차 확보)
- 장비유지상 특정소요 : 자장/방사능 차단, 인양/게양장비, 발전기/콤푸렛샤, 특수시설 소요 등
- 특수 작전상황하의 정비대책(화생방전 등)
- 정비작업시 안전성 문제
- 환경보전적 소요 : 수질, 대기, 토양보전 등

다) 운용/정비소요

운용소요는 원천제원 설정/수집→ 소요판단→ 현실여건(활용자료 제한)을 고려하여 적용한다. 정비 소요는 군수지원 소요 발생의 다소를 좌우하는 척도로서 군수지원요소 개발기준으로 활용되며 소요제기에 반영된 수준을 운용연구(Use Study), 개발동의서 작성, 개발

과정 중에 최신화 확정된다.

라) 종합군수지원 요소별 소요

- 설계 반영 : 기술적 사항을 지양하고, 군수운영 측면의 요구사항을 구체화하여 제시하며 ILS 요소별 설계반영 요구사항을 유기적 통합 / 제기한다. 또한 인간공학적 요소 반영과 군수자원(인력, 지원/시험장비, 부속, 시설)의 재활용을 확대한다. 그리고 환경보전적 요소 반영으로로 수질, 대기보존, 소음/진동방지 등을 반영한다.
- 표준화/호환성 : 표준화 및 호환성이란 주 장비/군수지원 요소의 통일성을 성취하기 위한 기준(규격, 표준)과 관련된 사항을 제시하고, 상호 교환 운용 정도를 제고하기 위한 요구사항을 설정, 제기하는 것을 말한다. 반영사항으로서는 기존 군수자원 재활용 범위 제시하고 혁신기술 적용 및 개발 장비를 최대한 활용하여 신규자원 소요 최소화하고 표준부품 사용을 확대하여야 한다.
- 정비지원 : 정비개념 선정방법은 지상 무기체계의 정비지원 체계를 준용하고 대상 무기체계의 정비계단은 완성장비/체계의 정비계단으로 설정하며 소요 제기시는 3계단(부대－야전－창)으로 구분, 제기 가능하다. 정비시설 소요는 기존시설 활용 여부, 기존시설의 개조/개량 소요, 신규건설 소요와 시설공간 및 설비 소요를 판단, 제기한다. 정비인력 소요는 주특기별로 직접정비요원의 연간 소요를 판단 소요 제기한다. 정비대충장비 소요는 장비 배치 전에는 유사체계의 확보비율(2~6%)을 적용하거나 운영 경험 자료를 활용한다. 사후관리(A/S) 지원반 운영 계획은 종합군수지원 계획(ILS－P)에서 발전시킬 수 있는 기본방향 제시와 운영 중점/임무, 운영기간, 사후 관리반 구성방향 등을 설정한다.
- 지원/시험장비 : 지원/시험장비는 질적(質的)소요 중심으로 설정하여 제기하는데 지원 및 시험장비 종류 및 기능, 특성 등을 고려하여 부대 또는 무기체계별 단위 소요량을 제기한다. 설정방법은 첫째 장비 유(類)별로 구분, 제기하고 둘째 공통성 및 기능의 범위 등을 구분하여 명시한다.

- 보급지원 : 보급지원 체제/절차는 현 체제/절차에 준하도록 요구하고 CSP 소요는 OASIS 프로그램 운용에 필요한 입력자료 구축 가능 여부에 따라 소요판단, 적용하며, ASL, PL 대상품목을 설정하고, 소요제원 개발과 추천 소요량(Recomm endation Quan itity)을 판단, 제시하도록 요구한다.
- 탄약, 유류 소요는 관련교범(FM101-10-1) 및 관련인가/보급지침에 의거 판단, 반영하며 보급지원 인원/시설의 추가소요 여부와 추가소요 제원을 설정, 제기한다. 또한 개발결과 군에 인도되어야 할 자료를 제시한다.(야전군수에 배포, 활용할 자료 : CSP, BII, PL)
- 인력 및 인사 : 인력소요의 최소화를 위한 주장비 설계반영 사항을 설정 제기하고 전력화 당시의 야전 정비능력을 반영한다.(인력확보 전망, 지원/시험장비, 시설의 가용성)
- 주특기 소요판단은 현 주특기를 재활용하거나 현 주특기 구조에 의해 표준화할 수 있도록 하고 주특기 변경 또는 신주특기 창출 시에는 주특기 자격요건을 규정해 주어야 한다.(자격증 급수, 신체적 특성, 적성 등)
- 교육훈련 및 교보재 : 시기별 교육훈련 및 교보재 소요는 아래와 같이 기관별로 구분 제기하고 대상별로 구분 제기한다.
  - 초도배치전 교육훈련 : 개발기관/업체(국내, 국외)
  - 보충 교육훈련 : 소요군(학교기관, 부대)(국내, 국외)
- 소요제기 내용은 교육내용, 소프트웨어(S/W), 교육장비 / 교보재 등과 운용(운전, 전술) 및 정비교육용 장비 및 교보재 등과 교육훈련비를 포함한다.
- 기술제원 : 기술제원은 야전군의 정비기술 수준을 고려한 기술자료의 작성범위/수준을 제시하고 개발결과 소요군에 인도하여야할 기술자료의 종류도 제시해야 한다. 또한 주유명령서는 카드형과 판박이형으로 구분, 활용면을 규정하며 정비기능별로 기술교범 인가기준표에 의거 장비보유 부대별, 교범 종류별로 산출해야 한다.
- 시설 : 시설은 기존시설 재활용, 개조/개축, 신규시설 소요로 구

분, 제기하며 반영대상은 시설 기본 요구조건에 반영할 특수 시설 소요와 고정배치 지원/시험장비 소요 등이다. 또한 운용, 군수지원, 교육훈련 요소에서 판단한 시설 소요를 유기적으로 통합, 제기하고 유사체계의 시설에 대하여 가용성을 분석, 소요 판단한다. 그리고 시설 규모/수준은 국방 시설기준을 우선 적용하되, 추가 특수소요와 관련 ILS 요소의 소요/특성을 반영한다.

- 포장/취급/저장 및 수송 : 포장/취급/저장 및 수송 소요의 반영대상으로는 안전/경제적인 취급, 저장 및 수송 가능한 설계기준을 설정, 제기하고 포장, 취급, 저장 및 수송 제원과 소요를 제기한다.

다. 종합군수지원 연구개발 개략계획서 작성

종합군수지원 소요제기 내용을 구현하기 위한 개략적인 계획문서로서, 연구개발의 경우에는 개발기관/업체에서 주관하여 작성한다. 연구개발 개략계획서는 연구개발의 대상과제를 선정하고, 국방 획득개발계획 수립시에 종합군수지원 사항을 반영할 수 있도록 작성하여 체계 개략계획서에 통합하여야 한다.

국본(획득실)은 무기체계 개략계획서 작성 지침에 종합군수지원 사항을 포함하여 국과연 및 업체에 제공한다. 기초문서는 합동 군사전략목표 기획서(JS OP)와 중•장기 전력소요서 등이며 지침에 포함할 사항은 램(RAM) 목표, 수명주기 비용(경상운영비), 인력, 시설 소요기준 등이다.

작성절차는 먼저 육군은 국과연 및 업체가 개략계획서를 작성, 검토하는데 필요한 다음과 같은 자료를 지원한다. 첫째, 유사체계 자료로 운용 및 정비 소요와 운용 시험평가 소요예산(시료예산, ILS 요소 발전예산 등) 등을 포함하며 둘째, 자료에 포함할 내용은 개요, 군수지원 개념(운용 및 정비소요/정비지원 개념), 종합군수지원 요소별 개략계획(목표, 일정, 비용), 소요예산, 기대성과, 참고사항 등이다. 제출 절차는 국과연/업체에서 작성 국방부 본부 획득실로 제출하고 이를 다시 소요군에게 하달토록 되어 있다.

라. 국방 중기 요구서 작성

육군의 종합군수지원 국방 중기요구서는 중·장기 전력소요서의 종합군수지원 소요와 종합군수지원 개략계획서를 기초로 교육사가 군수사의 협조하에 작성하여 육본(기획관리참모부)에 제기하고 육본은 이를 검토, 종합하여 국방 중기계획에 반영한다. 국방중기요구서 작성을 위한 기관별 책임은 아래와 같다.

1) 국과연

정부주도 연구개발과 국과연관리 업체주도 연구개발 소요예산을 관련기관(소요군, 품관소 등)과 협의, 사업별로 반영

2) 육군(소요군)

다음 소요예산을 판단, 사업별로 반영

- 군관리 업체주도 연구개발(품관소와 협의)
- 종합군수지원 관리 및 운용시험
- 개발된 무기체계 획득비, IOC 확인비, 창정비 요소 개발비
- 국외도입 무기체계의 획득비, 시험평가, IOC 확인비

3) 품관소는 기술지원, 품질보증 소요예산 판단, 반영한다.

종합군수지원 소요예산은 투자사업 페키지화 요소 중에서 무기체계 페키지화 요소에 포함, 반영한다. 교육용 장비와 정비대충(M/F) 장비는 주장비에, 종합군수지원 활동비와 교범 번역비, 시험평가비 등은 간접비에 포함하여 제기한다.

- 지원/시험장비 : 3, 4 계단용 정비장비, 특수공구 및 시험장비
- 기술자료
- 동시조달 수리부속(CSP)
- 종합군수지원 시험평가
- 종합군수지원 체계관리
- 정비대충(M/F) 장비

- 지원/부수장비
- 보급지원
- 부대 및 야전정비 시설
- 초도배치전 교육 및 교보재
- 창 정비 지원요소 개발

2. 연구개발 단계별 ILS 업무

가. 개요

연구개발 장비의 획득단계는 개념연구, 탐색개발, 체계개발로 구분되며, 원칙적인 단계별 업무수행 개념은 다음과 같다. 첫 번째는 개념연구 단계이다. 이는 개념형성 단계라고도 하며, 장기소요 무기체계에 대하여 소요군의 요구사항을 식별(識別)하여 체계구성을 구상하고, 개념설계(Sketch)를 한다. 이 과정에서 무기체계의 운영개념을 형성하게 된다. 두 번째는 탐색개발 단계이다. 일명 시험개발 또는 선행개발이라고 하며, 장기소요 무기체계의 개념연구 결과에 대하여 실용화 가능여부를 확인하는 과정으로, 실물모형(Mock -up)을 제작하여 개발 가능성을 확인하고, 운용개념 기술서와 체계개발 계획을 작성한다. 세 번째는 체계개발 단계이다. 실용개발 단계로서, 체계 설계 및 시제품을 제작하여 시험평가를 통하여 사용 가능여부를 판정하는 단계이다.

이 단계가 끝나면 원칙적으로 체계개발이 종료된다.

나. 개념 연구

개념연구는 단계 명칭이 시사(示唆)하듯이 연구개발 기관에서 업무를 주도한다. 이때에 소요군은 개발기관의 요구에 따라 유사 체계의 자료, 야전군의 정비능력 수준, 기능별 군수지원 개념 등의 정보를 제공하고, 연구 결과에 대하여 의견을 제시한다.

- 장기 소요 제기서에 포함된 종합군수지원 요구사항 식별/분석
- 요구사항 구현을 위한 예상 문제점 도출(개발, 생산, 운영/폐기)
- 종합군수지원 개념 형성

다. 탐색 개발

탐색개발은 종합군수지원 개념 연구결과에 대하여 개발 가능성을 확인하는 과정이다. 즉, 정비개념, 목표 운용가용도, 정비소요의 충족도 등에 대하여 개발 가능성을 검토하고, 종합군수지원 요소의 개발소요를 도출하여 종합군수지원 요소의 개략 개발계획을 수립한다.

탐색개발과 관련된 소요군의 업무절차와 내용은 다음과 같다.

첫째, 국과연은 개념연구 결과를 근거로 정부주도 연구개발사업에 대한 탐색개발계획서를 작성하여 국방부(연구개발관실, 분석평가관실), 합참 및 육본(전력단)에 제출한다.

둘째, 육본(전력단)은 국방연구개발정책서와 개념연구결과를 근거로 군관리 업체주도 연구개발사업에 대한 탐색개발계획서를 주계약 대상업체로부터 제출받아 탐색개발관리계획서를 첨부하여 국방부(연구개발관실, 분석평가관실) 및 합참에 제출하고, 국과연으로부터 국과연 관리 업체주도 연구개발사업에 대한 탐색개발 계획서 및 관리계획서를 제출받는다.

셋째, 육본(전력단)은 국방부(연구개발관실)로부터 탐색개발계획 승인결과가 하달되면, 육본(기참부), 교육사(시험평가단) 및 주계약업체에 통보하며, 주계약업체와 탐색개발계약을 체결하고, 주계약업체는 이를 근거로 탐색개발을 수행한다.

넷째, 육본(전력단)은 주계약 업체로부터 군관리 업체주도 연구개발사업의 탐색개발 결과보고서(중간 또는 최종보고서)를 접수하면 이를 검토하여 기참부 및 국방부(연구개발관실)에 보고하고, 교육사(전력발전부, 시험평가단)에 통보한다.

다섯째, 국과연은 정부주도 연구개발사업과 국과연관리 업체주도 연구개발사업의 탐색개발 결과보고서를 육본(전력단)에 통보한다.

여섯째, 교육사는 장기 전력소요의 경우 탐색개발결과(중간 또는 최종보고서)를 근거로 작전운용성능(안)을 포함한 중기전력 소요제기(안)를 작성하여 소요제기 및 결정절차에 의해 추진한다.

라. 체계개발

체계개발은 주장비 개발과 ILS요소가 동시에 개발되어야 하며 ILS 요소의 개발은 운용 시험평가 이전까지 완료되어야 하고, 개발기관(국과연, 주계약업체)은 ILS요소 개발시 육본(전력단)과 긴밀히 협조하여 누락되거나 중복개발을 방지해야 한다. 그리고 핵심기술·부품 연구개발시는 기전력화된 장비의 ILS요소와 호환성을 고려하고, 핵심기술·부품 개발시 호환성이 없는 ILS요소는 육본(전력단)과 긴밀히 협조하여 개발한다.

〈체계개발 단계의 종합군수지원 관리도〉

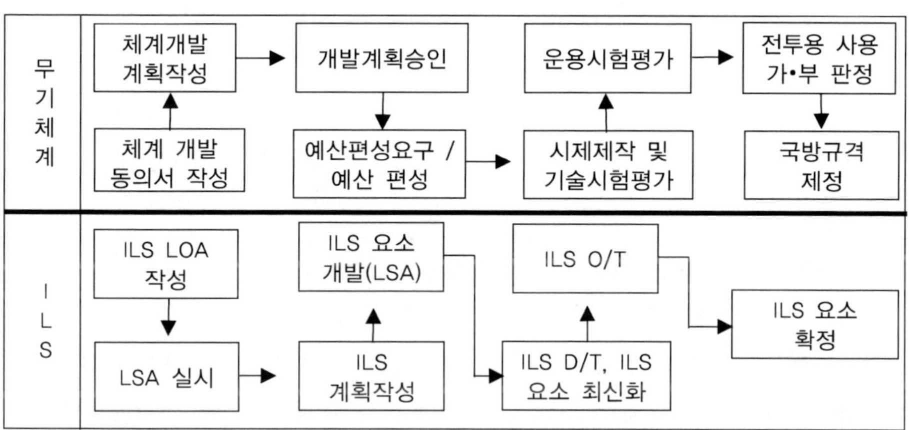

업체 자체 개발시 육본(전력단)은 개발업체를 조정 · 통제하여 ILS 요소의 적기 개발을 보장할 수 있도록 관리해야 한다. 교육훈련용 장비 및 교보재 개발시는 교육사(교훈부) 및 육본(정작부)에서 전반적인 업무를 관장한다. 체계개발 단계의 종합군수지원 업무발전 과정을 요약, 제시하면 위에와 같다.

ILS 개발동의서는 소요군과 개발기관의 종합군수지원 담당관이 개발범위 및 수준을 합의하는 문서로, 작성된 문서는 육본(전력단)은 체계개발동의서 ILS분야를 관련 부 · 감실과 협조, 검토 및 확정하여 주 장비 체계개발동의서에 포함한다. 육본(전력단)은 체계개발동의서 ILS분야의 작성이 완료되면 개발기관(국과연, 주계약업체)과 군수사 관련요원을 소집, ILS-MT를 실시하여 확정 후 주 장비 분야에 포함하여 개발기관의 대표자와 공동 서명하여 국방부에 보고한다.

종합군수지원 계획서(ILS-P)는 종합군수지원 업무수행을 위한 전반적인 계획을 말하며 종합군수지원 요소의 획득 단계별로 달성하여야 할 특정업무, 주관부서, 관련부서별 임무 및 분야별 세부 일정계획이 포함된다. 종합군수지원 계획서(ILS-P)는 개발기관(국과연, 업체)에서 작성하되, 군 관련사항은 육본으로 요청한다. 육본(전력단)은 개발기관(국과연, 업체)의 군 관련사항 작성 요청내용을 군수사(정비처), 교육사(전력발전부)에 작성 보고토록 하고, 이를 종합하여 개발기관에 통보한다.

개발기관(국과연, 업체)은 ILS-P(안)을 작성하여 5부를 육본(기참부 전략기획처, 전력단, 군참부), 교육사(전력발전부), 군수사(정비처)에 통보한다. 교육사(전력발전부), 군수사(정비처)는 개발기관(국과연, 업체)에서 작성한 종합군수지원계획서(ILS -P)(안)을 검토하여 육본(전력단)에 보고하고, 육본은 이를 종합하여 개발기관(국과연, 업체)에 수정 보완토록 통보한다. 개발기관(국과연, 업체)은 이를 보완하여 4부를 육본(전력단)에 1부, 교육사(시험평가단, 전력발전부)에 2부, 군수사에 1부를 통보한다.

교육사(시험평가단)는 시험평가계획에 종합군수지원 계획서(ILS-P)(안)을 입증할 수 있도록 계획하고, 시험평가시 ILS-P(안)을 입증하여 그 결과를 보고서에 반영한다. 육본(전력단)은 교육사(시험평가단)의 수정 및 보완내용을 개발기관(국과연, 업체)에 통보하여 ILS-P(안)를 최신화하도록 한다. 육본(전력단)은 개발기관(국과연, 업체)에서 최신화 시킨 종합군수지원 계획서(ILS-P)를 검토하고 확정하여 육본 명의로 발간하도록 개발기관(국과연, 업체)에 발간승인을 통보해야 한다.

ILS업무의 관련기관은 육본(전력단)에서 배포 및 통보한 종합군수지원 계획서(ILS-P)에 의거 자체 업무 기능에 맞도록 세부 추진계획을 작성 시행하며, 야전부대에서는 신규 무기체계 인수시 활용한다. 개발기관(국과연, 업체)은 발간승인을 받아 필요한 부수를 발간하여 납품(육본 관련기관)하며 발간시 인쇄기관 선정 및 인쇄 간 보안문제는 국방부 군사보안 업무규정에 의한다.

체계개발 계획서를 작성하기 위해 국과연, 주 계약업체, 주 계약 대상업체는 작전운용성능과 체계개발 동의서에 포함된 개발방침, 개념에 의거 ILS 요소별 세부개발 내용을 포함하여 작성해야 한다. 개발기관은 ILS요소의 체계개발계획을 작성하기 위해 필요시 육본(전력단)에 의견제시를 요청할 수도 있다. 육본(전력단)은 개발기관이 체계개발계획서 작성과 관련하여 의견제시를 요청시 군수사와 교육사의 의견을 수렴하고, 기참부 검토후 이를 종합하여 개발기관에 통보한다. 개발기관(국과연, 업체)은 체계개발계획서를 육본(기참부 전략기획처, 전력단, 군참부), 교육사(전력부, 시평단), 군수사에 각각 통보한다.

군수지원분석(LSA : Logistic Support Analysis)은 무기체계 획득 전단계를 통하여 군수지원요소를 확인, 정의, 분석, 정량화 및 처리하기 위한 체계적인 활동을 말한다. 군수지원분석의 목적은 군수지원 소요를 최적화하고 지원 및 운용 비용을 최소화하며 지원체계의 단순화와 정비업무 분석으로 군수지원소요 추정, 불가동시간의 최소화 등을 위해 실시된다. 무기체계 소요제기시부터 전력화평가(IOC)까지 계속 실시하며 초기에는 유사장비 경험제원과 공학적 추정을 통하여 종합군수지원요소별 소요를 산출한다. 상세분석은 장비설계가 진전됨에 따라 세분화되고 시험평가를 통하여 예측 및 할당된다.

야전운용 간에 획득된 모든 자료는 개발기관에 환류(Feed-Back)되어 차기 무기체계 개발 군수지원분석 자료로 활용한다. 군수지원분석은 관련분석기법(RAM분석, 비용대 효과분석 등)에 의한 분석결과와 현실여건을 연관시켜 검토 후 의사결정에 참고한다.

군수지원분석을 실시하는 주관기관은 분석용 H/W, S/W를 보유해야 하며, 미보유 기관은 교육사 및 국과연에 요청하여 사용할 수 있다. 군수지원분석 주관기관은 군에서 작성해야 할 입력제원(Input Data) 작성을 육본(전력단)으로 요청해야 한다. 육본(전력단)은 군에서 작성해야 할 항목을 군수사와 교육사에서 작성 보고토록 하고, 이를 종합하여 군수지원분석을 실시하는 주관기관에 통보한다. 군수지원분석을 실시하는 주관기관은 군에서 작성 제공한 입력제원(Input Data)을 수정할 경우에는 육본(전력단)의 승인을 받아 수정한다. 군수지원분석을 실시한 주관기관은 군수지원분석 결과 7부를 육군(육본 기참부 전략기획처, 전력단, 군참부. 교육사 전력부/시평단, 군수사)에 배부한다. 군수지원분석을 위한 입력제원(Input Data) 작성 및 수정, 군수지원분석 결과 토의 등은 ILS-MT를 실시하여 조치한다. 군수지원분석이 완료되고 무기체계의 구성품 설계가 완료되면 무기체계 개발기관 (국과연, 업체)과 사업관리기관이 참여하여 군수제원점검을 통하여 ILS요소를 확정한다.

주장비 운용에 필요한 모든 부수장비, 특수공구, 시험계기, 지원장비의 개발은 개발기관(국과연, 주계약업체)에서 개발제안서를 작성하여 육본(전력단)을 경유하여 교육사(전력개발부, 시험평가단, 종군교), 군수사(관련 정비창), 군사(군지사)에 통보되도록 한다. 육본(전력단)은 개발기관(국과연, 주계약업체)과 관련 군 기관을 소집, ILS-MT를 실시하여 개발여부를 확정한다. 개발제안서에 제기된 특수공구, 시험장비는 야전에 기보급된 일반/특수공구, 시험장비와 호환성을 검토후 개발여부를 결정한다. 육본(전력단)은 특수공구, 시험계기, 지원 및 부수장비 개발여부를 결정한 ILS-MT 결과를 개발기관(국과연, 주계약업체), 교육사(전력발전부, 시험평가단)에 7근무일 이내에 통보해야 한다. 교육사(전력발전부)는 ILS-MT의 결과를 종합군수지원 계획서(ILS-P) 최신화시 반영하고, 교육사(시험평가단)는 시험평가시 확인 및 입증하여 시험평가 결과보고에 포함해야 한다. 또한 육본(전력단)은 개발기관에서 국외도입 구성품의 특수공구, 시험계기, 지원 및 부수장비도 시제개발 진도에 맞추어 도입 여부를 결정하고, 시험평가전까지 도입을 완료해야 한다. 또한 시험평가에서 확인/입증된 특수공구, 시험계기, 지원 및 부수 장비는 중기계획 및 집행승인 건의에 반영하여 획득한다.

해당 무기체계의 기술교범 부록으로 특수공구, 시험계기, 지원 및 부수장비의 운용/정비교범을 발간 또는 획득하며, 정밀측정 대상 장비인 경우 정비교범(회로도 포함)을 이용하여 공군 정밀표준 창에 등록하여 지원받는다. 군수사는 개발기관(국과연, 주계약업체)에 주 장비 운용에 필요한 지원 및 시험장비 개발을 위한 현행 목록 표를 지원하여 표준화/호환성이 반영되도록 한다.

연구개발시는 개발기관이, 국외도입시는 조달본부가 생산업체와 협조하여 기술자료가 누락되지 않도록 획득 지원하되, 기술교범은 번역 및 발간기간과 시험평가 및 교육훈련 시기, 소요군의 검증 및 발간 승인 시기 등을 고려하여 생산업체에서 사전 납품하도록 조치하되, 도입장비가 야전에 배치되기 이전에 운영부대에 보급될 수 있도록 한다. 개발기관(국과연, 주계약업체)은 기술교범 개발형태(기본형, 통합형) 결정을 교육사의 의견을 수렴하여 육본(전력단)에 의뢰한다. 육본(전력단)은 25일근무일 이내로 교육사(전력발전부, 시험평가단, 교리부), 군수사(정비창), 군사(군지사), 개발기관(국과연, 주계약업체) 참여하에 ILS-MT를 실시하여 개발형태를 결정한다. 또한 기술교범 개발형태 결정후(ILS-MT후) 7근무일 이내 결과를 개발기관(국과연, 주계약업체), 교육사(교리부, 시험평가단, 전력개발부)에 통보 및 하달한다.

체계개발 기간 중 기술교범 개발은 1~4계단 정비까지 개발을 원칙으로 하되 필요시 5계단도 개발할 수 있다. 전자식기술교범(IETM) 개발은 육군 IETM 표준 저작S/W를 사용하고 육본(전력단)은 사용통제 방안을 수립한다. 또 육본(전력단)은 기술교범 개발형태 결정 후 결과를 개발기관, 교육사에 통보한다. 기전력화 되어 운용중이거나 시험평가가 종료된 무기체계의 기술교범을 수정 없이 IETM화할 경우 교육사는 군수사와 병과학교의 검토 및 검증 후 납품을 승인한다.

교육사는 체계개발동의서 작성시 교육훈련 및 정비용 교보재 개발여부를 포함하여야 한다. 교보재는 품목, 수량 등을 명시하고 중장기전력소요서 작성시 획득예산을 반영한다. 교육사(전개부)는 각 학교 또는 개발기관의 소요제안을 접수하면 관련부서 의견을 수렴하여 육본(전력단)에 개발요구서를 제출한다. 육본(전력단)은 교육사(전력발전부)의 개발제안서 접수후 25근무일 이내로 육본(부대훈련처), 개발기관(국과연, 주계약업체), 교육사(교리부, 전력발전부, 시험평가단), 종군교, 군사(군지사), 정비창 실무자를 소집하여 개발여부를 결정한다.

개발기관(국과연, 주계약업체)은 교육훈련 및 교보재의 상세설계가 종료되면 육본(전력단)에 결과를 통보하고, 육본(전력단)은 관련기관을 소집하여 ILS-MT를 실시, 설계반영 사항을 제시한다. 교육사(시험평가단)는 군 개발요구사항의 상세설계 반영여부, 작동시험 등 ILS 시험평가를 실시하여 시험평가 결과 보고시 포함하여 육본(전력단)에 보고한다. 육본(전력단)은 교육훈련 및 교보재 획득예산을 계획 및 집행시 반영하고, 계약시 장비 초도배치 전 교육에서부터 사용할 수 있도록 계약 요구조건에 반영한다.

종합군수지원 시험평가는 기간 중 연구개발한 종합군수지원 요소가 기술, 운영상으로 규정된 특성 및 조건에 합치되는 가를 확인, 판단하는 일련의 과정으로, 유형적인 요소는 물론 군수지원 제원, 계획, 절차 등에 대하여도 확인하여야 한다. 또한 종합군수지원 시험평가는 기술시험평가와 운용시험평가로 구분하여 무기체계 시험평가와 동시 실시하는 것을 원칙으로 하나, 별도의 ILS 시험이 필요한 경우에는 체계개발계획에 반영하여야 한다. 기술시험평가는 개발한 종합군수지원 요소에 대하여 기술적 도달정도를 평가하기 위한 과정으로 개발기관(업체)이 실시하며, 운용시험평가는 작전운용성능, 군 운용의 적합성을 평가하는 시험으로 소요군이 주관하여 실시한다.

교육사(시평단)는 시험평가계획에 따라 연구개발 무기체계에 대한 운용시험 평가를 수행하며 시험기간 중 주요사항은 육본(기참부)에 보고한다. 시험평가는 각종 상황 하에서 다양한 방법으로 실시하며, 장비의 특성에 따라 혹한기와 혹서기에 성능이 평가 될 수 있어야 한다. 다만 환경시험으로 성능 입증이 가능한 경우 생략 할 수 있다.

- 교리(주관 : 교육사, 협조 : 국과연/군수사/업체)
- 편성(주관 : 교육사, 협조 : 국과연/군수사/업체)
- 교육훈련(주관 : 교육사, 협조 : 국과연/업체)
- 종합군수지원(주관 : 교육사, 협조 : 국과연/군수사/업체)
- 보급지원계획(주장비, 부수장비, 훈련장비 등 개발개념)

• 지원시설 판단(교육용, 부대용, 정비지원, 보급시설 등)

교육사는 전력화 지원요소를 구체화하기 위해서 육본, 군수사 등을 통하여 필요한 자료를 수집 검토하고 국과연 및 업체에 관련자료를 제공하며 이들 기관으로부터 필요한 기술을 지원받는다. 또한 교육사는 시험 종료 후 참여한 각 기관 및 부대(국과연, 군수사, 시험 지원부대)의 의견을 종합하여 시험평가 결과를 시험 종료 후 20일 이내(ROC 수정 건의사항이 있을 경우는 30일 이내) 육본(기참부, 전력단)에 보고한다. 육본(전력단)은 교육사(시평단)로부터 접수한 시험평가결과 보고서를 검토하여 기참부로 의견을 제시한다. 육본(기참부)은 시험평가 완료 후 운용시험평가 결과보고서를 작성하여 국방부(연구개발관실)와 합참(전력발전부)에 보고하고 필요시 품관소, 개발기관/업체에 통보한다.
육본(기참부)은 운용시험 평가결과 ROC 미 충족 항목이 발생한 경우에는 합참에 기술적 부수적 성능 미 충족 항목이 발생될 경우에는 국방부(연구개발관실)에 수정 건의서를 제출하고, 수정이 결정되어 통보 될 때까지 결과 판정을 유보 할 수 있다. 교육사는 군수사 및 국과연(생산업체)과 협조하여 종합군수지원계획의 제요소에 기초를 두고 발전시킨 전력화지원요소를 운용시험에 적용하여 실용성을 확인, 수정 및 보완 후 전투용 사용가로 판정되었을 때 다음사항을 후속조치하고 학교 및 부대훈련을 지원한다.

• 기술교범(전자식 기술교범 포함) 초안은 군수사와 병과학교의 검토 및 검증 후 납품을 승인
• 편제표 초안을 군수사와 협조하여 작성 후 육본(정작부)에 건의하고 신규 주 특기는 육본(인참부)에 건의 평가

육군은 위임사업에 대한 운용시험 평가결과가 평가기준 미달로 판정된 경우 시험평가를 중단하고, 그 결과를 국방부(연구개발관실)와 합참(전력발전부)에 보고하며 재시험 평가를 실시한다. 시험평가 결과 보완 요구사항은 개발기관/업체에서 육본(사업관리부서)과 긴밀히 협의하여 초도양산 이전까지 시정해야 한다.

개발 후 조치업무는 ① 개발결과 보고서를 작성/제출한다(개발기관 → 소요군) ② 국방규격 제정/목록 화 실시 ③ 자료 인계(품질보증 관련자료 : 품질관리소, 조달 관련자료 : 조달본부) 등이다.

마. 생산, 배치 및 운영

생산, 배치 및 운영 단계는 체계개발 단계 말에 확정된 종합군수지원 요소를 생산, 준비하여 야전에 배치하고, 운영과정에서 수집된 경험자료를 분석평가하여 부적합한 군수지원 요소를 수정, 보완하며 지속적인 장비 성능을 유지하는 과정이다. 생산, 배치 및 운영단계의 종합군수지원 업무발전 과정을 요약, 제시하면 아래와 같다.

〈생산, 배치 및 운영단계의 종합군수지원 관리도〉

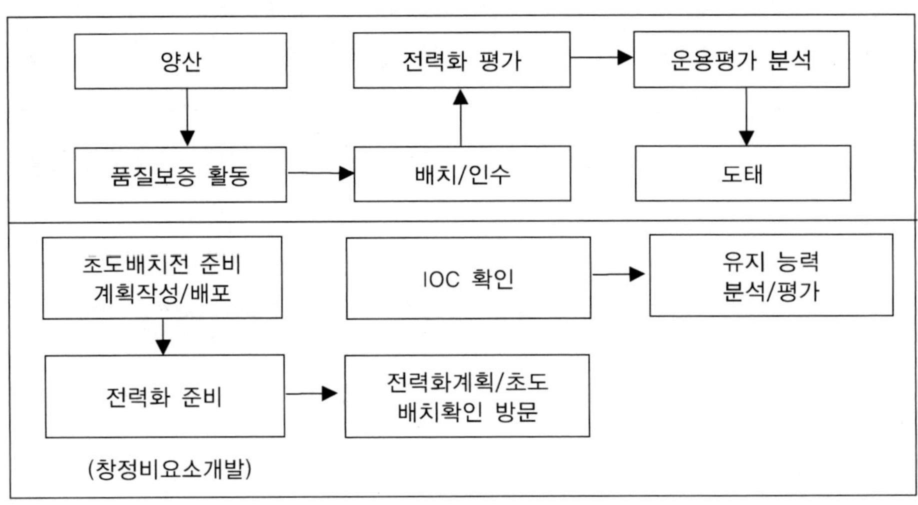

1) 초도배치 준비계획 작성

전력단은 전투용 사용가 판정 결과를 접수하면 군수사(정비처)로 보급·정비 분야에 대한 초도배치 준비사항을 검토하도록 지시한다. 군수사(정비처)는 20근무일 이내에 정비·보급분야에 대한 초도배치 준비계획을 완성, 문서와 디스켓으로 육본(전력단)에 보고한다. 전력단은 군수사(정비처)의 통보 내용과 종합군수지원 계획서(ILS-P)를 참고하고 육본(부대훈련처), 교육사(교리부)와 협조하여 초도배치 준비계획을 완성한다. 교육사(전력발전부)는 전투용 사용가 판정 통보 40근무일 이내에 완성하여 육본(전력단)에 보고한다. 육본(전력단)은 교육사 보고 후 20근무일 이내에 초도배치 준비계획을 수정 및 보완하여 시행한다.

2) 초도배치 전 교육

전력단은 개발기관(국과연, 주 계약업체)으로부터 초도배치 전 교육내용에 대한 세부적인 제안을 참고로 초도배치 전 교육계획을 완성한다. 또한 전력단은 전투용 사용가 판정결과 접수시 부대 및 야전정비요원의 초도배치 전 교육계획을 수립한다. 육본(전력단)은 초도배치 전 교육계획을 수립 후 아래와 같이 조치한다.

- 각 군사령부 및 교육사에 계획을 하달하여 인원선발
- 인참부(장교, 준사관, 군무원) 및 부관감실(부사관, 병)에 교육명령 의뢰
- 정작부(부대훈련처)에 양성교육 반영 및 학교교육 준비지시
- 인참부와 협조하여 교육 수료자에게 해 주특기 부여

육본(전력단)은 초도배치 전 교육준비 상태 및 교육실시 상태를 확인해야 한다. 또 개발기관(국과연, 주 계약업체)은 교육실시후 매주 단위로 피교육생에 대한 평가를 실시하고, 그 결과를 육본(전력단)에 통보해야 한다. 또한 개발기관(국과연, 주 계약업체)은 초도 배치 전 교육을 방산업체에서 실시할 경우 실시 전년도(F-1년) 7월까지 육본(전력단)에 제기해야 한다.
초도배치 전 교육계획은 종합군수지원 계획서(ILS-P)에 구체화하되, 전력화지원요소의 교육훈련사항 중 운용요원에 대한 교육을 포함할 수도 있다.

3) 편제반영 및 주특기 신설

교육사(전력발전부)는 시험평가전까지 정비부대 편성(안)을 작성하여 육본(전력단)에 보고한다. 육본(전력단)은 전력화지원요소의 편제분야에 합철되도록 다음과 같이 조치한다. 육본(전력단)은 각 군사(군수처)에 신규 무

기체계 정비계단 설정 결과와 함께 교육사(전력개발부)에서 작성한 정비부대 편성(안)을 하달하여 야전의견을 수렴 반영해야 한다. 육본(전력단)은 각 군사(군수처)에서 보고된 내용을 종합하여 1개안을 완성하고, 이를 육본(군참부)에 의견제시를 의뢰한다. 육본(전력단)은 육본(군참부)으로부터 의견제시를 받은 야전정비부대 편성(안)을 검토 보완하여, 전력화지원요소 편제분야에 포함하거나, 육본(정작참모부)에 편제반영을 의뢰한다.

육본(군참부)은 정비장비 현대화계획에 창 정비 소요를 종합하여 분석 후 정작참모부에 편제반영을 의뢰한다. 교육사(전력발전부)는 시험평가전까지 신규주특기 신설 필요성을 검토하여 육본(전력단)에 보고한다. 육본(전력단)은 교육사 내용을 검토하여, 육본(인참부)에 주특기 신설을 의뢰하고 확인한다.

4) 기술교범 발간 및 배부

개발기관은 시험평가시 발견된 기술교범 수정 및 보완사항 내용을 수정하여 (CD포함) 교육사(교리부)에 발간 승인을 의뢰한다. 교육사(교리부)는 기술교범 발간 및 승인절차에 따라 조치한다. 육본(전력단)은 교육사(교리부)로 하여금 ILS 시험평가 종료 15근무일 이내에 기술교범 배부계획을 작성 보고토록 한다. 육본(전력단)은 교육사에서 작성 보고한 기술교범 배부계획과 주 장비 배부계획을 참조하여, 기술교범 배부계획을 확정하여 집행승인 건의시 반영한다. 또한 조달본부에서 계약한 계약서를 참조, 기술교범 배부계획을 수정하여 교육사(교리부)와 군수사(정비처)로 하달한다.

군수사(정비처)는 육본(전력단)에서 하달된 배부계획대로 개발기관에서 납품한 기술교범을 배부하며 필히 기술교범 배부계획서를 관련 피지원부대에 통보 또는 하달해야 한다. 기술교범 납품시기는 IOC간 기술교범 수정사항을 고려하여 초도장비 배치시는 초안 복사본으로 납품하고, IOC 이후 정식교범으로 납품한다.

전자식 기술교범(IETM)은 ILS운용시험 평가시 적합 판정(사용가)을 받은 후에 발생하는 기술자료 및 내용의 수정사항을 고려하여 개발 및 시험평가 간 버전(Ver sion) 번호를 부여하여 관리하며, ILS-MT를 통해 결정된 수량을 CD 등으로 제작하여 제출한다. 최종 완성된 IETM은 관련 기술자료 묶음(TDP)과 함께 교육사에 납품한다.

5) ILS요소 전력화계획 작성

육본(전력단)은 조달본부로부터 계약서를 접수하면 ILS요소 전력화계획을 작성하여 관련 부대에 하달한다. 관련 부대는 장비 도착일자, 부대별 수령 및 확인해야 할 내용 등을 파악하여 장비인수를 준비한다. 주 계약 업체에서 수요지 직납되는 장비 및 물자의 종류와 수량을 주 계약 업체(납품업체)와 해당부대가 공동으로 확인한다. 주장비와 Package로 납품되지 않고 군수 보급시설로 납품된 물자는 해당부대에서 전력화계획 접수와 동시 확인하여 수령한다. 장비를 인수한 부대는 육군 423 장비보급 및 등록규정('96.1.1)에 의거 조치한다.

6) 전력화 평가(IOC)

교육사는 초도양산 배치된 무기체계에 대하여 배치 후 1년 이내에 육본(분평실) 통제 하에 국과연 또는 주 계약업체의 지원을 받아 최초 운영부대를 활용하여 다음과 같이 전력화평가를 실시하고, 필요한 경우에는 확인팀(국방부, 육본, 교육사, 군수사, 국과연, 품관소, 업체)을 구성하여 운영할 수 있다.

육본(분평실)은 후속조치에 필요한 사항을 포함하여 확인 결과를 관련부서에 통보하며, 확인결과를 1개월 이내에 국방부(획득정책관)에 제출하여 후속 양산과정 및 국방중기계획 수립시 반영토록 한다. 군수사(정비처)는 전력화평가 결과를 20근무일 이내에 교육사(전력발전부)에 통보한다. 교육사(전력발전부)는 군수사의 결과 보고내용을 종합하여 전력화평가 결과보고서를 작성, 육본(분석평가실)에 보고한다.

7) 초도배치 확인방문

육본(전력단)은 필요하다고 판단될 경우 전력화평가(IOC) 이전인 전력화 이후 최단기간(전력화후 2~3개월)내에 초도배치 된 장비를 대상으로 야전운용의 적합성, 전력화지원, 군수지원능력, 형상변경사항 등에 관한 야전요구사항을 수렴하기 위해 최초운영부대 및 지원시설을 방문하여 확인할 수 있다.

육본(전력단)은 필요시 확인팀(교육사, 군수사, 국과연, 품관소, 업체 등)을 구성할 수 있으며, 초도배치 확인방문 후 후속조치에 필요한 사항은 관련부서와 협조하여 조치한다. 필요시 초도배치 확인방문/후속조치 결과를 관련부서에 통보, 하달한다.

8) ILS요소 개발사업 종결

ILS요소 개발사업은 전력화평가에 의한 후속조치 완료시 종료함을 원칙으로 한다. 단, 전력화 기간 중 추가 ILS 보완소요는 전력단 주관 하에 지속적으로 추진한다. 사업종결 이후 ILS 요소별 관리업무는 현행 군수 방침 및 절차에 의해 수행한다. 단, 주 장비 사업 종료시까지는 주 장비 사업팀에서 운영부서와 협조하여 ILS를 지속적으로 발전시킨다.

9) 관리유지 능력분석 및 평가

군수사는 개발된 신규 무기체계의 최초운영능력 확인이 끝나고 현행 군수 지원 체제 및 제도에 병합 운용되면, 2년간 야전 운용실태를 확인하여 관리유지 분석에 필요한 제원을 아래와 같이 수집하여 평가한다.

- 시기/방법 : 군수사 연간 야전 지도방문 사업계획에 포함 시행
- 제원수집 및 평가 내용

군수사는 야전 지도방문결과를 육본(군참부)에 보고하고 군참부는 예산사업여부를 판단하여 해당 무기체계의 투자사업화 필요내용은 전력단으로 통보한다. 육본(전력단)은 군참부 통보내용을 검토 후 주장비 전력화중인 계속사업의 경우 조기 추진하고, 종료된 사업인 경우 별도의 기술지원 사업으로 중기계획에 반영 사업화 추진한다.

10) 성능개량 시 종합군수지원 소요 검토/제기

군수사는 품관소로부터 장비운용 실태(문제점, 개선사항)를 획득하고, 자체적으로 실시한 장비유지 능력 분석 및 결과를 종합하여 성능개량 장비의 군수지원 사항을 검토하여 반영하여야 한다. 성능개량 장비의 종합군수지원 소요는 중기 전력소요 제기서에 반영, 수행한다.

육본은 무기, 장비의 성능 및 품질향상을 위하여 성능개량을 추진하되 성능개량과 성능개선(소규모 성능개량)으로 구분하여 추진하며 장비별 성능개량 또는 성능개선의 구분은 국방부 사업 주관부서가 최종 결정한다.

국과연 또는 주계약 업체는 개발과정 중 신기술 출현 및 국방과학기술 발전추세 등을 근거로 사전계획 성능개량을 육본(기참부)에 제안할 수 있다. 운용중인 장비에 대한 기술변경 관련 업무는 군참부에서 품질관리소와 협조하여 추진하며 사업관리중인 장비는 전력단에서 추진한다.

11) 장비 도태

신규 무기체계로 대체되거나, 무기체계의 수명이 경과 또는 노후화로 운영유지비가 과다하게 소요되는 장비는 관련 규정, 방침 및 절차에 의거 도태 여부를 결정한다. 신형장비 전력화에 따라 발생하는 구형장비 및 탄약 등의 운용개념과 운용방안은 기참부에서 정립하고 군참부 및 기타 부 · 감실은 의견 제시 및 방침에 따라 이를 시행한다.

치장, 비축, 관리전환 등 장비 조정시는 제반 종합군수지원요소별(시설, 관리병, 수리부속, 기타 정비 및 보급지원체제 등) 소요를 검토하여 적기에 확보하고 중기계획에 반영하는 등 장 · 단기적으로 필요한 대책을 강구한다.

3. 국외도입 장비의 ILS 업무

무기체계의 국외도입 방법에는 기술도입생산, 직구매, 임차가 있으며 기술도입생산은 그 형태에 따라 면허생산(LP : License Production), 공동생산(Co-Production) 조립생산으로 구분하고, 직구매는 대정부간 구매(FMS)와 상업구매(FCP)로 분류한다.

국외도입 장비의 수명주기 단계는 소요제기, 시험평가 및 협상, 기종결정, 생산 또는 구매 및 배치/운영으로 구성된다. 육본(전력단)은 주장비 획득이전에 종합군수지원계획서(ILS)를 작성하여 국방부(연구개발관실/군수관리관실)에 보고한다. 국외 직구매의 경우는 외국 업체에서 제출하는 제안서에 정확한 ILS 관련 자료 제출을 요구하여 협상시 필요한 요소만 획득되도록 하고, ILS 요소 중 한국화 할 내용을 외국 업체에 반드시 요구하여야 한다. 기술도입 생산시 주 계약업체와 육본(전력단)이 협조하여 ILS 요소를 한국화 시켜야 한다.

가. 제안요구서 ILS 분야 작성 절차

육본(기참부), 사업추진 팀은 제안요구서를 작성 보고토록 육본(전력단), 군수사, 교육사(전력발전부, 시평단)에 지시한다. 군수사는 제안요구서에 포함될 정비, 보급분야의 제요소를 작성하여 육본(기참부, 전력단)에 보고하고 교육사(전력발전부)에 통보 한다. 교육사(전력발전부)는 시평단과 군수사에서 작성한 제안요구서 및 교육사(교훈부)에서 작성한 교육훈련 장비/교보재 요구내용을 종합, ILS 11대 요소의 순으로 종합 정리하여 육본(기참부, 전력단), 사업추진 팀에 보고한다.

나. 무기체계 획득공고(안) 포함사항

육본(전력단)은 다음사항을 포함하여 공고한다.

- 정비할당표
- 군수지원분석(LSA) 및 RAM 분석자료
- 교육훈련 및 교보재(운용 및 정비 포함) 자료
- PLL 및 ASL 목록
- 해당국의 SDC(Sample Data Collection) 자료
- 기술교범(1-4계단)
- 해당국 정부에서 공인한 종합군수지원 시험평가 결과보고서
- CSP 목록
- 창 정비 계획서(획득된 자료를 군수사에 제공)
- 특수공구 및 시험계기

다. 공개설명회 및 제안요구서 변동 추가

국방부(획득정책관실)에서 주관하는 공개설명회에 육본(기참부, 전력단), 사업추진 팀, 교육사, 군수사 ILS 관련요원은 참석하며, 육본(기참부)은 필요시 ILS분야의 추가 설명을 한다. 교육사(전개부, 시평단), 군수사는 ILS 분야의 제안요구서의 변동사항 및 추가사항 발생시 이를 육본(전력단), 사업추진 팀에 보고하며, 전력단 및 사업추진 팀은 검토결과를 육본(기참부)에 통보한다. 육본(기참부)은 ILS분야 제안요구서 발송과 동시에 제안요구 항목별 가점을 작성하여 제출하도록 교육사와 군수사에 지시한다.

라. 제안서 접수 및 배부

육본(기참부). 사업추진 팀은 업체에서 제출한 제안서를 교육사(시평단, 전개부), 군수사에 분할 배부한다. 육본(기참부)은 ILS 분야 항목별 가점을 종합하여 작성하고, ILS- MT를 통하여 확정하며, 국방부 통제사업은 국방부에 보고하고, 육군 위임사업은 주 장비와 종합하여 제안서 접수 전까지 총장 승인을 받아야 한다.

마. 제안서 종합평가

육본(기참부)은 기 부여된 ILS 분야의 항목별 가점을 기준으로 육본(전력단), 교육사(전력발전부), 군수사로 하여금 제안서를 종합 평가하여 보고토록 한다. 육본(기참부)은 교육사와 군수사에서 평가한 내용을 종합하여 주 장비 종합 평가에 합철 되도록 한다. 육본(기참부)은 제안서 종합평가 중 기 부여된 가점을 수정, 변경할 필요가 있을 경우 총장의 승인을 받아야 한다.

바. 시험평가 및 협상

시험평가 및 협상단계는 국외도입 방법 및 기종을 결정하기 위한 사전단계로 대상 장비에 대하여 시험평가 와 협상을 실시하고, 그 결과를 기초로 가계약을 체결하는 과정이다. 종합군수지원 업무는 국외도입 방법과 기종 결정시에 군수지원성을 반영할 수 있도록 무기체계의 군수지원 소요를 식별, 시험평가와 협상을 실시하여 종합군수지원 계획(기술도입 생산)을 작성하거나 가계약을 체결하는 것이다. 시험평가 및 협상단계의 종합군수지원 업무수행 과정을 도시하면 아래와 같다.

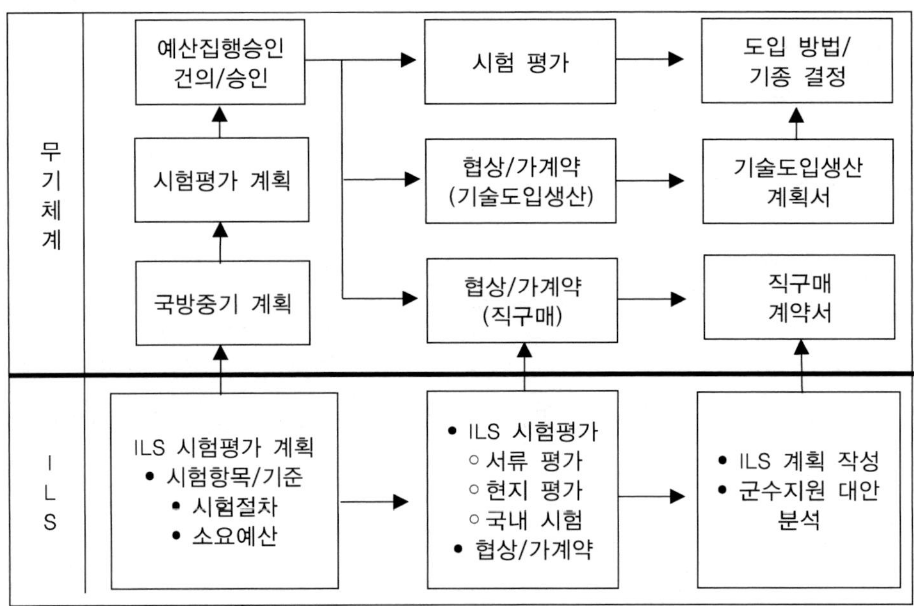

국외도입 무기체계의 시험평가는 자료에 의한 평가, 국외 시험평가, 국내 시험평가로 구분하며, 가능한 실제 운용능력을 확인할 수 있도록 현장평가를 강화한다. 자료에 의한 평가는 대상 장비의 개발경위, 시험평가결과, 규격서, 판매실적 등 성능 확인에 필요한 관련 자료를 검토하여 작전운용성능 및 ILS 요소의 충족 여부를 판단하는 평가방법이며, 필요시 장비 배치 현장을 방문하여 추가자료 확보 및 제시자료의 정확성을 확인한다. 국외 시험평가는 소규모 시험 평가 팀을 해외 현지에 파견하여 대상 장비의 작전운용성능 및 ILS 요소의 충족여부를 판단하는 평가방법이며 국내 시험평가는 사용 장비 확보 후 국내에서 시험평가를 수행하여 작전운용성능 및 ILS 요소의 충족여부를 판단하는 평가방법이다. 자료획득 제한으로 ILS 요소의 충족여부를 평가하기 곤란시는 국방부(획득정책실)에 제기하여 전력화 시기, 성능보장, 확인방법 등을 건의하여 적절한 조치를 받는다.

다음은 기술도입 무기체계 구매를 위한 협상절차에 대해 알아보자. 육본(기참부)는 기종결정이 위임된 사업에 대하여 협상지침을 작성하여 육본(사업관리부서)에 통보하며, 육본(사업관리부서)은 세부 협상요구 자료를 작성하여 조달본부를 통하여 협상을 추진한다. 육본(사업관리부서)은 기참부와 협조하여 군위임 국외도입 무기체계에 대한 사업추진을 위하여 협상팀을 구성 운영할 수 있다.

육본(기참부)은 기종결정이 위임된 무기체계에 대하여 기술도입생산 협상지침을 작성하여 육본(사업관리부서)에 통보한다. 육본(사업관리부서)은 협상지침을 근거로 다음 사항 중 필요항목을 포함한 세부 협상요구 자료를 작성하여 조달본부에 통보하며, 주 계약업체와 세부협상시 참여한다. 육군에 위임된 무기체계의 경우 주 계약 대상업체는 외국 제작업체와 협상 후 국방부 훈령에 제시된 양식대로 기술도입 생산계획서를 작성하여 육본(기참부 및 사업관리부서)에 제출한다.

주계약 대상업체는 기술도입 생산계획서 작성에 필요한 전력화지원요소에 관한 사항을 육본(사업관리부서)과 협조하여 작성한다. 육본(사업관리부서)은 기술도입 생산계획서를 접수한 경우 관련기관에 검토 의뢰하며 해당기관은 검토 결과를 통보한다. 육본(사업관리부서)은 관련부서/기관의 의견을 수렴하여 기술도입 생산계획서에 대한 종합 검토결과를 조달본부에 통보하고, 조달본부는 절충교역협상을 포함한 가계약결과를 육본(사업관리부서)에 통보한다.

다음은 국외 직구매 협상 내용이다. 국방부(획득정책관실)는 아래 내용을 포함한 직구매 협상지침을 조달본부와 육본(기참부)에 하달하며, 육군 위임사업의 경우 육본(기참부)에서 협상지침을 작성하여 육본(사업관리부서)에 통보한다. 육본(사업관리부서)은 협상지침을 근거로 경쟁 장비, 업체, 구매물량, 예산, 협상 완료시기 및 기타 특수조건 등 사업추진방향을 포함한 세부 협상요구 자료를 작성하여 조달본부에 통보하며, 외국의 기관 또는 제작업체와 세부 협상시 육본, 군수사, 군지사 요원으로 협상팀을 구성하여 참여한다.
조달본부는 외국 제작업체와 가계약을 체결 후 직구매 가계약서를 작성하여 육본(사업관리부서)에 통보하며, 사업관리부서는 이를 검토하여 기참부에 보고한다. 육본(사업관리부서)은 국방부(획득정책관실)의 지침에 의거 절충교역 요구조건을 작성하여 보고한다. 국외군사판매(FMS)로 도입시 육본(사업관리부서)은 기참부와 협조하여 오파요청서(LOR)와 오파 및 수락서(LOA) 검토팀(또는 사업추진팀에서 실시)을 편성 운영하고, 사업관리회의(PMR)를 통하여 구체화시킨다. 협상/가계약 체결시 군법무관, 기타 전문가 등을 참여시킬 수 있다.
다음은 절충교역에 관한 내용이다. 절충교역 이란 외국으로부터 군사장비, 물자 및 용역을 획득할 때 외국 계약자에게 기술이전 및 부품 역수출 등 일정한 반대급부를 요구하는 조건부 교역을 말하며, 이는 획득하고자 하는 군용물자와 관련된 기술이전 및 부품수출에 관한 직접 절충교역과 획득하고자 하는 군용물자와 직접 관련이 없는 간접 절충교역의 두 가지 형태로 구분한다.
참고적으로 기본계약금액은 국외업체로부터 장비 및 물자를 획득하기 위한 계약금액으로서 절충교역협상을 위한 기준 금액이며 기본계약 예상금액은 기본계약금액이 확정되지 않은 상태에서 국외업체가 절충교역 협상시 제시하는 금액이다. 절충교역 가치란 국외업체가 제안한 내용에 대하여 절충교역지침서상의 가치인정 기준에 따라 평가 및 합의된 계약 가치을 말하며 실제금액은 실제로 매매가 이루어지는 가격을 의미한다.

사. 기술도입 생산협상시 ILS 업무

기술도입 생산 협상지침의 작성 절차는 먼저 육본(기참부)에서 ILS분야의 협상지침을 작성 보고토록 전력단, 교육사, 군수사(보급, 정비 분야)에 지시한다. 육본(기참부)은 군수사나 교육사에서 보고한 ILS 분야를 종합하여 협상지침을 주장비에 합철하여 제시한다. 육본(전력단)은 기술도입생산 협상시 군수사, 교육사 관련요원과 함께 ILS 분야의 협상에 참여한다.
기술도입 생산계획서 작성 및 검토 절차는 먼저 육본(전력단)에서 주계약 대상업체가 기술도입 생산계획서를 효과적으로 작성할 수 있도록 ILS분야에 대한 내용을 협조, 지원한다. 또한 육본(전력단)은 주계약 대상업체로부터 기술도입 생산계획서를 접수받아 다음과 같이 관련부서에 관련된 ILS 분야의 검토를 의뢰한다. 군수사, 교육사(전력발전부)는 육본(전력단)으로부터 하달된 기술도입 생산계획서를 검토하여 보고한다. 필요시 육본(전력단)은 교육사에 하달하지 않고, 관련기관(군수사, 교육사, 군지사)의 실무요원을 육본으로 소집하여 검토할 수도 있다.

아. 국외 직구매시 ILS 업무

국외 직구매 협상시 ILS 업무는 아래와 같이 진행된다. 육본(기참부)은 직구매 협상지침을 전력단, 군수사, 교육사에 하달한다. 군수사, 교육사는 직구매 협상 지침을 기초로 ILS분야의 세부 협상 요구자료를 작성 육본(기참부, 전력단)에 보고한다. 육본(전력단)은 군수사, 교육사에서 보고한 세부 협상 요구자료와 협상지침을 근거로 ILS분야의 협상계획을 수립하여 주장비에 합철되도록 한다. 육본(전력단), 사업추진팀은 ILS분야에 대한 협상시 군수사, 교육사의 ILS 요원을 참석토록 한다.

육본(전력단), 사업추진팀은 조달본부의 가계약서를 접수하여 협상 요구 자료와 협상시 ILS분야 요구내용의 반영여부를 확인한다. 육본(전력단)은 조달본부에서 협상시 종합군수지원 분야의 협상을 위해 교육사, 품관소, 국과연, 군수사, 종합창, 각 군지사가 포함된 협상팀을 구성하여 협상을 실시한다.

다음은 FMS로 획득 시 ILS업무 내용이다. 육본(전력단), 사업추진팀은 오파요청서(LOR)를 작성할 때 육본(전력단), 사업 추진팀이 교육사, 군수사의 작성 결과를 보고 받아 종합 작성한다. 육본(전력단)은 오파(LOA)를 접수하면 교육사, 군수사에 검토 지시를 하거나, ILS-MT를 통하여 ILS 분야의 획득여부 및 수량을 결정하여 오파를 수락할 수 있도록 한다.

자. 도입방법 및 기종결정

육본(기참부)은 전력단의 기술도입 생산계획서 검토결과와 조달본부의 직구매 가계약서를 근거로 도입방법 결정요소를 비교 평가 후 도입방법을 결정한다. 육본(전력단)은 기종 결정을 위한 종합군수지원요소 검토를 교육사(전력발전부)에 지시하고, 필요시 정비 · 보급분야에 대한 검토를 군수사(정비처)로 할 수 있다. 육본(기참부)은 전력단, 교육사, 군수사의 검토 결과를 종합하여 국방부(획득정책관실)에 보고하거나, 육군에 기종 결정이 위임된 무기체계는 육본 투자사업 심의시 ILS요소 검토 결과를 반영한다.

차. 구매 및 배치

구매 후 무기체계의 군 배치와 관련된 ILS업무 절차는 아래와 같이 진행된다.

1) 종합군수지원 계획서(ILS-P) 작성

전력단은 육본에서 합참(전력발전부)으로 시험평가 결과보고가 완료되면 시험평가 기관(합참, 교육사)으로 종합군수지원 계획서(ILS-P) 작성을 위한 관련자료 지원을 요청한다. 전력단은 관련 업체가 제출한 자료 및 야전운용 경험 자료를 포함하여 종합군수지원 계획서(ILS-P) 초안을 완성후 관련부서에 검토 의뢰한다. 교육사(전력발전부)는 육본(전력단)에서 배부한 종합군수지원 계획서(ILS-P)를 검토 후 검토의견을 육본(전력단)에 보고한다. 육본(전력단)은 관련부서 의견을 종합하여 종합군수지원계획서(ILS-P)를 확정, 발간/배포한다.

2) 국외도입 무기체계 배치계획 작성

육본(전력단)은 기종결정 결과를 접수하면 배치계획을 작성한다.

3) 초도배치전 교육

교육사(전력 발전부)는 육본(전력단)에 초도배치 전 교육계획을 작성하여 보고한다. 육본(전력단)은 교육사로부터 보고 된 초도배치 전 교육계획을 보완 확정하여 외국 업체나, JUSMAG-K(FMS로 도입방법 결정시)에 교육개시 12개월 전까지 다음과 같은 내용을 포함하여 제시한다.

- 교육대상 인원
- 국내에서 교육을 실시할 수 있는 방안제시 요구
- 해외연수교육

- 한국어 통역 및 한국어로 교육 가능여부
- 교육기간 산출

육본(전력단)은 해외연수 교육대상 인원 선발을 교육개시 12개월 전에 장교, 준사관, 군무원은 인참부로, 부사관은 부관감실로 선발 의뢰한다. 선발된 인원은 정보 교에 협조하여 사전 어학교육과 해당 무기체계에 대한 교육을 실시한다.
사전 어학교육의 기간은 4개월 이상으로 하고 선발된 인원은 선발과 동시에 인참부와 부관감실로 명령 의뢰한다. 육본(전력단)은 외국업체나 JUSMAG-K로 육본에서 작성한 초도배치 전 교육계획을 통보한다.

4) 기술교범 번역 및 발간

육본(전력단)은 조달본부에 협상요구자료 작성시 기종결정 통보 후 1개월 이내에 1~4계단 기술교범 및 보급교범 각각 5부와 필요시 전자식기술교범(IETM) 제작에 필요한 디지털 자료를 제출할 수 있도록 반영한다. 육본(전력단)은 외국업체 및 JUSMAG-K로부터 제출된 기술 및 보급교범 2부를 교육사(교리부, 전력발전부)에 배부한다. 교육사(교리부)는 기술 및 보급교범을 기술교범 번역절차에 의거 번역하며, 교육사(전력발전부)는 ILS 요소 발전업무에 사용후 주 장비 전력화시에는 해당 학교에 배부한다.

군수관리개론

발 행 일 | 2009년 10월 1일 초판

공 저 | 이영욱 · 김호용
발 행 인 | 박승합
발 행 처 | **노드미디어**
등 록 | 제 106-99-21699
주 소 | 서울특별시 용산구 한강대로341 대한빌딩 206호
전 화 | 02-754-1867
팩 스 | 02-753-1867

정가 33,000원

I S B N | 978-89-8458-220-0 93550
*낙장이나 파본은 교환해 드립니다.